Ingenieurwissenschaftliche Bibliothek
Engineering Science Library

Herausgeber/Editor: István Szabó, Berlin

Winfrid G. Schneeweiss

Zufallsprozesse in dynamischen Systemen

Springer-Verlag
Berlin Heidelberg New York 1974

Dr. rer. nat. Dipl.-Phys. WINFRID G. SCHNEEWEISS

Mitarbeiter der Siemens A.G. Bereich Energietechnik:
Systemtechnische Entwicklung
Privatdozent an der Universität Karlsruhe

Mit 52 Abbildungen

ISBN-13:978-3-642-80740-4   e-ISBN-13:978-3-642-80739-8
DOI: 10.1007/978-3-642-80739-8

Für Christa,
liebe Gefährtin durch zwei Jahrzehnte

Vorwort

Zufallsprozesse (stochastische Prozesse) dienen der Beschreibung
und Erforschung des Ablaufs jeglicher Art von nicht genau vorhersag-
baren Schwankungserscheinungen. Dabei sind nicht - wie gelegentlich
behauptet wird - regellose Vorgänge gemeint, sondern solche, die statistischen Gesetzen gehorchen.

Dieses Buch soll nun dazu beitragen, die auf dem Gebiet der Zufallsprozesse besonders tiefe Kluft zwischen einer ungewöhnlich abstrakten
mathematischen Theorie und einer oftmals allzu naiven Praxis zu über-
brücken; d.h. es soll für den Praktiker, insbesondere den Nicht-Mathe-
matiker ein theoretisches Hilfsmittel sein. Das Hauptgewicht liegt dem-
gemäß auf einer möglichst anschaulichen Darstellung der Grundbegriffe
und weniger auf mathematischen Feinheiten, die den Einsatz der Maßtheorie erfordern, oder auf möglichst allgemeinen Beweisen. Einfache
konstruktive Beweise für die wichtigsten Spezialfälle (meist die Gauss-
prozesse) werden jedoch reichlich gebracht.

Dieses Buch versucht eine erste Einführung in die Behandlung möglichst
vieler praktisch interessanter Klassen von Zufallsprozessen und deren
Transformationen durch dynamische Systeme zu geben. Eingeschlossen
sind die sogenannten Punktprozesse, bei denen man sich für die Zeitpunkte des Eintretens gewisser Geschehnisse interessiert. Außerdem
wird die Theorie der Messung zufälliger Größen behandelt. Vollständig-
keit ist dabei weder möglich noch - angesichts zahlreicher Monogra-
phien über Spezialgebiete - nötig.

Die zur Lektüre erforderlichen mathematischen Grundkenntnisse umfassen nur die elementare (nicht maßtheoretische) Infinitesimalrechnung
sowie etwas Operatoren- und Matrizenrechnung. Repetitorien dafür sind
in Abschn.1 vorhanden.

Um den Kreis der Leser nicht auf z.B. Regelungstechniker oder Unter-
nehmensforscher einzuengen, werden Beispiele in der Form mathema-

tischer Modelle untersucht. Der Praktiker muß ihnen jeweils seine besondere Deutung hinzufügen.

Der größte Lerneffekt ist auch bei diesem Buch von einer intensiven,
durch viele kleine Skizzen angereicherten möglichst pausenarmen Durch-
arbeitung zu erwarten. Wenn größere Pausen nicht vermeidbar sind,
kann der Wiederanlauf durch die Abschnitts-Zusammenfassungen sehr
erleichtert werden. Die Lösungen der Übungen in Abschn.9 sollten in
jedem Falle mitstudiert werden.

Zum Vergleich mit der vorhandenen Lehrbuchliteratur mögen die folgenden Anmerkungen dienen: Vorbild bezüglich der Darstellung war
das Buch von PAPOULIS [2]. Bezüglich des Inhalts schien es jedoch
im Bereich der elementaren Wahrscheinlichkeitsrechnung unnötig ausführlich und dafür in den Bereichen Meßtechnik, Filtertheorie, stochastische Differentialgleichungen und Punktprozesse zu kurz gefaßt
zu sein. Ein Buch von JAZWINSKI [1] schließt sich in Schwierigkeits-
grad und Thematik gut an das vorliegende an. Einen vortrefflichen Überblick über die lineare Theorie gibt ein Buch von ÅSTRÖM [1], das als
Fortsetzung der hier gebotenen Optimalfiltertheorie gelesen werden
kann. Zum vertieften Studium stochastischer Differentialgleichungen
sei schon hier ein Buch von ARNOLD [1] genannt.

Dieses Buch entstand überwiegend aus Unterlagen für nachakademische
Schulungskurse, aus der Dissertation des Verfassers über stochastische
Meßtechnik und aus zahlreichen ergänzenden Studien und Vorlesungen
an Forschungsinstituten und in der Industrie.

Mein Dank für Verbesserungsvorschläge gilt in besonderem Maße meinem Bruder Christoph und Kristian Kroschel, die beide große Teile des
Rohmanuskripts kritisch gelesen haben. Für einzelne wertvolle Hinweise danke ich außerdem meinem verehrten Doktorvater Klaus Pöschl und
Ludwig Arnold. Alle bestehenden Mängel gehen selbstverständlich zu
meinen Lasten, und ich bitte um ihre Mitteilung. Dem Springer-Verlag danke ich für eine sehr erfreuliche Zusammenarbeit. Weiterhin
danke ich dem Vorstand der Deutschen Forschungs- und Versuchsan-
stalt für Luft- und Raumfahrt für die Erlaubnis, Teile meiner wissen-
schaftlichen Berichte übernehmen zu dürfen und der Siemens A.G. für
die Gelegenheit, viele Teilthemen des Buches in Vorlesungen über sto-

chastische Meßtechnik und über Punktprozesse an der Universität Karlsruhe didaktisch aufzubereiten. Schließlich danke ich ganz besonders herz-
lich meiner lieben verstorbenen Frau Christa geb. Born (* 21.12.35
† 21.5.73) für die viele Geduld mit einem häufig nur zufällig einmal
richtig anwesenden Manne.

Karlsruhe, im Sommer 1974

Winfrid G. Schneeweiss

Inhaltsverzeichnis

Bemerkungen zum Inhaltsverzeichnis

Abschn. 1 enthält eine kurze Zusammenstellung der mathematischen
Beschreibungsmöglichkeiten für dynamische Systeme, wobei auch
Grundbegriffe der Fouriertransformation sowie der Matrizen- und Vek-
torrechnung wiederholt werden. Dann folgt in Abschn. 2 eine kurze heuristische Einführung in die elementare Wahrscheinlichkeitsrechnung,
wo bereits der Begriff Zufallsprozeß (stochastischer Prozeß) als geordnete Menge von Zufallsvariablen erklärt wird. Als spezielle Erwartungswerte bzw. deren Fouriertransformierte werden in Abschn. 3
Korrelationsfunktionen bzw. spektrale Leistungsdichten (insbesondere)
stationärer Prozesse eingeführt. Ihre Transformation durch dynamische
lineare Systeme wird untersucht. Einige Untersuchungen zur Theorie
der Messung von Kennwerten von Zufallsprozessen in Abschn. 4 run-
den die Betrachtungen dieses ersten Teils des Buches zur Praxis hin
ab. Hierauf folgt in den Abschn. 5 bzw. 6 die Untersuchung des Ein-
flusses statischer nichtlinearer bzw. dynamischer nichtlinearer Systeme auf Zufallsprozesse, wobei auch ausführlich auf rückgekoppelte
Systeme eingegangen wird. Logischerweise schließen sich daran in
Abschn. 7 Optimierungsuntersuchungen verschiedener Art an. Diese
lassen sich im wesentlichen unter dem Begriff Optimalfilter-Synthese
zusammenfassen, d.h. es werden realisierbare dynamische Systeme
gesucht, die einen - meist als Störung— gegebenen Zufallsprozeß zum

Erzielen eines möglichst kleinen Erwartungswertes einer Fehlergröße optimal transformieren (filtern). Dabei wird von der inzwischen klassischen Wienerschen Theorie für stationäre Prozesse ausgehend zu den Kalman-Bucyschen Optimalfiltern für instationäre Prozesse vorgedrungen. Schließlich werden in Abschn.8 Zufallsprozesse untersucht, bei denen sich der Zufall in der Wahl der Zeitpunkte für das Eintreten gewisser Geschehnisse äußert, sog. Punktprozesse. Dabei werden verschiedene Probleme, die den Verlauf von Musterfunktionen (Realisierungen) eines Zufallsprozesses berühren, z.B. Verweilzeiten in einem vorgegebenen Wertebereich, behandelt. In Abschn.9 werden die über das Buch verteilten durch Fettdruck gekennzeichneten Übungen ausführlich behandelt.

Zur besonders effektiven Einarbeitung in Spezialthemen kann der folgende Graph über die wichtigsten Zusammenhänge zwischen den Hauptabschnitten dienen.

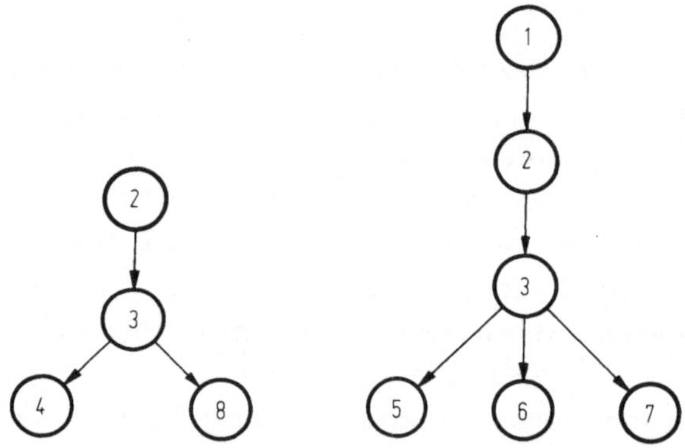

Bezeichnungen

Matrizen und Vektoren (einspaltige Matrizen) sind halbfett gedruckt.

A, a, α
B, b, β Konstante oder Koeffizienten; A, B, C auch Ereignisse;
C, c, γ $\mathbf{A}, \mathbf{B}, \mathbf{C}$ Matrizen zur Beschreibung linearer Systeme; α, β, γ auch Variablen

$C(v)$	charakteristische Funktion
D	Differentialoperator d/dt
d, ∂	Differentialsymbole für totale bzw. partielle Differentiation
Δx	Zuwachs von x
δ	Diracsche δ-Funktion gemäß $\int\limits_0^\varepsilon \delta(x)dx = 1/2$; $\varepsilon > 0$
δ_{ik}	Kronecker-Symbol, d.h. 1 für $i = k$, 0 für $i \neq k$
$E X$	mathematischer Erwartungswert der Zufallsvariable X
$\mathrm{erf}(x)$	Integral der Gaußschen Fehlerfunktion
$\exp(x)$	Exponentialfunktion
ε	Fehlergröße
F, f	allgemeine Funktionssymbole
$\boldsymbol{\emptyset}$	Übergangsmatrix (Fundamentalmatrix)
φ	allgemeine Variable oder Funktion
$\mathfrak{F}$	Operator der Fouriertransformation
$\mathfrak{F}^*$	Ereignisfeld
$G(s)$	Übertragungsfunktion
$G(j\omega)$	Frequenzgang
$g(t)$	Gewichtsfunktion (Impulsantwort)
H, h	Hilfsfunktionen; $h(t)$ speziell Übergangsfunktion (Sprungantwort)
I	(mit Index) Abkürzung für gewisse Integrale
$\mathbf{I}$	Einheitsmatrix
J	Gütekriterium
j	imaginäre Einheit, d.h. $\sqrt{-1}$
$\mathrm{Im}\, z$	Imaginärteil der komplexen Zahl z
K	Konstante

$\mathbf{K}$	spezielle Matrix beim KALMAN-Filter
k	Index
λ	Eigenwert einer Matrix, Hilfsgröße
$\mathcal{L}$	Operator der einseitigen Laplacetransformation
L, l	kleine Buchstaben: Laufzeiger oder Grenzen anderer Lauf-
M, m	zeiger; große Buchstaben: zugeordnete Grenzen
N, n	N, n auch Anzahlen ausgewählter Zeitpunkte
$n(t)$	Rauschen (noise)
N_T	Leistung während 2T Zeiteinheiten
μ_X	$E\,X$
ν	Frequenz oder Laufzeiger
0^*	leere Menge
$\sigma(x)$	Hilfsfunktion mit der Eigenschaft $\lim\limits_{x \to 0} \dfrac{\sigma(x)}{x} = 0$
$P_X(x)$	Verteilungsfunktion der Zufallsvariable X
$\mathbf{P}$	spezielle Kovarianzmatrix beim KALMAN-Filter
$p_X(x)$	Wahrscheinlichkeitsdichtefunktion von X
π	$3,14\ldots$
Q	Hilfsfunktion
$\mathbf{Q}$	spezielle Kovarianzmatrix beim KALMAN-Filter
q	Differenzenquotient oder Quantisierungs-Stufenhöhe
$R_{X,Y}(\tau)$	Korrelationsfunktion der Zufallsprozesse $\{X\}$ und $\{Y\}$
$\mathbf{R}$	spezielle Kovarianzmatrix beim KALMAN-Filter
$\mathrm{Re}\,z$	Realteil der komplexen Zahl z
$r(\tau)$	Kovarianzfunktion
ρ	Korrelationskoeffizient
$\mathbf{S}$	Kovarianzmatrix beim KALMAN-Filter
$S_X(\omega)$	spektrale Leistungsdichte des Zufallsprozesses $\{X\}$
$s_X(\omega)$	spektrale Leistungsdichte, wenn $E\,X = 0$
s	komplexe Variable der Laplace-Transformation oder spezieller Index
$\mathrm{sgn}(x)$	Signumfunktion; d.h. 1 für $x > 0$, 0 für $x = 0$, -1 für $x < 0$
σ_X	Standardabweichung der Variablen X
$\sigma_X^{\,2}$	Varianz von X
t, τ	Zeit
T	Meßzeitraum oder Parametermenge eines Zufallsprozesses; als Exponent geschrieben zur Kennzeichnung der Transposition von Matrizen
$\mathbf{T}$	spezielle Kovarianzmatrix beim KALMAN-Filter

$\left.\begin{array}{l} U,V \\ u,v \end{array}\right\}$ Variable; V auch Verfügbarkeit

$W(A)$ Wahrscheinlichkeit des Ereignisses A

Ω,ω Kreisfrequenz

Ω^* Merkmalmenge (sicheres Ereignis)

ω^* Elementarereignis

$\left.\begin{array}{l} X,x \\ Y,y \\ Z,z \end{array}\right\}$ Variable, speziell Zufallsvariable oder Schranken für diese

$*$ (stets hochgestellt) zur Kennzeichnung von konjugiert komplexen Größen und von einigen Symbolen der Wahrscheinlichkeitstheorie

∇ Nabla-Operator (für die Vektoranalysis)

$\|\mathbf{a}\|$ Euklidische Norm des Vektors $\mathbf{a}$

$\circledast$ Symbol für die Faltung

$\overline{}$ Symbol für die Mengen-Komplementbildung, z.B. $\overline{A}$ ist die Teilmenge von Ω^*, die in der anderen Teilmenge A nicht enthalten ist

$\in$ Symbol fürs Enthaltensein als Grundelement, z.B. $a \in A$ heißt: a ist Element aus A

$\subset, \supset$ Symbol fürs Enthaltensein als Teilmenge, z.B. $A \subset B$ heißt: A ist Teilmenge aus B

$\cup$ Symbol für die Vereinigungsmengenbildung, z.B. $A \cup B$ ist die Menge der Elemente, die in A oder in B oder in beiden enthalten sind

$\cap$ Symbol für die Durchschnittsbildung, z.B. $A \cap B$ ist die Menge der Elemente, die sowohl in A als auch in B enthalten sind

$:=$ Doppelpunkt in Definitionsgln.; : steht bei der neu definierten Größe

Bemerkungen zur Bezeichnungsweise:

In der mathematischen Literatur sind die Symbole Ω für die Merkmalmenge, ω für Elementarereignis und $\mathfrak{F}$ für Borelsche σ-Algebra sowie $\emptyset$ für die leere Menge weit verbreitet. In der Theorie der dynamischen Systeme benutzt man dagegen gern Ω für eine bestimmte Kreisfrequenz (Winkelgeschwindigkeit), ω für variable Kreisfrequenz und $\mathfrak{F}$ als Operatorsymbol der Fouriertransformation. Außerdem wird in der Datenverarbeitung häufig die quer durchgestrichene Null als Zeichen für die

Ziffer 0 benutzt. Daher werden die wahrscheinlichkeitstheoretischen Größen hier mit * versehen. Abkürzungen für häufig benutzte Begriffe sind Gl. für Gleichung, Dgl. für Differentialgleichung, AKF bzw. KKF für Auto- bzw. Kreuzkorrelationsfunktion, w.R. für weißes Rauschen. Beim Klammernsetzen werden je nach Kompliziertheit des Ausdrucks von "innen" nach "außen" erst runde, dann eckige und schließlich geschweifte Klammern benutzt. Nur bei der Kurzschreibweise für Zufallsprozesse und (manchmal) bei zufälligen Ereignissen werden - wie international üblich - geschweifte Klammern vor eckigen benutzt.

Zur Kennzeichnung "offener" Intervallenden werden stets runde Klammern verwendet; zur Kennzeichnung "abgeschlossener" eckige. Z.B. ist (a,b] die Menge aller reellen Zahlen mit Ausschluß von a und Einschluß von b.

Bei Ableitungen von Funktionen nach der Zeit t wird häufig pro Ableitung ein Punkt über das Funktionssymbol geschrieben. Sonst werden Ableitungen meist durch Beistriche gekennzeichnet.

1. Einführung in Grundgedanken der deterministischen Systemtheorie.

Viele Zufallsphänomene werden nur deshalb nicht als deterministisch
angesehen, weil ihre Beschreibung sonst außerordentlich kompliziert
werden würde. Ein typisches Beispiel ist das Würfeln, das - bei Ver-
nachlässigung von Effekten der Quantentheorie - sicherlich vollständig
durch die Gesetze der Mechanik einschließlich der Aerodynamik bestimmt ist. Aus dieser Sicht sind viele "stochastische" Erscheinungen
nur geeignete Vergröberungen von deterministischen. Außerdem sind
in dynamischen Systemen zufällige Schwankungen von Daten häufig relativ klein gegenüber den als deterministisch (streng kausal) bekannten
Daten. Also wird die deterministische Betrachtungsweise mindestens
zu brauchbaren Näherungen führen. Aus diesen und weiteren Gründen
sollen hier einige einfache Methoden der deterministischen Systemtheorie kurz dargestellt werden, auf die im Verlauf des Textes immer wieder verwiesen werden kann. Dabei werden auch die wichtigsten mathematischen Hilfsmittel dieses Buches, die Fouriertransformation und
die Matrizenrechnung eingeführt.

Die folgenden Methoden zur Behandlung dynamischer Systeme müssen
sich nicht unbedingt auf technische Apparate wie z.B. Geräte der Nach-
richten- oder Regelungstechnik beziehen. Auch die Wirtschaftswissenschaften betrachten mehr und mehr dynamische Modelle. (Vgl. z.B.
C. SCHNEEWEISS [1].)

1.1. Frequenzgang und Gewichtsfunktion

Unter einem dynamischen System soll ein Gebilde verstanden
werden, das eine Eingangsgröße (skalare oder vektorielle Zeitfunktion) in eine Ausgangsgröße transformiert. Dabei soll ein
Momentanwert der Eingangsgröße x nicht ausreichen, um die Ausgangsgröße y zum (praktisch) gleichen Zeitpunkt zu bestimmen. In

Symbolen der Operatorenrechnung erhält man mit dem Übertragungsoperator $\mathbf{A}$

$$y(t) = \mathbf{A}\{\mathbf{x}(\tau)\,;\,\tau \in [t_0,t]\}\,,$$

wobei i.allg. $\mathbf{x}$ und $\mathbf{y}$ vektorielle Größen sind und $\mathbf{A}$ eine Matrix. Sehr häufig können skalare dynamische Systeme (zumindest näherungsweise) durch Operatoren vom Typ

$$A(D) := \frac{\displaystyle\sum_{i=0}^{M} a_i D^i}{\displaystyle\sum_{k=0}^{N} b_k D^k}\,, \quad D^l := \frac{d^l}{dt^l}\,; \qquad (1.1\text{-}1)$$

beschrieben werden, wobei D der Differenzieroperator ist. In der Sprache der gewöhnlichen Dgln. schreibt man statt dessen (abgesehen von Anfangsbedingungen)

$$\sum_{k=0}^{N} b_k y^{(k)}(t) = \sum_{i=0}^{M} a_i x^{(i)}(t)\,; \quad f^{(l)} := D^l f \qquad (1.1\text{-}2)$$

und nennt Funktionen $y(t)$, die die Dgl. erfüllen, Lösungen; die rechte Seite heißt Störfunktion.

Lineare Dgln. vom Typ der Gl.(1.1-2) sind bekanntlich leicht mit einem Exponentialansatz lösbar. Nimmt man dabei für $x(t)$ (die Eingangsgröße bei dem betrachteten dynamischen System) die Sinusform an, um z.B. periodische Testsignale zu beschreiben, so erhält man mit der bequemen komplexen Darstellung

$$x_s(t) := x_0\,\exp(j\omega t)$$

und dem Ansatz

$$y_s(t) := y_0\,\exp(j\omega t)$$

(für die Ausgangsgröße des betrachteten Systems)

aus Gl.(1.1-2) für konstante a_i und b_k

$$y_0 \sum_{k=0}^{N} b_k (j\omega)^k = x_0 \sum_{i=0}^{M} a_i (j\omega)^i . \qquad (1.1\text{-}2a)$$

Es ist also

$$y_0 = A(j\omega)\, x_0 ; \quad x_0, y_0 \text{ nicht notwendig reell,} \qquad (1.1\text{-}2b)$$

mit A nach Gl.(1.1-1), wenn man dort formal D durch $j\omega$ ersetzt. $A(j\omega)$ heißt der F r e q u e n z g a n g des Ü b e r t r a g u n g s s y s t e m s.

Nun ist die Lösung eines linearen Systems wegen der Gültigkeit des S u p e r p o s i t i o n s p r i n z i p s im wesentlichen schon bekannt, wenn man die Lösung für einen speziellen Typ von Störfunktionen, aus denen man beliebige Störfunktionen durch additive Überlagerung gewinnen kann, kennt. Z.B. bilden S p r u n g f u n k t i o n e n einen solchen Funktionen-Typ.

Die E i n h e i t s - S p r u n g f u n k t i o n lautet:

$$1(t) := \begin{cases} 1 & \text{für } t > 0 , \\ 0 & \text{für } t \leqslant 0 . \end{cases} \qquad (1.1\text{-}3)$$

Die Lösung der Dgl.(1.1-2) für $x(t) = 1(t)$ heißt Ü b e r g a n g s f u n k - t i o n $h(t)$. Ihre Ableitung ist die sog. G e w i c h t s f u n k t i o n $g(t) :=$ $:= \dot{h}(t)$. Diese ist, wie beim Differenzieren der zur Übergangsfunktion gehörigen Eingangsgröße des Systems $1(t)$ plausibel wird, die Reaktion auf die Diracsche δ-Funktion (was natürlich nur ein Denkmodell ist). Nun denke man sich $x(t)$ gemäß Bild 1.1-1 durch

$$x(t) \approx \sum_{i=-\infty}^{n(t)} \alpha_i\, 1(t - i\Delta\tau) ; \quad \alpha_i := x(i\Delta\tau + \Delta\tau) - x(i\Delta\tau) ;$$

mit $\Delta\tau = $ const, $n(t)\Delta\tau \approx t$, also durch eine Treppenfunktion angenähert. Dann ist wegen des Superpositionsprinzips

$$y(t) \approx \sum_{i=-\infty}^{n(t)} \alpha_i\, h(t - i\Delta\tau) = \sum_{i=-\infty}^{n(t)} \frac{\alpha_i}{\Delta\tau} h(t - i\Delta\tau)\, \Delta\tau ,$$

und bei immer besserer Treppenfunktionsnäherung für x(t) wird
schließlich als Grenzwert

$$y(t) = \int\limits_{-\infty}^{t} x'(\tau)h(t-\tau)d\tau \; ; \quad x'(\tau) := dx(\tau)/d\tau \, .$$

Daraus wird nach partieller Integration

$$y(t) = x(\tau)h(t-\tau) \left.\right]_{-\infty}^{t} + \int\limits_{-\infty}^{t} x(\tau)g(t-\tau)d\tau \, ,$$

und falls $x(-\infty) = 0$ [oder $h(\infty) = 0$] und $h(0) = 0$, schließlich

$$y(t) = \int\limits_{-\infty}^{t} x(\tau)g(t-\tau)d\tau = \int\limits_{0}^{\infty} x(t-\tau)g(\tau)d\tau = x(t) \circledast g(t).^{1} \quad (1.1\text{-}4)$$

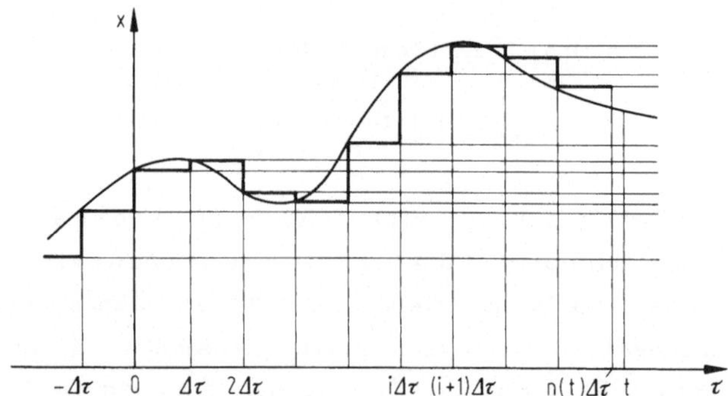

Bild 1.1-1. Approximation einer Funktion durch Superposition von
Sprungfunktionen.

Wenn man diese Gl. fouriertransformiert, erhält man wegen des Faltungssatzes (vgl. Abschn.1.3) für den Zeitbereich – hier mit $F(j\omega) :=$
$:= \mathfrak{F}f(t)$ für $f = y, x, g$

$$Y(j\omega) = X(j\omega)\,G(j\omega) \, . \qquad\qquad (1.1\text{-}4a)$$

---

[1] t soll hier das Argument des Faltungsprodukts angeben.

Betrachtet man nun wieder den obigen Spezialfall der sinusförmigen
Eingangsgröße, so liefert Gl. (1.1-4) für

$$x(t-\tau) = x_s(t-\tau) = x_0 \exp(j\omega t)\exp(-j\omega\tau); \quad y(t) = y_s(t) = y_0 \exp(j\omega t)$$

mit der üblichen Definition der Laplace-Transformation (vgl. Abschn.
1.3) nach Kürzen von $\exp(j\omega t)$

$$y_0 = x_0 [\mathcal{L}\, g(t)]_{/s=j\omega} = x_0 \,\mathfrak{F}g(t)\,. \qquad (1.1-2c)$$

Dabei gilt das letzte Gleichheitszeichen, weil für sog. kausale Systeme
$g(t) \equiv 0$ für $t < 0$. [Eine zum Zeitpunkt $t = 0$ wirkende Störung wie die
Distribution $\delta(t)$ führt bei kausalen Systemen erst für $t \gtrless 0$ zu einer Reaktion.] Aus dem Vergleich von Gl. (1.1-2c) mit Gl. (1.1-2b)
folgt nun, daß bei linearen dynamischen Systemen der Frequenzgang
die Fouriertransformierte der Gewichtsfunktion ist: $G(j\omega) = \mathfrak{F}g(t)$.

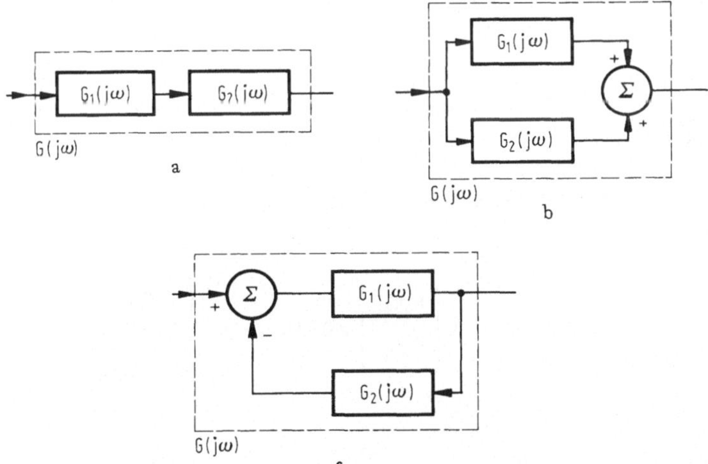

Bild 1.1-2. Grundtypen von Schaltungen aus zwei Übertragungsgliedern.

Für zusammengesetzte, insbesondere r ü c k g e k o p p e l t e Systeme
braucht man die folgenden fundamentalen Systemverknüpfungen:

a) S e r i e n s c h a l t u n g (vgl. Bild 1.1-2a) mit dem Gesamtfrequenzgang (oder der Ü b e r t r a g u n g s f u n k t i o n , falls $j\omega$ durch s ersetzt wird)

$$G = G_1 G_2\,, \qquad (1.1-5)$$

b) **Parallelschaltung** (vgl. Bild 1.1-2b) mit

$$G = G_1 + G_2 \, , \tag{1.1-6}$$

c) **Rückkoppelschaltung** (vgl. Bild 1.1-2c) mit

$$G = G_1/(1 + G_1 G_2) \, . \tag{1.1-7}$$

Die Ableitung von Gl. (1.1-7) ist eine **Übung**saufgabe.[1]

Eine notwendige Bedingung für die später erklärte sog. **Stationarität von Zufallsprozessen** in dynamischen Systemen ist die **Stabilität**[2] der Systeme. Für lineare zeitinvariante Systeme gibt es ein recht übersichtliches notwendiges und hinreichendes Kriterium von Hurwitz. Danach müssen die sog. **Hauptminoren** einer bestimmten, aus den Koeffizienten der System-Differentialgl. (1.1-2) gebildeten **Determinante** sämtlich positiv sein. Genauer gesagt sind die Lösungen der Dgl.

$$\sum_{k=0}^{N} b_k \, y^{(k)}(t) = 0 \, ; \quad b_k = \text{const.} \, ; \quad y^{(k)}(0) \text{ gegeben,}$$

genau dann beschränkt, wenn (mit H_i als sog. i-ter **Hurwitzdeterminante**)

$$H_1 := \det(b_1) = b_1 > 0 \, ; \, H_2 := \det \begin{bmatrix} b_1 & b_0 \\ b_3 & b_2 \end{bmatrix} > 0 \, ; \, H_3 := \det \begin{bmatrix} b_1 & b_0 & 0 \\ b_3 & b_2 & b_1 \\ b_5 & b_4 & b_3 \end{bmatrix} > 0 \text{ usf.} \tag{1.1-8}$$

Dabei sind die wegen $k > N$ nicht mehr definierten b_k durch 0 zu ersetzen. Ein Polynom mit Koeffizienten b_k nach (1.1-8) heißt Hurwitzpolynom. Es hat die Eigenschaft, daß alle Nullstellen in der linken komplexen Halbebene liegen.

---

[1] Lösung in Abschn. 9. Das gilt immer, wenn das Wort **Übung** halbfett auftritt.

[2] Stabilität ist hier im sog. Sinne von Lagrange gemeint, wobei das System aus jeder beschränkten Eingangsgröße eine beschränkte Ausgangsgröße herstellt.

Anmerkung:

Der mit den Grundbegriffen der Vektor- und Matrizenrechnung nicht (mehr) vertraute Leser sollte vor dem folgenden Abschnitt erst Abschn. 1.4 durchsehen.

1.2. Vektorielle Differentialgleichung erster Ordnung (Darstellung im Zustandsraum)

Dynamische Systeme werden gern statt durch Dgln. höherer Ordnung [vgl. Gl. (1.1-2)] auch durch Vektor-Dgln. 1. Ordnung vom Typ

$$\dot{x} = f(x,u,t)^1; \quad x(t_0) = x_0; \quad \dot{x} := \frac{dx}{dt} \qquad (1.2\text{-}1)$$

und Gln. vom Typ

$$y = h(x) \qquad (1.2\text{-}2)$$

beschrieben. Dabei nennt man x den (n-komponentigen) Z u s t a n d s - v e k t o r , u den (m-komponentigen) Vektor der E i n g a n g s g r ö ß e n (in Abschn. 1.1 mit x bezeichnet), und y den (k-komponentigen) Vektor der A u s g a n g s g r ö ß e n . Man nimmt dabei an, daß nicht x, sondern nur y meßtechnisch erfaßbar ist. Das führt auf die zunächst etwas gekünstelt wirkende Gl. (1.2-2). Speziell lineare Systeme können also auch mittels einer linearen (i. allg. zeitvariablen) Vektordgl. und einer linearen algebraischen Beziehung d.h. durch

$$\dot{x}(t) = A(t)\,x(t) + B(t)\,u(t) ; \quad x(t_0) = x_0 \qquad (1.2\text{-}3)$$

und

$$y(t) = C(t)\,x(t) \qquad (1.2\text{-}4)$$

---

[1] Aus einer einzigen Dgl. n-ter Ordnung

$$d^n x/dt^n = \varphi(\dot{x}, \ddot{x}, \dddot{x}, \ldots, d^{n-1}x/dt^{n-1}, u, t)$$

folgt diese Form z.B. über $\dot{x}_i := d^i x(t)/dt^i = x_{i+1}$; $i=1, \ldots, n-1$; $\dot{x}_n := \varphi(x_2, x_3, \ldots, x_n, u, t)$ für die Komponenten von $\dot{x}$.

beschrieben werden. Dabei sind $\mathbf{A}$ eine n·n-Matrix, $\mathbf{B}$ eine n·m- und $\mathbf{C}$ eine k·n-Matrix. (Vgl. Bild 1.2-1).

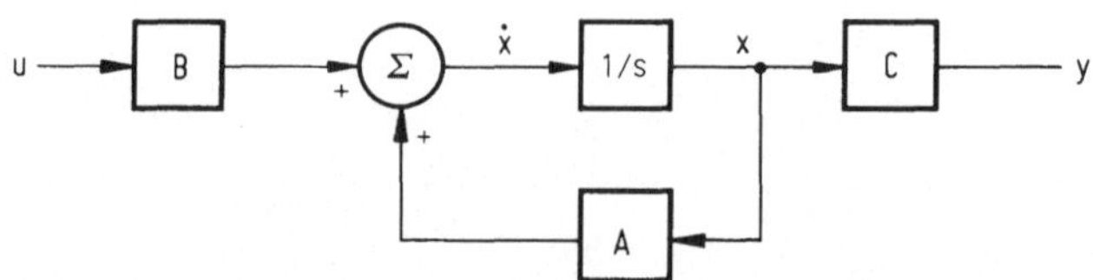

Bild 1.2-1. Blockschaltbild eines linearen Systems in sog. Zustands-
raumbeschreibung.

Im folgenden wird die allgemeine Lösung von Dgl.(1.2-3) besprochen. (Vgl. besonders ZADEH und DESOER [1]): Für Existenz und Eindeutigkeit der Lösungen der homogenen Dgl.

$$\dot{\mathbf{x}}(t) = \mathbf{A}(t)\,\mathbf{x}(t)\ ;\quad \mathbf{x}(t_0) = \mathbf{x}_0 \qquad\qquad (1.2\text{-}5)$$

genügt die Stetigkeit der Elemente $a_{i,k}(t)$ von $\mathbf{A}$.

Lösung der homogenen Dgl.

Zur Lösung von Gl.(1.2-5) wird ein spezielles Fundamentalsystem, die sog. Übergangsmatrix[1] $\varnothing(t,t_0)$ benutzt. Ihre Spalten sind spezielle Lösungen von Gl.(1.2-5), und zwar beschreibt die i-te Spalte diejenige Trajektorie (Lösung), die im Zeitpunkt t_0 die i-te Achse des Zustandsraums im Abstand 1 vom Ursprung berührt oder schneidet. Es gilt also speziell

$$\varnothing(t_0,t_0) = \mathbf{I}\quad (\text{Einheitsmatrix}) \qquad\qquad (1.2\text{-}6)$$

und, wie für jedes Fundamentalsystem,

$$\frac{d}{dt}\,\varnothing(t,t_0) = \mathbf{A}(t)\,\varnothing(t,t_0)\,. \qquad\qquad (1.2\text{-}7)$$

Die Lösung von Gl.(1.2-5) ist nun

$$\mathbf{x}(t) = \varnothing(t,t_0)\,\mathbf{x}(t_0)\,, \qquad\qquad (1.2\text{-}8)$$

---

[1] englisch: transition matrix

was man durch Einsetzen nachprüft. - Der Name Übergangsmatrix ist plausibel, denn $\varnothing$ beschreibt nach Gl.(1.2-8), wie ein Zustand zur Zeit t_0 in den zur Zeit t übergeht. - Aus der Eindeutigkeit der Lösungen von Dgl.(1.2-5) ergeben sich die folgenden Eigenschaften der Übergangsmatrix: Zunächst ist $\varnothing(t,t_0)$ eindeutig durch Gl. (1.2-7) bestimmt. Aus Gl.(1.2-8) folgt weiter

$$\varnothing(t_3,t_2)\,\varnothing(t_2,t_1) = \varnothing(t_3,t_1)\,, \qquad (1.2-9)$$

und mit $t_3 = t_1 = t_0$ und $t_2 = t$ folgt daraus wegen Gl.(1.2-6) für die i n v e r s e M a t r i x

$$\varnothing^{-1}(t,t_0) = \varnothing(t_0,t)\,. \qquad (1.2-10)$$

[Das folgt auch unmittelbar aus Gl.(1.2-8) beim Vertauschen von t und t_0.] Außerdem ist $\varnothing(t,t_0)$ stets regulär (vgl. ZADEH und DESOER [1]).

Lösung der inhomogenen Dgl.:

Falls das Glied $\mathbf{B}(t)\,\mathbf{u}(t)$ in Dgl.(1.2-3) nicht verschwindet, läßt sich die Lösung aus der Lösung der homogenen Dgl. durch V a r i a t i o n d e r K o n s t a n t e n gewinnen. Dabei wird analog zu Gl.(1.2-8) die Lösung in der allgemeinen Form

$$\mathbf{x}(t) = \varnothing(t,t_0)\,\mathbf{f}(t)\,;\quad \mathbf{f}(t_0) = \mathbf{x}(t_0)$$

angesetzt. Durch Einsetzen in Gl.(1.2-3) verifiziert man das fundamentale Resultat

$$\mathbf{x}(t) = \varnothing(t,t_0)\,\mathbf{x}(t_0) + \int_{t_0}^{t} \varnothing(t,\tau)\,\mathbf{B}(\tau)\,\mathbf{u}(\tau)\,\mathrm{d}\tau\,, \qquad (1.2-11)$$

in dem die Einflüsse von Anfangswert $\mathbf{x}(t_0)$ und Störfunktion $\mathbf{u}(t)$ deutlich voneinander getrennt erscheinen. Die Herleitung dieser Gl. ist eine **Übung**saufgabe (Lösung in Abschn.9).

Die folgenden Bemerkungen bringen typische Anwendungen von Gl. (1.2-11). Sie sollen für die Analyse der Kalman-Bucy-Filter in

Abschn.7.3 einerseits zum Einüben der dort benötigten Matrizenrechnung dienen und andererseits das Verständnis einiger weiterreichender Hinweise zu jenem Filter erleichtern.

Bei einer ersten Lektüre kann jetzt unmittelbar zu Abschn.2 übergegangen werden.

Beobachtbarkeit und Steuerbarkeit

Wir wollen jetzt noch die für die steuerungstechnische (speziell auch die regelungstechnische) Praxis so fundamentalen Begriffe B e o b a c h t b a r k e i t und S t e u e r b a r k e i t kurz erläutern. Dabei beschränken wir uns auf lineare Systeme nach Gln.(1.2-3,4), wollen aber bei

der Beobachtbarkeit die (nicht wesentliche) Einschränkung machen, daß $\mathbf{u}(t) = \mathbf{0}$ ist.

Ein solches dynamisches System nennt man v o l l k o m m e n b e o b a c h t b a r zum Zeitpunkt t_1, wenn ein $t_0 < t_1$ existiert, so daß mittels der Meßwerte $\mathbf{y}(t)$; $t \in [t_0, t_1]$ jeder Zustandsvektor $\mathbf{x}(t_1)$ bestimmt werden kann. Aus Gl.(1.2-11) folgt dann die Kenntnis jedes späteren Zustands! Ein notwendiges und hinreichendes Kriterium dafür ist, daß ein $t_0 < t_1$ existiert, für das das Integral (die Matrix)

$$\mathbf{I}_b := \int_{t_0}^{t_1} \boldsymbol{\phi}^T(t, t_1)\, \mathbf{C}^T(t)\, \mathbf{C}(t)\, \boldsymbol{\phi}(t, t_1)\, dt \qquad (1.2\text{-}12)$$

positiv definit ist. (Dabei bezeichnet T die T r a n s p o s i t i o n .) Wegen des Beweises der Notwendigkeit sei z.B. auf BUCY-JOSEPH [1, S. 29] verwiesen. Das Hinreichen ist leicht in Form einer Rechenvorschrift zur Bestimmung von $\mathbf{x}(t_1)$ zu zeigen: Wendet man auf $\mathbf{y}(t)$; $t \in [t_0, t_1]$ den linearen Integraloperator $\boldsymbol{\Gamma}$ gemäß

$$\boldsymbol{\Gamma}\{\mathbf{y}\} := \int_{t_0}^{t_1} \boldsymbol{\phi}^T(t, t_1)\, \mathbf{C}^T(t)\, \mathbf{y}(t)\, dt \qquad (1.2\text{-}13)$$

an und multipliziert das Ergebnis von links mit der Inversen des
Integrals $I_b^{\,1}$, so erhält man nach Einsetzen für $y(t)$ aus Gl. (1.2-4)
wegen Gl. (1.2-8) gerade $x(t_1)$, was man zur **Übung** nachweise.

Bei einem System n-ter Ordnung mit konstanten Koeffizientenmatrizen
A und **C** lautet ein gleichwertiges Kriterium:

$$\text{Rang} \begin{bmatrix} \mathbf{C} \\ \mathbf{CA} \\ \cdots \\ \mathbf{CA}^{N-1} \end{bmatrix} = n; \; N = n. \qquad (1.2\text{-}14)$$

Da **y** ein Skalar sein kann, ist $N < n$ nicht zulässig. (Der Beweis für
den zeitdiskreten Fall wird als **Übung** empfohlen.)

Ein zur Beobachtbarkeit duales Konzept ist das der Steuerbarkeit.
[Hier wird natürlich in Gl. (1.2-3) nicht mehr $u(t) \equiv 0$ vorausgesetzt.]
Man nennt ein dynamisches System nach Gl. (1.2-3) v o l l k o m m e n
s t e u e r b a r zum Zeitpunkt t_0, wenn ein $t_1 > t_0$ existiert, so daß mittels der S t e u e r w e r t e $u(t)$; $t \in [t_0,t_1]$, jeder Zustandsvektor $x(t_0)$
bis $t = t_1$ zu null gemacht werden kann.

Ein notwendiges und hinreichendes Kriterium dafür ist die Existenz eines $t_1 > t_0$, so daß die Matrix

$$I_s := \int_{t_0}^{t_1} \emptyset(t_0,t)\,\mathbf{B}(t)\,\mathbf{B}^T(t)\,\emptyset^T(t_0,t)\,dt > 0 \qquad (1.2\text{-}15)$$

d.h. positiv definit ist. (Damit existiert insbesondere I_s^{-1}.)

Das Hinreichen zeigt man mit der speziellen Steuerfunktion

$$u(t) = -\mathbf{B}^T(t)\,\emptyset^T(t_0,t)\,I_s^{-1}\,x(t_0), \qquad (1.2\text{-}16)$$

die man in Gl. (1.2-11) einsetzen muß. (Dies ist eine nützliche Rechen-
Übung.)

---

[1] I_b^{-1} existiert z.B. nach dem Sylvester-Kriterium wegen $I_b > 0$.

Bei einem System n-ter Ordnung mit konstanten Koeffizienten lautet ein
äquivalentes Steuerbarkeitskriterium: Der Rang der Matrix

$$\mathbf{S}_k := (\mathbf{B}, \mathbf{AB}, \dots, \mathbf{A}^{n-1}\mathbf{B}) \qquad (1.2\text{-}17)$$

muß n sein. (Beweise z.B. bei ZADEH-DESOER [1].)

Die Äquivalenz beider Kriterien läßt sich im zeitdiskreten Fall, wo
statt Gl.(1.2-3) für den n-komponentigen Zustandsvektor

$$\mathbf{x}(k+1) = \mathbf{A}(k)\,\mathbf{x}(k) + \mathbf{B}(k)\,\mathbf{u}(k) \qquad (1.2\text{-}18)$$

gilt, leicht zeigen: Zunächst folgt aus Gl.(1.2-18) durch sukzessives
Einsetzen als Analogon zu Gl.(1.2-11)

$$\mathbf{x}(N) = \phi(N,0)\,\mathbf{x}(0) + \sum_{k=0}^{N-1} \phi(N,k+1)\,\mathbf{B}(k)\,\mathbf{u}(k) \qquad (1.2\text{-}19)$$

mit der Übergangsmatrix

$$\phi(N,k) := \prod_{i=k}^{N-1} \mathbf{A}(i). \qquad (1.2\text{-}19a)$$

(Der Leser führe zur **Übung** einige Schritte des Einsetzens durch, wobei er die Dynamik des Systems spüren kann.)

Mit $t_0 = 0$, $t_1 = N$ ist das zu Gl.(1.2-18) gehörige dynamische System
offenbar dann und nur dann vollkommen steuerbar, wenn das lineare
Gl.-System (1.2-19) für die $\mathbf{u}(k)$ für den beliebigen Anfangspunkt $\mathbf{x}(0)$
und den Endpunkt $\mathbf{x}(N) = \mathbf{0}$ eindeutig lösbar ist. Dazu aber muß die Matrix (Steuerbarkeitsmatrix), die man bei der Lösung von Gl.
(1.2-19) bildet, d.h. - nach einer erlaubten Multiplikation mit $\phi(0,N)$ -

$$\mathbf{S}_d := [\phi(0,N)\mathbf{B}(N-1), \phi(0,N-1)\mathbf{B}(N-2), \dots, \phi(0,1)\mathbf{B}(0)] \quad (1.2\text{-}20)$$

den Rang n haben. Nun wird in Abschn.1.4 gezeigt, daß das Produkt
einer Matrix vom Rang n mit ihrer Transponierten eine positiv definite Matrix ist. Also folgt aus

$$\text{Rang } \mathbf{I}_{s,d} = n; \quad d \text{ für diskret,}$$

daß

$$\mathbf{S}_d \mathbf{S}_d^{\,T} = \sum_{k=0}^{N-1} \emptyset\,(0,k+1)\,\mathbf{B}(k)\,\mathbf{B}^T(k)\,\emptyset^T(0,k+1) > 0\,,$$

was offenbar Gl.(1.2-15) entspricht, während bei $\mathbf{A},\mathbf{B}$ = const. Gl.(1.2-20) in Gl.(1.2-17) übergeht. Dabei ist wegen der Möglichkeit einkomponentiger $\mathbf{u}(k)$ N = n zu wählen.

Als deutschsprachige Bücher hierzu seien die von SCHWARZ [1] und UNBEHAUEN [1] erwähnt.

1.3. Anhang: Grundbegriffe der Fouriertransformation

Die Fouriertransformation gehört - teilweise im Gegensatz zur Laplacetransformation - leider nicht überall zur Allgemeinbildung der mittleren Semester und der Praktiker aus Ingenieurs-, Wirtschafts und Naturwissenschaften, für die dieses Buch einigermaßen lesbar sein sollte. Daher werden die wichtigsten Sätze, die diese F u n k t i o n a l t r a n s f o r m a t i o n bezüglich der Anwendungen beherrschen, ohne Beweise aber mit einigen, im Verlaufe der Lektüre meist erneut auftauchenden Beispielen hier gebracht.

Definition der Fouriertransformation

In diesem Buch wird stets die folgende Definition der Laplacet r a n s f o r m a t i o n einer Funktion f(t) benutzt:

$$F(s) := \mathcal{L}f(t)^{1} := \int_{0}^{\infty} f(t)\,\exp(-st)\,dt \qquad (1.3-1)$$

mit der Umkehrung

$$f(t) = \mathcal{L}^{-1}F(s) := \frac{1}{2\pi j}\int_{c-j\infty}^{c+j\infty} F(s)\,\exp(st)\,ds\,;\ j := \sqrt{-1} \qquad (1.3-2)$$

---

[1] Integraltransformationen werden hier mit möglichst wenig Klammern geschrieben.

(vgl. z.B. DOETSCH [1]), wobei $\mathcal{L}$ der Operator der Laplacetransformation ist, s deren komplexe Variable und c die konvergenzerzeugende Abszisse der Rücktransformation.

Die Fouriertransformation mit dem Operatorsymbol $\mathfrak{F}$ wird hier wie folgt definiert (falls das Integral existiert)

$$F(\omega) := \mathfrak{F}f(t) := \int_{-\infty}^{\infty} f(t)\exp(-j\omega t)\,dt. \tag{1.3-3}$$

(Das Integral existiert z.B., wenn $f(t)$ absolut integrabel ist.)

Die Umkehrung lautet

$$f(t) = \mathfrak{F}^{-1}F(\omega) := \frac{1}{2\pi} \int_{-\infty}^{\infty} F(\omega)\exp(j\omega t)\,d\omega \tag{1.3-4}$$

(vgl. z.B. PAPOULIS [1]). Wir sprechen dabei von Rücktransformation. Für den Zusammenhang zwischen $\mathfrak{F}$- und $\mathcal{L}$-Transformation gilt

$$\mathfrak{F}f(t) = [\mathcal{L}f(t)]_{/s=j\omega} + [\mathcal{L}f(-t)]_{/s=-j\omega}. \tag{1.3-5}$$

Damit ist man von den weniger verbreiteten Tabellen der $\mathfrak{F}$-Transformation, z.B. von OBERHETTINGER [1] weitgehend unabhängig.

Beispiel:

Gesucht sei $\mathfrak{F}[\sin(\alpha t)\exp(-\beta|t|)]$.

In zahlreichen Tabellen findet man

$$\mathcal{L}[\sin(\alpha t)\exp(-\beta t)] = \frac{\alpha}{\alpha^2 + (s+\beta)^2}.$$

Also ist nach Gl.(1.3-5) wegen $f(-t) = \sin(-\alpha t)\exp(-\beta|t|)$

$$\mathfrak{F}[\sin(\alpha t)\exp(-\beta|t|)] = \frac{\alpha}{\alpha^2 + (j\omega+\beta)^2} + \frac{-\alpha}{(-\alpha)^2 + (-j\omega+\beta)^2}$$

$$= \frac{-4j\omega\alpha\beta}{\alpha^4 + 2\alpha^2(\beta^2-\omega^2) + (\beta^2+\omega^2)^2}. \tag{1.3-6}$$

Für gerade reelle Funktionen werden die Vorwärts- und Rückwärts-
transformierten gerade und reell, d.h.

$$F(\omega) = 2\int_0^\infty f(t)\cos(\omega t)\,dt\,,\quad f(t) = f(-t) \qquad (1.3\text{-}3a)$$

bzw.

$$f(t) = \frac{1}{\pi}\int_0^\infty F(\omega)\cos(\omega t)\,d\omega\,,\quad F(\omega) = F(-\omega)\,. \qquad (1.4\text{-}4a)$$

Die Umkehrung der Fouriertransformation geschieht explizit gemäß

$$f(t) = \begin{cases} \displaystyle\sum_i \lim_{s\to s_i} \frac{d^{\alpha_i-1}}{ds^{\alpha_i-1}} \frac{\widetilde{F}(s)\exp(st)(s-s_i)^{\alpha_i}}{(\alpha_i-1)!}\,,\quad \mathrm{Re}(s_i) < 0,\ t > 0, \\[2em] \displaystyle -\sum_k \lim_{s\to s_k} \frac{d^{\alpha_k-1}}{ds^{\alpha_k-1}} \frac{\widetilde{F}(s)\exp(st)(s-s_k)^{\alpha_k}}{(\alpha_k-1)!}\,,\quad \mathrm{Re}(s_k) > 0,\ t < 0. \end{cases}$$

$$(1.3\text{-}7)$$

mit Re für Realteil. (Vgl. z.B. PAPOULIS [1] S. 177.) Dabei sind
die s_i bzw. s_k die P o l s t e l l e n mit den V i e l f a c h h e i t e n α_i
bzw. α_k von $\widetilde{F}(s)$ in der linken bzw. rechten s-Halbebene, und $\widetilde{F}(s)$
erhält man aus $F(\omega)$, indem man $\omega \equiv -j(j\omega)$ setzt und $j\omega$ durch s ersetzt. $f(t)$ verschwindet für $t < 0$, wenn $\widetilde{F}(s)$ in der rechten Halbebene regulär ist.

Rechenregeln der Fouriertransformation[1]

Mit $\mathfrak{F}f(t) = F(\omega)$ gelten folgende "Regeln":

I) S y m m e t r i e r e g e l

$$\mathfrak{F}F(t) = 2\pi f(-\omega)\,.$$

II) S k a l i e r u n g s r e g e l

$$\mathfrak{F}f(at) = \frac{1}{a} F(\omega/a)\,.$$

---

[1] Beweise bei PAPOULIS [1].

(Je "breiter" eine Funktion ist, desto "schmaler" ist ihre Transformierte.)

IIIa) Z e i t v e r s c h i e b u n g s r e g e l

$$\mathfrak{F}f(t - t_0) = F(\omega) \exp(-j\omega t_0) \,.$$

IIIb) F r e q u e n z v e r s c h i e b u n g s r e g e l

$$\mathfrak{F}^{-1} F(\omega - \omega_0) = f(t) \exp(j\omega_0 t) \,.$$

(Eine harmonische M o d u l a t i o n bewirkt eine Verschiebung des Spektrums um den Betrag der Modulationsfrequenz.)

IVa) D i f f e r e n z i e r r e g e l f ü r d e n Z e i t b e r e i c h

$$\mathfrak{F}\,\frac{d^n f(t)}{dt^n} = (j\omega)^n F(\omega) \,.$$

(Aus Dgln. werden je nach Störfunktion algebraische oder transzendente Gln..)

IVb) D i f f e r e n z i e r r e g e l f ü r d e n F r e q u e n z b e r e i c h

$$\mathfrak{F}^{-1}\,\frac{d^n F(\omega)}{d\omega^n} = (-jt)^n f(t) \,.$$

V) M o m e n t e n r e g e l

$$\frac{d^n F(0)}{d\omega^n} = (-j)^n \int_{-\infty}^{\infty} t^n f(t)\,dt \,.$$

VIa) F a l t u n g s s a t z i m Z e i t b e r e i c h

$$\mathfrak{F}^{-1}[F_1(\omega)F_2(\omega)] = f_1(t) \circledast f_2(t) := \int_{-\infty}^{\infty} f_1(\tau)\,f_2(t-\tau)\,d\tau \,.$$

VIb) F a l t u n g s s a t z i m F r e q u e n z b e r e i c h

$$\mathfrak{F}[f_1(t)f_2(t)] = \frac{1}{2\pi} F_1(\omega) \circledast F_2(\omega) \,.$$

VII) **Parseval-Formel**

$$\int\limits_{-\infty}^{\infty} f_1(t)f_2(t)\,dt = \frac{1}{2\pi}\int\limits_{-\infty}^{\infty} F_1(-\omega)F_2(\omega)\,d\omega\,.$$

Speziell für $f_1 = f_2 = f$ gilt

$$\int\limits_{-\infty}^{\infty} f^2(t)\,dt = \frac{1}{2\pi}\int\limits_{-\infty}^{\infty} |F(\omega)|^2\,d\omega\,.$$

VIII) **Poissonsche Summenformel**

$$\sum_{n=-\infty}^{\infty} f(t+nT) = \frac{1}{T}\sum_{n=-\infty}^{\infty} F(2\pi n/T)\exp(j2\pi nt/T)\,.$$

Speziell für $t = 0$ gilt

$$\sum_{n=-\infty}^{\infty} f(nT) = \frac{1}{T}\sum_{n=-\infty}^{\infty} F(2\pi n/T)\,.$$

<u>Beispiele für die Fouriertransformation</u>

1) **Konstante Funktion und Diracsche δ-Funktion:**

Der formale Ansatz der $\mathfrak{F}$-Transformation einer konstanten Funktion $f(t) \equiv c$ führt nach Gl.(1.3-3a) auf das nicht konvergierende Integral

$$2c\int\limits_{0}^{\infty} \cos(\omega t)\,dt\,.$$

$\mathfrak{F}c$ existiert also zunächst nicht. Genausowenig existiert zunächst die inverse Transformierte zu $F(\omega) \equiv c$.

Die formale Anwendung der $\mathfrak{F}$-Transformation auf die δ-Funktion gibt wegen der Ausblendeigenschaft der Distribution δ

$$\mathfrak{F}\,\delta(t-t_0) = \int\limits_{-\infty}^{\infty} \delta(t-t_0)\exp(-j\omega t)\,dt = \exp(-j\omega t_0)\,.$$

18   1. Deterministische Systemtheorie

Daraus folgt für $t_0 = 0$, daß

$$\mathfrak{F}\,\delta(t) = 1 \; ; \quad \int_{-\varepsilon}^{\varepsilon} \delta(t)\,dt = 1 \; ; \quad \varepsilon > 0 \; . \qquad (1.3\text{-}8)$$

Analog gilt

$$\mathfrak{F}^{-1}\,\delta(\omega) = \frac{1}{2\pi} \; . \qquad (1.3\text{-}9)$$

Daraus ergibt sich die Frage, ob die sinnvolle Erweiterung der Vor-
wärts- und Rückwärtstransformation auf Konstante auf die δ-Funktion
führen sollte. Da die δ-Funktion eine Pseudofunktion ist, steht dies
nicht in Widerspruch zur oben gezeigten Unmöglichkeit der üblichen
Transformation. Tatsächlich definiert man (vgl. z.B. PAPOULIS [1,
S. 36-37]) $\mathfrak{F}\,\delta(t) = 1$ und $\mathfrak{F}1 = 2\pi\delta(\omega)$.

2) Sinusfunktion:

Bekanntlich ist

$$\sin(\Omega t) = \frac{1}{2j}\,[\exp(j\Omega t) - \exp(-j\Omega t)] \; . \qquad (1.3\text{-}10)$$

Nun ist wegen der Frequenzverschiebungsregel und wegen $\mathfrak{F}1 = 2\pi\delta(\omega)$

$$\mathfrak{F}\exp(j\Omega t) = 2\pi\delta(\omega - \Omega) \; , \qquad (1.3\text{-}11)$$

also insgesamt

$$\mathfrak{F}\sin(\Omega t) = \frac{\pi}{j}\,[\delta(\omega - \Omega) - \delta(\omega + \Omega)] \; .$$

3) Reelle Exponentialfunktion:

Durch Einsetzen in die Definitionsgl. erhält man

$$\mathfrak{F}[\exp(-\alpha t)1(t)] = \frac{1}{\alpha + j\omega} \qquad (1.3\text{-}12)$$

bzw.

$$\mathfrak{F}\exp(-\alpha|t|) = \frac{2\alpha}{\alpha^2 + \omega^2} \; . \qquad (1.3\text{-}12a)$$

4) Rechteckfunktion:

Aus

$$f(t) = \begin{cases} a \,; & |t| \leq t_0 \,, \\ 0 \,; & \text{sonst} \end{cases}$$

erhält man gemäß Gl. (1.3-3a) mit

$$\text{si}(\alpha) := \sin\alpha/\alpha \qquad\qquad (1.3\text{-}13)$$

sofort

$$F(\omega) = 2\,a \int_0^{t_0} \cos(\omega t)\,dt = 2\,at_0\,\text{si}(\omega t_0)\,. \qquad\qquad (1.3\text{-}14)$$

5) Dreiecksfunktion:

Aus

$$f(t) = \begin{cases} a(1 - |t|/t_0) \,; & |t| \leq t_0 \,, \\ 0 \,; & \text{sonst} \end{cases}$$

erhält man aus Gl. (1.3-3a) nach elementarer Rechnung

$$F(\omega) = at_0\,\text{si}^2(\omega t_0/2)\,. \qquad\qquad (1.3\text{-}15)$$

1.4. Anhang: Grundbegriffe der Matrizen- und Vektorrechnung.

Eine Matrix ist zunächst ein rechteckiges Schema von Zahlen $a_{i,k}$, wobei der erste Index die Nummer der Zeile, der zweite die der Spalte angibt. Vektoren sind einreihige Matrizen. (Reihe ist der Oberbegriff für Zeile und Spalte.) Beispiele:

$$\text{n·m-Matrix} \quad \mathbf{A} := \begin{bmatrix} a_{1,1} & \cdots & a_{1,m} \\ \vdots & & \vdots \\ a_{n,1} & \cdots & a_{n,m} \end{bmatrix} =: (a_{i,k})_{n,m}\,,$$

$$\text{n·1-Matrix (n-Vektor)} \quad \mathbf{a} := \begin{bmatrix} a_1 \\ \vdots \\ a_n \end{bmatrix}\,.$$

Das Vertauschen von Zeilen und Spalten (T r a n s p o s i t i o n) wird hier durch ein hochgestelltes T angegeben. Eine Matrix $\mathbf{A}$ mit $\mathbf{A}^T = \mathbf{A}$ heißt symmetrisch; sie ist immer quadratisch.

Nun existieren für diese Zahlenanordnungen die folgenden Rechenregeln:

Die A d d i t i o n von zwei Matrizen $\mathbf{A}$ und $\mathbf{B}$ zu $\mathbf{C} := \mathbf{A} + \mathbf{B}$ erfolgt elementweise gemäß

$$c_{i,k} = a_{i,k} + b_{i,k} \, ;$$

sie hat also nur Sinn für Matrizen mit gleichen Anzahlen von Zeilen bzw. Spalten.

Der R a n g einer Matrix ist die Maximalzahl linear unabhängiger Reihen.

Das P r o d u k t zweier Matrizen, die Matrix $\mathbf{C} = \mathbf{A}\mathbf{B}$, hat die Elemente

$$c_{i,k} = \sum_{l} a_{i,l} b_{l,k} \, . \qquad (1.4\text{-}1)$$

Das Matrizenprodukt kann also nur gebildet werden, wenn der zweite Faktor so viele Zeilen hat wie der erste Spalten. Man nennt dann auch $\mathbf{A}$ und $\mathbf{B}$ v e r k e t t b a r (statt multiplizierbar). I.allg. ist das Matrizenprodukt nicht k o m m u t a t i v, d.h. $\mathbf{A}\mathbf{B} \neq \mathbf{B}\mathbf{A}$.

Beim Transponieren gilt

$$(\mathbf{A}\mathbf{B})^T = \mathbf{B}^T \mathbf{A}^T \, . \qquad (1.4\text{-}2)$$

Die Summe der Elemente $a_{i,i}$ auf der H a u p t d i a g o n a l e n von $\mathbf{A}$ heißt S p u r der Matrix, sp $\mathbf{A}$.

Eine Matrix $\mathbf{A}$, deren Elemente bis auf die der Hauptdiagonalen sämtlich gleich 0 sind, heißt d i a g o n a l. Sind dabei alle $a_{i,i} = 1$, so heißt $\mathbf{A}$ die E i n h e i t s m a t r i x $\mathbf{I}$ mit $a_{i,k} = \delta_{i,k}$ nach Kronecker. Man erkennt sofort, daß

$$\mathbf{I}\mathbf{B} = \mathbf{B}\mathbf{I} = \mathbf{B} \, .$$

Die I n v e r s e $\mathbf{A}^{-1}$ zu einer Matrix $\mathbf{A}$ ist definiert durch die Beziehung $\mathbf{A}\mathbf{A}^{-1} = \mathbf{I}$. Sie existiert nur, wenn $\mathbf{A}$ quadratisch ist und nicht singulär, d.h. wenn die D e t e r m i n a n t e von $\mathbf{A}$, eine nur für quadratische Matrizen aus den $a_{i,k}$ eindeutig bestimmbare Zahl, ungleich null ist. Bei Inversion eines Produkts gilt

$$(\mathbf{AB})^{-1} = \mathbf{B}^{-1}\mathbf{A}^{-1}. \tag{1.4-3}$$

(Vgl. die formal analoge Beziehung beim Transponieren.)

Das Produkt $\mathbf{Aa}$ ist ein durch $\mathbf{A}$ aus $\mathbf{a}$ gebildeter neuer Vektor. Das Produkt $\mathbf{a}^T\mathbf{b}$, i n n e r e s oder skalares Produkt genannt, ist eine Zahl. (Das innere Produkt kann natürlich nur mit Vektoren gleicher Dimension gebildet werden.) Das innere Produkt ist [nach Gl.(1.4-1)] kommutativ, also

$$\mathbf{a}^T\mathbf{b} = \mathbf{b}^T\mathbf{a}. \tag{1.4-4}$$

Stellt man $\mathbf{a}$ und $\mathbf{b}$ in einem n-dimensionalen Euklidischen Raum als Strecken vom Nullpunkt bis zu den Punkten mit den Koordinaten $a_1,\ldots,a_n$ bzw. $b_1,\ldots,b_n$ dar (O r t s v e k t o r e n), so gilt

$$\mathbf{a}^T\mathbf{b} = \|\mathbf{a}\|\,\|\mathbf{b}\|\,\cos(\mathbf{a},\mathbf{b}) \tag{1.4-5}$$

mit der Euklidischen Norm ("Länge" des Vektors)

$$\|\mathbf{a}\| := \sqrt{\sum_{i=1}^{n} a_i^2}.$$

Es scheint erwähnenswert, daß die wegen $|\cos\alpha| \leqslant 1$ gültige Ungleichung

$$(\mathbf{a}^T\mathbf{b})^2 \leqslant \|\mathbf{a}\|^2\,\|\mathbf{b}\|^2$$

oder

$$\left(\sum_i a_i b_i\right)^2 \leqslant \sum_i a_i^2 \sum_i b_i^2 \tag{1.4-5a}$$

bereits eine ganz primitive Form der hier häufig zitierten Schwarzschen Ungleichung ist.

Auch das sog. d y a d i s c h e Produkt $\mathbf{a}\mathbf{b}^T$ ist eine wichtige Größe. Dabei entsteht aus zwei Vektoren eine quadratische Matrix.

Eine quadratische Matrix $\mathbf{A}$ heißt p o s i t i v   d e f i n i t , man schreibt (symbolisch gemeint) $\mathbf{A} > 0$, wenn die mit ihr gebildete quadratische Form

$$\mathbf{x}^T \mathbf{A} \mathbf{x} = \sum_{i,k} a_{i,k}\, x_i x_k \begin{cases} > 0 \text{ für } \mathbf{x} \neq \mathbf{0}, \\ \\ = 0 \text{ für } \mathbf{x} = \mathbf{0}. \end{cases}$$

Sind noch andere Nullstellen zugelassen, so heißt $\mathbf{A}$ (positiv) s e m i - d e f i n i t . - Um das doppelte Anschreiben längerer Ausdrücke für $\mathbf{x}$ zu vermeiden, schreibt man auch

$$\mathbf{x}^T \mathbf{A} \mathbf{x} = \|\mathbf{x}\|_{\mathbf{A}} .$$

Gelegentlich benutzt man die für $\mathbf{A} = \mathbf{A}^T$ offenbar gültige Identität

$$\mathbf{x}^T \mathbf{A} \mathbf{x} = \mathrm{sp}\,(\mathbf{x}\mathbf{x}^T \mathbf{A}) . \tag{1.4-6}$$

Die Zahlen λ, die die Gl.

$$\mathbf{A} \mathbf{x} = \lambda \mathbf{x} \tag{1.4-7}$$

erfüllen, heißen E i g e n w e r t e   der (quadratischen) Matrix $\mathbf{A}$. Die Gl.

$$\det\,(\mathbf{A} - \lambda\mathbf{I}) = 0 ; \quad \det \text{ für } D e t e r m i n a n t e ,$$

heißt c h a r a k t e r i s t i s c h e   Gl.. Ihre Lösungen λ_k lösen Gl.(1.4-7) mit bestimmten Vektoren $\mathbf{x}_k$, den sog. E i g e n v e k t o r e n .

Weiterhin soll hier der Begriff der P s e u d o i n v e r s e n   einer Matrix nach PENROSE [1] (vgl. auch AOKI [1, Anhang II]) erläutert werden: Eine lineare Vektorgl.

$$\mathbf{A} \mathbf{x} = \mathbf{b} \tag{1.4-8}$$

ist bekanntlich nur dann eindeutig nichttrivial lösbar, wenn $\mathbf{A}$ quadratisch und nicht singulär ist; dann ist nämlich

$$\mathbf{x} = \mathbf{A}^{-1} \mathbf{b} . \tag{1.4-8a}$$

Bei überbestimmten Systemen, die z.B. in der A u s g l e i c h s r e c h - n u n g   bei der M e t h o d e   d e r   k l e i n s t e n   Q u a d r a t e   nach Gauß auftreten, möchte man auch für nichtquadratische $\mathbf{A}$ Gl.(1.4-8) wenigstens genähert erfüllen. Gewöhnlich sucht man das Minimum der quadratischen Abweichung, d.h. das Minimum $\mathbf{x} = \mathbf{x}_{opt}$ von

$$J(\mathbf{x}) := (\mathbf{b} - \mathbf{A}\mathbf{x})^T (\mathbf{b} - \mathbf{A}\mathbf{x})$$

$$= \mathbf{b}^T \mathbf{b} - 2\mathbf{x}^T \mathbf{A}^T \mathbf{b} + \mathbf{x}^T \mathbf{A}^T \mathbf{A}\mathbf{x}. \qquad (1.4\text{-}9)$$

Nun gilt bei quadratischer Ergänzung allgemein die identische Umformung (für invertierbares symmetrisches $\mathbf{H}$)

$$\mathbf{u}^T \mathbf{H}\mathbf{u} + 2\mathbf{u}^T \mathbf{v} = \|\mathbf{H}\mathbf{u} + \mathbf{v}\|_{\mathbf{H}^{-1}} - \|\mathbf{v}\|_{\mathbf{H}^{-1}}. \qquad (1.4\text{-}10)$$

mit einem Minimum bei $\mathbf{H}\mathbf{u} + \mathbf{v} = \mathbf{0}$ oder

$$\mathbf{u} = -\mathbf{H}^{-1}\mathbf{v}. \qquad (1.4\text{-}11)$$

(Die Nachprüfung dieser Behauptung ist eine kleine Rechen-**Übung**. Außerdem zeige man zur **Übung**, daß aus der Existenz von $\mathbf{H}^{-1}$, für $\mathbf{H}^T = \mathbf{H}$ und $\mathbf{H} > 0$ immer $\mathbf{H}^{-1} > 0$ folgt.)

Wendet man dieses allgemeine Resultat auf Gl.(1.4-9) an, so gilt: Da $\mathbf{A}^T\mathbf{A}$ wegen $\mathbf{x}^T\mathbf{A}^T\mathbf{A}\mathbf{x} = \|\mathbf{A}\mathbf{x}\|^2 \geqslant 0$ definit ist und somit nach dem Sylvesterschen Definitheitskriterium $\det(\mathbf{A}^T\mathbf{A}) \neq 0$ ist, so daß $(\mathbf{A}^T\mathbf{A})^{-1}$ existiert, ist nach Gl.(1.4-11) mit $\mathbf{u} = \mathbf{x}$, $\mathbf{H} = \mathbf{A}^T\mathbf{A}$, $\mathbf{v} = -\mathbf{A}^T\mathbf{b}$

$$\mathbf{x}_{opt} = (\mathbf{A}^T\mathbf{A})^{-1}\mathbf{A}^T\mathbf{b}. \qquad (1.4\text{-}12)$$

Wegen der Analogie zwischen dieser Beziehung und Gl.(1.4-8a) kann man

$$\mathbf{A}^+ := (\mathbf{A}^T\mathbf{A})^{-1}\mathbf{A}^T \qquad (1.4\text{-}13)$$

eine P s e u d o i n v e r s e von $\mathbf{A}$ nennen. Als Probe wird bei Existenz von $\mathbf{A}^{-1}$ sinnvollerweise $\mathbf{A}^+ = \mathbf{A}^{-1}$.

Die Differentiation und die Integration von Matrix-Funktionen ist stets elementweise gemeint; also ist z.B.

$$\dot{\mathbf{A}}(t) := (\dot{a}_{i,k}(t))_{n,n}. \qquad (1.4\text{-}14)$$

Abschließend sei noch an zwei Grundbegriffe der Vektoranalysis erinnert:

1) G r a d i e n t von $f(\mathbf{x})$:

$$\mathbf{grad}\, f(\mathbf{x}) := \nabla\, f(\mathbf{x}) := \begin{bmatrix} \partial f(\mathbf{x})/\partial x_1 \\ \cdots\cdots \\ \partial f(\mathbf{x})/\partial x_n \end{bmatrix} ; \quad \mathbf{x} := \begin{bmatrix} x_1 \\ \vdots \\ x_n \end{bmatrix} . \quad (1.4\text{-}15)$$

Dabei nennt man $\nabla^T := (\partial/\partial x_1, \ldots, \partial/\partial x_n)$ den (transponierten) Nabla-Operator.

2) D i v e r g e n z von $\mathbf{h}(\mathbf{x})$:

$$\mathrm{div}\, \mathbf{h}(\mathbf{x}) := \nabla^T \mathbf{h}(\mathbf{x}) := \sum_{i=1}^{n} \partial h_i(\mathbf{x})/\partial x_i . \quad (1.4\text{-}16)$$

2. Wahrscheinlichkeitstheoretische Grundbegriffe

Die Wahrscheinlichkeitstheorie ist wegen der Verwendung der M a ß -
t h e o r i e mit ihrem sehr allgemeinen Integralbegriff für den Nichtma-
thematiker ein relativ schwer zugängliches Wissensgebiet. Obwohl in
diesem Buch Maßtheorie ausgeschlossen wird, wodurch schon vieles
mehr heuristisch dargestellt werden muß, soll dem Leser wenigstens
auf diesem Niveau die Wahrscheinlichkeitsrechnung in ihren Grundzügen
einigermaßen geschlossen dargestellt werden, damit er sich nicht nur
auf gewisse intuitive Vorstellungen aus dem Alltagsleben verlassen muß.
Einfache Beispiele, die hier weitgehend ausgespart wurden, findet man
in den vielen guten Einführungen in die Wahrscheinlichkeitsrechnung.

2.1. Statistischer Wahrscheinlichkeitsbegriff

Der Begriff W a h r s c h e i n l i c h k e i t hat - ausgehend von den Glücks-
spielen, wo er eine dominierende Rolle spielt - eine teils abenteuerli-
che Geschichte hinter sich. Noch heute wird gern mit dem Begriff der
Wahrscheinlichkeit als dem Verhältnis der Zahl der "günstigen" zur
Zahl der möglichen Fälle operiert. Beim Würfel wird meist die Augenzahl 6 als "günstig" verabredet, während insgesamt 6 Fälle, nämlich
die Augenzahlen 1 bis 6 "gleichberechtigt möglich" sind. Leider kommt
man jedoch mit dieser Definition außer in den einfachsten Fällen rasch
in Bedrängnis; so z.B. bei einem gezinkten Würfel. Daher wird hier
konsequent der "statistische" Wahrscheinlichkeitsbegriff benutzt, bei
dem man sich durch viele Wiederholungen desselben Versuchs ein um-
fangreiches statistisches Material verschafft, in dem sich dann der
Z u f a l l irgendwie äußern muß. Daß mit diesem Begriff die Axiome
der modernen Wahrscheinlichkeitsrechnung völlig plausibel sind, wird
unten ausführlich gezeigt werden.

2.1.1. Zufällige Ereignisse und ihre Verknüpfungen

In der Wahrscheinlichkeitsrechnung betrachtet man Mengen von E r e -
i g n i s s e n mit den Namen A_i; i = 1,2,3,... oder A,B,C,..., die
Deutungen der möglichen Ausgänge (Ergebnisse) eines Versuchs darstellen, und zwar soll es prinzipiell unmöglich sein, bei Wiederholungen des Versuchs zukünftige Ergebnisse immer richtig vorauszusagen.
Ist der Versuch z.B. der Wurf eines Würfels, so ist das zufällige Ergebnis üblicherweise die Augenzahl der oben liegenden Seite des Würfels, etwa die 3. Das Erhalten dieser Zahl kann bereits als E r e i g n i s
angesprochen werden. Einige andere, weniger triviale mögliche Deutungen d e s s e l b e n Versuchsergebnisses lauten: Man hat eine Zahl
unter 4 erhalten, eine Primzahl, eine durch 3 teilbare Zahl oder eine
Ziffer, die in einer wichtigen Telefonnummer vorkommt usf. Man beachte: "Ergebnisse" sind zufällig, "Deutungen" werden einmal verabredet und dann beibehalten.

Wir betrachten nun Verknüpfungen von Ereignissen. Hat man allgemein
zwei Mengen A und B gegeben, die aus irgendwelchen Grundelementen
bestehen, so nennt man A ∩ B den D u r c h s c h n i t t von A und B,
d.h. die Menge aller gemeinsamen Grundelemente von A und B; A ∪ B
die V e r e i n i g u n g s m e n g e von A und B, d.h. die Menge derjenigen Grundelemente, die entweder in A oder B oder in beiden enthalten

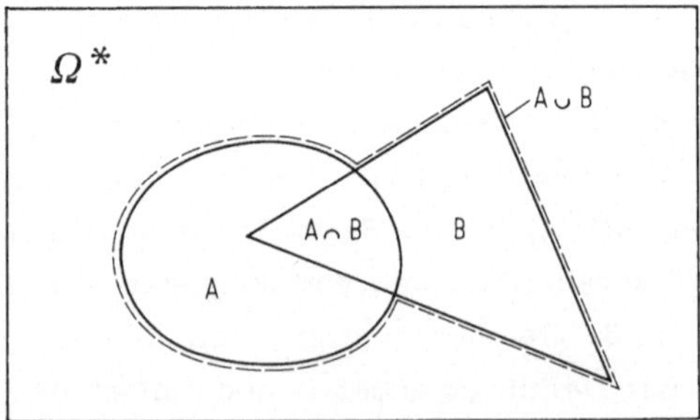

Bild 2.1-1. Darstellung der elementaren Mengenoperationen.

sind, und $\overline{A}$ die K o m p l e m e n t ä r m e n g e zu A, bezogen auf eine
Menge Ω^*, die A ganz enthält, d.h. die Menge aller Grundelemente,
die in Ω^*, aber nicht in A enthalten sind. Zur Veranschaulichung dient
Bild 2.1-1 mit Punkten der Zeichenebene als Grundelementen.

Nun zu unseren speziellen Mengen, den **E r e i g n i s s e n** A_i:

Zunächst sollen alle A_i sich aus gewissen Grundelementen, den **E l e - m e n t a r e r e i g n i s s e n** ω_l^* zusammensetzen lassen, also $A_i = \omega_{l_{i,1}}^* \cup$

$\cup \omega_{l_{i,2}}^* \cup \ldots$. Dabei sollen alle ω_l^* sich paarweise gegenseitig aus-

schließen. A_i gelte als "eingetreten", wenn mindestens eines der

$\omega_{l_{i,k}}^*$ eingetreten ist. Weiterhin gelte:

Sind A und B zwei Ereignisse aus einer Menge Ω^*, dann sei

1) $A \cup B$ das Ereignis, das dadurch charakterisiert ist, daß mindestens
   eines der beiden Ereignisse A oder B eintritt;

2) $A \cap B$ das Ereignis, das dadurch charakterisiert wird, daß sowohl
   A als auch B eintreten;

3) $\overline{A}$ das bezüglich des umfassenderen Ereignisses Ω^* komplemen-
   täre Ereignis zu A mit den Eigenschaften $A \cup \overline{A} = \Omega^*$ und
   $A \cap \overline{A} = 0^{\varkappa}$ (leere Menge).

In Zukunft wollen wir genauer unter Ω^* die Menge aller Elementarereignisse, die sog. **M e r k m a l m e n g e** verstehen. Alle Ereignisse A_i
sind in Ω^* enthalten. Da also mit jedem A_i automatisch auch Ω^* eintritt, nennt man Ω^* auch das sichere Ereignis.

Auch beliebig komplizierte Verknüpfungen von Ereignissen nach 1), 2),
3) sollen Ereignisse sein. Diese sind alle nach Voraussetzung über die
Zusammensetzung der A_i Vereinigungsmengen gewisser ω_l^* und damit
Untermengen von Ω^*.

Wie kann man nun die **W a h r s c h e i n l i c h k e i t** von Ereignissen bestimmen?

2.1.2. Plausibilitätsbetrachtung zur Axiomatik von Kolmogoroff

Wir denken uns ein Experiment wiederholt ausgeführt, das zu M verschiedenen Resultaten (Ereignissen A_i) führen kann, die sich in diesem besonderen Falle gegenseitig ausschließen sollen. Nach N Versuchen mögen die Ereignisse A_i jeweils n_i-mal aufgetreten sein. Man
nennt

$$H_N(A_i) = n_i$$

die Häufigkeit des Ereignisses A_i und

$$h_N(A_i) = \frac{n_i}{N} \qquad (2.1\text{-}1)$$

die relative Häufigkeit des Ereignisses A_i.

Es gilt natürlich

$$\sum_{i=1}^{M} n_i = N \quad \text{oder} \quad \sum_{i=1}^{M} h_N(A_i) = 1 .$$

Wir nehmen nun an, daß

$$W(A_i) := \lim_{N \to \infty} h_N(A_i)^{1} \qquad (2.1\text{-}2)$$

existiert. Dieser Grenzwert heißt die Wahrscheinlichkeit für das Eintreten des Ereignisses A_i (unter den jeweils näher zu bezeichnenden Umständen). Zur Abgrenzung gegen andere Wahrscheinlichkeitsbegriffe z.B. der Wahrscheinlichkeit als "Maß der Gewißheit" wollen wir hier vom "statistischen"[2] Wahrscheinlichkeitsbegriff sprechen. Er entspricht recht gut unserer intuitiven Vorstellung, denn je häufiger ein Ereignis ist, desto wahrscheinlicher pflegen wir es zu nennen.

Nun ist offenbar

I. $W(A_i)$ der Grenzwert einer Folge von positiven Zahlen, also

$$W(A_i) \geqslant 0 , \qquad (2.1\text{-}3)$$

II. die relative Häufigkeit, mit der irgendeines der Ereignisse A_i eintritt, d.h. mit der Ω^* eintritt, gleich 1, also

$$W(\Omega^*) = 1 , \qquad (2.1\text{-}4)$$

---

[1] Eine Deutung dieser Art von Grenzwertbildung wird in Abschn. 2.3.2 nachgetragen.

[2] Man spricht hierbei auch von der sog. Häufigkeitsinterpretation.

III. wenn A_i und A_k sich gegenseitig ausschließen und $h_N(A_i \cup A_k)$ die relative Häufigkeit des Eintretens des Ereignisses $A_i \cup A_k$ ist, offenbar

$$h_N(A_i \cup A_k) = h_N(A_i) + h_N(A_k) \, ,$$

oder für $N \to \infty$, falls die Grenzwerte existieren,

$$W(A_i \cup A_k) = W(A_i) + W(A_k) \, . \qquad (2.1\text{-}5)$$

Damit sind bereits die wichtigsten Axiome der Wahrscheinlichkeitsrechnung nach KOLMOGOROFF [2] plausibel gemacht, nämlich:

I. Jedem Ereignis A_i wird eine Zahl $W(A_i) \geqslant 0$ zugeordnet.

II. Es existiert ein Ereignis Ω^* mit $W(\Omega^*) = 1$.

III. Wenn A_i und A_k sich gegenseitig ausschließen, d.h. wenn $A_1 \cap A_k - 0^*$, gilt

$$W(A_i \cup A_k) = W(A_i) + W(A_k) \, .$$

Einige einfache Folgerungen aus den Axiomen sind:

1) Aus $A \cup \overline{A} = \Omega^*$ folgt wegen Axiom II, daß $W(A \cup \overline{A}) = 1$. Mit $A \cap \overline{A} = 0^*$ folgt daher aus Axiom III

$$W(A) + W(\overline{A}) = 1 \, ; \qquad (2.1\text{-}6)$$

also wegen Axiom I, daß

$$0 \leqslant W(A) \leqslant 1 \, . \qquad (2.1\text{-}7)$$

Ist $A = \Omega^*$, so gilt nach Gl.$(2.1\text{-}6)$ wegen $\overline{\Omega^*} = 0^*$ und Axiom II für die leere Menge 0^*

$$W(0^*) = 0 \, . \qquad (2.1\text{-}8)$$

2) Falls $A_i = A$ und $A_k = B$ sich nicht gegenseitig ausschließen, gilt statt Axiom III die für Anwendungen fundamentale Gl.

$$W(A \cup B) = W(A) + W(B) - W(A \cap B) \, . \qquad (2.1\text{-}9)$$

Zum Beweis spaltet man z.B. Ereignis B wie folgt in zwei sich gegenseitig ausschließende Teile auf (vgl. Bild 2.1-1)

$$B = B' \cup (A \cap B)$$

mit

$$W(B) = W(B') + W(A \cap B) \qquad\qquad (2.1\text{-}10)$$

wegen Axiom III. Für $A \cup B$ gilt analog

$$A \cup B = A \cup B'$$

mit

$$W(A \cup B) = W(A) + W(B').$$

Einsetzen von $W(B')$ aus Gl.(2.1-10) liefert nun unmittelbar die Behauptung (2.1-9).

<u>Bemerkung zu Schwierigkeiten mit unendlich vielen Elementarereignissen</u>

Bisher wurde stillschweigend vorausgesetzt, daß die Anzahl der Elementarereignisse und damit (nach den Rechenregeln der Kombinatorik) auch die Zahl der Ereignisse endlich sei. Dies ist im Lichte der Quantentheorie, soweit man sich nur für Aussagen über unsere materielle Welt interessiert, auch sinnvoll. Andererseits können viele elegante Rechenhilfsmittel der Infinitesimalrechnung nur eingesetzt werden, wenn man ein Kontinuum von Elementarereignissen definiert. Beim Würfel kann man das z.B. dadurch erreichen, daß man sich nur für den Winkel zwischen einer Würfel- und einer Tischkante interessiert. Bei abzählbar unendlich vielen Elementarereignissen ist es noch möglich, jedem einzelnen von ihnen eine endliche Wahrscheinlichkeit zuzuordnen, so daß die Summe der Wahrscheinlichkeiten gemäß Axiom II gerade 1 wird. (Beispiel: Elementarereignis ω_i^* tritt mit der Wahrscheinlichkeit $[1/2]^i$ ein.) Bei Mengen größerer M ä c h t i g k e i t geht das, wie die Maßtheorie lehrt, nicht mehr. Man muß daher mit den Elementarereignissen einen booleschen Sigma-Mengenring (vgl. z.B. KRICKEBERG [1] S. 13) bilden: Ein R i n g im Sinne der modernen Algebra (vgl. z.B. VAN DER WAERDEN [1] S. 34) ist eine Menge von Elementen, für die zwei Verknüpfungen, die man i.allg. "Addition" und "Multiplikation" nennt, definiert sind, für die gewisse einfache Rechenregeln, wie sie uns von den reellen Zahlen geläufig sind, gelten. Man

erkennt, daß es formal richtig ist, die Bildung der Vereinigungsmenge
von Ereignissen mit der "Addition" zu identifizieren und die Bildung
des Durchschnitts mit der "Multiplikation". Ein boolescher Mengenring
$\mathfrak{F}^*$ (gelegentlich auch Borelscher Mengenkörper oder Ereignisfeld genannt) ist eine Menge von Teilmengen der Merkmalmenge
Ω^*, die die leere Menge und Ω^* selbst enthält und abgeschlossen
ist gegenüber den Bildungen des Komplements, der Vereinigungsmenge
und des Durchschnitts zweier (und daher schrittweise endlich vieler)
Mengen, d.h. wenn $A, B \subset \mathfrak{F}^*$, gilt $\overline{A}, \overline{B} \subset \mathfrak{F}^*$, $(A \cup B) \subset \mathfrak{F}^*$ und
$(A \cap B) \subset \mathfrak{F}^*$. Man sagt auch: Die Mengen $A, B, \ldots$ bilden einen Verband.
Vgl. MESCHKOWSKI [1].

Ein sog. Sigma-Mengenring liegt nun vor, wenn die Rechenoperationen
des Rings auch auf abzählbar unendlich viele Mengen ausgedehnt werden
dürfen. Wie man verfahren kann, wenn Ω^* mehr als abzählbar viele
Elementarereignisse umfaßt, so daß diese nicht (alle) als Elemente
von $\mathfrak{F}^*$ genommen werden können, wird bei KRICKEBERG [1] S. 14-15
geschildert.

2.1.3. Bedingte Wahrscheinlichkeit und statistische Unabhängigkeit

Kolmogoroff definiert die bedingte Wahrscheinlichkeit des
Ereignisses $A \subset \mathfrak{F}^*$ unter $B \subset \mathfrak{F}^*$ als

$$W(A \mid B) = \frac{W(A \cap B)}{W(B)} . \qquad (2.1\text{-}11)$$

Man nennt diese Gleichung (oder eine einfache Erweiterung) auch die
Bayessche Teilungsregel. Sie liefert die Wahrscheinlichkeit für
das Eintreten des Ereignisses A unter ausschließlicher "Berücksichtigung" der Fälle, in denen das Ereignis B auch eingetreten ist.
$W(A \mid B)$ ist also ein Maß für die Bindung zwischen A und B. Wir wollen diese Definition wieder über relative Häufigkeiten verständlich machen.

Nach Durchführung von N Versuchen sortiere man zunächst alle $H_N(B)$
Fälle aus, bei denen das Ereignis B eingetreten ist. Unter diesen gibt
es eine Anzahl, nämlich $H_N(A \cap B)$, bei denen außerdem das Ereignis
A eingetreten ist. Dann ist

$$h_N(A \mid B) := \frac{H_N(A \cap B)}{H_N(B)}$$

offenbar die relative Häufigkeit für das Eintreten von Ereignis A, bezogen auf die Anzahl der Fälle, in denen das Ereignis B eingetreten
ist. Erweitert man im letzten Ausdruck Zähler und Nenner mit $1/N$,
so gilt

$$h_N(A\,|B) = \frac{h_N(A \cap B)}{h_N(B)} \, ,$$

was bei Annahme der Existenz der Grenzwerte für $N \to \infty$ auf die Definitionsgl.(2.1-11) führt.

Es macht begriffliche Schwierigkeiten, daß $A\,|B$ nicht als Teilmenge
von $\mathfrak{F}^*$ erklärt ist, so daß der Ausdruck $W(A\,|B)$ ohne die Definitions-
gleichung sinnlos ist. Ausgehend von den relativen Häufigkeiten, soll
offenbar $W(A\,|B) = W'(A \cap B)$ die für das Ereignisfeld $\mathfrak{F}^*{}'$ mit der Merk-
malmenge $\Omega^{*'} := B$ definierte Wahrscheinlichkeit des Ereignisses $A \cap B$
sein.

Man kann aber auch beim alten $\mathfrak{F}^*$ mit Ω^* bleiben und eine neue Zuord-
nungsvorschrift W_B definieren mit [für $W(B) \neq 0$]

$$W_B(A) := \frac{W(A \cap B)}{W(B)} \qquad\qquad (2.1\text{-}11a)$$

für alle $A \subset \mathfrak{F}^*$. W_B genügt den 3 Axiomen und wird daher zu Recht
eine Wahrscheinlichkeit genannt:

Zu Axiom I: W_B ist als Quotient zweier positiver Zahlen immer po-
           sitiv.

Zu Axiom II: Da $B \cap \Omega^* = B$, ist $W_B(\Omega^*) = 1$. (Vgl. Bild 2.1-1.)

Zu Axiom III: Sei $A_i \cap A_k = 0^*$. Dann ist nach Gl.(2.1-11a)

$$W_B(A_i \cup A_k) = \frac{1}{W(B)}\, W\,[(A_i \cap B) \cup (A_k \cap B)]$$

$$= \frac{1}{W(B)}\, W\,(A_i \cap B) + \frac{1}{W(B)}\, W\,(A_k \cap B)$$

$$= W_B(A_i) + W_B(A_k)\,.$$

Falls A durch B nicht beeinflußt wird, d.h. falls es gleichgültig ist,
ob man die relative Häufigkeit des Eintretens von A auf alle N Ver-

suche bezieht oder nur auf die $H_N(B)$ Versuche, die das Ereignis B ergeben, ist

$$h_N(A\,|\,B) = h_N(A\,|\,\Omega^*) = :h_N(A).$$

Daraus wird für $N \to \infty$, falls ein Grenzwert existiert,

$$W(A\,|\,B) = W(A) = \frac{W(A \cap B)}{W(B)}.$$

Dies führt auf die Definitionsgleichung

$$W(A \cap B) = W(A)W(B) \qquad (2.1\text{-}12)$$

als Ausdruck der statistischen oder stochastischen Unabhängigkeit der Ereignisse A und B voneinander. [Z.B. beim Würfeln mit zwei Würfeln ist i.allg. die Wahrscheinlichkeit jedes Paares von Augenzahlen A,B gleich $1/36 = (1/6)(1/6)$, weil A und B voneinander unabhängig sind.] Zwei Ereignisse A und B ohne gemeinsame Elementarereignisse sind jedoch statistisch abhängig! Wenn nämlich

$$W(A) \neq 0, \quad W(B) \neq 0$$

aber wegen Gl.(2.1-8)

$$W(A \cap B) = W(0^*) = 0$$

gilt, ist Gl.(2.1-12) die Definitionsgl. für statistische Unabhängigkeit nicht erfüllt. In der Tat liefert hier das Auftreten von A immer automatisch eine Information über B, nämlich die, daß B nicht aufgetreten ist.

(Als kleine Denk- und Rechen-**Übung** zeige man, daß, wenn A und B statistisch unabhängig sind, dasselbe auch von A und $\overline{B}$ gilt.)

Für Anwendungen, wo man die bedingten Wahrscheinlichkeiten eines Ereignisses A unter gewissen Bedingungen B_i sowie die Wahrscheinlichkeiten der B_i kennt, ist noch die Formel für die sog. totale Wahrscheinlichkeit von A zur Berechnung von $W(A)$ interessant, nämlich

$$W(A) = \sum_{i=1}^{m} W(A\,|\,B_i)W(B_i); \quad B_l \cap B_k = 0^*; \quad l \neq k; \quad A \subset \bigcup_{i=1}^{m} B_i. \quad (2.1\text{-}13)$$

Sie folgt sofort aus Gl.(2.1-11) und dem III. Axiom, wenn man bedenkt, daß

$$A = \bigcup_{i=1}^{m} (A \cap B_i)$$

und daß die Disjunktheit von B_l und B_k auch für die Teilmengen $B_l \cap A$ und $B_k \cap A$ gilt.

2.2. Begriff der Verteilungsfunktion

Wir kommen nun zu einer der wichtigsten Klassen von Wahrscheinlichkeiten, den sog. Verteilungsfunktionen. Da es sich um Wahrscheinlichkeiten handelt, die eng mit reellen Parametern verknüpft sind, soll im folgenden Abschnitt zunächst eine fundamentale Zuordnung zwischen Ereignissen und Zahlen betrachtet werden:

2.2.1. Zufalls-Variable und Zufallsprozeß

Den Elementarereignissen ω_i^* einer Merkmal-Menge Ω^* (bzw. eines Ereignisfeldes $\mathfrak{F}^*$) werden vermöge der Abbildungsvorschrift f reelle Zahlen X_i bzw. Vektoren $\mathbf{X}_i$ zugeordnet, also

$$f(\omega_i^*) = X_i \quad \text{bzw.} \quad \mathbf{f}(\omega_i^*) = \mathbf{X}_i = \begin{bmatrix} X_{i,1} \\ X_{i,n} \end{bmatrix}.$$

Nennt man ω^* den allgemeinen Repräsentanten der ω_i^* und X bzw. $\mathbf{X}$ den Repräsentanten der X_i bzw. $\mathbf{X}_i$, schreibt man also

$$f(\omega^*) = X \quad \text{bzw.} \quad \mathbf{f}(\omega^*) = \mathbf{X},$$

so heißt X bzw. $\mathbf{X}$ eine skalare bzw. vektorielle Zufalls-Variable, falls die Vereinigungsmenge der ω_i^* mit $X_i \leq x$ für jedes x ein Ereignis aus $\mathfrak{F}^*$ ist bzw. (im vektoriellen Falle), falls für alle $\mathbf{x}$

$$\left[\omega_i^* : \bigcap_{k=1}^{n} (X_{i,k} \leq x_k) \right] \in \mathfrak{F}^*; \quad \mathbf{x} := \begin{pmatrix} x_1 \\ \vdots \\ x_n \end{pmatrix}.$$

Jede stückweise stetige Funktion einer Zufalls-Variablen ist auch eine Zufalls-Variable. Die Abbildung $\mathbf{X} = \mathbf{f}(\omega^*)$ braucht jedoch nicht eindeutig umkehrbar zu sein.

Beim Würfel nimmt man als Zufallsvariable meist die Augenzahl.

Im folgenden wird, wenn von vektoriellen Zufallsvariablen gesprochen wird, der skalare Fall als eindimensionaler Vektorfall eingeschlossen sein!

Eine durch einen (reellen) Parameter geordnete Menge von Zufallsvariablen heißt Z u f a l l s p r o z e ß (s t o c h a s t i s c h e r P r o z e ß). Ein Zufallsprozeß ist also eine Funktion von zwei Variablen, nämlich dem Parameter t (in der Praxis überwiegend dio Zcit) und dem Elementarereignis ω^*. Ist die Zufallsvariable $X(t)$ nur für diskrete (ins-

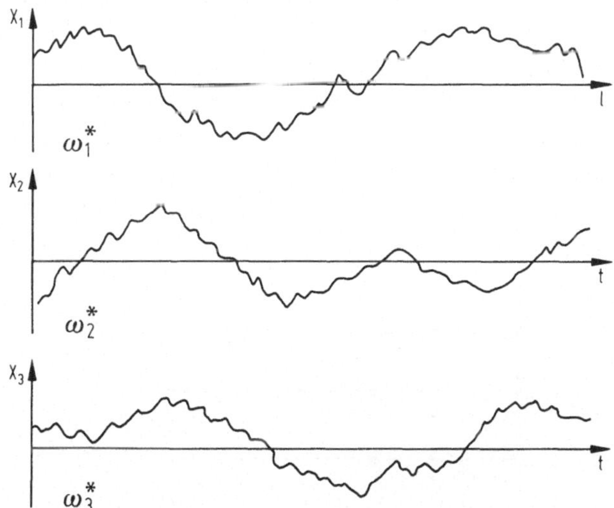

Bild 2.2-1. Musterfunktionen eines Zufallsprozesses. Der Prozeß besteht aus einem "Ensemble" solcher Funktionen. Die X_i sind die möglichen Werte der Zufallsvariablen X, nicht Komponenten eines Vektors!

besondere abzählbar viele) Werte t erklärt, so spricht man auch von einer Z u f a l l s f o l g e. Die übliche Bezeichnung für einen Z u f a l l s - p r o z e ß ist $\{X(t); t \in T\}$, wobei T der Wertevorrat des Parameters ist.

Häufig wird die Zuordnung f zwischen ω_i^* und X_i sich stetig ändern. Dann entstehen für feste ω_i^* "Zeit"-Funktionen $X_i(t)$ sog. M u s t e r-

f u n k t i o n e n oder (mit stärkerer Betonung der Praxis) R e a l i s i e -
r u n g e n des Prozesses. (Vgl. Bild 2.2-1.)

Wie man einen Zufallsprozeß beschreibt, kann erst später erklärt werden. Um deutlicher auf Anwendungen hinzuweisen, werden gelegentlich
für Zufallsprozeß der Begriff "Rauschen" und für Musterfunktion der
Begriff "Signal" verwendet.

<u>Bemerkungen über (mathematische) Meßbarkeit im Zusammenhang
mit der Definition der Zufallsvariablen.</u> (Vgl. dazu z.B. ARNOLD [1].)

Der mit moderner Analysis, besonders den Begriffen der sog. M a ß -
t h e o r i e nicht vertraute Leser mag sich darüber gewundert haben,
daß nicht jede reellwertige Funktion der Elementarereignisse $X(\omega^*)$
- im skalaren Fall - eine Zufallsvariable sein muß. Nun wünscht man
sich von einer Zufallsvariablen vor allem, daß aus den Wahrscheinlichkeiten, mit der ihre Werte auftreten, Rückschlüsse auf Ereignisse des
ursprünglichen Ereignisfeldes $\mathfrak{J}^*$ möglich sind. Bei ARNOLD [1] findet man das folgende Gegenbeispiel für die Erfüllung dieser Forderung:
Der Versuch mit zufälligem Ausgang bestehe im Werfen zweier üblicher
Würfel. Die Merkmalmenge Ω^* sei dabei die Menge aller geordneten

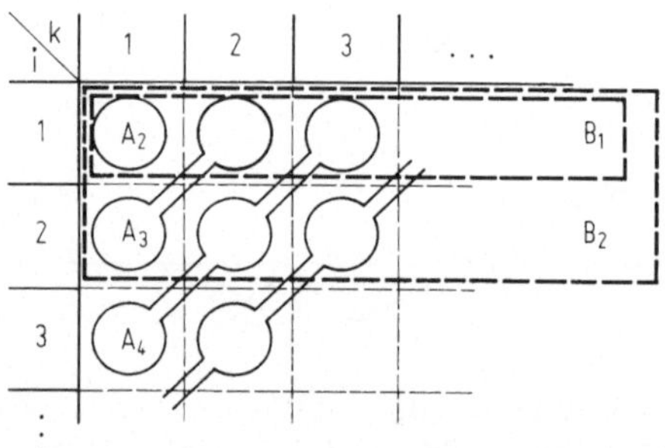

Bild 2.2-2. Zur Definition eines speziellen Ereignisfeldes bei zwei Wür-
         feln.

Paare von Augenzahlen. Nun sei aber das Ereignisfeld nicht die Menge
aller Untermengen von Ω^*, d.h. aller möglichen Vereinigungsmengen
von 1 bis 36 Elementarereignissen, sondern es gelte mit i, k für die
Augenzahlen der Würfel (vgl. Bild 2.2-2)

$$\mathfrak{J}^* = \{A_\nu\} \quad A_\nu = \left\{\omega^*_{1_{i,k}} : i + k = \nu\right\}; \quad \nu = 2, 3, \ldots, 12.$$

Offenbar ist in diesem Falle die Funktion $\varphi\!\left(\omega^*_{1_{i,k}}\right) = i$ keine Zufallsvariable, denn die Mengen

$$B_i := \left\{\omega^*_{1_{m,n}} : m \leq i\right\}$$

mit

$$W(B_i) = W(\varphi \leq i)$$

tauchen in $\mathfrak{I}^*$ nicht auf, da kein B_i ein A_ν ist. (Vgl. Bild 2.2-2.)

Die durch das Beispiel einer unzulässigen Definition einer Zufallsvariablen deutlich gewordene Problematik wird ausgeschlossen, wenn man verlangt, daß $X(\omega^*)$ eine sog. m e ß b a r e Funktion ist. Zu diesem Begriff führt die folgende kurze Erörterung: Das früher definierte Paar $(\Omega^*, \mathfrak{I}^*)$ heißt M e ß r a u m und die früher definierten Elemente A_i von $\mathfrak{I}^*$ heißen m e ß b a r e M e n g e n (vgl. die "Bemerkung" am Schluß von Abschn.2.1.2).

Nun betrachten wir eine Abbildung X, die jedem $\omega^* \in \Omega^*$ ein $X(\omega^*) =$ $= \omega^{*'} \in \Omega^{*'}$ zuordnet, wobei Ω^* zum Meßraum $(\Omega^*, \mathfrak{I}^*)$ gehört und $\Omega^{*'}$ zum Meßraum $(\Omega^{*'}, \mathfrak{I}^{*'})$. Dann heißt die Abbildung $X(\omega^*)$ m e ß b a r [genauer $(\mathfrak{I}^* - \mathfrak{I}^{*'})$ - meßbar] oder eine Z u f a l l s v a r i a b l e auf $(\Omega^*, \mathfrak{I}^*)$, wenn die Urbilder aller meßbaren Mengen aus $\Omega^{*'}$ in Ω^* meßbar sind, d.h., wenn für alle $A_i' \in \mathfrak{I}'$ und alle jeweils zulässigen k

$$\left\{\bigcup_k \omega_k : X(\omega_k) \in A_i'\right\} \in \mathfrak{I}^*.$$

Als Ergänzung zur "Bemerkung" am Schluß von Abschn.2.1.2 gilt noch: Eine Mengenfunktion Ψ, die die Kolmogoroffschen Axiome I und III erfüllt und für die $\Psi(0^*) = 0$ ist wie $W(A)$, heißt M a ß auf $\mathfrak{I}^*$. Gilt dabei speziell $\Psi(\Omega^*) = 1$, wie bei $\Psi = W$, so heißt dieses Maß W a h r s c h e i n l i c h k e i t s m a ß oder kurz W a h r s c h e i n l i c h k e i t .

Man ersieht aus dieser Diskussion, daß die Definition der Zufallsvariablen die Existenz der Wahrscheinlichkeiten von Intervallen $(-\infty, x]$ impliziert. Mit diesen Wahrscheinlichkeiten befassen wir uns im folgenden Abschnitt.

2.2.2. Verteilungsfunktion

Die Wahrscheinlichkeit, mit der für $i = 1,\ldots,n$ die Komponente X_i von $\mathbf{X}$ höchstens gleich der reellen Zahl x_i ist, nennt man (n-dimensionale) V e r t e i l u n g s f u n k t i o n .

$$P_{\mathbf{X}}(\mathbf{x}) = W\{B : X_i(\omega^*) \leqslant x_i;\ i = 1,\ldots,n;\ \omega^* \in B\}. \quad (2.2\text{-}1)$$

$P_{\mathbf{X}}(\mathbf{x})$ ist also die Wahrscheinlichkeit einer Teilmenge $B \subset \mathfrak{F}^*$ mit der Eigenschaft, daß für alle $\omega^* \in B$ und alle i: $X_i \leqslant x_i$ ist. Damit gilt in gekürzter Schreibweise

$$P_{\mathbf{X}}(\mathbf{x}) := P_{X_1,\ldots,X_n}(x_1,\ldots,x_n) := W\left[\bigcap_{i=1}^{n}(X_i \leqslant x_i)\right]. \quad (2.2\text{-}1a)$$

Wenn $\mathbf{X}$ nur endliche Werte annimmt, gilt daher mit dieser Definition für die Funktion P:

$$P_{\mathbf{X}}(-\infty) = 0, \quad\quad\quad (2.2\text{-}2)$$

denn $P_{\mathbf{X}}(-\infty) = W(0^*) = 0$, und

$$P_{\mathbf{X}}(+\infty) = 1, \quad\quad\quad (2.2\text{-}2a)$$

denn $P_{\mathbf{X}}(+\infty) = W(\Omega^*)$ und $W(\Omega^*) = 1$.

Außerdem ist $P_{\mathbf{X}}(\mathbf{x})$ in allen Argumenten monoton steigend, denn wenn mehr Werte der Zufallsvariablen betrachtet werden, kann in Definition (2.2-1) die Menge B nur zunehmen, und damit wird nach den Axiomen III und I W(B) höchstens größer, also auch $P_{\mathbf{X}}(\mathbf{x})$.

Versteht man unter $W(x < X \leqslant x + \Delta x)$ die Wahrscheinlichkeit für das Eintreten von Ereignissen aus derjenigen Teilmenge von $\mathfrak{F}^*$, deren zugehörige ω^* Werte von X zwischen x und $x + \Delta x$ ergeben, so ist offenbar nach Axiom III

$$W(X \leqslant x + \Delta x) = W(X \leqslant x) + W(x < X \leqslant x + \Delta x)$$

oder

$$W(x < X \leqslant x + \Delta x) = P_X(x + \Delta x) - P_X(x). \quad (2.2\text{-}3)$$

Sprungstellen von $P_X(x)$ liegen also dort, wo $W(X = x) = c$; c = const. ist. Als Beispiel skizziere man die Verteilungsfunktion der Augenzahlen eines Würfels.

Den Grenzwert (falls er existiert)

$$p_X(x) = \lim_{\Delta x \to 0} \frac{1}{\Delta x} [P_X(x + \Delta x) - P_X(x)]$$

nennt man Wahrscheinlichkeits-(Verteilungs-)dichte und allgemein $p_X(x)$ die Dichtefunktion. Es gilt also

$$p_X(x) = \frac{d}{dx} P_X(x) \quad \text{bzw.} \quad p_{\mathbf{X}}(\mathbf{x}) = \frac{\delta^n}{\delta x_1 \dots \delta x_n} P_{\mathbf{X}}(x_1, \dots, x_n) \quad (2.2\text{-}4)$$

oder

$$P_{\mathbf{X}}(\mathbf{x}) = \int_{-\infty}^{\mathbf{x}} p_{\mathbf{X}}(\mathbf{u}) d(\mathbf{u}), \quad d(\mathbf{u}) := du_1 du_2 \dots du_n ; \quad (2.2\text{-}5)$$

wobei im n-dimensionalen vektoriellen Fall ein n-faches Integral gemeint ist. Wegen $P_{\mathbf{X}}(\infty) = 1$ gilt für Verteilungsdichten die Normierungsbedingung

$$\int_{-\infty}^{\infty} p_{\mathbf{X}}(\mathbf{x}) d(\mathbf{x}) = 1 . \quad (2.2\text{-}6)$$

Aus der Monotonie von $P_{\mathbf{X}}(\mathbf{x})$ folgt noch $p_{\mathbf{X}}(\mathbf{x}) \geqslant 0$.

Interessiert bei einer mehrdimensionalen Verteilung nur die Abhängigkeit von einer Variablen, so kann man zu deren sog. Grenzverteilung dadurch gelangen, daß man über alle möglichen Werte der nicht interessierenden Variablen integriert. Bei 2 Variablen lautet eine solche sog. Verträglichkeitsbedingung z.B.

$$p_{X_1}(x_1) = \int_{-\infty}^{\infty} p_{X_1, X_2}(x_1, x_2) dx_2 . \quad (2.2\text{-}7)$$

Dabei bezeichnen die Indizes die Zufallsvariablen der betreffenden Verteilungen. Zum Beweis, daß die rechte Seite dieser Gl. nicht nur stets nicht negativ ist und daß sie der Normierungsbedingung für (eindimensionale) Wahrscheinlichkeitsdichtefunktionen Gl. (2.2-6) genügt, sondern wirklich die "Dichte" von X_1 ist, differenzieren wir die zweidimensionale Verbundverteilung

$$P_{X_1,X_2}(x_1,x_2) := \int\limits_{-\infty}^{x_1} \int\limits_{-\infty}^{x_2} p_{X_1,X_2}(u_1,u_2)\,du_2\,du_1$$

partiell nach x_1 und erhalten

$$\frac{\partial}{\partial x_1} P_{X_1,X_2}(x_1,x_2) = \int\limits_{-\infty}^{x_2} p_{X_1,X_2}(x_1,u_2)\,du_2 . \qquad (2.2-8)$$

Nun enthält offenbar $P_{X_1,X_2}(x_1,\infty)$ keine Aussage mehr über X_2, d.h.

$$P_{X_1,X_2}(x_1,\infty) := W\{(X_1 \leqslant x_1) \cap (X_2 \leqslant \infty)\} = W(X_1 \leqslant x_1) =: P_{X_1}(x_1) ,$$

so daß wegen $p_{X_1}(x_1) := d\,P_{X_1}(x_1)/dx_1$ aus Gl. (2.2-8) für $x_2 \to \infty$ die obige Gl. (2.2-7) folgt.

Wir sind nun in der Lage anzugeben, wie man üblicherweise einen Zufallsprozeß charakterisiert: Man gibt für alle endlichen n-tupel von Zeitpunkten $t_1, t_2, \ldots, t_n$ aus der Parametermenge T an, wie die Verbundverteilungsfunktionen

$$P_{X(t_1),X(t_2),\ldots,X(t_n)}(x_1,x_2,\ldots,x_n)$$

lauten. Beispiele werden später besprochen.

2.2.3. Bedingte Verteilungsdichte

Die bedingte Verteilungsdichte wird durch die übliche Differentiation aus der bedingten Verteilungsfunktion gewonnen. Diese ist nach der allgemeinen Definition für die bedingte Wahrscheinlichkeit Gl. (2.1-11) zunächst für zwei skalare Zufallsvariablen folgendermaßen definiert:

$$P(x|y)^1 := \lim_{\varepsilon \to 0} W(X \leqslant x | y < Y \leqslant y + \varepsilon)$$

$$= \lim_{\varepsilon \to 0} \frac{W[(X \leqslant x) \cap (y < Y \leqslant y + \varepsilon)]}{W(y < Y \leqslant y + \varepsilon)}$$

$$= \lim_{\varepsilon \to 0} \frac{\displaystyle\int_y^{y+\varepsilon} \int_{-\infty}^x p_{X,Y}(u,v)\,du\,dv}{\displaystyle\int_y^{y+\varepsilon} p_Y(v)\,dv} \, . \qquad (2.2\text{-}9)^2$$

Wegen eines Mittelwertsatzes der Integralrechnung ist also

$$P(x|y) = \lim_{\varepsilon \to 0} \frac{\varepsilon \displaystyle\int_{-\infty}^x p_{X,Y}(u,y)\,du}{\varepsilon\, p_Y(y)} = \frac{\displaystyle\int_{-\infty}^x p_{X,Y}(u,y)\,du}{p_Y(y)} \, . \qquad (2.2\text{-}10)$$

Daraus folgt beim Differenzieren nach x sofort die bedingte Dichte

$$p(x|y) := \frac{p_{X,Y}(x,y)}{p_Y(y)} \, . \qquad (2.2\text{-}11)$$

Falls speziell (als eine gewisse Entartung) $Y \equiv X$, so gilt für zwei Grenzen x und y dieser einen Zufallsvariablen

$$p(x|y) = \delta(x - y) \, , \qquad (2.2\text{-}11a)$$

denn die Wahrscheinlichkeit, daß eine Zufallsvariable, die den Wert x annimmt, gleichzeitig den Wert $y \neq x$ annimmt, ist selbstverständlich null. Außerdem erfüllt die Diracsche δ-Funktion die Normierungsbedingung Gl. (2.2-6). Zur **Übung** führe man einen Beweis über die zweite Zeile von Gl. (2.2-9).

---

[1] Diese Schreibweise ist leider stärker verbreitet als die einleuchtendere $P_{X|Y}(x,y)$.

[2] Die Behandlung des Falles, daß die Wahrscheinlichkeitsdichten nicht existieren, kann in der mathematischen Fachliteratur nachgelesen werden.

Die Erweiterung von Gl. (2.2-11) auf vektorielle Zufallsvariablen ist offensichtlich.

Falls die Ereignisse $\widetilde{A} := \{\omega^* : X \leqslant x\}$ und $\widetilde{B} := \{\omega^* : Y = y + 0\}$ statistisch unabhängig voneinander sind, gilt offenbar als spezielle Form der Gl. $W(\widetilde{A}|\widetilde{B}) = W(\widetilde{A})$

$$P(x|y) = P_X(x) \; ; \quad p(x|y) = p_X(x) \, .$$

Ganz analog zu Gl. (2.1-12) wird dann aus Gl. (2.2-11)

$$p_{X,Y}(x,y) = p_X(x)\, p_Y(y) \, . \qquad (2.2\text{-}12)$$

Dies ist die Definitionsgleichung für s t a t i s t i s c h (s t o c h a s t i s c h) u n a b h ä n g i g e Z u f a l l s v a r i a b l e n . Eine unmittelbar aus Gl. (2.1-12) folgende Deutung dieser Gl. liefert Bild 2.2-3.

Danach sind

$$A := \{x < X \leqslant x + \Delta x\} \; ; \quad B := \{y < Y \leqslant y + \Delta y\}^1 .$$

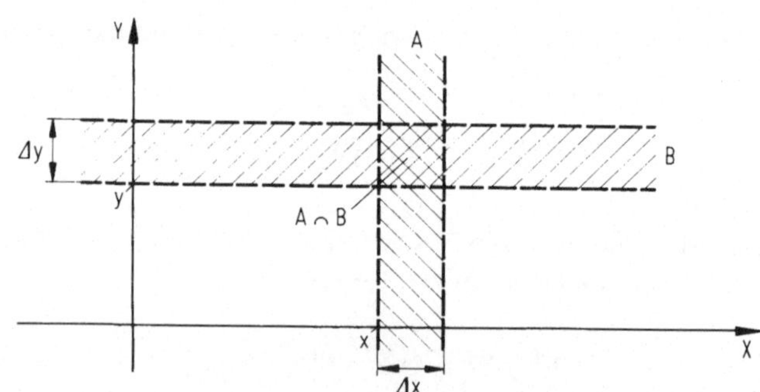

Bild 2.2-3. Stochastische Unabhängigkeit von Zufallsvariablen als Spezialfall der stochastischen Unabhängigkeit von Ereignissen.

Also folgt beim Multiplizieren von Gl. (2.2-12) mit $\Delta x \Delta y$ die Näherungsbeziehung

$$W(A \cap B) = W(A)\, W(B) \; ;$$

d.h. Gl. (2.1-12).

---

[1] Der Hinweis auf Elementarereignisse wird hier und später weggelassen.

Wir wollen das praktische Arbeiten mit bedingten Verteilungen gleich an einer wichtigen Klasse von Zufallsprozessen, den Markoffprozessen einüben.

Beispiel:

Definition und Charakteristika der Markoffprozesse

Ein Zufallsprozeß ist ein (einstufiger) Markoffprozeß, wenn die bedingte Verteilungsdichte eines n-ten Zustands (charakterisiert durch den Zeitpunkt t_n und die Zufallsvariable X_n), bezogen auf alle vorherigen Zustände 1 bis n-1, nur vom (n-1)-ten abhängt:[1]

$$p(x_n,t_n \mid x_{n-1},t_{n-1};x_{n-2},t_{n-2};\cdots;x_1,t_1)$$
$$= p(x_n,t_n \mid x_{n-1},t_{n-1}); t_i < t_k; i < k. \qquad (2.2-13)$$

Dabei ist $p(x_n,t_n \mid x_{n-1},t_{n-1};\cdots;x_1,t_1)\Delta x_n$ genähert (je kleiner Δx_n, um so genauer) die Wahrscheinlichkeit dafür, daß zum Zeitpunkt t_n die n-te Zufallsvariable einen Wert zwischen x_n und $x_n + \Delta x_n$ hat unter der Bedingung, daß zu den Zeitpunkten t_k die k-ten Zufallsvariablen die Werte x_k hatten; wobei $k = 1,2,\ldots,n-1$.

Allein hieraus wird nun hergeleitet, daß ein Markoffprozeß durch ein- und zweidimensionale Verteilungsdichten vollständig beschrieben werden kann:

Für (einstufige) Markoffprozesse ist mit der Definition nach Gl. (2.2-11)

$$p_k(x_k,t_k;\cdots;x_1,t_1)^2 = p_{k-1}(x_{k-1},t_{k-1};\cdots;x_1,t_1)\cdot p(x_k,t_k \mid x_{k-1},t_{k-1}).$$
$$(2.2-14)$$

Speziell für $k = 2$ im Index von p in der letzten Formel gilt:

$$p_2(x_m,t_m;x_{m-1},t_{m-1}) = p_1(x_{m-1},t_{m-1})p(x_m,t_m \mid x_{m-1},t_{m-1}).^3$$
$$(2.2-15)$$

---

[1] Man schreibt x_i,t_i statt $x_i(t_i)$.

[2] Die Wahrscheinlichkeitsdichten werden hier nicht durch die zugehörigen Zufallsvariablen gekennzeichnet, sondern durch deren Anzahl.

[3] Das gilt allgemein, für jeden Prozeß!

Mithin kann eine n-te Verteilungsdichte schrittweise auf 1. und 2. bzw. einfachste bedingte Dichten (wie in der letzten Gleichung) zurückgeführt werden:

$$p_n(x_n,t_n;\ldots;x_1,t_1) = p_{n-1}(x_{n-1},t_{n-1};\ldots;x_1,t_1)p(x_n,t_n|x_{n-1},t_{n-1})$$

$$= p_{n-2}(x_{n-2},t_{n-2};\ldots;x_1,t_1)p(x_{n-1},t_{n-1}|x_{n-2},t_{n-2})$$

$$\cdot p(x_n,t_n|x_{n-1},t_{n-1})$$

$$\ldots\ldots\ldots\ldots\ldots\ldots\ldots\ldots\ldots$$

$$= p_2(x_2,t_2;x_1,t_1)p(x_3,t_3|x_2,t_2)\ldots$$

$$\ldots p(x_n,t_n|x_{n-1},t_{n-1})\,.$$

Setzt man hier noch nach Gl. (2.2-15)

$$p_2(x_2,t_2;x_1,t_1) = p_1(x_1,t_1)p(x_2,t_2|x_1,t_1)$$

ein, so wird schließlich

$$p_n(x_n,t_n;\ldots;x_1,t_1) = p_1(x_1,t_1)\prod_{k=2}^{n}p(x_k,t_k|x_{k-1},t_{k-1})$$

$$= \frac{\displaystyle\prod_{k=2}^{n}p_2(x_k,t_k;x_{k-1},t_{k-1})}{\displaystyle\prod_{k=2}^{n-1}p_1(x_k,t_k)} \quad;\ n\geqslant 2\,. \quad (2.2\text{-}16)$$

Ein Markoffprozeß wird also durch ein- und zweidimensionale Dichten vollständig bestimmt.

Ist ein Markoffprozeß stationär, kommt es also nur auf die Differenzen $\Delta t_k := t_k - t_{k-1}$ an, so gilt statt dessen in plausibler Schreibweise

$$p_n\!\left(x_n,\sum_{k=2}^{n}\Delta t_k;\ldots;x_2,\Delta t_2;x_1\right) = p_1(x_1)\prod_{k=2}^{n}p(x_k,\Delta t_k|x_{k-1})\,.$$

2.3. Erwartungswerte

Wir wollen uns nun mit Parametern befassen, die der Kennzeichnung
von Verteilungsfunktionen dienen, mit sog. Erwartungswerten.
Bei diesen handelt es sich häufig tatsächlich um Werte, die man bei
fehlenden Zufallseffekten mit Sicherheit erwarten könnte, jedoch darf
man diese Deutung nicht überbewerten.

2.3.1. Definition des Erwartungswerts

Erwartungswert einer (skalaren) Funktion f einer Zufallsvariablen $\mathbf{X}$ mit der Verteilung $P(\mathbf{x})$ nennt man das Funktional

$$E\,f(\mathbf{X}) := \int_{-\infty}^{\infty} f(\mathbf{x})\,p(\mathbf{x})\,d(\mathbf{x})\,, \qquad (2.3\text{-}1)$$

wobei wieder die Integration über den gesamten $\mathbf{x}$-Raum gemeint ist.
Etwas allgemeiner ist die Schreibweise als Stieltjesintegral, mit der
man die δ-Funktion umgehen kann, falls $p(\mathbf{x})$ nicht überall existiert:

$$E\,f(\mathbf{X}) := \int_{-\infty}^{\infty} f(\mathbf{x})\,dP(\mathbf{x})\,. \qquad (2.3\text{-}1a)$$

Wegen Gl.(2.2-6) ist für a = const.

$$E\,a = a\,. \qquad (2.3\text{-}2)$$

Daneben ist

$$E(aX) = a\,E\,X\,. \qquad (2.3\text{-}3)$$

Außerdem gilt

$$E[f(\mathbf{X}) + g(\mathbf{Y})] = E\,f(\mathbf{X}) + E\,g(\mathbf{Y})\,. \qquad (2.3\text{-}4)$$

Bei Matrix-Zufallsvariablen $\mathbf{X} := (X_{i,k})_{m,n}$ ist, wie eine kleine
Rechen-**Übung** zeigt, mit der Vereinbarung $E\,\mathbf{X} := (E\,X_{i,k})_{m,n}$

$$E(\mathbf{A}\mathbf{X}\mathbf{B}) = \mathbf{A}(E\,\mathbf{X})\mathbf{B}\,. \qquad (2.3\text{-}5)$$

Für die Anwendungen sind auch die sog. diskreten Verteilungen wichtig, wo die Zufallsvariable nur diskrete, insbesondere endlich viele Werte - etwa $X_1, \ldots, X_m$ - annehmen kann. Dann ist mit

$$\Delta P(x_k) := P(x_k) - P(x_{k-1}) = W(X = x_k)$$

entsprechend Gl.(2.3-1a)

$$E\, f(X) = \sum_{k=1}^{m} f(x_k)\Delta P(x_k) = \sum_{k=1}^{m} f(x_k)\, W(X = x_k)\,. \qquad (2.3\text{-}6)$$

Wegen Gl.(2.1-2) gilt auch

$$E\, f(X) = \sum_{k=1}^{m} f(x_k) \lim_{N \to \infty} [H_N(x_k)/N] = \lim_{N \to \infty} \left[\frac{1}{N} \sum_{k=1}^{m} f(x_k)H_N(x_k)\right].$$
$$(2.3\text{-}7)$$

Damit ist der Zusammenhang mit dem Anschaulichen Begriff M i t t e l -
w e r t gefunden, denn die letzte Summe ist die Summe aller N Meßwerte: Bei statistischer Interpretation des Wahrscheinlichkeitsbegriffs
ist der Erwartungswert der Grenzwert des arithmetischen Mittelwerts.

Eine häufig benutzte Konsequenz von Gl.(2.2-12) ist die Faktorisierung
von Erwartungswerten, d.h. für stochastisch voneinander unabhängige
$\mathbf{X}$ und $\mathbf{Y}$ gilt

$$E[f(\mathbf{X})g(\mathbf{Y})] := \iint_{-\infty}^{\infty} f(\mathbf{x})g(\mathbf{y})p_{\mathbf{X},\mathbf{Y}}(\mathbf{x},\mathbf{y})d(\mathbf{x})d(\mathbf{y})$$

$$= \int_{-\infty}^{\infty} f(\mathbf{x})p_{\mathbf{X}}(\mathbf{x})d(\mathbf{x}) \int_{-\infty}^{\infty} g(\mathbf{y})p_{\mathbf{Y}}(\mathbf{y})d(\mathbf{y}) =: E\, f(\mathbf{X})Eg(\mathbf{Y})\,.$$
$$(2.3\text{-}8)$$

2.3.2. Momente und charakteristische Funktion

Erwartungswerte von Potenzen von Zufallsvariablen heißen M o m e n t e.
Die bekanntesten sind (zunächst im skalaren Fall)

$$E\, X =: \mu_X \qquad \text{"Mittelwert" (nicht zu verwechseln mit dem}$$
$$\text{a r i t h m e t i s c h e n\ \ M i t t e l w e r t\,!),}$$

$E\,X^2$ quadratischer "Mittelwert",

$E\,(X - \mu_X)^2 =: \sigma_X^2$ Varianz,

        σ_X Standardabweichung (früher Streuung).

Man rechnet als kleine **Übung** leicht nach, daß

$$\sigma_X^2 = E\,X^2 - \mu_X^2 \tag{2.3-9}$$

und daß für konstante a und b

$$\sigma_{aX+b}^2 = a^2\,\sigma_X^2 \,. \tag{2.3-10}$$

Zur Berechnung der Wahrscheinlichkeit gewisser Abweichungen vom
Erwartungswert kann man die Ungleichung von Tschebyscheff benutzen:
Mit $\mu := \mu_X$ und $\sigma := \sigma_X$ ist

$$W[\,|X - \mu| > a\sigma\,] \leqslant 1/a^2 \,; \quad a > 0 \,. \tag{2.3-11}$$

Es ist nämlich zunächst

$$\sigma^2 := \int_{-\infty}^{\infty} (x - \mu)^2\, p(x)\,dx \geqslant \left\{ \int_{-\infty}^{\mu - a\sigma} + \int_{\mu + a\sigma}^{\infty} \right\} (x - \mu)^2\, p(x)\,dx \,.$$

Außerdem ist für $x \leqslant \mu - a\sigma$ und $x \geqslant \mu + a\sigma$

$$(x - \mu)^2 \geqslant a^2 \sigma^2 \,,$$

so daß schließlich

$$\sigma^2 \geqslant a^2 \sigma^2\; W[\,|X - \mu| > a\sigma\,] \,.$$

Analoge Ungln. für höhere Momente findet man z.B. bei FISZ [1].

Für $a = \varepsilon/\sigma$ erhält Ungl. (2.3-11) die ebenfalls häufig benutzte Form

$$W\{\,|X - \mu| > \varepsilon\} \leqslant \frac{\sigma^2}{\varepsilon^2} \,. \tag{2.3-11a}$$

Die Tschebyscheff-Ungleichung kann z.B. dazu benutzt werden, die
obige Verwendung des Begriffs der relativen Häufigkeit $h_N(A)$ eines

Ereignisses A bei N Versuchen als Näherung für die Wahrscheinlich-keit $W(A)$ zu begründen: Dazu werden sog. boolesche Zufallsvariablen x_k, die nur 1 oder 0 sein können, definiert. Diese sollen gleich 1 sein, wenn innerhalb einer Serie von N Versuchen beim k-ten Versuch das Ereignis A eintritt, sonst 0.

Also wird gemäß Gl.(2.1-1), da A bei jedem k-ten der N Versuche eintreten kann, wobei $x_k = 1$ wird,

$$h_N(A) = \sum_{k=1}^{N} x_k/N \, .$$

Nun ist nach Gl.(2.3-6) (für alle k)

$$E\,x_k = 1 \cdot W(x_k = 1) + 0 \cdot W(x_k = 0) = W(A) \, . \qquad (2.3\text{-}12)$$

Damit wird wegen der Linearität des Funktionals E der Erwartungs-wertbildung

$$E\,h_n(A) = N\,W(A)/N = W(A) \, .$$

Weiter folgt aus der Definition der Varianz (für alle k) wegen $x_k^2 = x_k$

$$\sigma_{x_k}^2 = W(A) - [W(A)]^2 \leqslant 1/4 \, .$$

Unter Beachtung von Gl.(2.1-7) findet man diese Abschätzung leicht über das relative Maximum von $\varphi(u) := u - u^2$; $0 \leqslant u \leqslant 1$. Außerdem wird, falls die x_k sämtlich stochastisch unabhängige Zufallsvariablen sind, so daß $E(x_m x_n) = E\,x_m\,E\,x_n$ ist, nach kurzer Rechnung

$$\sigma_{h_N(A)}^2 = \sum_{k=1}^{N} \left\{ E\,x_k^2/N^2 - [E\,x_k/N]^2 \right\} = \sigma_{x_k}^2/N \, .$$

Also folgt aus der Tschebyscheff-Ungleichung (2.3-11a), daß

$$W\{\,|h_N(A) - W(A)| > \varepsilon\,\} \leqslant \frac{\sigma_{x_k}^2}{N\,\varepsilon^2} \leqslant \frac{1}{4N\,\varepsilon^2} \xrightarrow{N \to \infty} 0 \, . \quad (2.3\text{-}13)$$

Man sagt dazu, daß $h_N(A)$ i n W a h r s c h e i n l i c h k e i t gegen $W(A)$
geht.

Wir wollen nun die Betrachtung von Momenten erster und zweiter Ordnung noch etwas vertiefen: Der Erwartungswert einer Zufallsvariablen
steht zur Varianz derselben in einer bemerkenswerten Optimalitätsbe-
ziehung. Sucht man nämlich den Wert bezüglich dessen die mittlere
quadratische Abweichung minimal wird, so findet man den Erwartungswert. Es ist also

$$E\,X = \arg\,\operatorname*{Min}_{a}\,E(X - a)^2. \qquad (2.3\text{-}14)$$

$$\text{Beweis:}\quad E(X-a)^2 = E[(X-\mu)+(\mu-a)]^2$$
$$= E(X-\mu)^2 + 2(\mu-a)\,E(X-\mu) + (\mu-a)^2,$$

und daraus folgt wegen $E(X - \mu) = E\,X - \mu = 0$ sofort

$$E(X - a)^2 \geqslant E(X - \mu)^2.$$

(Formal ist das der Steinersche Satz über Trägheitsmomente, wenn
man Wahrscheinlichkeitsdichte als Massendichte interpretiert; μ wird
dabei die Ortskoordinate des Schwerpunkts. Zur Übung beweise man
Gl. (2.3-14) mittels Differentialrechnung.)

Das auf die Erwartungswerte bezogene zweite Moment von zwei skalaren Zufallsvariablen X und Y

$$\sigma^2_{X,Y} := E[(X-\mu_X)(Y-\mu_Y)] = E(XY) - \mu_X\,\mu_Y \qquad (2.3\text{-}15)$$

heißt K o v a r i a n z zwischen X und Y. Beide Variablen heißen u n -
k o r r e l i e r t , wenn ihre Kovarianz null ist, d.h. wenn

$$E(XY) = E\,X\,E\,Y. \qquad (2.3\text{-}15a)$$

Weiter heißen X und Y o r t h o g o n a l , wenn $E(XY) = 0$ ist. Daraus
folgt: Zwei orthogonale Variablen sind genau dann unkorreliert, wenn
mindestens eine den Erwartungswert null hat.

Die mittels der Standardabweichungen von X und Y normierte Kovarianz nennt man den **Korrelationskoeffizienten**

$$\rho_{X,Y} := \frac{\sigma^2_{X,Y}}{\sigma_X \, \sigma_Y} \; . \qquad (2.3\text{-}16)$$

Zur **Übung** beweise man die Ungl.

$$|\rho_{X,Y}| \leqslant 1 \qquad (2.3\text{-}16a)$$

über $E[X - \mu_X + \lambda(Y - \mu_Y)]^2 \geqslant 0$.

Eine wichtige Konsequenz der Unkorreliertheit zweier Variabler ist, daß dann die Varianz ihrer Summe gleich ist der Summe der beiden Varianzen, denn allgemein ist

$$\begin{aligned}
\sigma^2_{X+Y} &:= E(X+Y)^2 - [E(X+Y)]^2 \\
&= EX^2 + 2\,E(XY) + EY^2 - (EX)^2 - 2\,EX\,EY - (EY)^2 \\
&= \sigma^2_X + \sigma^2_Y + 2\,\sigma^2_{X,Y} \; . \qquad (2.3\text{-}17)
\end{aligned}$$

Im folgenden wird gelegentlich benutzt werden, daß **Autokovarianzmatrizen positiv semidefinit** sind. Man muß also zeigen, daß für alle Variablenwerte (Vektoren) **u** die quadratische Form

$$Q(\mathbf{u}) := \mathbf{u}^T \mathbf{R}\mathbf{u} \geqslant 0 \; ; \quad Q(\mathbf{0}) = 0 \, , \qquad (2.3\text{-}18)$$

wobei

$$\mathbf{R} := E(\widetilde{\mathbf{X}}\widetilde{\mathbf{X}}^T) \; ; \quad \widetilde{\mathbf{X}} := \mathbf{X} - \boldsymbol{\mu} \qquad (2.3\text{-}19)$$

die **Kovarianzmatrix** ist und $\boldsymbol{\mu} := \mu_{\mathbf{X}}$ der **Erwartungsvektor**.

Nun ist (für deterministisches **u**) wegen Gl. (2.3-5)

$$Q = E\,(\mathbf{u}^T \widetilde{\mathbf{X}}\,\widetilde{\mathbf{X}}^T \mathbf{u})$$

und nach Gln. (1.4-2) und (1.4-5) ist

$$\mathbf{u}^T \widetilde{\mathbf{X}}\widetilde{\mathbf{X}}^T \mathbf{u} = (\widetilde{\mathbf{X}}^T \mathbf{u})^T (\widetilde{\mathbf{X}}^T \mathbf{u}) = \|\widetilde{\mathbf{X}}^T \mathbf{u}\|^2 \geqslant 0 \, ,$$

was natürlich auch für den Erwartungswert gilt.

Anschließend folgt ein Hinweis zur Berechnung von Momenten (auch) höherer Ordnung.

Von STÖRMER [1] wird eine Formel angegeben, die eine Berechnung von Momenten ohne Kenntnis der Verteilungsdichte ermöglicht und die außerdem rechnerisch bequem sein kann. Sie lautet (mit P und p statt P_X und p_X)

$$E\,X^k = k\left\{\int_0^\infty x^{k-1}[1-P(x)]dx - \int_{-\infty}^0 x^{k-1}P(x)dx\right\}. \qquad (2.3-20)$$

Statt des strengen Beweises beschränken wir uns auf eine Plausibilitätsbetrachtung: Die obige Formel ist eine abgekürzte Schreibweise für

$$E\,X^k = \lim_{a\to\infty}\left[a^k - k\int_{-a}^a x^{k-1}P(x)dx\right]. \qquad (2.3-21)$$

Andererseits ist nach Gl.(2.3-1) bei partieller Integration

$$E\,X^k = \lim_{a\to\infty}\int_{-a}^a x^k p(x)dx$$

$$= \lim_{a\to\infty}\left\{x^k P(x)\Big]_{-a}^a - k\int_{-a}^a x^{k-1}P(x)dx\right\}. \qquad (2.3-22)$$

Wenn nicht nur $P(-\infty) = 0$, sondern sogar

$$\lim_{a\to\infty}[(-a)^k P(-a)] = 0$$

gilt, was aus der Existenz des k-ten Moments tatsächlich folgt, geht Gl.(2.3-22) in Gl.(2.3-21) über, denn

$$\lim_{a\to\infty}P(a) = 1.$$

Für ausschließlich positive X-Werte gilt speziell

$$E\,X^k = k\int_0^\infty x^{k-1}[1-P(x)]dx. \qquad (2.3-20a)$$

Als besonderer Erwartungswert, mit dem man gern Momente berechnet, sei hier noch die sog. charakteristische Funktion

$$C(v) := E \exp(j v X) \quad \text{bzw.} \quad C(\mathbf{v}) := E \exp(j \mathbf{v}^T \mathbf{X}) \quad (2.3\text{-}23)$$

eingeführt. Nach Gl.(2.3-1) kann man $C(v)$ offenbar auch im wesentlichen als Fouriertransformierte der Verteilungsdichtefunktion deuten; genauer ist

$$C(v) = [\Im p_X(x)]^* ; \quad * \text{ für konjungiert komplexe Zahl.} \quad (2.3\text{-}23a)$$

Aus der eindeutigen Umkehrbarkeit der $\Im$-Transformation folgt, daß die charakteristische Funktion dieselbe Information wie die Verteilungsfunktion enthält.

Aus der charakteristischen Funktion lassen sich leicht die Momente ausrechnen: Aus

$$C^{(k)}(v) := \frac{d^k C(v)}{dv^k} = E[(jX)^k \exp(j v X)]$$

folgt nämlich sofort

$$E X^k = (-j)^k \lim_{v \to 0} C^{(k)}(v) . \qquad (2.3\text{-}24)$$

Insbesondere sind

$$EX = -j C'(0) ; \quad EX^2 = -C''(0) .$$

Aus der Entwicklung von $C(v)$ in eine Taylorreihe

$$C(v) = \sum_{k=0}^{\infty} \left[\frac{v^k}{k!} \lim_{v \to 0} C^{(k)}(v) \right] \qquad (2.3\text{-}25)$$

erhält man einen Hinweis darauf, wie die Momente einer Verteilung die zugehörige Verteilungsfunktion bestimmen.

2.3.3. Bedingte Erwartungswerte

Bei Bildung sog. bedingter Erwartungswerte wird eine (oder mehrere) Zufallsvariable(n) als fester Parameter angesehen.

Dadurch kann die Berechnung von Erwartungswerten von Funktionen von mehreren Zufallsvariablen sehr erleichtert werden, denn in Analogie zur Formel von der totalen Wahrscheinlichkeit wird erst der bedingte Erwartungswert gebildet, und anschließend erfolgt die Erwartungswertbildung über die bedingende Zufallsvariable. Bei zwei Variablen X und Y gilt dann z.B.

$$E\,f(X,Y) = E\{E[f(X,Y)\,|\,Y]\}\,, \qquad (2.3\text{-}26)$$

wobei der äußere Erwartungswert über Y gebildet wird.

Unten folgt ein Beispiel für die Schreibweise mit Integralen. Man beachte, daß insbesondere für jeden Wert X_i von X

$$E[h(X)\,|\,X_i] = h(X_i)\,. \qquad (2.3\text{-}27)$$

Dies ist eine Folge von Gl.(2.2-11a), denn danach ist

$$E[h(X)\,|\,X_i] := \int_{-\infty}^{\infty} h(x)\,\delta(x - X_i)\,dx = h(X_i)\,.$$

Allgemein gilt

$$E[h(\mathbf{X})\,|\,\mathbf{X}] = h(\mathbf{X})\,. \qquad (2.3\text{-}27a)$$

Bedingte Erwartungswerte spielen in der Schätztheorie eine wichtige Rolle: Wenn man den Parameter a von Gl.(2.3-14) als eine Funktion f einer Zufallsvariablen Y auffaßt, gilt mit

$$E[X - f(Y)]^2 := \iint_{-\infty}^{\infty} [x - f(y)]^2\,p(x,y)\,dx\,dy\,, \qquad (2.3\text{-}28)$$

daß zu gegebener Verteilung von Y

$$E(X\,|\,Y) = \arg\,\underset{f(Y)}{\text{Min}}\,E[X - f(Y)]^2\,, \qquad (2.3\text{-}29)$$

d.h. $E(X\,|\,Y)$ ist derjenige Schätzwert für X, der unter den Schätzwerten vom Typ $f(Y)$ den geringsten mittleren quadratischen Schätzfehler ergibt.

Zum Beweis schreibt man wegen Gl. (2.2-11) [als Anwendung von
Gl. (2.3-26)]

$$E[X-f(Y)]^2 = E\,E\{[X-f(Y)]^2\,|\,Y\} = \int_{-\infty}^{\infty} p(y)\left\{\int_{-\infty}^{\infty}[x-f(y)]^2\,p(x\,|\,y)\,dx\right\}dy,\,[1]$$

$$(2.3-28a)$$

was wegen $p(y) \geqslant 0$ minimal wird, wenn für jedes y das innere Integral minimal wird. Das ist aber nach Gl. (2.3-14) offenbar der Fall,
wenn $f(y) = E(X\,|\,y)$, denn $p(x\,|\,y)$ ist im wesentlichen eine Verteilungs-
dichte von X; sie hängt nur vom Parameter y ab. Ein formaler Beweis
wie zu Gl. (2.3-14) macht keine große Mühe. Dasselbe gilt für die Erweiterung auf Vektorvariablen.

2.4. Gaußverteilungen

Die Kennwerte einer Reihe häufig auftretender Verteilungen sind z.B.
bei PARZEN [2, S. 218-221] in Tabellenform zusammengestellt. Die
überragende Bedeutung der Gaußverteilung erfordert jedoch auch hier
eine ausführliche Darstellung, wobei nur die Einzelheiten der Berechnung einiger Integrale dem Leser als Übung überlassen bleiben.

2.4.1. Eindimensionale Gaußverteilung

Man bezeichnet diese Verteilung auch als N o r m a l v e r t e i l u n g (in
der französischen Literatur auch als Laplaceverteilung). Ihre Dichte
lautet

$$p(x) = \frac{1}{\sqrt{2\pi}\,\sigma}\,\exp\left[-\frac{(x-\mu)^2}{2\sigma^2}\right],\qquad (2.4-1)$$

wobei man zeigen kann, daß die Parameter

$$\mu = E\,X, \quad \sigma^2 = E(X-\mu)^2$$

sind, wie oben definiert. Mit N für normal sagt man auch, X sei
$N(\mu,\sigma)$-verteilt.

---

[1] Hier und an anderen Stellen werden die verschiedenen Verteilungsdichten nicht indiziert, wenn Mißverständnisse ausgeschlossen sind.

Außerdem kann man nachrechnen, daß die Wendepunkte der G l o c k e n -
k u r v e p(x) nach Bild 2.4-1 bei $\mu \pm \sigma$ liegen und daß durch die Höhe
des Maximums (bei μ) die allgemeine Normierungsbedingung für Ver-

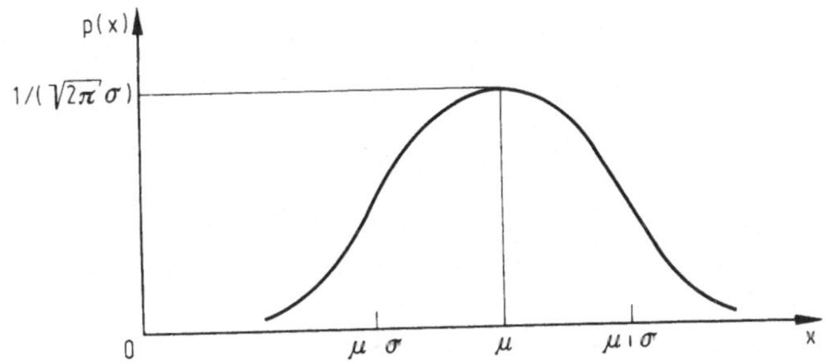

Bild 2.4-1. Gaußsche Glockenkurve.

teilungsdichten Gl.(2.2-6) erfüllt wird. Bei der sog. s t a n d a r d i -
s i e r t e n Verteilung ist $\mu = 0$, $\sigma = 1$, so daß

$$p(x) = \frac{1}{\sqrt{2\pi}} \exp(-x^2/2) \, . \qquad (2.4\text{-}1a)$$

Für das Integral dieser Dichte, genauer für

$$\operatorname{erf}(x) := P(x) - P(0) = P(x) - 1/2 \qquad (2.4\text{-}2)$$

existieren Tabellen.

Die charakteristische Funktion der Gaußverteilung lautet

$$C(v) = \exp(j\mu v - \sigma^2 v^2/2) \, . \qquad (2.4\text{-}3)$$

Beweis: Setzt man p nach Gl.(2.4-1) in die Gl. (2.3-23) der charakteristischen Funktion ein, so steht im Exponenten des Integranden die
Größe

$$h(x) := -\frac{1}{2\sigma^2} [(x-\mu)^2 - 2jv\sigma^2 x]$$

$$= -\frac{1}{2\sigma^2} [x-\mu-jv\sigma^2]^2 - \frac{1}{2\sigma^2} (v^2\sigma^4 - 2jv\sigma^2\mu) \, .$$

Nun ist aber mit $\alpha := v\sigma^2$; $z := x - \mu - j\alpha$ (vgl. auch CRAMÉR [1, S.99])

$$\int_{-\infty}^{\infty} \exp[-(x-\mu-jv\sigma^2)^2/(2\sigma^2)]\,dx = \int_{-\infty+j\alpha}^{\infty+j\alpha} \exp[-z^2/(2\sigma^2)]\,dz = \sqrt{2\pi}\,\sigma\,.$$

Daher wird

$$C(v) = \int_{-\infty}^{\infty} \frac{\exp h(x)}{\sqrt{2\pi}\,\sigma}\,dx = \exp[-(v^2\sigma^2/2 - jv\mu)]\,,$$

wie oben behauptet.

2.4.2. Mehrdimensionale Gaußverteilungen

Es ist lohnend, sich zunächst mit zweidimensionalen Verteilungen zu befassen, da die später erklärten fundamentalen Begriffe Korrelationsfunktion und Leistungsspektrum eines Gaußprozesses aus Erwartungswerten von solchen Verteilungen gebildet werden.

Für die normal verteilten Variablen X_i, X_k lautet die Verteilungsdichte (definitionsgemäß)

$$p_{X_i,X_k}(x_i,x_k) := \frac{1}{2\pi}\,\frac{1}{\sigma_i\sigma_k\sqrt{1-\rho_{i,k}^2}}\,\exp\left[-\frac{Q(x_i,x_k)}{2\sigma_i^2\sigma_k^2(1-\rho_{i,k}^2)}\right] \qquad (2.4\text{-}4)$$

mit der quadratischen Form

$$Q(x_i,x_k) := \sigma_k^2(x_i-\mu_i)^2 - 2\sigma_i\sigma_k\rho_{i,k}(x_i-\mu_i)(x_k-\mu_k) + \sigma_i^2(x_k-\mu_k)^2 \qquad (2.4\text{-}5)$$

und dem Korrelationskoeffizienten bzw. der Kovarianz

$$\rho_{i,k} := \sigma_{i,k}^2/(\sigma_i\sigma_k) \quad \text{bzw.} \quad \sigma_{i,k}^2 := E[(X_i-\mu_i)(X_k-\mu_k)]\,.^{1} \qquad (2.4\text{-}6)$$

---

[1] Bei μ, ρ und σ stehen die Indizes i und k abkürzend für X_i und X_k.

Für den Spezialfall $\mu_i = \mu_k$ und $\sigma_i = \sigma_k$ gilt die Symmetriebeziehung

$$p_{X_i,X_k}(x_k,x_i) = p_{X_i,X_k}(x_i,x_k) \, . \qquad (2.4\text{-}7)$$

Die Verteilungen von X_i bzw. X_k allein, sog. Grenzverteilungen gemäß Gl.(2.2-7) haben tatsächlich die Gestalt (2.4-1). Beweis: siehe z.B. PAPOULIS [2, S. 182].

Aus Gl.(2.4-5) ersieht man die viel benutzte Tatsache, daß für zwei unkorrelierte Gaußsche Variablen, d.h., wenn $\rho_{i,k} = 0$ ist, die Verbundverteilung gemäß

$$p_{X_i,X_k}(x_i,x_k) = p_{X_i}(x_i)\, p_{X_k}(x_k) \qquad (2.4\text{-}8)$$

faktorisiert werden kann, wobei die Einzelverteilungen auch Gaußisch sind. Nach Definitionsgl.(2.2-12) sind X_i und X_k damit statistisch unabhängig. (Die umgekehrte Schlußweise von statistischer Unabhängigkeit auf Unkorreliertheit ist immer richtig, was man zur **Übung** formal beweisen sollte.) Man kann weiterhin leicht zeigen, daß die bedingte Dichte einer Variablen, bezogen auf eine andere, wenn beide Gaußisch verbundverteilt sind, ebenfalls Gaußisch ist, und zwar ist nach der allgemeinen Definitionsgl.(2.2-11)

$$p(x_i \mid x_k) = \frac{1}{\sqrt{2\pi}\,\sqrt{1-\rho_{i,k}^2}\,\sigma_i}\, \exp\left\{ -\frac{[x_i-\mu_i-(x_k-\mu_k)\rho_{i,k}\sigma_i/\sigma_k]^2}{2\,\sigma_i^2\left(1-\rho_{i,k}^2\right)} \right\} \cdot$$

$$(2.4\text{-}9)$$

(Die einzelnen Rechenschritte sollten zur **Übung** ausgeführt werden.)

Die charakteristische Funktion lautet für 2 Variablen [vgl. Gl.(2.4-3)]

$$C(v_1,v_2) := \exp\left[j\mu_1 v_1 + j\mu_2 v_2 - \frac{1}{2}\left(\sigma_1^2 v_1^2 + 2\sigma_{1,2}^2 v_1 v_2 + \sigma_2^2 v_2^2\right) \right] , \quad (2.4\text{-}10)$$

was aus der allgemeinen Definitionsgl.(2.3-23) nach Einsetzen für die Verbunddichte aus Gl.(2.4-4) ausgerechnet werden kann.

Die n-dimensionale Normalverteilung ist definiert durch die Dichtefunktion

$$p_{\mathbf{X}}(\mathbf{x}) := (2\pi)^{-n/2} (\det \mathbf{R})^{-1/2} \exp\left[-\tfrac{1}{2} (\mathbf{x}-\mu)^T \mathbf{R}^{-1} (\mathbf{x}-\mu) \right]. \quad (2.4\text{-}11)$$

Dabei ist $\mathbf{X}$ die n-dimensionale vektorielle Zufallsvariable und

$$\mathbf{R} := \mathbf{R}_{\mathbf{X}} := E[(\mathbf{X}-\mu)(\mathbf{X}-\mu)^T] =: (r_{i,k})_{n,n} \qquad (2.4\text{-}12)$$

die Kovarianzmatrix mit der Inversen $\mathbf{R}^{-1}$. Die Erwartungswerte μ_i
und die Kovarianzen

$$r_{i,k} = E[(X_i - \mu_i)(X_k - \mu_k)] = \sigma^2_{i,k} ; \quad \sigma_{i,i} =: \sigma_i$$

sind Funktionale mit den ein- bzw. zweidimensionalen Verteilungsdichten für die einzelnen bzw. je 2 Komponenten von $\mathbf{X}$. Daher sind alle
Verbundverteilungsdichten zwischen 3 und mehr X_i durch ein- und
zweidimensionale Dichten vollständig bestimmt.

Für einen späteren Verwendungszweck soll hier noch die spezielle bedingte Dichte

$$p(x_1, \ldots, x_n | x_0) = p(x_1, \ldots, x_n, x_0)/p(x_0)^1$$

[siehe Gl.(2.2-11)] ausgerechnet werden: Die n-dimensionale Verteilung habe die Kovarianzmatrix (2.4-12) mit $\mathbf{X} := (X_1, \ldots, X_n)^T$. Entsprechend hat die (n+1)-dimensionale Verteilung die Kovarianzmatrix

$$\widetilde{\mathbf{R}} := E[(\widetilde{\mathbf{X}}-\widetilde{\mu})(\widetilde{\mathbf{X}}-\widetilde{\mu})^T] := E\left[\begin{pmatrix} \mathbf{X}-\mu \\ X_0-\mu_0 \end{pmatrix} \left[(\mathbf{X}^T-\mu^T), (X_0-\mu_0) \right] \right]$$

$$= \left[\begin{array}{c|c} \mathbf{R} & (\mathbf{X}-\mu)(X_0-\mu_0) \\ \hline (\mathbf{X}-\mu)^T(X_0-\mu_0) & (X_0-\mu_0)^2 \end{array} \right].$$

---

[1] Alle p dieser Gleichung sollen verschiedene Funktionen bezeichnen.

Mit diesem $\widetilde{\mathbf{R}}$ wird nun für $\widetilde{\mathbf{x}} := (x_1, \ldots, x_n, x_0)^T$ und $\sigma_0 := \sigma_{x_0}$

$$p(x_1, \ldots, x_n \mid x_0) = (2\pi)^{-n/2} (\det \widetilde{\mathbf{R}})^{-1/2} \sigma_0 \cdot$$

$$\cdot \exp\left[-\frac{1}{2} (\widetilde{\mathbf{x}} - \widetilde{\boldsymbol{\mu}})^T \widetilde{\mathbf{R}}^{-1} (\widetilde{\mathbf{x}} - \widetilde{\boldsymbol{\mu}}) + \frac{1}{2\sigma_0^2} (x_0 - \mu_0)^2 \right].$$

$$(2.4\text{-}13)$$

Die charakteristische Funktion lautet im n-dimensionalen Falle

$$C_{\mathbf{X}}(\mathbf{v}) := \exp\left(j\boldsymbol{\mu}_{\mathbf{X}}^T \mathbf{v} - \frac{1}{2} \mathbf{v}^T \mathbf{R}_{\mathbf{X}} \mathbf{v} \right). \qquad (2.4\text{-}14)$$

(Vgl. dazu DAVENPORT/ROOT [1, S. 153].)

Immer wieder benutzt man in der Praxis die Tatsache, daß Linearkombinationen von Gaußschen Variablen ebensolche sind. Das läßt sich bequem an der jeder Verteilungsdichte eineindeutig zugeordneten charakteristischen Funktion einer solchen (vektoriellen) Variablen $\mathbf{Y} = \mathbf{A}\mathbf{X}$ zeigen, wobei $\mathbf{A}$ eine quadratische Transformationsmatrix sei: Definitionsgemäß ist die Kovarianzmatrix von $\mathbf{Y}$ nach Gl. (2.3-19)

$$\mathbf{R}_{\mathbf{Y}} := E\left\{ \mathbf{A}(\mathbf{X} - \boldsymbol{\mu}_{\mathbf{X}}) [\mathbf{A}(\mathbf{X} - \boldsymbol{\mu}_{\mathbf{X}})]^T \right\} = \mathbf{A}\mathbf{R}_{\mathbf{X}}\mathbf{A}^T$$

oder umgekehrt

$$\mathbf{R}_{\mathbf{X}} := \mathbf{A}^{-1} \mathbf{R}_{\mathbf{Y}} \mathbf{A}^{T-1} .^{1}$$

Setzt man das in Gl. (2.4-14) ein, so wird wegen $\boldsymbol{\mu}_{\mathbf{Y}} = \mathbf{A}\boldsymbol{\mu}_{\mathbf{X}}$

$$C_{\mathbf{X}}(\mathbf{v}) = \exp\left(j\boldsymbol{\mu}_{\mathbf{Y}}^T \mathbf{A}^{-1T} \mathbf{v} - \frac{1}{2} \mathbf{v}^T \mathbf{A}^{-1} \mathbf{R}_{\mathbf{Y}} \mathbf{A}^{T-1} \mathbf{v} \right)$$

oder mit $\widetilde{\mathbf{v}} := \mathbf{A}^{T-1} \mathbf{v}$

$$C_{\mathbf{X}}(\mathbf{v}) = \exp\left(j\boldsymbol{\mu}_{\mathbf{Y}}^T \widetilde{\mathbf{v}} - \frac{1}{2} \widetilde{\mathbf{v}}^T \mathbf{R}_{\mathbf{Y}} \widetilde{\mathbf{v}} \right) := C_{\mathbf{Y}}(\widetilde{\mathbf{v}}) ,$$

---

[1] $\mathbf{A}^{T-1} := (\mathbf{A}^T)^{-1}$; $\mathbf{A}^{-1T} := (\mathbf{A}^{-1})^T = \mathbf{A}^{T-1}$.

und C_Y ist offenbar wieder die charakteristische Funktion einer Gauß-verteilung. Ein direkter Beweis, der den Umweg über die charakteristische Funktion vermeidet, kann bei BRYSON/HO [1, S. 313] nachgelesen werden.

2.5. Diskussion der Ergebnisse von Abschnitt 2

Fassen wir nun die wichtigsten Punkte von Abschn.2 nochmals zusammen: Abschn.2.1.1 handelt zunächst von sog. E l e m e n t a r e r e i g - n i s s e n ω_k^*, Elementen einer Menge Ω^*. Die ω_k^* haben die Eigenschaft, daß ihr D u r c h s c h n i t t stets die leere Menge 0^* ist[1] und gewisse Vereinigungsmengen ein E r e i g n i s A oder B usw. sind. Ereignisse bilden bezüglich der D u r c h s c h n i t t s - und der V e r - e i n i g u n g s m e n g e n - Bildung einen Verband $\mathfrak{J}^*$ im Sinne der Algebra. Nach Abschn.2.1.2 hat Kolmogoroff für solche Verbände ein sog. W a h r s c h e i n l i c h k e i t s m a ß W definiert, das im wesentlichen den Axiomen

$$W(A) \geqslant 0 \; ; \quad W(\Omega^*) = 1 \; ; \quad W(A \cup B) = W(A) + W(B) \; \text{ für } A \cap B = 0^*$$

genügt. Für die praktische Anwendung wichtig ist nun die Tatsache, daß $W(A)$ als Grenzwert der relativen Häufigkeit von A unter N Wiederholungen eines Versuchs für $N \to \infty$ angesehen werden kann, denn dann werden die obigen Axiome völlig plausible Verschärfungen unserer Erfahrung. (Andere, nicht statistische Deutungen des Wahrscheinlichkeitsbegriffs sind damit nicht ausgeschlossen. Man vergleiche dazu z.B. den Aufsatz von JAYNES [1] in BOGDANOFF/KOZIN [1].)

Als wichtige Rechenregel für die Praxis gilt

$$W(A \cup B) + W(A \cap B) = W(A) + W(B) . \qquad [(2.1-9)]$$

In Abschn.2.1.3 wird Ω^* zu B "eingeengt". Aus $W(A)$ wird dabei eine neue Wahrscheinlichkeit $W_B(A)$, die nach

$$W(A \,|\, B) := W_B(A) = W(A \cap B)/W(B) \qquad [(2.1-11)]$$

---

[1] Das ist nicht trivial, falls die ω_k bereits Vereinigungsmengen von noch "elementareren" Grundelementen von Ω^* sind.

mit der alten zusammenhängt und (nicht selbstverständlich!) die obigen Axiome erfüllt.

Ist speziell $W_B(A) = W(A)$, so heißen A und B stochastisch (statistisch) unabhängig voneinander, und dann ist

$$W(A \cap B) = W(A)\,W(B)\,. \qquad [(2.1\text{-}12)]$$

Man beachte, daß disjunkte Ereignisse i.allg., d.h. wenn $W(A) \neq 0$
und $W(B) \neq 0$, nicht stochastisch unabhängig sind, denn dann ist
$W(A \cap B) = W(0^*) = 0$!

Abschn.2.2.1 bringt den Begriff der Zufallsvariablen, d.h.
einer meßbaren Abbildung von Elementarereignissen auf Zahlen
oder Vektoren. Hängt diese Abbildung noch von einem (reellen) Parameter, z.B. der Zeit ab, so spricht man von einem Zufallsprozeß.
Bei dem Versuch, Ereignisse durch gewisse Wertebereiche von Zufallsvariablen zu definieren, gelangt man zu Verteilungsfunktionen,
z.B. nach Abschn.2.2.2 bei einer vektoriellen Zufallsvariablen $\mathbf{X}$ zu

$$P_{\mathbf{X}}(\mathbf{x}) := W(X_i \leqslant x_i;\; i = 1,\ldots,n);\; \mathbf{x} := \begin{bmatrix} x_1 \\ \vdots \\ x_n \end{bmatrix};\; \mathbf{X} := \begin{bmatrix} X_1 \\ \vdots \\ X_n \end{bmatrix}. \qquad [(2.2\text{-}1)]$$

Wird x_i vergrößert, so ist die Bedingung $X_i \leqslant x_i;\; i = 1,\ldots,n$ nie für
weniger Elementarereignisse erfüllt. Daher ist $P_{\mathbf{X}}(\mathbf{x})$ eine in allen
Variablen schwach monoton steigende Funktion (sog. σ-Additivität
des Wahrscheinlichkeitsmaßes). Außerdem ist wegen $W(\Omega^*) = 1$
stets $P_{\mathbf{X}}(\infty) = 1$. Bei Existenz einer Dichte $p_{\mathbf{X}}(\mathbf{x})$ kann man dies auch
als sog. Normierungsbedingung

$$\int_{-\infty}^{\infty} p_{\mathbf{X}}(\mathbf{x})\,\mathrm{d}(\mathbf{x}) := \int_{-\infty}^{\infty}\cdots\int p_{\mathbf{X}}(\mathbf{x})\mathrm{d}x_1\ldots\mathrm{d}x_n = 1 \qquad [(2.2\text{-}6)]$$

schreiben.

In Abschn.2.2.3 wird durch

$$P(x|y) := \lim_{\varepsilon \to 0} W(X \leqslant x \,|\, y < Y \leqslant y + \varepsilon)$$

die bedingte Verteilung von X "unter" Y definiert. Für die entsprechende Dichte findet man

$$p(x|y) = p_{X,Y}(x,y)/p_Y(y) \; ; \; p_Y(y) = \int_{\infty}^{\infty} p_{X,Y}(u,y)\,du \; . \quad [(2.2\text{-}11)]$$

X und Y heißen s t o c h a s t i s c h   u n a b h ä n g i g , wenn $p(x|y) = p_X(x)$ ist. Als Anwendungsbeispiel wird gezeigt, daß sog. Markoffprozesse mit

$$p(x_n|x_{n-1}, x_{n-2}, \ldots, x_1) = p(x_n|x_{n-1}) \; ; \; x_i := x(t_i) \, , \quad [(2.2\text{-}13)]$$

wobei $t_i < t_k$ für $i < k$ sein möge, sich ähnlich wie die noch viel zitierten Gaußprozesse vollständig durch ein- und zweidimensionale (nicht bedingte) Verteilungen beschreiben lassen. E r w a r t u n g s -w e r t e werden endlich in Abschn.2.3 eingeführt, und zwar als zu einer Verteilung gehörige Funktionale

$$E\,f(\mathbf{X}) := \int_{-\infty}^{\infty} f(\mathbf{x})\,dP_{\mathbf{X}}(\mathbf{x}) \; . \quad\quad [(2.3\text{-}1a)]$$

Wichtig ist der Hinweis, daß nach Gl.(2.3-7) Erwartungswerte stets als Grenzwerte von (einfachen) a r i t h m e t i s c h e n   M i t t e l w e r t e n gedeutet werden können, wobei die Zahl der Messungen $N \to \infty$ geht. Für stochastisch unabhängige Variablen $\mathbf{X}$ und $\mathbf{Y}$ gilt die sehr häufig benutzte Produktzerlegung

$$E[f(\mathbf{X})g(\mathbf{Y})] = E\,f(\mathbf{X})\,E\,g(\mathbf{Y}) \; . \quad\quad [(2.3\text{-}8)]$$

Ist f (im wesentlichen) eine Potenz, so heißt der Erwartungswert M o m e n t . Neben dem (einfachen) Erwartungswert μ_x von X ist das wichtigste Moment die V a r i a n z

$$\sigma_X^2 := E(X - \mu_X)^2 = E\,X^2 - \mu_X^2 \; . \quad\quad [(2.3\text{-}9)]$$

Als interessante Beziehung zwischen μ_x und σ_x gilt die Ungleichung von Tschebyscheff

$$W[\,|X - \mu_X| > a\sigma_X\,] \leqslant 1/a^2 \; ; \; a > 0 \; . \quad\quad [(2.3\text{-}11)]$$

Daraus wird gefolgert, daß die relative Häufigkeit von A in Wahrscheinlichkeit gegen W(A) geht.

Als Kovarianz zwischen X und Y bezeichnet man

$$\sigma^2_{X,Y} := E[(X - \mu_X)(Y - \mu_Y)] = E(XY) - \mu_X\mu_Y \, . \qquad [(2.3\text{-}15]$$

Ein anderer wichtiger spezieller Erwartungswert ist die charakteristische Funktion

$$C_{\mathbf{X}}(\mathbf{v}) := E \exp(j\,\mathbf{v}^T\mathbf{x}) \, . \qquad [(2.3\text{-}23)]$$

Bei eindimensionalem $\mathbf{X}$ ist C offenbar die konjugiert komplexe der $\mathcal{F}$-transformierten der Verteilungsdichte.

Die bedingten Erwartungswerte von Abschn.2.3.3 sind für die Praxis unter anderem deshalb so wichtig, weil bei einer mittleren quadratischen Approximation von X durch eine Funktion f einer anderen Zufallsvariablen Y das optimale $f(Y) = E(X|Y)$ ist.

Abschn.2.4 enthält die für ein erstes Verständnis wichtigsten Grundtatsachen über Gaußverteilungen, charakterisiert durch die glockenförmige Verteilungsdichtefunktion und - im Falle $N(0,\sigma)$ - eine ebensolche, d.h. $\sim \exp(\cdot)^2$ verlaufende charakteristische Funktion. Im multivariablen Falle wird gezeigt, daß aus der Unkorreliertheit zweier Gaußisch verbundverteilter Variabler X und Y, d.h. aus $\sigma_{X,Y} = 0$ ihre stochastische Unabhängigkeit folgt. Außerdem sind bedingte Verteilungen von Gaußisch verbundverteilten Variablen auch Gaußisch.

Besonders wichtig ist schließlich, daß lineare Transformationen Gaußsche Zufallsvariablen stets in ebensolche überführen. Eine wahre Fülle von Übungsbeispielen zu Abschn.2 enthält das Lehrbuch von PAPOULIS [2].

3. Korrelationsfunktionen und spektrale Leistungsdichten in linearen Systemen

Die spektrale Leistungsdichte eines Signals ist eine von der Fourierreihenentwicklung von (periodischen) Funktionen her geläufige Größe. Sie gibt an, wieviel Leistung das Signal in einem schmalen Frequenzband der Breite 1 enthält (wobei die Einheit als genügend klein zu definieren ist). Ein solches "Signal" kann man bei geeigneter Definition oft als Musterfunktion eines stationären Zufallsprozesses auffassen. Wir werden nun sehen, daß Korrelationsfunktionen solcher Prozesse einfach die inversen Fouriertransformierten von zugeordneten Leistungsdichtefunktionen sind und außerdem, daß sie als gewisse Momente zweiter Ordnung von ausgewählten Variablen eines Zufallsprozesses aufgefaßt werden können. Dabei macht die Verwandtschaft mit dem Leistungsbegriff die Ordnung dieses Moments plausibel, denn elektrische Leistung z.B. ist dem Quadrat von Spannung oder Strom proportional.

3.1. Korrelationsfunktionen

Es ist nicht schwierig, von einem Korrelationskoeffizienten

$$\rho_{X,Y} := \frac{\sigma^2_{X,Y}}{\sigma_X \, \sigma_Y} = E\left[\frac{X - \mu_X}{\sigma_X} \cdot \frac{Y - \mu_Y}{\sigma_Y}\right] \qquad (3.1\text{-}1)$$

für ein Paar von Variablen X und Y durch Einführung von Lageparametern zu sog. Korrelationsfunktionen überzugehen, die ganze Klassen solcher Paare umfassen. Allerdings werden üblicherweise die Variablen nicht auf Erwartungswert 0 und Varianz 1 standardisiert wie in Gl.(3.1-1).

3.1.1. Definition und allgemeine Eigenschaften von Korrelationsfunktionen

Gegeben seien zwei stochastische Prozesse $\{X(t)\}$ und $\{Y(t)\}$ über einem gemeinsamen Ereignisfeld $\mathfrak{F}^*$, das zeitunabhängig sei. Daraus kann man einen einzigen zweidimensionalen Prozeß machen, der die beiden Komponenten $\{X(t)\}$ und $\{Y(t)\}$ hat. Jedes zu einem ω^* gehörige Paar von Musterfunktionen $X(t), Y(t)$ sei eine Realisierung dieses neu definierten Prozesses. Dabei ist die Verteilungsfunktion

$$P[x(t_1), y(t_2)] := W\{[X(t_1) \leqslant x] \cap [Y(t_2) \leqslant y]\} \qquad (3.1\text{-}2)$$

die Wahrscheinlichkeit dafür, daß bei dem Ensemble von Paaren von Musterfunktionen $X(t), Y(t)$, das den Prozeß repräsentiert, zur Zeit $t_1 : X \leqslant x$ und zur Zeit $t_2 : Y \leqslant y$. Mit den Abkürzungen

$$u := x(t_1) ; \quad v := y(t_2) , \qquad (3.1\text{-}3)$$

ist bei Existenz der Verbundwahrscheinlichkeitsdichte p von u und v

$$E[X(t_1) Y(t_2)] = \iint\limits_{-\infty}^{\infty} u\,v\,p(u, v)\,du\,dv . \qquad (3.1\text{-}4)$$

Den Erwartungswert von Gl.(3.1-4) nennt man in Analogie zum Korrelationskoeffizienten ρ [siehe Gl.(3.1-1)] die K o r r e l a t i o n s f u n k t i o n , wobei t_1 und t_2 die Argumente sind. Genauer bezeichnet man

$$R_{X,Y}(t_1, t_2) := E[X(t_1)Y(t_2)] \qquad (3.1\text{-}5)$$

i.allg. als K r e u z k o r r e l a t i o n s f u n k t i o n (KKF) und speziell, wenn der Prozeß $\{Y\}$ mit dem Prozeß $\{X\}$ identisch ist, als A u t o - k o r r e l a t i o n s f u n k t i o n (AKF).

Für $R_{X,X}$ wird hier immer R_X geschrieben.

Setzt man $t_2 = t_1 + \tau$, so wird mit $u := x(t_1)$, $v := y(t_1 + \tau)$

$$R_{X,Y}(t_1, t_1 + \tau) := E[X(t_1)Y(t_1 + \tau)] = \iint\limits_{-\infty}^{\infty} u\,v\,p(u, v)\,du\,dv . \qquad (3.1\text{-}6)$$

Hängt dieser Ausdruck nur von $\tau = t_2 - t_1$ ab, so nennt man den kombinierten stochastischen Prozeß **stationär im weiteren Sinne**. In diesem Falle bezeichnen wir die Korrelationsfunktionen mit $R_{X,Y}(\tau)$ bzw. $R_X(\tau)$. **Stationär im engeren Sinne** heißt der Prozeß, wenn allgemein jede Verbundverteilungsdichte für $X(t_1), Y(t_2), X(t_3), Y(t_4), \ldots$ nur von den Differenzen der t_i abhängt.

Hier wird der Praktiker fragen, ob zur Bestimmung von Korrelationsfunktionen durchweg die entsprechenden Verbundverteilungen bekannt sein müssen. Nun wissen wir um die Enge der Verwandtschaft zwischen Erwartungswert und arithmetischem Mittelwert. Bei integrablen Musterfunktionen $x(t)$ ist der Mittelwert $\bar{x}$ definiert durch

$$\bar{x} := \frac{1}{2T} \int_{-T}^{T} x(t)\, dt . \qquad (3.1\text{-}7)$$

Falls der Erwartungswert einer Funktion einer Zufallsvariablen eines stationären Prozesses (genommen über das Ensemble der Werte der Musterfunktionen zu einem Zeitpunkt) gleich dem Grenzwert des zeitlichen Mittelwertes bei **jeder** Musterfunktion des Prozesses ist, falls also allgemein

$$\int_{-\infty}^{\infty} f(\mathbf{x}) p(\mathbf{x}) d(\mathbf{x}) = \lim_{T \to \infty} \frac{1}{2T} \int_{-T}^{T} f[\mathbf{x}(t)]\, dt \; ; \;\; d(\mathbf{x}) = dx_1 dx_2 \ldots dx_n$$
$$(3.1\text{-}8)$$

ist, so heißt der stochastische Prozeß **ergodisch**. (Dieser Ausdruck stammt, wie man z.B. bei TER HAAR [1, S. 124] nachlesen kann, von den griechischen Worten ἔργον für Arbeit und ὁδός für Weg und wurde ursprünglich bei der Untersuchung der Brownschen **Molekularbewegung** benutzt. Dort taucht nämlich die naheliegende **Frage** auf, ob **ein** Teilchen mit der Zeit dieselbe Information liefert, wie **viele** Teilchen zu einem Zeitpunkt.)

Bei stationären Prozessen wird häufig **Ergodizität** angenommen. Die Prüfung dieser Annahme ist jedoch bei Kenntnis der AKF im allgemeinen nicht schwierig; Einzelheiten werden in Abschn. 4.1.1 gebracht. Sind beide Prozesse $\{X\}$ und $\{Y\}$ ergodisch, so lautet die

Korrelationsfunktion vermittels der Musterfunktionen $x(t)$ und $y(t)$

$$R_{X,Y}(\tau) = \lim_{T \to \infty} \frac{1}{2T} \int_{-T}^{T} x(t)\, y(t+\tau)\, dt\,. \qquad (3.1-9)$$

Eigenschaften der AKF eines stationären Prozesses

1) Aus der Definition der AKF für den stationären Prozeß ergibt sich unmittelbar, daß der Zeitnullpunkt unwesentlich ist. Es geht also bei der Bildung der AKF R_X, die "Phaseninformation" von Signalen $X(t)$, verloren. (Anders ist es bei Kreuzkorrelation!)

2) Weiterhin entnimmt man der Definitionsgl. (3.1-5), daß die AKF eine gerade Funktion ist, denn mit $t' := t - \tau$ ist

$$R_X(\tau) := E[X(t')X(t'+\tau)] = E[X(t-\tau)X(t)] = E[X(t)X(t-\tau)] =: R_X(-\tau)\,.$$
$$(3.1-10)$$

$[R_X(t_1,t_2) = R_X(t_2,t_1)$ ist für instationäre Prozesse nicht selbstver-ständlich. Hinreichend ist nach Gl. (3.1-4), daß $p(u,v) = p(v,u)$, wie z.B. bei Gaußprozessen nach Gl. (2.4-7).]

3) Aus der Definitionsgl. der AKF folgt außerdem, daß $R_X(0) \geqslant 0$, denn

$$R_X(0) := E\,X^2 \geqslant 0\,. \qquad (3.1-11)$$

4) $R_X(\tau)$ hat ein Betragsmaximum bei $\tau = 0$, d.h.

$$|R_X(\tau)| \leqslant R_X(0)\,. \qquad (3.1-12)$$

Beweis: Aus

$$[X(t) \pm X(t+\tau)]^2 \geqslant 0 \ \text{ äq. } \ X^2(t) + X^2(t+\tau) \geqslant \pm 2\,X(t)X(t+\tau)$$

folgt bei Bildung des Erwartungswerts wegen

$$E\,X^2(t) = E\,X^2(t+\tau)$$

bei einem stationären Prozeß sofort die Behauptung.

5) Die Frequenz periodischer Signalanteile ist - sogar bei nicht ergodischen Prozessen - auch in der AKF enthalten: Einen periodischen Anteil kann man immer in eine Fourierreihe entwickeln, und die AKF von $A \sin(\omega t + \varphi)$ ist (wie in Abschn. 3.1.2 nachgewiesen wird) z.B. bei Gleichverteilung von φ im Intervall $[0, 2\pi)$: $(A^2/2) \cos(\omega \tau)$.

6) Es gilt i. allg.

$$\lim_{\tau \to \infty} R_X(\tau) = [E\,X(t)]^2 = \text{const.} , \qquad (3.1\text{-}13)$$

falls die Musterfunktionen keine periodischen Komponenten enthalten. In diesem Fall besteht häufig für große τ keine Kopplung, d.h. keine Korrelation mehr zwischen $X(t)$ und $X(t+\tau)$. Also ist nach Gl. (2.3-15a) für einen stationären Prozeß $\{X\}$

$$\lim_{\tau \to \infty} R_X(\tau) = E\,X(t) \cdot \lim_{\tau \to \infty} E\,X(t+\tau) = (E\,X)^2 . \qquad (3.1\text{-}14)$$

Periodische Komponenten eines "Signals" werden also bei Autokorrelation um so deutlicher erkennbar, je größer man τ wählt. Darin liegt u.a. der praktische Nutzen der AKF: Periodische Signale können von sehr viel energiereicherem Rauschen (aus fremden Spektralbereichen) getrennt werden, wenn genügend Meßzeit verfügbar ist, um ein großes τ zu bekommen.

Eigenschaften der KKF im stationären Fall

Die Kreuzkorrelationsfunktion hat weniger charakteristische Eigenschaften als die AKF. Es gelten allgemein nur noch die zu den Punkten 4) und 6) analogen Beziehungen

$$R_{X,Y}(\tau) = E[X(t)Y(t+\tau)] \leqslant \sqrt{R_X(0)\,R_Y(0)} \qquad (3.1\text{-}15)$$

und

$$R_{X,Y}(\infty) = E\,X(t)\,E\,Y(t) = R_{X,Y}(-\infty) ,$$

ohne daß jedoch $R_{X,Y}(\tau)$ gerade ist. Vielmehr gilt, wie man leicht analog zu Gl. (3.1-10) folgert,

$$R_{X,Y}(\tau) = R_{Y,X}(-\tau) . \qquad (3.1\text{-}16)$$

Die Ungl.(3.1-15) folgt aus der Schwarzschen Ungl.. Zunächst ist

$$\{E[X(t)\,Y(t+\tau)]\}^2 \leqslant E\,X^2(t)\cdot E\,Y^2(t+\tau)\,.$$

Dies ist jedoch bei stationären Prozessen $\{X\}$ und $\{Y\}$ mit der Ungl. (3.1-15) identisch. (Andere Ableitung bei DAVENPORT/ROOT [1,S.61].)

Im folgenden werden Zufallsvariablen auch durch kleine lateinische oder griechische Buchstaben bezeichnet, um Konflikte mit Bezeichnungen in der Systemtheorie zu vermeiden.

3.1.2. Beispiele für Autokorrelationsfunktionen

1) Sinusförmiges Signal:

Wir betrachten einen Zufallsprozeß mit den Musterfunktionen

$$x(t) = A\,\sin(\Omega t + \varphi)\;;\;A,\Omega = \text{const.}.$$

Dabei sei φ eine von t unabhängige Zufallsvariable. Sie hat für jede Musterfunktion einen konstanten Wert. Wenn der Prozeß ergodisch ist, wird nach Gl.(3.1-9)

$$R_x(\tau) := R_{x,x}(\tau) = \lim_{T\to\infty} \frac{A^2}{2T} \int_{-T}^{T} \sin(\Omega t + \varphi)\,\sin(\Omega t + \Omega\tau + \varphi)\,dt$$

$$= (A^2/2)\cos(\Omega\tau)\,. \tag{3.1-17}$$

Beweis: Wegen

$$\sin\alpha\,\sin\beta = -\frac{1}{2}\cos(\alpha+\beta) + \frac{1}{2}\cos(\alpha-\beta)$$

ist der Integrand gleich

$$-\frac{1}{2}\cos(2\Omega t + \Omega\tau + 2\varphi) + \frac{1}{2}\cos(\Omega\tau)\,.$$

Das Integral über den ersten Summanden ist auch für $T \to \infty$ endlich, so daß bei der Mittelung für $T \to \infty$ der zugehörige Beitrag zu $R_x(\tau)$

verschwindet, während natürlich

$$\lim_{T \to \infty} \frac{1}{2T} \int_{-T}^{T} \frac{1}{2} \cos (\Omega \tau)\, dt = \frac{1}{2} \cos (\Omega \tau)\,.$$

Ist $\{x(t)\}$ nicht ergodisch, so lautet

$$R_x(\tau) = \frac{A^2}{2} \{\cos (\Omega \tau) - E \cos [\Omega(2t + \tau) + 2\varphi]\}\,. \qquad (3.1\text{-}18)$$

Die AKF hängt also i.allg. von der Verteilung von φ und außerdem von t ab. Bei Gleichverteilung von φ zwischen 0 und 2π erhält man jedoch Gl.(3.1-17).

Zum Vergleich berechne man (als **Übung**) die KKF der beiden ergodischen Zufallsprozesse $\{x\}$ und $\{y\}$ mit den Musterfunktionen

$$x(t) = A \sin (\Omega t + \varphi)\,; \quad y(t) = B \sin (\omega t + \Psi)\,,$$

wobei φ und Ψ Zufallsvariablen seien. Das Ergebnis ist

$$R_{x,y}(\tau) = \begin{cases} \frac{1}{2} A B \cos (\omega \tau + \Psi - \varphi) & \text{für } \omega = \Omega, \\[2mm] 0 \text{ sonst}. \end{cases} \qquad (3.1\text{-}18a)$$

Dabei muß $\Psi - \varphi$ eine Konstante sein, damit Ergodizität herrscht. Prozesse, die keine gleichfrequenten "Anteile" enthalten, haben also eine identisch verschwindende KKF.

2) **Telegraphieprozeß oder binäres Rauschen:**
(Vgl. DAVENPORT/ROOT [1, S. 61-62].)

Ein Zufallsprozeß $\{x\}$ bestehe aus Musterfunktionen $x(t)$, die nur die Werte 0 und +1 annehmen und zwar mit gleicher Wahrscheinlichkeit. Außerdem sei die bedingte Wahrscheinlichkeit, daß nach einem Wert 1 zur Zeit t bis zum Zeitpunkt $t + \tau$ genau k Wechsel zwischen den Werten 1 und 0 von $\{x\}$ erfolgen, durch eine Poissonverteilung

$$W_k(\tau) := \frac{(\lambda \tau)^k}{k!} \exp(-\lambda \tau) \qquad (3.1\text{-}19)$$

gegeben. Dabei ist $1/\lambda$ die mittlere Dauer der 0- und 1-Zustände.

Hier ist die AKF von $\{x\}$ $R(\tau)$ die Wahrscheinlichkeit für ein Verbundereignis, nämlich

$$R(\tau) = W\{[x(t) = 1] \cap [x(t+\tau) = 1]\} . \qquad (3.1\text{-}20)$$

[Die anderen 3 Summanden, die sich aus der Definition der AKF zunächst ergeben, verschwinden, weil die Werte der Zufallsvariablen $x(t)x(t+\tau)$ verschwinden. Vgl. auch Gl.(2.3-12).]

Auf die rechte Seite von Gl.(3.1-20) wollen wir die Definitionsgl. (2.1-11) für die bedingte Wahrscheinlichkeit in der Form

$$W(A \cap B) = W(B) W(A|B)$$

anwonden: Die Wahrscheinlichkeit der "Bedingung" $x(t) = 1$ soll gleich 1/2 sein. Weiterhin ist unter der Bedingung, daß $x(t) = 1$ ist, offensichtlich $x(t+\tau) = 1$ genau dann, wenn zwischen t und $t+\tau$ eine gerade Anzahl von Sprungstellen von x liegt, also keine oder 2 oder 4 usf. Mit

$$W(B) = 1/2 , \quad W(A|B) = \sum_{k-0}^{\infty} W_{2k}(\tau) ,$$

folgt somit aus Gl.(3.1-20) schließlich

$$R(\tau) = \frac{1}{2} \sum_{k=0}^{\infty} W_{2k}(\tau) ; \quad \tau \geqslant 0 . \qquad (3.1\text{-}21)$$

Mit der Identität

$$\frac{1}{2} [\tau^k + (-\tau)^k] = \begin{cases} \tau^k \text{ für gerades } k , \\ \\ 0 \text{ für ungerades } k \end{cases} \qquad (3.1\text{-}22)$$

folgt

$$\sum_{k=0}^{\infty} \frac{(\lambda\tau)^{2k}}{(2k)!} = [\exp(\lambda\tau) + \exp(-\lambda\tau)]/2$$

und daraus sofort - unter Beachtung von $R(-\tau) = R(\tau)$ und Gl.(3.1-19)-

$$R(\tau) = \frac{1}{4} [1 + \exp(-2\lambda|\tau|)] . \qquad (3.1\text{-}23)$$

Man findet hier die Gln. (3.1-10) bis (3.1-13) bestätigt.

Als letztes Beispiel werden hier die Autokorrektionsfunktionen von Zufallsprozessen betrachtet, die sowohl Gauß- als auch Markoffprozesse sind.

3) AKF von Gaußschen Markoffprozessen

Interessanterweise sind dies immer Exponentialfunktionen. (Vgl. PAPOULIS [2, S. 536]; anders bei DOOB [1, S. 233-234].) Wie nachfolgend noch bewiesen wird, gilt außerdem für einen stationären Gaußprozeß $\{x\}$ mit Erwartungswert 0 unter Verwendung der Abkürzung $x_i := x(t_i)$ für Zufallsvariablen zu den Zeitpunkten t_i

$$E(x_3 | x_2, x_1) = a\, x_2 + b\, x_1 \; ; \quad t_1 < t_2 < t_3 , \qquad (3.1\text{-}24)$$

wobei a und b den folgenden beiden Gln. genügen:

$$R(t_3, t_2)^1 = a\, R(t_2, t_2) + b\, R(t_2, t_1) , \qquad (3.1\text{-}25)$$

$$R(t_3, t_1) = a\, R(t_2, t_1) + b\, R(t_1, t_1) . \qquad (3.1\text{-}26)$$

Gl. (3.1-24) ist ein Spezialfall des wichtigen allgemeinen Satzes: Bedingte Erwartungswerte normalverteilter Variablen, die durch ebenfalls normalverteilte Variablen bedingt sind, sind Linearkombinationen der bedingenden Variablen.

Wir beweisen zunächst die Behauptung über die Form der AKF: Bei Markoffprozessen ist definitionsgemäß [vgl. Gl. (2.2-13)]

$$E(x_3 | x_2, x_1) = E(x_3 | x_2) . \qquad (3.1\text{-}27)$$

Aus der Unabhängigkeit dieses bedingten Erwartungswertes von x_1 schließt man über Gl. (3.1-24) auf $b = 0$. Nun ergibt die Division der beiden Gln. (3.1-25) und (3.1-26) für $b = 0$ durcheinander

$$R(t_3, t_1)\, R(t_2, t_2) = R(t_2, t_1)\, R(t_3, t_2)$$

---

[1] Abkürzung für $E[x(t_3)\, x(t_2)]$.

und speziell bei Stationarität

$$R(t_3 - t_1) = R(t_2 - t_1)\,R(t_3 - t_2)/R(0)\,.$$

Dies ist aber gerade die Funktionalgl.

$$f(x_1 + x_2) = f(x_1)f(x_2)$$

der Exponentialfunktion, so daß schließlich unter Beachtung der Geradheit von $R(\tau)$

$$R(\tau) = R(0)\exp(-c\,|\tau|)\,. \qquad (3.1\text{-}28)$$

Nun fehlt noch der Beweis für die Richtigkeit der Gln.(3.1-24) bis (3.1-26): Bei der Minimierung des mittleren quadratischen Fehlers der Schätzung der Variablen x_3 durch eine Linearkombination von Zufallsvariablen x_1 und x_2 lautet der mittlere quadratische Schätzfehler

$$\varepsilon := E(x_3 - ax_2 - bx_1)^2\,.$$

Daraus erhält man beim Nullsetzen von $\partial\varepsilon/\partial a$ bzw. $\partial\varepsilon/\partial b$ für die optimalen Werte von a und b die Gln.

$$E[(x_3 - ax_2 - bx_1)\,x_2] = 0$$

bzw.

$$E[(x_3 - ax_2 - bx_1)\,x_1] = 0\,.$$

Das ist jedoch nach Definition der AKF nur eine andere Schreibweise für die gesuchten beiden Gln.(3.1-25) und (3.1-26). Außerdem erkennt man, daß die Zufallsvariable $x_3 - ax_2 - bx_1$ orthogonal zu den Variablen x_1 und x_2 ist. Wenn, wie hier angenommen, $E\,x_1 = E\,x_2 = E\,x_3 = 0$, folgt daraus die Unkorreliertheit.

Sind weiterhin x_1, x_2, x_3 Gaußisch, so ist es auch die Linearkombination $x_3 - ax_2 - bx_1$. Unkorrelierte Gaußische Variablen sind aber automatisch statistisch unabhängig, so daß

$$E(x_3 - ax_2 - bx_1\,|\,x_2, x_1) = E(x_3 - ax_2 - bx_1)\,.$$

Wegen $Ex_1 = Ex_2 = Ex_3 = 0$ und damit

$$E(x_3 - ax_2 - bx_1) = 0 ,$$

gilt also

$$E(x_3 - ax_2 - bx_1 | x_2, x_1) = 0 .$$

Zufolge der Linearität von E kann man dafür auch schreiben

$$E(x_3 - ax_2 - bx_1 | x_2, x_1) = E(x_3 | x_2, x_1) - E(ax_2 + bx_1 | x_2, x_1) = 0 . \qquad (3.1-29)$$

Außerdem ist nach Gl.(2.3-27a)

$$E(ax_2 + bx_1 | x_2, x_1) = ax_2 + bx_1 .$$

So erhält man schließlich beim Einsetzen der letzten Beziehung in Gl.(3.1-29) die zu beweisende Gl.(3.1-24). Diese ergibt mit Gl.(2.3-29) noch das allgemeine Resultat: Quadratisch optimale lineare Schätzwerte Gaußischer Variablen mittels ebensolcher können durch nichtlineare Schätzwerte nicht übertroffen werden!

3.2. Spektrale Leistungsdichten

Wir wollen jetzt den schon in der Einleitung von Abschn.3 erwähnten Begriff der spektralen Leistungsdichte einführen. Er ist für die Praxis deshalb so wichtig, weil der Einfluß linearer Übertragungssysteme auf die Leistungsdichte eines Prozesses relativ leicht ausgedrückt werden kann, während sich dasselbe mittels Korrelationsfunktionen nur sehr schwerfällig beschreiben läßt.

3.2.1. Wiener-Khintchine-Relation

Bei der $\mathfrak{F}$-Transformation einer Funktion $f(t)$ muß eine für die Konvergenz des Fourierintegrals hinreichende Bedingung, etwa die absolute Integrierbarkeit von $f(t)$, erfüllt sein. Da dies bei Musterfunk-

tionen von Zufallsprozessen i.allg. nicht der Fall ist, betrachtet man
zunächst einen Ausschnitt der Funktion von der Art

$$f_T(t) := \begin{cases} f(t) & \text{für } |t| \leqslant T, \\ 0 & \text{für } |t| > T. \end{cases}$$

Für diese Funktion existiert dann das Fourierintegral. Speziell für
$f(t) = x^2(t)$, was wir der Bequemlichkeit halber die "Leistung" des
(ergodischen) Prozesses $\{x(t)\}$ nennen wollen, wird die mittlere
Leistung die Größe

$$N_\infty := \lim_{T \to \infty} N_T$$

mit

$$N_T := \frac{1}{2T} \int_{-T}^{T} x^2(t)\, dt = \frac{1}{2T} \int_{-\infty}^{\infty} x_T^2(t)\, dt .$$

Wegen der Parsevalformel der Fouriertransformation[1] gilt auch

$$N_\infty = \lim_{T \to \infty} \frac{1}{2\pi} \int_{-\infty}^{\infty} \frac{|X_T(\omega)|^2}{2T}\, d\omega , \qquad (3.2\text{-}1)$$

wobei

$$X_T(\omega) := \mathfrak{F} x_T(t) .$$

Wenn die (geeignet gemessene) spektrale Leistungsdichte $S_x(\omega)$ für
jede Musterfunktion gleich ist, so daß

$$N_\infty = \frac{1}{2\pi} \int_{-\infty}^{\infty} S_x(\omega)\, d\omega ,$$

so wird man S_x die spektrale Leistungsdichte des Prozesses $\{x\}$ nennen. Es gilt jedoch nicht immer die zunächst naheliegende Definitionsgl.

$$S_x(\omega) = \lim_{T \to \infty} |X_T(\omega)|^2/(2T) , \qquad (3.2\text{-}2)$$

---

[1] Vgl. Abschn.1.3 Regel VII.

d.h. in Gl.(3.2-1) sind Limesbildung und Integration i.allg. nicht vertauschbar. Der Beweis folgt in Abschn.4.3.1.

Falls $S_x(\omega)$ nach Def.(3.2-2) existiert, kann man $S_x(\omega)$ auf eine AKF zurückführen. Dazu definiert man eine Hilfsfunktion $H(\tau)$ als inverse Fouriertransformierte von $S_x(\omega)$, also

$$H(\tau) := \frac{1}{2\pi} \int\limits_{-\infty}^{\infty} S_x(\omega) \exp(j\omega\tau)\, d\omega .$$

Nimmt man wieder Limesbildung und Integration als vertauschbar an, so wird

$$H(\tau) = \lim_{T\to\infty} \left[\frac{1}{2T} \frac{1}{2\pi} \int\limits_{-\infty}^{\infty} X_T(\omega) X_T(-\omega) \exp(j\omega\tau)\, d\omega \right].$$

Daraus folgt mittels der Parsevalformel und der Zeitverschiebungsregel der Fouriertransformation sofort

$$H(\tau) = \lim_{T\to\infty} \frac{1}{2T} \int\limits_{-\infty}^{\infty} x_T(t)\, x_T(t+\tau)\, dt$$

$$= \lim_{T\to\infty} \frac{1}{2T} \int\limits_{-T}^{T} x(t)\, x(t+\tau)\, dt =: R_x(\tau) .$$

Diese Betrachtung rechtfertigt die sog. Wiener Khintchine-Transformation: Man **definiert** die spektrale Leistungsdichte $S_x(\omega)$ eines stationären Zufallsprozesses $\{x(t)\}$ als Fouriertransformierte seiner AKF, also

$$S_x(\omega) := \int\limits_{-\infty}^{\infty} R_x(\tau) \exp(-j\omega\tau)\, d\tau = 2 \int\limits_{0}^{\infty} R_x(\tau) \cos(\omega\tau)\, d\tau \quad (3.2\text{-}3)$$

[letzteres, weil $R_x(\tau)$ eine gerade Funktion ist] und umgekehrt

$$R_x(\tau) = \frac{1}{2\pi} \int\limits_{-\infty}^{\infty} S_x(\omega) \exp(j\omega\tau)\, d\omega = \frac{1}{\pi} \int\limits_{0}^{\infty} S_x(\omega) \cos(\omega\tau)\, d\omega; \quad (3.2\text{-}4)$$

letzteres, weil $S_x(\omega)$ nach Definition gerade ist.

$S_x(\omega)$ ist also nur erklärt, wenn das Fourier-Integral von $R_x(\tau)$ existiert. Man kann außerdem beweisen, daß immer $S_x(\omega) \geqslant 0$. [Dies läßt sich z.B. aus Gl.(4.3-3) folgern.] Aus der letzten Gl. folgt für $\tau = 0$

$$R_x(0) := E\,x^2 = \frac{1}{2\pi} \int\limits_{-\infty}^{\infty} S_x(\omega)\,d\omega = \int\limits_{-\infty}^{\infty} \widetilde{S}_x(\nu)\,d\nu \;;\quad \widetilde{S}_x\left(\frac{\omega}{2\pi}\right) := S_x(\omega) \;;$$

$$(3.2\text{-}5)$$

eine Beziehung, die man vom Begriff spektrale Leistungsdichte selbstverständlich erwartet, wenn man in $E\,x^2$ die mittlere "Leistung" sieht.

Analog definiert man aus der KKF die K r e u z l e i s t u n g s d i c h t e

$$S_{x,y}(\omega) := \mathfrak{F}R_{x,y}(\tau)\,.$$

Wegen Gl.(3.1-16) ist

$$S_{y,x}(\omega) = S_{x,y}(-\omega) = S^{*}_{x,y}(\omega) \;; \qquad\qquad (3.2\text{-}6)$$

mit $*$ für die konjugiert komplexe Zahl.

Für $S_{x,x}$ wird hier immer S_x geschrieben.

Es ist nun nur eine Übung im $\mathfrak{F}$-Transformieren, aus Beispielen für Korrelationsfunktionen solche für Spektren zu gewinnen. [Der Leser berechne zur **Übung** $S_x(\omega)$ zu $R_x(\tau)$ nach den Gln.(3.1-17) und (3.1-23).]

Für spätere Verwendung folgen hier noch zwei Definitionen, und zwar sei (im stationären Fall) als Verallgemeinerung von Gl.(2.3-15)

$$r_{x,y}(\tau) := E\{\,[x(t)-\mu_x]\,[y(t+\tau)-\mu_y]\,\} = R_{x,y}(\tau)-\mu_x\mu_y \quad (3.2\text{-}7)$$

die K o v a r i a n z f u n k t i o n von $\{x\}$ und $\{y\}$ und

$$s_{x,y}(\omega) := \mathfrak{F}r_{x,y}(\tau) = S_{x,y}(\omega) - 2\pi\mu_x\mu_y\,\delta(\omega) \qquad (3.2\text{-}7a)$$

die "reduzierte" s p e k t r a l e L e i s t u n g s d i c h t e.

3.2.2. Prozesse mit vorgegebener spektraler Leistungsdichte

Die Berechnung von Spektralfunktionen[1] oder Korrelationsfunktionen
hat eine interessante Umkehrung, nämlich die Suche nach wenigstens
einem jeweils zugeordneten Prozeß. Man kann dieses Problem natürlich sofort durch Angabe eines geeigneten Gaußprozesses erledigen,
denn dieser ist durch die AKF vollständig bestimmt. (Bei Vektorpro-
zessen braucht man allerdings nach Abschn.2.4.2 noch alle möglichen
KKF.) Die folgende Konstruktion führt interessanterweise auf einen
stationären, aber nicht ergodischen Prozeß:

Wegen Gl.(3.2-5) hat (vgl. PAPOULIS [2, S. 350]) die Funktion

$$p(\omega) := s(\omega)/(2\pi\sigma^2) \qquad\qquad (3.2\text{-}8)$$

die Eigenschaften

$$\int_{-\infty}^{\infty} p(\omega)\,d\omega = 1\;;\quad p(\omega) \geq 0$$

einer Verteilungsdichte. Es wird nun gezeigt, daß mit dieser Verteilungsdichte für ω einer der zu $s(\omega)$ passenden Prozesse die Musterfunktionen

$$x(t) = \sqrt{2}\,\sigma\cos(\omega t + \alpha) \qquad\qquad (3.2\text{-}9)$$

hat, wobei α von ω stochastisch unabhängig und zwischen 0 und 2π
gleichverteilt sei. Definitionsgemäß ist nämlich die AKF dieses $\{x\}$

$$R(\tau) = 2\sigma^2 E[\cos(\omega t + \alpha)\cos(\omega t + \omega\tau + \alpha)]\,.$$

Nun ist

$$2\cos(\omega t + \alpha)\cos(\omega t + \omega\tau + \alpha) \equiv \cos(\omega\tau) + \cos(2\omega t + \omega\tau + 2\alpha)\,.$$

Dabei gilt für den 2. Summanden der rechten Seite nach Gl.(2.3-26)

$$E\cos[\varphi(\omega) + 2\alpha] = E\,E\{\cos[\varphi(\omega) + 2\alpha]\,|\,\omega\}\,. \qquad (3.2\text{-}10)$$

---

[1] Synonym für spektrale Leistungsdichte.

Weiter gilt allgemein für ω = const. bei Gleichverteilung von α zwischen 0 und 2π, daß der bedingte Erwartungswert verschwindet, d.h.

$$E \cos (\beta + 2\alpha) = 0 \, , \quad \beta := \varphi(\omega) = \text{const.} \, ,$$

denn wegen der Symmetrie des Cosinus wird bei Bildung des Erwartungswertes jeder Wert der Zufallsvariablen $\cos (\beta + 2\alpha)$ durch einen gleichwahrscheinlichen mit umgekehrtem Vorzeichen kompensiert. Also ist die linke Seite von Gl.(3.2-10) für alle ω null, so daß

$$R(\tau) = \sigma^2 \, E \cos (\omega\tau) := \sigma^2 \int_{-\infty}^{\infty} p(\omega) \cos (\omega\tau) \, d\omega \, , \qquad (3.2\text{-}11)$$

was wegen Gl.(3.2-8) und weil hier $s(\omega) = S(\omega)$ ist in Übereinstimmung mit der Wiener-Khintchine-Relation ist. $\{x(t)\}$ nach Gl.(3.2-9) ist also ein Prozeß mit dem vorgegebenen Leistungsspektrum $S(\omega)$. Er ist jedoch nicht ergodisch, denn für eine Musterfunktion ist ω jeweils konstant und daher nach Gl.(3.1-17)

$$\lim_{T\to\infty} \frac{1}{T} \int_{0}^{T} x(t) \, x(t+\tau) \, dt = \sigma^2 \cos (\omega\tau) \, ;$$

d.h. auch eine Funktion von ω.

Aus diesen "AKF" der Musterfunktionen folgt übrigens die AKF des Prozesses, wenn jede von ihnen gemäß der Wahrscheinlichkeitsdichte des zugehörigen ω gewichtet wird und anschließend über alle ω integriert wird. Das zeigt nämlich Gl.(3.2-11).

3.3. Korrelation zwischen Signalen in linearen Systemen

Wir kommen nun zu der für viele Anwendungen wichtigen Frage, wie lineare dynamische Systeme die Korrelation verändern; genauer z.B., wie sich die AKF ändert, wenn ein Prozeß linear gefiltert wird oder welche KKF zwischen Eingangs- und Ausgangsprozeß eines solchen Filters besteht; insbesondere auch dann, wenn das Ausgangssignal noch additiv verrauscht ist.

3.3.1. Autokorrelation der Ausgangsgröße eines Filters und Kreuzkorrelation zwischen Eingangs- und Ausgangsgröße

Nach Gl. (1.1-4) ist

$$y(t + \tau) = \int_0^\infty g(u)\, x(t + \tau - u)\, du \qquad (3.3\text{-}1)$$

die zur Zeit $t + \tau$ betrachtete Ausgangsgröße eines Systems mit der Gewichtsfunktion $g(t)$ und der Eingangsgröße $x(t)$. Multipliziert man diese Gleichung mit $x(t)$ und bildet anschließend den Erwartungswert, so wird nach einer erlaubten Vertauschung von Integration über u und Erwartungswertbildung wegen Definition (3.1-6) im stationären Fall

$$R_{x,y}(\tau) = \int_0^\infty g(u)\, R_x(\tau - u)\, du =: g(\tau) \circledast R_x(\tau) \qquad (3.3\text{-}2)$$

mit $\circledast$ für die Bildung des Faltungsprodukts. Überraschend ist an diesem Resultat die formale Analogie zu Gl. (3.3-1). Daraus ergibt sich eine interessante Möglichkeit zur Bestimmung der Gewichtsfunktion. Hat man nämlich ein Signal (Prozeß) $\{x(t)\}$ mit $R_x(\tau) = \delta(\tau)$, so ist die zugehörige KKF $R_{x,y}(\tau)$ gleich der Gewichtsfunktion $g(\tau)$. Das wird tatsächlich praktisch verwertet! Weiter folgt mit dem Faltungssatz der Fouriertransformation aus Gl. (3.3-2)

$$S_{x,y}(\omega) = G(j\omega)\, S_x(\omega) . \qquad (3.3\text{-}2a)$$

$S_{x,y}(\omega)$ muß also nicht reell sein!

Analog gilt

$$R_y(\tau) = g(\tau) \circledast g(-\tau) \circledast R_x(\tau) \qquad (3.3\text{-}3)$$

bzw.

$$S_y(\omega) = |G(j\omega)|^2\, S_x(\omega) , \qquad (3.3\text{-}3a)$$

was man zur **Übung** ausführlich mit Integralen beweise. Es ist eine Beziehung, die bei der anschaulichen Bedeutung des Frequenzgangs G als Verhältnis der Amplitude eines sinusförmigen Ausgangssignals y zu der

eines ebensolchen Eingangssignals x völlig plausibel ist. - Damit lassen sich aus G und einer beliebigen Spektralfunktion alle übrigen ausrechnen.

Man beachte, daß eine lineare Filterung mit konstanten Parametern
des Filters die Stationarität eines Prozesses erhält!

Einfache Beispiele:

1) Filterwirkung eines sog. Verzögerungsgliedes 1. Ordnung[1]
   (Z.B. R-C-Glied in der Elektrotechnik)

Der Frequenzgang sei

$$G(j\omega) = 1/(1 + j\omega T).$$

Schickt man weißes Rauschen mit der AKF

$$R_x(\tau) = S_0\,\delta(\tau); \; S_0 = \text{const.}$$

in den Eingang dieses Übertragungsgliedes, ist also $S_x(\omega) \equiv S_0$,
so wird gemäß Gl. (3.3-3a) die spektrale Leistungsdichte des Ausgangssignals $\{y\}$

$$S_y(\omega) = S_0 \frac{1}{1 + j\omega T} \cdot \frac{1}{1 - j\omega T} = \frac{S_0}{1 + \omega^2 T^2}. \qquad (3.3-4)$$

Daraus folgt über die inverse Fouriertransformation, z.B. aus
Gl. (1.3-7) $R_y(\tau)$, die AKF am Ausgang des Filters.

Für unser Beispiel heißt dies wegen

$$\widetilde{F}(j\omega) := S_y(\omega) = -\frac{S_0}{T^2} \frac{1}{j\omega + 1/T} \cdot \frac{1}{j\omega - 1/T},$$

---

[1] Dem mit diesem Begriff nicht vertrauten Leser wird vielleicht die
Differentialgleichung
$$y + T\dot{y} = x$$
mehr sagen, die dem Frequenzgang $(1 + j\omega T)^{-1}$ zugeordnet ist.

daß nach Gl. (1.3-7)

$$f(t) = R_y(t) = \begin{cases} -\dfrac{S_0}{T^2} \dfrac{\exp(-t/T)}{-1/T - 1/T} = \dfrac{S_0}{2T} \exp(-t/T) & \text{für } t > 0 , \\[2ex] +\dfrac{S_0}{T^2} \dfrac{\exp(t/T)}{1/T + 1/T} = \dfrac{S_0}{2T} \exp(t/T) & \text{für } t < 0 \end{cases}$$

oder

$$R_y(\tau) = \frac{S_0}{2T} \exp(-|\tau|/T) . \tag{3.3-5}$$

Das folgt zum Vergleich auch aus Gl. (1.3-12a).

2) <u>Filterwirkung eines mit Verzögerung behafteten Differenzier-</u>
<u>gliedes</u>:

Der Frequenzgang sei speziell

$$G(j\omega) = \frac{j\omega T}{1 + j\omega T} .$$

Wenn wieder $S_x(\omega) = S_0 =$ const. ist, erhält man nach Gl. (3.3-3a) für
den gefilterten Prozeß die spektrale Leistungsdichte

$$S_y(\omega) = S_0 \frac{\omega^2 T^2}{1 + \omega^2 T^2} = S_0 - \frac{S_0}{1 + \omega^2 T^2} .$$

Mit den Kenntnissen aus dem vorherigen Beispiel erhält man daraus
sofort die AKF

$$R_y(\tau) = S_0 \, \delta(\tau) - \frac{S_0}{2T} \exp(-|\tau|/T) . \tag{3.3-6}$$

<u>3.3.2. Korrelation bei Linearkombination von Zufallsprozessen</u>

Abschließend wird noch die spektrale Leistungsdichte einer Summe gefilterter Signale in Abhängigkeit von den Eingangssignalen und den Fil-
tereigenschaften bestimmt: Die Bezeichnungen entnehme man Bild 3.3-1.

Aus $y = y_1 + y_2$ folgt unmittelbar

$$y(t)y(t+\tau) = y_1(t)y_1(t+\tau) + y_1(t)y_2(t+\tau) + y_2(t)y_1(t+\tau) + y_2(t)y_2(t+\tau) .$$

Daraus wird nach Bildung des Erwartungswerts

$$R_y(\tau) = R_{y_1}(\tau) + R_{y_1,y_2}(\tau) + R_{y_2,y_1}(\tau) + R_{y_2}(\tau)$$

bzw. nach Fouriertransformation

$$S_y(\omega) = S_{y_1}(\omega) + S_{y_1,y_2}(\omega) + S_{y_2,y_1}(\omega) + S_{y_2}(\omega). \qquad (3.3-7)$$

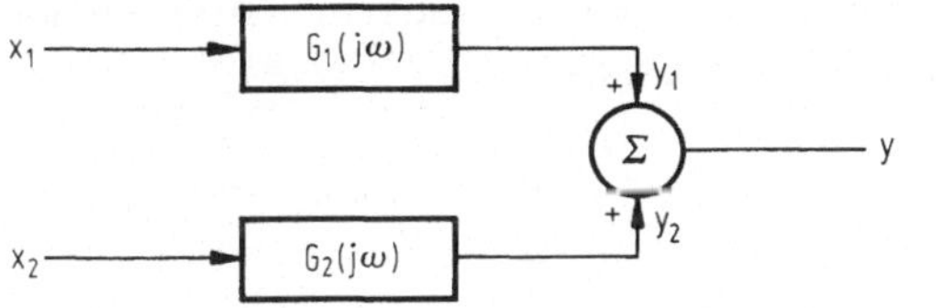

Bild 3.3-1. Additive Überlagerung von linear gefilterten Prozessen.

S_{y_1}, S_{y_2} folgen über Gl. (3.3-3a) leicht aus S_{x_1}, S_{x_2}. Wie lautet aber S_{y_1,y_2}?

Als Verallgemeinerung von Gl. (3.3-3) erhält man

$$R_{y_1,y_2}(\tau) = \int_0^\infty g_1(\tau_1) \int_0^\infty g_2(\tau_2) R_{x_1,x_2}(\tau + \tau_1 - \tau_2)\,d\tau_2 d\tau_1$$

$$= g_1(-\tau) \circledast g_2(\tau) \circledast R_{x_1,x_2}(\tau).$$

Bei $\mathfrak{F}$-Transformation und Vertauschung der Reihenfolge der Integrationen wird daraus

$$S_{y_1,y_2}(\omega) = \int_0^\infty g_1(\tau_1) \exp(j\omega\tau_1) \int_0^\infty g_2(\tau_2) \exp(-j\omega\tau_2) \cdot$$

$$\cdot \int_{-\infty}^\infty R_{x_1,x_2}(\tau + \tau_1 - \tau_2) \exp[-j\omega(\tau + \tau_1 - \tau_2)]\,d\tau d\tau_2 d\tau_1$$

$$= G_1^*(j\omega)\, G_2(j\omega)\, S_{x_1,x_2}(\omega). \qquad (3.3-8)$$

Dabei kennzeichnet $*$ wieder die konjugiert komplexe Zahl. [Zur Probe erhält man für $x_1 = x_2$, $G_1 = G_2$ Gl. (3.3-3a).] Mittels dieser Formel ist es z.B. theoretisch leicht möglich, aus einem Prozeß zwei unkorrelierte herzustellen. Man setzt dazu $x_1 \equiv x_2$. Dann ist, falls sich die beiden Amplitudengänge $|G_1(j\omega)|$ und $|G_2(j\omega)|$ nicht überschneiden, d.h. wenn für jedes ω höchstens einer von beiden ungleich 0 ist, $S_{y_1,y_2}(\omega) \equiv 0$ und damit $R_{y_1,y_2}(\tau) \equiv 0$. Damit wird unter anderem Gl. (3.1-18a) bestätigt. Erwähnenswert sind die Spezialfälle $y_2 \equiv x_2$, also $G_2 \equiv 1$ bzw. $y_1 \equiv x_1$, also $G_1 \equiv 1$, wo im Spektralbereich die Änderung der Kreuzkorrelation bei linearer Filterung des einen Prozesses angegeben wird. Man erhält

$$S_{y_1,x_2} = G_1^* S_{x_1,x_2} \; ; \quad y_1 = x_1 \circledast g_1$$

bzw. $\qquad\qquad\qquad\qquad\qquad\qquad\qquad\qquad\qquad$ (3.3-8a)

$$S_{x_1,y_2} = G_2 S_{x_1,x_2} \; ; \quad y_2 = x_2 \circledast g_2 \, .$$

Zur **Übung** wird empfohlen, das K r e u z l e i s t u n g s s p e k t r u m von zwei Prozessen $\{z_1\}$ und $\{z_2\}$ auszurechnen, die je die Summe von zwei linear gefilterten Prozessen sind. Mit den Bezeichnungen von Bild 3.3-2 wird

$$S_{z_1,z_2} = G_1^* G_3 S_{x_1,x_3} + G_1^* G_4 S_{x_1,x_4} + G_2^* G_3 S_{x_2,x_3} + G_2^* G_4 S_{x_2,x_4} \, . \qquad (3.3\text{-}9)$$

Die obigen Resultate lassen sich leicht auf rückgekoppelte lineare Übertragungssysteme, wie sie in der Regelungstechnik auftreten, anwenden. Diese Systeme kann man zerlegen in solche mit je einer Eingangs- und Ausgangsgröße (Zufallsprozesse), die sich (bis auf Anfangsbedingungen) durch einen Frequenzgang beschreiben lassen, und Addierer.

Oben wurde gezeigt, wie Korrelationsfunktionen bzw. spektrale Leistungsdichtefunktionen in Serienschaltungen aus linearen Systemen mit je einem Eingang und Ausgang und in Addierern abgewandelt werden. Ist an einer Stelle eines geschlossenen Signalkreislaufs die Leistungsdichtefunktion bekannt, so läßt sie sich bei Kenntnis der Frequenzgänge aller betroffenen Systemglieder im Prinzip, d.h. bis auf rech-

nerische Schwierigkeiten, leicht überall im Gesamtsystem bestimmen.
Auch wenn nur das Spektrum der Störgröße z.B. im System nach Bild
1.1-2c bekannt ist, lassen sich die statistischen Kenngrößen über die

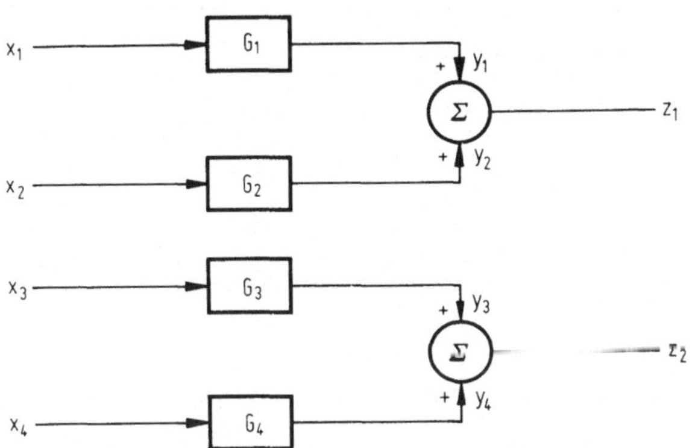

Bild 3.3-2. Zur Kreuzkorrelation von 2 Summenprozessen.

spektralen Leistungsdichten überall leicht ausrechnen, denn der Kreis
hat einen Gesamtfrequenzgang nach Gl. (1.1-7), so daß über Gl. (3.3-3a)
Spektralfunktionen irgendwelcher Ausgangsgrößen aus denen von interessierenden Eingangsgrößen ausgerechnet werden können.

3.4. Diskussion der Ergebnisse von Abschnitt 3

Wir wollen nochmals kurz zusammenfassen, was Abschn. 3 enthält:
In Abschn. 3.1 wird der für die systemtheoretischen Untersuchungen
fundamentale Begriff der K o r r e l a t i o n s f u n k t i o n zweier Prozesse

$$R_{X,Y}(t_1, t_2) := E[X(t_1)\, Y(t_2)] \qquad [(3.1\text{-}5)]$$

eingeführt. Bei - im weiteren Sinne - s t a t i o n ä r e n Prozessen $\{X\}$
und $\{Y\}$ ist die Korrelationsfunktion nur noch von der Differenz $\tau =$
$= t_2 - t_1$ abhängig, und man schreibt

$$R_{X,Y}(\tau) = E[X(t)\, Y(t + \tau)].$$

Eine große Unterklasse der stationären sind die ergodischen Prozesse. Hier darf die Bildung des Erwartungswerts, der ja gemäß Definition der Grenzwert einer mit Wahrscheinlichkeiten gewichteten Summe von allen möglichen Wertepaaren (für festes t und τ) $x(t)$; $y(t + \tau)$ ist, durch den Grenzwert eines Zeitmittels über ein Paar von Muster-funktionen ersetzt werden; also wird

$$R_{X,Y}(\tau) = \lim_{T \to \infty} \frac{1}{T} \int_0^T x(t)\, y(t + \tau)\, dt \, . \qquad [(3.1-9)]$$

(Bei Autokorrelation braucht man nur eine einzige Musterfunktion.)

Kriterien für Ergodizität werden in Abschn. 4 angegeben: Z.B. wird der einfache Erwartungswert $E\,X$ gleich dem Grenzwert eines Zeitmittels, wenn $R_X(\tau)$ absolut integrabel ist.

Nun weiter zu Abschn. 3:

Die wichtigsten Eigenschaften von $R_X(\tau)$ sind die Geradheit, die Tatsache, daß das Betragsmaximum bei $\tau = 0$ liegt, die i.allg. gegebene Konvergenz gegen das Quadrat des einfachen Erwartungswerts für $\tau \to \infty$ und die Erhaltung der Frequenz, jedoch nicht der Phase von periodischen Anteilen [vgl. Gl. (3.1-17)]. In Beispiel 2 von Abschn. 3.1.2 werden erstmals sog. binäres Rauschen oder Telegraphie-prozesse vorgestellt und sog. Punktprozesse, wo der Zufall sich nicht auf Amplitudenwerte, sondern auf Zeitpunkte bezieht. Speziell zeigt sich, daß ein Umschalten zwischen 0 und 1 gemäß einem Poissonprozeß zu einer exponentiellen AKF führt:

$$R(\tau) = \frac{1}{4}\,[1 + \exp(-2\,\lambda\,|\tau|)] \, . \qquad [(3.1-23)]$$

Ein bemerkenswertes allgemeines Resultat von Abschn. 3.1.2 ist weiter der Satz, daß Gaußsche Markoffprozesse als AKF immer eine Exponentialfunktion haben, also

$$R(\tau) = R(0)\,\exp(-c\,|\tau|) \, ; \quad c > 0 \, . \qquad [(3.1-28)]$$

Diese und die letzte Gl. sind deutliche Hinweise auf die Mannigfaltigkeit von Prozessen mit derselben Autokovarianzfunktion.

Ein wichtiger Hilfssatz bei der Ableitung von Gl.(3.1-28) besagt, daß bedingte Erwartungswerte Gaußscher Variablen, die von Werten anderer Gaußscher Variablen abhängen, Linearkombinationen der letzteren sind; also z.B.

$$E(X_3 | X_2, X_1) = a X_2 + b X_1 \; ; \quad a, b \text{ reell} . \qquad [(3.1\text{-}24)]$$

Wegen der in Abschn.2.3.3 diskutierten allgemeinen Bedeutung bedingter Erwartungswerte für die Schätztheorie (Optimierung von Näherungen nach einem quadratischen Kriterium) folgt hieraus weiter: Optimale, genauer w i r k s a m e S c h ä t z f u n k t i o n e n für Gaußsche Variablen, die von Gaußvariablen abhängen, können immer Linearkombinationen der zur (quadratischen) Schätzung benutzten Variablen sein. In diesem Falle sind auch die Schätzfunktionen Gaußisch.

Abschn.3.2 bringt Betrachtungen über s p e k t r a l e L e i s t u n g s - d i c h t e n . Nach Wiener-Khintchine sind es $\mathfrak{F}$-Transformierte der Korrelationsfunktionen. Es wird aber gezeigt, daß die so definierte Leistungsdichte gerade die vom physikalischen Begriff der spektralen Zerlegung einer Leistung erwarteten Eigenschaften hat, denn die $\mathfrak{F}$-Transformierte der AKF ist bei allen (praktisch interessanten) Prozessen nicht negativ; sie ergibt - über alle Frequenzen integriert - die mittlere Gesamtleistung, also

$$R_x(0) = E \, x^2 = \int_{-\infty}^{\infty} S_x(2\pi\nu) \, d\nu , \qquad [(3.2\text{-}5)]$$

und nach Signal-(Prozeß-)Durchgang durch ein lineares Filter mit dem F r e q u e n z g a n g (komplexe, frequenzabhängige Verstärkung) $G(j\omega)$ ist die spektrale Leistungsdichte mit $|G(j\omega)|^2$ zu multiplizieren, d.h.

$$S_y(\omega) = |G(j\omega)|^2 S_x(\omega) \; ; \quad y = g \circledast x \; ; \quad G := \mathfrak{F}g . \quad [(3.3\text{-}3a)]$$

Hier werden erstmalig die Einflüsse dynamischer Systeme auf Zufallsprozesse deutlich. Eine wichtige Anwendungsmöglichkeit von Gl.(3.3-3a) in der Praxis besteht darin, die Varianz von Größen (in linearen Systemen) zu berechnen, die sich aus irgendwelchen Gründen (z.B. radioaktive Verseuchung) nicht direkt am "Zielort" messen lassen. Man muß dann nur - etwa mit Methoden gemäß Abschn.4.3 - die spektrale Lei-

stungsdichte an einer bequemer zugänglichen Stelle messen und daraus
bei Kenntnis des Übertragungsverhaltens des untersuchten Systems zwischen Meßort und Zielort die Leistungsdichte am Zielort berechnen und
über alle Frequenzen integrieren. Der begrifflich vielleicht näher lie-
gende Weg, über das Duhamel Integral

$$y(t) = \int_0^t g(\tau)x(t-\tau)d\tau \approx \sum_{k=1}^{[t/\Delta\tau]} g(k\Delta\tau)x(t-k\Delta\tau)\Delta\tau \qquad [(1.1\text{-}4)]$$

die Verteilung von $y(t)$ auszurechnen und daraus σ_y^2 ist praktisch un-
gangbar, weil er - wie in Abschn. 5.1.2 gezeigt wird - zu einem komplizierten Vielfachintegral führen würde. Besser wäre schon die Verwendung der Beziehung

$$\sigma_y^2 = E\,y^2 - (E\,y)^2 ,$$

wobei man aber wegen

$$E\,y^2(t) = \int_0^t\!\!\int_0^t g(\tau)g(\tau')E[x(t-\tau)x(t-\tau')]\,d\tau d\tau'$$

immer noch die AKF von $\{x\}$ messen und anschließend ein Doppelintegral berechnen müßte.

Weiterhin gilt, falls man die $\mathfrak{F}$-Transformierte der KKF kennt, die
man (bei stationären Prozessen) die K r e u z l e i s t u n g s d i c h t e
nennt, im obigen Falle mit $y = g \circledast x$

$$S_{x,y}(\omega) = G(j\omega)S_x(\omega) . \qquad [(3.3\text{-}2a)]$$

Mittels dieser Grundbeziehungen wird in Abschn. 3.3.2 noch die Korrelation linear gefilterter und dann linear überlagerter Prozesse für
die Behandlung praktischer Aufgaben berechnet. Viele Übungsbeispiele
zu Abschn. 3 findet man bei Papoulis [2].

4. Messung stochastischer Größen

Die Theorie der Messung von "stochastischen Größen" wie Verteilungs-
parametern, Korrelationsfunktionen usf. betrifft schon für sich genommen einen interessanten Problemkreis. Es zeigt sich aber außerdem,
daß dabei Kriterien für Ergodizität (wie sie hier verstanden wird) gefunden werden können. Insbesondere zeigt sich, daß ein Erwartungswert eines stationären Prozesses auch durch Zeitmittelung gefunden
werden kann, wenn die Autokovarianzfunktion des betrachteten Prozesses absolut integrabel ist.

Die Messung stochastischer Größen ist i.allg. deshalb so schwierig,
weil diese Größen durchweg "statistisch" definiert sind, d.h. als Grenzwerte zu deren Gewinnung theoretisch unendlich viele Meßwerte ausge-
wertet werden müßten. Man muß sich daher in der Praxis mit Angaben
begnügen, die den Zusammenhang zwischen der Anzahl der Messungen,
dem sog. S t i c h p r o b e n u m f a n g , oder allgemeiner dem Meßaufwand
und der Güte der Annäherung an den theoretischen Grenzwert beschreiben. Hier könnte man einwenden, daß anscheinend der Grenzwert doch
bekannt sein muß. Dies ist jedoch nicht der Fall; vielmehr wird die Annäherung an den Grenzwert immer nur "statistisch" beschrieben und
zwar entweder mittels der Streuung der Einzelergebnisse oder durch
die Wahrscheinlichkeit, mit der der Grenzwert in einem gewissen Intervall liegt. (Man vergleiche zu diesen beiden Alternativen die Tschebyscheff-Ungleichung.)

Wir wollen nun mehrere grundlegende Begriffe der statistischen S c h ä t z -
t h e o r i e einführen: Eine S c h ä t z f u n k t i o n $F_n(\mathbf{X})$ für den w a h r e n
Wert φ ist eine Zufallsvariable, die von n anderen $X_1, \ldots, X_n$ abhängt.
Ein spezieller Wert (eine R e a l i s i e r u n g) dieser Variablen heißt
S c h ä t z w e r t $f_n(\mathbf{x})$. Man nennt eine Schätzfunktion e r w a r t u n g s -
t r e u , wenn ihr Erwartungswert der zu schätzende Wert φ ist, k o n -
s i s t e n t , falls sie in W a h r s c h e i n l i c h k e i t gegen den w a h r e n

Wert konvergiert, wenn der U m f a n g n der Stichproben divergiert,
also falls

$$\lim_{n\to\infty} W\{\,|F_n(\mathbf{X}) - \varphi| \geq \varepsilon\,\} = 0 \quad \text{für alle} \quad \varepsilon > 0 \,.$$

Hinreichend für Konsistenz ist nach der Ungl. von Tschebyscheff,
Gl.(2.3-11), daß die Standardabweichung der Schätzfunktion mit stei-
gendem Stichprobenumfang gegen null geht. Schließlich nennt man eine
Schätzfunktion w i r k s a m , wenn für sie die mittlere quadratische
Abweichung vom wahren Wert minimal ist.

4.1. Messung von Erwartungswerten

Aufgrund der Definitionsgleichung (2.3-1) für den Erwartungswert einer Zufallsvariablen $x(t_0)$, die zu einem stationären Zufallsprozeß
$\{x(t)\}$ gehören möge, müßte man bei der "Messung" von $E\,x(t_0)$ versuchen, möglichst viele Musterfunktionen $x_i(t)$ zur Zeit t_0 zu messen.
Das wird in der Regel nicht zu realisieren sein. Daher muß man im allgemeinen mit der in einer einzigen Musterfunktion (des sogar ergodischen Prozesses) enthaltenen Information auszukommen versuchen:

4.1.1. <u>Verschiedene Formeln für die Varianz von arithmetischen Mit-
telwerten</u>

Wird eine Musterfunktion $x(t)$ im (abgeschlossenen) Intervall $[0,T]$
an den N Stellen t_k; $k = 1,\ldots,N$; gemessen, so ist der arithmetische
Mittelwert der $x_k := x(t_k)$ bekanntlich

$$\bar{x}_d := \frac{1}{N} \sum_{k=1}^{N} x_k \cdot {}^1$$

---

[1] d für diskret, c für kontinuierlich; ohne d oder c gelten Aussagen
für beide Indices.

Nun wollen wir diese Gl. als eine zwischen Zufallsvariablen ansehen: Daraus folgt sofort, wenn $Ex_k =: \mu$, daß $E\overline{x}_d = \mu$, d.h. die Schätzung $\overline{x}_d$ ist erwartungstreu (b i a s f r e i). Damit ist freilich μ noch nicht gefunden!

Dasselbe Ergebnis erhält man, wenn man gemäß

$$\overline{x}_c := \frac{1}{T} \int\limits_0^T x(t)\,dt \; ^1$$

kontinuierlich mißt; d.h. auch $E\overline{x}_c = \mu$.

Nun sucht man eine Angabe über die Streuung der Näherungen $\overline{x}$ für μ. Dazu dient hier die Varianz von $\overline{x}$.

Für die Varianz von $\overline{x}_d$ folgt aus der Definitionsgleichung (2.3-9) unmittelbar

$$\sigma^2_{\overline{x}_d} = E\left[\frac{1}{N^2} \sum_{i=1}^N \sum_{k=1}^N x_i x_k\right] - \mu^2 \,.$$

Mit der Definitionsgleichung für die Autokorrelationsfunktion eines stationären Prozesses in der Form $R(t_i - t_k) := E(x_i x_k)$ folgt daraus

$$\sigma^2_{\overline{x}_d} = \frac{1}{N^2} \sum_{i,k=1}^N R(t_i - t_k) - \mu^2 \,; \qquad\qquad (4.1\text{-}1)$$

bzw. analog für kontinuierliches Messen

$$\sigma^2_{\overline{x}_c} = \frac{1}{T^2} \int\limits_0^T\!\!\int\limits_0^T R(t - \tau)\,dt\,d\tau - \mu^2 \,. \qquad\qquad (4.1\text{-}1a)$$

Nun wollen wir die Doppelsumme in Gl.(4.1-1) speziell bei äquidistanter Abtastung mit $t_i = (i-1)\Delta t$ ausrechnen: Offenbar hat wegen der Ge-

---

1 d für diskret, c für kontinuierlich; ohne d oder c gelten Aussagen für beide Indices.

radheit von $R(\tau)$ die Matrix mit dem allgemeinen Element $a_{i,k} = R[(i-k)\Delta t]$, deren sämtliche Elemente in Gl.(4.1-1) aufzusummieren sind, folgendes Aussehen:

$$
\begin{bmatrix}
R(0) & R(1\Delta t) & R(2\Delta t) & R(3\Delta t) \ldots & & R[(N-1)\Delta t] \\
R(1\Delta t) & R(0) & R(1\Delta t) & R(2\Delta t) \ldots & & \\
R(2\Delta t) & R(1\Delta t) & R(0) & R(1\Delta t) \ldots & & \\
\vdots & \vdots & \vdots & \vdots & & \\
& & & & \ldots R(0) & R(1\Delta t) \\
R[(N-1)\Delta t] & \ldots & & & \ldots R(1\Delta t) & R(0)
\end{bmatrix}.
$$

Alle $N-k$ Elemente der k-ten Parallelen zur Hauptdiagonale haben den Wert $R(k\Delta t)$. Es gilt also für die Summe aller Elemente

$$
\sum_{i,k=0}^{N-1} R[(i-k)\Delta t] = 2 \sum_{k=1}^{N-1} (N-k)R(k\Delta t) + NR(0).
$$

Ersetzt man hier noch die Korrelationsfunktion R durch die Kovarianzfunktion r, also

$$
R(\tau) = r(\tau) + \mu^2, \quad \text{speziell } R(0) = \sigma^2 + \mu^2,
$$

[siehe Gl.(3.2-7)], so ist

$$
\sigma^2_{\bar{x}_d}(N) = \frac{\sigma^2}{N} + \frac{2}{N} \sum_{k=1}^{N-1} \left(1 - \frac{k}{N}\right) r(k\Delta t). \qquad (4.1-2)
$$

Das ist ein grundlegendes Resultat. Es wird gemeinsam mit dem entsprechenden für den kontinuierlichen Fall diskutiert werden. Falls alle x_k paarweise unkorreliert sind, erhält man das bekannte Resultat der mathematischen Statistik

$$
\sigma^2_{\bar{x}_d} = \sigma^2/N. \qquad (4.1-2a)
$$

Läßt man in Gl.(4.1-2) gleichzeitig $N \to \infty$ und $\Delta t \to 0$ gehen und zwar so, daß $(N-1)\Delta t = T$ bleibt, so erhält man mit $\tau := k\Delta t$ als Grenzwert die Varianz von $\overline{x}_C$ (im Falle kontinuierlicher Messung) zu

$$\sigma^2_{\overline{x}_C} = \frac{2}{T} \int_0^T (1 - \tau/T)\, r(\tau)\, d\tau \, . \qquad (4.1\text{-}3)$$

[Zur **Übung** beweise man dies mittels der Gln. (4.1-1a) und (4.3-6a).]

Man erkennt an diesem fundamentalen Resultat, daß zur Beurteilung der Güte einer Schätzfunktion für einen (einfachen) Erwartungswert grundsätzlich ein komplizierterer Erwartungswert, nämlich die Autokovarianzfunktion, bekannt sein muß! Da jedoch eine Angabe über einen Meßfehler gemacht wird, die selbst nicht sehr genau sein muß, ist oft schon eine überschlägige Kenntnis von $r(\tau)$ praktisch verwertbar.

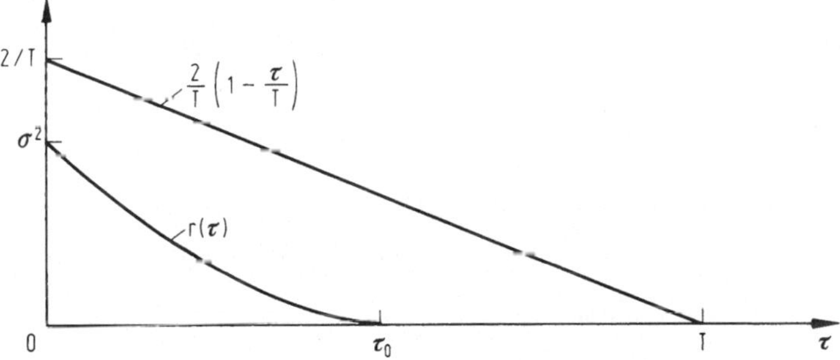

Bild 4.1-1. Bewertung der Kovarianzfunktion.

Hinzu kommt, daß $r(\tau)$ in Gl. (4.1-3) nach Bild 4.1-1 "dreieckförmig" bewertet wird, wobei häufig nur die Werte für $\tau \ll T$ relevant sind. Entsprechendes gilt mit geringen Abweichungen für die diskrete Messung und Gl. (4.1-2).

Beispiel:

Bei einem Gaußschen Markoffprozeß ist nach Gl. (3.1-28)

$$r(\tau) = \sigma^2 \exp(-c\,|\tau|) \, .$$

Für diesen Prozeß ist daher nach Gl. (4.1-3) wegen

$$\int_0^T \tau \exp(\alpha\tau)\, d\tau = \frac{T}{\alpha} \exp(\alpha T) + \frac{1}{\alpha^2}\,[1 - \exp(\alpha T)]$$

die Varianz des Mittelwerts

$$\sigma^2_{\overline{x}_c} = \frac{2\sigma^2}{T} \int\limits_0^T (1 - \tau/T)\exp(-c\tau)\,d\tau$$

$$= \frac{2\sigma^2}{Tc} \left\{ 1 - \frac{1}{Tc}[1 - \exp(-cT)] \right\} \xrightarrow{\;T\to\infty\;} \sim 1/T\,.$$

$\overline{x}_c$ ist hier also eine **k o n s i s t e n t e   S c h ä t z f u n k t i o n**.

Weiterhin liefert Gl. (4.1-3) offenbar auch ein einfaches Kriterium dafür, ob ein Zufallsprozeß $\{x(t)\}$ bezüglich seines einfachsten Erwartungswertes $\mu := Ex$ **e r g o d i s c h** ist. Dies ist wegen der erwiesenen **E r w a r t u n g s t r e u e** von $\overline{x}_c$ der Fall, wenn die Varianz von $\overline{x}_c$ für $T \to \infty$ verschwindet. Dafür aber ist z.B. hinreichend, daß $r(\tau)$ absolut integrabel ist, denn dann ist

$$\sigma^2_{\overline{x}_c} \leqslant \frac{2}{T} \int\limits_0^T |r(\tau)|\,d\tau = \alpha/T\,; \quad \alpha = \text{const.}\,.$$

Es genügt aber auch schon die schwächere Forderung

$$\int\limits_0^T |r(\tau)|\,d\tau = \alpha T^{1-\beta}\,; \quad 0 < \beta \leqslant 1\,.$$

Da i.allg. $r(\tau)$ für $\tau \to \infty$ gegen 0 geht, ist für hinreichend großes T nach den Gln. (3.2-3) und (3.2-7a)

$$\sigma^2_{\overline{x}_c} \approx \frac{2}{T} \int\limits_0^\infty r(\tau)\,d\tau = s(0)/T\,. \tag{4.1-3a}$$

Wenn x und damit r periodische Anteile enthält, wird durch diese die Konsistenz von $\overline{x}_c$ nicht gestört, denn

$$\int\limits_0^T \frac{\tau}{T} \cos(\omega\tau)\,d\tau = \frac{1}{\omega}\sin(\omega T) + \frac{1}{T\omega^2}[\cos(\omega T) - 1]$$

ist für alle T beschränkt, so daß nach Gl. (4.1-3) für $r(\tau) = \cos(\omega\tau)$

$$\sigma^2_{\overline{x}_c} \to 0 \quad \text{für} \quad T \to \infty \, .$$

Bei der Schätzung von Erwartungswerten aus zumindest teilweise korrelierten Daten kann man angeben, wie vielen sämtlich paarweise unkorrelierten Werten die gefundene Varianz der Schätzfunktion $\overline{x}$ entspricht. Man nennt diese Zahl die äquivalente Zahl $K_{\ddot{a}q}$ von Freiheitsgraden. Nach Gl. (4.1-2a) ist $K_{\ddot{a}q}$ definiert als (vgl. GILOI [1, S. 132])

$$K_{\ddot{a}q} := \sigma^2 / \sigma^2_{\overline{x}} \, ; \quad \sigma^2 := \frac{1}{\pi} \int_0^\infty s(\omega)\, d\omega \, . \qquad (4.1-4)$$

Bei teilweise korrelierten Meßwerten besitzt $\sigma^2_{\overline{x}_c}$ für große T die Näherung nach Gl. (4.1-3a). Demnach lautet eine Näherung für die aquivalente Zahl von Freiheitsgraden

$$K_{\ddot{a}q} = \sigma^2 T / s(0) = 2 B_{\ddot{a}q} T \, . \qquad (4.1-5)$$

Dabei ist

$$B_{\ddot{a}q} := \int_0^\infty s(2\pi\nu)\, d\nu / s(0) = \frac{1}{2\pi} \int_0^\infty s(\omega)\, d\omega / s(0) = \sigma^2 / [2s(0)] \qquad (4.1-6)$$

die sog. **äquivalente Bandbreite** nach Bild 4.1-2, die sich bei idealem **Tiefpaßrauschen** gleicher Gesamtleistung ergäbe.

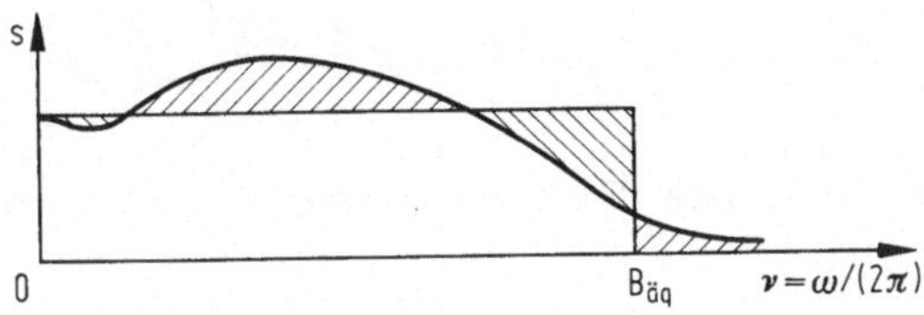

Bild 4.1-2. Zum Begriff der äquivalenten Bandbreite.

Aus $\sigma_{\overline{x}}$ läßt sich auf die Wahrscheinlichkeit schließen, mit der ein Mittelwert in ein vorgegebenes Intervall um μ fällt. Dazu kann man die

Tschebyscheffsche Ungleichung benutzen. Danach gilt für die Abweichung des Mittelwerts $\bar{x}$ vom Erwartungswert μ [vgl. Gl.(2.3-11a) mit $\varepsilon = a\mu$]

$$W_x(N,T,a) := W\{|\bar{x} - \mu| > a\mu\} \leq \frac{\sigma_{\bar{x}}^2}{a^2 \mu^2} \; ; \quad a > 0, \qquad (4.1-7)$$

wobei a eine Schranke für den (auf den Erwartungswert bezogenen) relativen Meßfehler ist.

Wenn W_x für einen Prozeß $\{x(t)\}$ bei gegebenem a eine Grenze A nicht überschreiten soll, muß offenbar N (und evtl. noch T) so groß gewählt werden, daß $\sigma_{\bar{x}} = \sigma_{\bar{x}}(N,T)^1$ genügend klein wird. Es gilt dann als Ziel

$$\sigma_{\bar{x}}(N,T) \leq a|\mu|\sqrt{A} . \qquad (4.1-8)$$

(Die offenbare Umkehrung der aus der Tschebyscheff-Ungleichung folgenden Ungleichung $\sigma_{\bar{x}} \geq a|\mu|\sqrt{W_x}$ hängt mit der Abwandlung der Problemstellung zusammen. In der Absicht W_x zu beschränken, kann man $\sigma_{\bar{x}}$ beschränken.)

Um nun gemäß Gl.(4.1-7) die Bedingung $W_x \leq A$ zu erfüllen, muß zur Berechnung von $\sigma_{\bar{x}}$ die Autokorrelationsfunktion von $\{x(t)\}$ bekannt sein, was eine recht hohe Anforderung ist. Dann aber kann man angeben, wie groß N und Δt bzw. T sein müssen, um Gl.(4.1-8) zu erfüllen.

Es sei noch bemerkt, daß wegen der relativen Grobheit der Abschätzung mit der Tschebyscheffschen Ungleichung die Forderung $W_x \leq A$ vielleicht schon für wesentlich kleinere N und T erfüllt ist. Falls z.B. $\bar{x}$ normalverteilt ist, gilt

$$W_x := W\{|\bar{x} - \mu| > a|\mu|\} = 1 - 2 \; \mathrm{erf}\left(\frac{a|\mu|}{\sigma_{\bar{x}}}\right) \qquad (4.1-9)$$

mit erf(x) für das Gaußsche Fehlerintegral (vgl. Abschn.2.4.1)

$$\mathrm{erf}(x) := \frac{1}{\sqrt{2\pi}} \int_0^x \exp(-u^2/2)\,du = \frac{1}{2}\,W(|X| \leq x) = \frac{1}{2}\,[1 - W(|X| > x)].$$

---

^{1} Bei $\bar{x} = \bar{x}_c$ entfällt N.

Dabei ergibt sich für $\mu = \sigma_{\bar{x}} = 1$ z.B. aus erf(2) = 0,47725, d.h. für a = 2:

$$W_x = 0,0455 = 4,55\% \ (W_x \leq 0,25 = 25\% \text{ nach Tschebyscheff})$$

und aus erf(3) = 0,49865; d.h. für a = 3:

$$W_x = 0,0027 = 0,27\% \ (W_x \leq 0,1111 = 11,11\% \text{ nach Tschebyscheff}).$$

Zur statistischen Nomenklatur sei noch folgendes angemerkt: Die Wahrscheinlichkeit, daß der auf die Standardabweichung bezogene Betrag der Abweichung vom Erwartungswert höchstens t_{s*} ist, also

$$S^* := W\left\{ \frac{|x - \mu|}{\sigma} \leq t_{s*} \right\} , \qquad (4.1\text{-}10)$$

(vgl. die schraffierte Fläche in Bild 4.1-3) heißt statistische Sicherheit. Die t_{s*} sind die von der jeweiligen Verteilung der Variablen x abhängigen sogenannten Fraktilen (Quantilen), für die es Tabellen gibt. (Vgl. z.B. GILOI [1, S. 25])

Falls man statt der Kovarianz $r(\tau)$ die spektrale Leistungsdichte $s(\omega)$ verwenden möchte, erhält man wegen der Parsevalformel der Fourier-

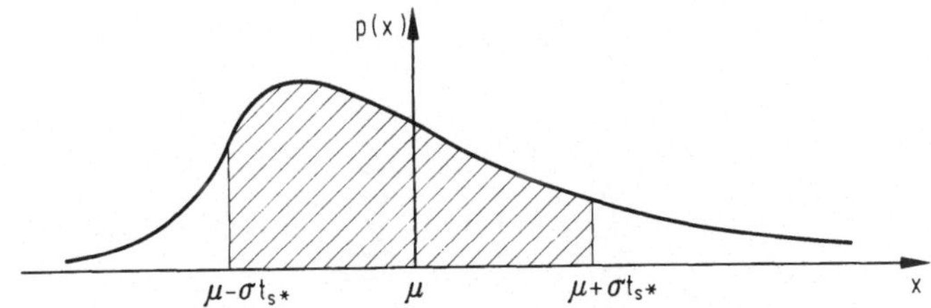

Bild 4.1-3. Zum Begriff des Quantils.

transformation und Gl. (4.1-3) bei kontinuierlicher Messung mit $\text{si}(\alpha)$ von Gl. (1.3-13)

$$\sigma^2_{\bar{x}_c} = \frac{1}{\pi} \int\limits_0^\infty s(\omega)\, \text{si}^2(\omega T/2)\, d\omega . \qquad (4.1\text{-}11)$$

Dabei ist $s(\omega) := \mathfrak{F} r(\tau)$, während $S(\omega) := \mathfrak{F} R(\tau)$; vgl. Gl. (3.2-7).

Unterschied zwischen $\overline{x}_c$ und $\overline{x}_d$

Der Übergang in den Frequenzbereich ermöglicht übrigens eine genaue
Erfassung des Unterschieds zwischen diskreter und kontinuierlicher
Messung; man erwartet in letzterem Falle wegen der vollständigen Aus-
nutzung aller verfügbaren Information eine etwas geringere Streuung
von $\overline{x}$:

Ausgegangen wird nach BALCH et al. [1] von Gl. (4.1-2) in der symmetrischen Form

$$\sigma^2_{\overline{x}_d} = \sum_{k=-(N-1)}^{N-1} \frac{1}{N} (1 - |k|/N) r(k\Delta t) \; ; \; \Delta t := T/(N-1) \, . \quad (4.1-12)$$

Mit der "dreieckförmigen" Hilfsfunktion

$$h_N(\tau) = \begin{cases} (1/N)[1 - |\tau|/(N\Delta t)] \; ; \; \text{für} \; |\tau| \leqslant T + \Delta t, \\[2ex] 0 \quad \text{für} \; |\tau| \geqslant T + \Delta t \end{cases}$$

läßt sich dies schreiben als

$$\sigma^2_{\overline{x}_d} = \sum_{k=-\infty}^{\infty} h_N(k\Delta t) r(k\Delta t)$$

$$= \int_{-\infty}^{\infty} h_N(\tau) r(\tau) \sum_{k=-\infty}^{\infty} \delta(\tau - k\Delta t) d\tau \, . \quad (4.1-12a)$$

Beim Übergang in den Frequenzbereich benutzen wir (vgl. Abschn. 1.3)

$$H_N(\omega) := \frac{1}{\Delta t} \mathfrak{F} h_N(\tau) = \text{si}^2(N\omega\Delta t/2)$$

und weiterhin die Funktion

$$Q(\omega) := H_N(\omega) \circledast s(\omega) := \frac{1}{2\pi} \int_{-\infty}^{\infty} H_N(\omega - \tilde{\omega}) s(\tilde{\omega}) d\tilde{\omega}.$$

Nach dem Faltungssatz im Frequenzbereich ist

$$Q(\omega) = \frac{1}{\Delta t} \int_{-\infty}^{\infty} h_N(\tau)\, r(\tau)\, \exp(-j\omega\tau)\, d\tau \, .$$

Offenbar ist

$$\sum_{k=-\infty}^{\infty} Q(2\pi k/\Delta t) = \int_{-\infty}^{\infty} h_N(\tau) r(\tau) \frac{1}{\Delta t} \sum_{k=-\infty}^{\infty} \exp(-j2\pi k\tau/\Delta t)\, d\tau . \quad (4.1\text{-}13)$$

Nun ist nach der Poissonschen Summenformel (vgl. Abschn.1.3 Regel VIII) und wegen $\mathfrak{F}\,\delta(t) = 1$ nach Gl.(1.3-8)

$$\sum_{k=-\infty}^{\infty} \delta(\tau - k\Delta t) = \frac{1}{\Delta t} \sum_{k=-\infty}^{\infty} \exp(-j2\pi k\tau/\Delta t) \, .$$

Das denke man sich in Gl.(4.1-13) eingesetzt. Dann liefert der Vergleich von Gl.(4.1-12a) mit Gl.(4.1-13)

$$\sigma^2_{\overline{x}_d} = \sum_{k=-\infty}^{\infty} Q(2\pi k/\Delta t) \, . \qquad (4.1\text{-}14)$$

Diese im allgemeinen sehr komplizierte Form von $\sigma^2_{\overline{x}_d}$ wird jedoch viel übersichtlicher als Gl.(4.1-13), wenn alle Summanden bis auf einen verschwinden, d.h. wenn

$$Q(2\pi k/\Delta t) \equiv 0 \ \text{ für } k \geqslant 1 \,, \quad \text{d.h. } \ Q(\omega) \equiv 0 \ \text{ für } \ \omega \geqslant 2\pi/\Delta t, \quad (4.1\text{-}15)$$

denn dann wird aus Gl.(4.1-14) einfach

$$\sigma^2_{\overline{x}_d} = Q(0) = \frac{1}{2\pi} \int_{-\infty}^{\infty} H_N(-\omega) s(\omega)\, d\omega = \frac{1}{\pi} \int_{0}^{\infty} s(\omega)\, \text{si}^2(N\omega\Delta t/2)\, d\omega \, .$$
$$(4.1\text{-}14a)$$

Wir prüfen nun, wann dieser Sonderfall eintreten kann, wobei angenommen wird, daß $s(\omega) \approx 0$ für $|\omega| > \Omega$:

Bild 4.1-4 zeigt die Bedeutung der Bedingung (4.1-15). Das Faltungsintegral $Q(\omega)$ verschwindet, wenn die bei der Faltung miteinander mul-

tiplizierten beiden Faktoren des Integranden überall das Produkt 0 ergeben, und das ist in guter Näherung der Fall, wenn ω um wenigstens
den Wert der ersten Nullstelle von $H(\omega)$, nämlich $2\pi/(N\Delta t)$, größer
ist als Ω. Somit gilt Gl.(4.1-15), wenn

$$2\pi/\Delta t \geqslant \Omega + 2\pi/(N\Delta t) \;;\quad \Delta t := T/(N-1) \,,$$

denn $2\pi/\Delta t$ ist der ω-Wert, von dem ab $Q(\omega)$ verschwinden soll. Nach
kurzer Rechnung (als **Übung** geeignet) folgt aus dieser Bedingung eine
äquivalente für N, nämlich

$$N \geqslant \frac{\Omega T}{4\pi} \left[1 + \sqrt{1 + 8\pi/(\Omega T)}\,\right] + 1 \,. \qquad (4.1\text{-}16)$$

Nun wird in der Praxis durchweg $N \gg 1$ sein, was zu der einfacheren
Bedingung

$$N \geqslant \frac{\Omega T}{2\pi} \quad \text{äq.} \quad \Delta t \leqslant \frac{2\pi}{\Omega} \;;\; N \gg 1 \qquad (4.1\text{-}16a)$$

für die Gültigkeit von Gl.(4.1-14a) führt. Ein Blick auf Gl.(4.1-11)
lehrt, daß bei diesen N die $\sigma_{\overline{x}}^2$ von periodischer Abtastung und kontinuierlicher Messung praktisch gleich sind.

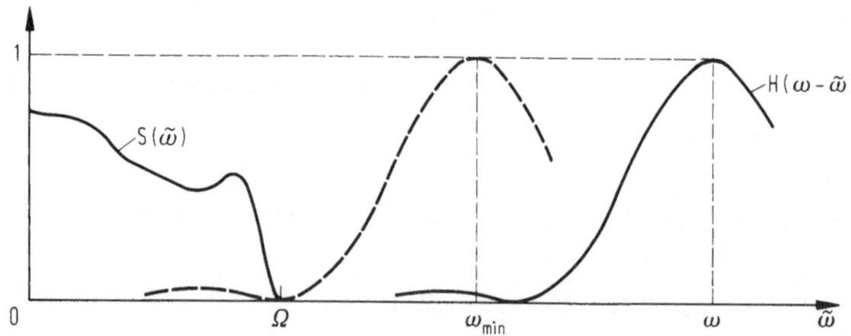

Bild 4.1-4. Bedingung für das Verschwinden des Faltungsprodukts von
s(ω) und H(ω): $\omega \geqslant \omega_{\min}$; $\omega_{\min} = \Omega + 2\pi/(N\Delta t)$.

Man kann diesen Sachverhalt als ein A b t a s t t h e o r e m   d e r   s t a t i -
s t i s c h e n   M e ß t e c h n i k formulieren: Wenn pro Periode der höch-
sten im Spektrum des untersuchten Prozesses enthaltenen Teilschwingung mindestens eine Abtastung erfolgt, ist die Varianz des aus den
Abtastwerten gewonnenen arithmetischen Mittels gleich der Varianz

des bei kontinuierlicher Messung gewonnenen Mittels. (Beim freilich
ganz andersartigen Shannonschen A b t a s t t h e o r e m ist die Abtastrate doppelt so hoch!)

4.1.2. Optimale Messungen unter Nebenbedingungen

Dieser Fragenkreis wurde u.a. von SCHNEEWEISS in [1] untersucht.
Hier kann nur ein kurzer Überblick gegeben werden. Außerdem sollen
Probleme der Q u a n t i s i e r u n g von Daten, soweit sie sich nur auf
einzelne Zufallsvariable beziehen, nicht betrachtet werden, da hier
die Dynamik der Zufallsprozesse im Vordergrund steht und die einzelne
Zufallsvariable in diesem Zusammenhang etwas "Statisches" ist. (Vgl.
dazu aber SCHNEEWEISS [4].)

Optimale Meßzeit

Zunächst fragen wir nach der optimalen Meßzeit für Mittelwerte aus
kontinuierlicher Messung bei Beschränkung der Meßzeit:

Wie aus Gl.(4.1-3a) ersichtlich, ist für eine hinreichend große Schranke T_{max} für T dieses größte zulässige T zugleich optimal. Falls aber
T_{max} so klein ist, daß die aus Gl.(4.1-3) zu Gl.(4.1-3a) führende Näherung recht ungenau wird, dann muß Gl.(4.1-3) minimiert werden.
Man erhält (nach der Produktregel der Differentialrechnung unter Beachtung des Hauptsatzes der Differential- und Integralrechnung)

$$d\sigma_{\bar{x}_c}^2 (T)/dT = -\frac{2}{T^2} \int_0^T \left(1 - \frac{\tau}{T}\right) r(\tau)\, d\tau + \frac{2}{T^3} \int_0^T \tau\, r(\tau)\, d\tau$$

$$= -\frac{2}{T^2} \int_0^T r(\tau)\, d\tau + \frac{4}{T^3} \int_0^T \tau\, r(\tau)\, d\tau \qquad (4.1\text{-}17)$$

und somit als notwendige Gleichung eines optimalen $T =: T_0$

$$\int_0^{T_0} (T_0 - 2\tau) r(\tau)\, d\tau = 0. \qquad (4.1\text{-}18)$$

Für $r(\tau) \geqslant 0$ müßte, wie aus der Schreibweise

$$\int\limits_{0}^{T_0} (\tau - T_0/2)\, r(\tau)\, d\tau = 0$$

ersichtlich, $T_0/2$ der Schwerpunkt der mit der "Massendichte" $r(\tau)$ belegten Strecke $(0, T_0)$ sein, und dies wird eine nur selten erfüllbare Forderung sein. Für eine dreieckförmige Kovarianzfunktion zum Beispiel gibt es jedenfalls kein nichttriviales T_0; dort ist $d\sigma^2_{\overline{x}_c}/dT$ immer negativ, d.h. $T_0 = T_{max}$.

Überhaupt wird, wenn $r(\tau) \approx 0$; $\tau > \tau_0$; für genügend großes T immer $d\sigma_{\overline{x}_c}(T)/dt < 0$; wie sofort aus der letzten Zeile von Gl.(4.1-17) folgt, wenn nämlich der erste Summand rechts dem Betrage nach größer geworden ist als der letzte.

Ergänzend hierzu findet man bei SCHNEEWEISS [1] den Nachweis dafür, daß, falls $s(0) > 0$, für $T > \tau_0$ kein relatives Minimum von $\sigma^2_{\overline{x}_c}$ möglich ist, so daß immer $T_0 = T_{max}$ ist. Für $T < \tau_0$ erhält man dagegen i.allg. eine so große Varianz von $\overline{x}_c$, daß der Schätzwert $\overline{x}_c$ völlig unbrauchbar ist.

Optimale Anzahl der Stichproben

Nun zur Bestimmung der optimalen Anzahl von ä q u i d i s t a n t e n Abtastungen bei gegebener Meßzeit: Allgemein kann man dazu (mit dem Digitalrechner) das Minimum der Varianz von $\overline{x}_d$ nach Gl.(4.1-2) bestimmen. Interessante Einblicke in die Suche nach dem Minimum erhält man bei Gültigkeit der Ungl.(4.1-16), d.h. im Spezialfall, daß Gl.(4.1-14a) gilt:

Allgemein ist die Bewertungsfunktion $si^2(\alpha\omega)$ für $s(\omega)$ in Gl.(4.1-14a) um so günstiger (für eine möglichst kleine Varianz von $\overline{x}_d$), je größer

$$\alpha := N\Delta t/2$$

ist, da die hier besonders interessierende erste Nullstelle von $si^2(\alpha\omega)$ dann bei einem um so kleineren Wert von ω liegt, denn dann trägt (im Rahmen dieser Näherungsbetrachtung) $s(\omega)$ für $\omega > \pi/\alpha$ nicht mehr

zur Varianz von $\bar{x}_d$ bei. Außerdem ist, zumindest bis zur ersten Nullstelle, $si^2(\alpha\omega)$ nach Bild 4.1-5 eine monoton fallende Funktion von α.

Nun ist

$$\alpha := N\Delta t/2 = \frac{N}{N-1}\,T/2 = \frac{1}{1-1/N}\,T/2$$

eine monoton fallende Funktion von N. $N_=$ sei der Wert von N, der
die Gleichung (4.1-16) erfüllt. Dann ist also (zunächst nur unter der Voraussetzung $N \geqslant N_=$!) das kleinste N, d.h. $N_=$ optimal.

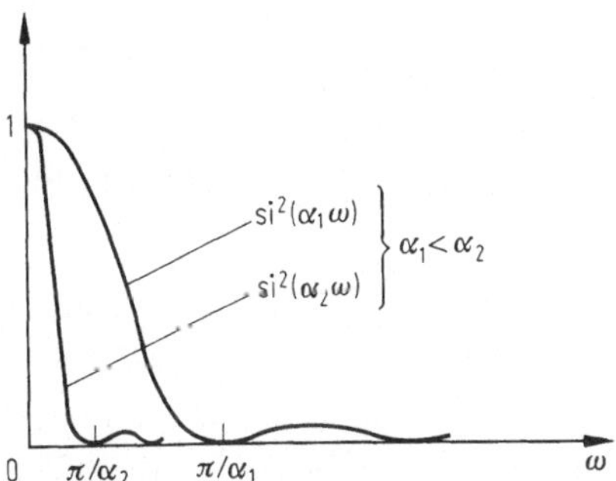

Bild 4.1-5. Die Abhängigkeit der Funktion $si^2(\alpha\omega)$ vom Parameter α.

Jedoch ist $Q(\omega)$ eine nichtnegative Funktion, und die für $N < N_=$ möglicherweise in Gl.(4.1-14) gegenüber Gl.(4.1-14a) hinzutretenden
Summanden $Q(2\pi k/\Delta t)$ werden i.allg. d.h. für $N_= \gg 1$ die Verringe-
rung von $Q(0)$ durch kleineres N überkompensieren, so daß i.allg.
$N_=$ genähert optimal sein wird.

4.2. Messung von Korrelationsfunktionen

Die wichtigsten Ergebnisse von Abschn.4.1.1 können leicht auf zwei
besonders interessante Klassen von Erwartungswerten, nämlich Ver-
teilungs- und Korrelationsfunktionen angewandt werden. Daß dabei eine
Verteilungsfunktion, mit der man ja bekanntlich Erwartungswerte definiert, selbst als Erwartungswert auftreten kann, wird durch einen kleinen Trick zustandegebracht: Jede Wahrscheinlichkeit - also auch die

Verteilungsfunktion für einen Wert ihres Arguments - kann als Erwartungswert aufgefaßt werden, wenn man eine Zufallsvariable definiert, die nur die Werte 0 und 1 annehmen kann, und zwar die 1 mit der zu untersuchenden Wahrscheinlichkeit. [Vgl. hierzu Gl. (2.3-12).]

Die Ausarbeitung der Anwendung der Resultate von Abschn. 4.1.1 auf die Messung von Verteilungsfunktionen wird dem Leser als **Übung**sbeispiel überlassen. Feinheiten findet man z.B. bei BUCHTA [1]. Hier wird nur die Schätzung von Korrelationsfunktionen behandelt.

4.2.1. Messung von Korrelationsfunktionen allgemein

In der Theorie der Messung von Korrelationsfunktionen kann weitgehend auf die Ergebnisse von Abschn. 4.1.1 zurückgegriffen werden. Man setzt dabei

$$x(t) := y(t)z(t+\tau); \quad (\tau: \text{ ein fester Parameter}). \qquad (4.2-1)$$

Dann ist $\bar{x}$ nach Gl. (4.1-1) ein Näherungswert für die KKF $R_{y,z}(\tau)$, denn für jeden arithmetischen Mittelwert $\bar{x}$ gilt $E\,\bar{x} = E\,x$ und nach Gl. (4.2-1) ist speziell für den Fall, daß $\{x\}$ ein stationärere Zufallsprozeß wird,

$$E\,x = E[y(t)z(t+\tau)] = R_{y,z}(\tau).$$

Wir notieren also

$$E\,\bar{x} = \mu = R_{y,z}(\tau).$$

Für $z(t+\tau) = y(t)$ erhält man Schätzungen für den quadratischen Mittelwert.

Bei der nun folgenden Berechnung der Varianz von $\bar{x}$ ist zu bedenken, daß bei $\tau = L\Delta t$ durch die Verschiebung der ursprünglich gegeben zu denkenden Aufzeichnungen von $y(t)$ und $z(t)$ zueinander, in der Summe von Gl. (4.1-2) nur noch $N-|L|$ Summanden der Form

$$x(k\Delta t) = y(k\Delta t)z[(k+L)\Delta t]$$

auftreten. (Bei nicht ganzzahligem L benutzt man nur so viele Summanden, wie die größte ganze Zahl unter $N-|L|$ angibt.) Das sieht man anhand von Bild 4.2-1 sofort ein. (Bei $\tau < 0$ wird der Zeitnullpunkt nach $-\tau$ verschoben, so daß y und z die Rollen vertauschen.)

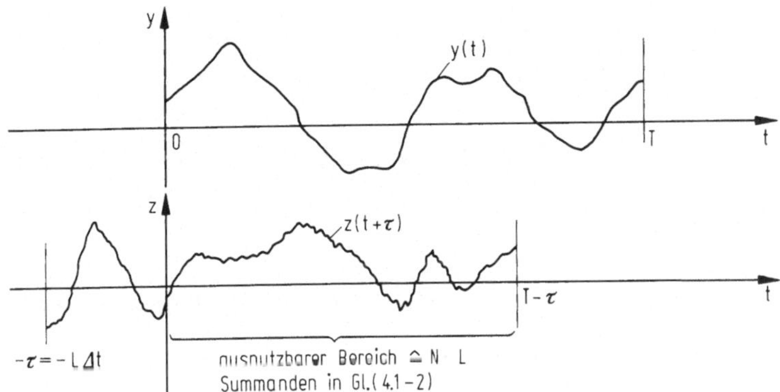

Bild 4.2-1. Zur Messung der Kreuzkorrelationsfunktion.

Also ist, da die erste Messung bei $t - 0$ sein soll,

$$\overline{x}_d = \frac{1}{N-|L|} \sum_{k=0}^{N-|L|-1} x(k\Delta t)$$

und nach Gl. (4.1-1)

$$\sigma^2_{\overline{x}_d} = \frac{1}{(N-|L|)^2} \sum_{i,k=1}^{N-|L|} r_x[(i-k)\Delta t]$$

mit

$$r_x(m\Delta t) = R_x(m\Delta t) - (E\,x)^2, \quad E\,x = R_{y,z}(L\Delta t),$$

wobei nach Definition (4.2-1)

$$R_x(m\Delta t) := E[y(0)z(L\Delta t)y(m\Delta t)z(m\Delta t+L\Delta t)].$$

Nach Auflösung der Doppelsumme wird gemäß Gl. (4.1-2) (bei Ersatz von N durch $N-|L|$)

$$\sigma^2_{\overline{x}_d} = \frac{\sigma^2_x}{N-|L|} + \frac{2}{N-|L|} \sum_{k=1}^{N-|L|} \left(1 - \frac{k}{N-|L|}\right) r_x(k\Delta t)$$

mit

$$\sigma_x^2 := E[y^2(0)z^2(L\Delta t)] - R_{y,z}^2(L\Delta t) .$$

Läßt man wieder unter der Nebenbedingung $(N-1)\Delta t = T : N \to \infty ; \Delta t \to 0$ gehen, so gilt

$$\sigma_{x_c}^2 = \frac{2}{T-|\tau|} \int_0^{T-|\tau|} \left(1 - \frac{t}{T-|\tau|}\right) r_x(t)dt \qquad (4.2\text{-}2)$$

mit

$$r_x(t) = E[y(0)z(\tau)y(t)z(t+\tau)] - R_{y,z}^2(\tau) . \qquad (4.2\text{-}3)$$

Wie bei Gl.(4.1-3) soll dieser Ausdruck für gegebenes $S_x(\omega)$ umgeformt werden: Da τ ein fester Parameterwert ist, erhält man sofort durch Vergleich mit Gl.(4.1-11)

$$\sigma_x^2 = \frac{1}{\pi} \int_0^\infty s_x(\omega) \mathrm{si}^2[\omega(T-|\tau|)/2]d\omega. \qquad (4.2\text{-}4)$$

Dabei ist mit dem von τ abhängigen $r_x(t)$ von Gl.(4.2-3)

$$s_x(\omega) := \mathfrak{F} r_x(t) . \qquad (4.2\text{-}5)$$

4.2.2. Fehlerschätzung im Gaußschen Fall

Wenn $\{y(t)\}$ und $\{z(t)\}$ Gaußprozesse sind, ist

$$E\{[y(0)-\mu_y][z(\tau)-\mu_z][y(t)-\mu_y][z(t+\tau)-\mu_z]\}$$

$$= r_{y,z}^2(\tau) + r_y(t)r_z(t) + r_{y,z}(\tau+t)r_{y,z}(\tau-t) . \qquad (4.2\text{-}6)$$

Einen Beweis findet man im Anhang [Gl.(4.2-12)].

Hieraus läßt sich $r_x(t)$ nach Gl.(4.2-3) gewinnen; jedoch entsteht ein recht unübersichtlicher Ausdruck. Deshalb wird hier nur der Spezialfall mit $\mu_y = \mu_z = 0$ weiter untersucht. Dann wird nämlich wegen

$R_{y,z}(\tau) = r_{y,z}(\tau)$ beim Einsetzen von Gl.(4.2-6) in Gl.(4.2-3)

$$r_x(t) = r_y(t)\,r_z(t) + r_{y,z}(\tau+t)\,r_{y,z}(\tau-t), \qquad (4.2\text{-}7)$$

so daß [mit $\sigma_x^2 = r_x(0)$ wie üblich]

$$\sigma_{\overline{x}_d}^2 = \frac{\sigma_x^2}{N-|L|} + \frac{2}{N-|L|} \sum_{k=1}^{N-|L|} \left(1 - \frac{k}{N-|L|}\right) \{ r_y(k\Delta t)r_z(k\Delta t) + r_{y,z}([L+k]\Delta t)\cdot$$

$$\cdot\, r_{y,z}([L-k]\Delta t) \} .$$

Entsprechend gilt bei kontinuierlicher Messung

$$\sigma_{\overline{x}_c}^2 = \frac{2}{T-|\tau|} \int_0^{T-|\tau|} \left(1 - \frac{t}{T-|\tau|}\right) [r_y(t)r_z(t) + r_{y,z}(\tau+t)r_{y,z}(\tau-t)]dt .$$
$$(4.2\text{-}8)$$

Für die Messung des quadratischen Mittelwerts erhält man hieraus ($\text{für } z \equiv y$ und $\tau = 0$) die Varianz der Meßwerte zu

$$\sigma_{\overline{y^2}}^2 = \frac{4}{T} \int_0^T (1 - \tau/T)r_y^2(\tau)d\tau .\qquad (4.2\text{-}9)$$

Mittels der Schwarzschen Ungleichung kann man zeigen, daß für alle τ

$$\sigma_{\overline{x}_c}^2 \leqslant \sigma_{\overline{y^2}}^2 .$$

Wenn statt der Korrelationsfunktionen die spektralen Leistungsdichten bekannt sind, erhält man die Varianz von $\overline{x}$ nach Gl.(4.2-4) mit

$$s_x(\omega) = \frac{1}{2\pi} \int_{-\infty}^{\infty} \{ s_y(\omega-\omega')s_z(\omega') +$$

$$+ s_{y,z}(\omega-\omega')\exp[j(\omega-\omega')\tau]s_{y,z}^*(\omega')\exp[-j\omega'\tau] \}\, d\omega' .$$
$$(4.2\text{-}10)$$

Diese Formel erhält man gemäß Gl. (4.2-5) nach Fouriertransformation von Gl. (4.2-7) mittels des Faltungssatzes. Die Exponenten folgen aus der Verschiebungsregel.

Bei Autokorrelation $(y \equiv z)$ lautet $s_x(\omega)$ speziell

$$s_x(\omega) = \frac{1}{2\pi} \int_{-\infty}^{\infty} s_y(\omega-\omega')s_y(\omega')\{1 + \exp[j(\omega-2\omega')\tau]\}\,d\omega'$$

$$= \frac{1}{2\pi} \int_{-\infty}^{\infty} s_y(\omega-\omega')s_y(\omega')2\cos^2\left(\frac{\omega-2\omega'}{2}\tau\right)d\omega'. \quad (4.2\text{-}10a)$$

Das ergibt sich daraus, daß $s_x(\omega)$ reell sein muß. Formal folgt Gl. (4.2-10a) aus

$$\mathrm{Im}\{s_x(\omega)\} = \frac{1}{2\pi} \int_{-\infty}^{\infty} s_y\left(\frac{\omega}{2}-\omega''\right)s_y\left(\frac{\omega}{2}+\omega''\right)\sin(-2\omega''\tau)\,d\omega'' = 0;$$

(mit $\omega'':=\omega'-\omega/2$) und wegen des Additionstheorems

$$1 + \cos(2\alpha) = 2\cos^2\alpha.$$

Aus Gl. (4.2-10a) erhält man nach der linearen Variablentransformation

$$\left.\begin{array}{l} \omega-\omega' = \omega_1-\omega_2\,;\;\; \omega_1 = \dfrac{\omega}{2} \\[2ex] \omega' = \omega_1+\omega_2\,;\;\; \omega_2 = \omega'-\dfrac{\omega}{2} \end{array}\right\} \;\; \frac{\partial(\omega_1,\omega_2)}{\partial(\omega,\omega')} = \det\begin{bmatrix} \dfrac{1}{2} & 0 \\[2ex] -\dfrac{1}{2} & 1 \end{bmatrix} = \frac{1}{2}$$

die Varianz der kontinuierlich gewonnenen Schätzfunktion für die AKF

$$\sigma^2_{\overline{x}_c/y=z} = \frac{1}{\pi^2} \iint_{-\infty}^{\infty} s_y(\omega_1-\omega_2)s_y(\omega_1+\omega_2)\cos^2(\omega_2\tau)\mathrm{si}^2[\omega_1(T-|\tau|)]\,d\omega_1 d\omega_2.$$

$$(4.2\text{-}11)$$

Für den durch Gl. (4.2-7) beschriebenen Spezialfall Gaußscher $\{y\}$ und $\{z\}$ ergibt sich zusammenfassend für die Meßpraxis die folgende Situation: Gegeben seien die von $t = 0$ bis $t = T$ reichenden Abschnitte je einer Musterfunktion der Prozesse $\{y(t)\}$ und $\{z(t)\}$. Daraus werden für die beiden Autokorrelationsfunktionen und die Kreuzkorre-

lationsfunktion (für nicht zu große Verschiebungsargumente τ = LΔt)
Näherungswerte errechnet. Diese werden statt der exakten Funktions-
werte der 3 Kovarianzfunktionen r_y, r_z, $r_{y,z}$ in Gl. (4.2-8) eingesetzt.
Es ergibt sich für jedes L ein Wert, den wir $\hat{\sigma}_{\bar{x}}(N,\Delta t)$ oder kurz $\hat{\sigma}$
nennen wollen. Ist dieser (dem Betrage nach!) hinreichend klein, so
waren die Näherungen offenbar schon gut und insbesondere das Einsetzen in Gl. (4.2-8) sinnvoll, da damit der Unterschied zwischen $\hat{\sigma}$ und
σ vernachlässigbar ist; andernfalls müssen N vergrößert und/oder
Δt verringert werden.

Feinheiten findet man bei BENDAT-PIERSOL [1].

Anhang:

Zerlegung von Momenten vierter Ordnung Gaußischer Variablen in Kovarianzen

Wegen der großen praktischen Bedeutung wird hier eine besonders kurze Ableitung der Formel

$$E(x_1 x_2 x_3 x_4) = E(x_1 x_2)E(x_3 x_4) + E(x_1 x_3)E(x_2 x_4) + E(x_1 x_4)E(x_2 x_3)$$

$$(4.2\text{-}12)$$

gültig für einzeln und verbunden normalverteilte x_i mit $E\,x_i$ = 0 gebracht. (Vgl. dazu z.B. LANING-BATTIN [1, S. 83].) Wenn **R** die Kovarianzmatrix mit den Elementen $r_{i,k} := E(x_i x_k)$ ist, lautet hier die
charakteristische Funktion der Verbundverteilung aller 4 betrachteten
Zufalls-Variablen nach Gl. (2.4-14) mit $\mathbf{v} := (v_1, v_2, v_3, v_4)^T$

$$C(\mathbf{v}) = \exp(-\mathbf{v}^T \mathbf{R} \mathbf{v}/2) = \exp\left(-\frac{1}{2}\sum_{i,k=1}^{4} r_{i,k} v_i v_k\right)$$

$$= \sum_{n=0}^{\infty}\left[\frac{(-1)^n}{n!\,2^n}\left(\sum_{i,k=1}^{4} r_{i,k} v_i v_k\right)^n\right].$$

Nun ist mit $\mathbf{x} := (x_1, x_2, x_3, x_4)^T$ und $C(\mathbf{v})$ nach Def. (2.3-23)

$$\frac{\partial^4}{\partial v_1 \cdots \partial v_4} C(\mathbf{v}) = E\left[x_1 x_2 x_3 x_4 \exp(j\mathbf{v}^T \mathbf{x})\right].$$

Also ist einerseits

$$\frac{\partial^4}{\partial v_1 \cdots \partial v_4}\, C(\mathbf{0}) = E(x_1 x_2 x_3 x_4)\,.$$

Andererseits folgt aus der obigen Entwicklung von $C(\mathbf{v})$ in eine Exponentialreihe

$$\frac{\partial^4}{\partial v_1 \cdots \partial v_4}\, C(\mathbf{0}) = \frac{(-1)^2}{2!\,2^2}\, \lim_{\mathbf{v}\to\mathbf{0}}\, \frac{\partial^4}{\partial v_1 \cdots \partial v_4} \left(\sum_{i,k=1}^{4} r_{i,k}\, v_i\, v_k \right)^2,$$

denn Ausdrücke von kleinerer als 4. Ordnung in den v_i verschwinden beim Differenzieren und solche höherer Ordnung beim anschließenden Nullsetzen der v_i. Aus dem ersten Grund liefern von den 16^2 Summanden der quadrierten Doppelsumme in der letzten Gleichung nur die $3 \cdot 8$ einen Beitrag, die alle vier v_i enthalten. Also ist

$$\frac{\partial^4}{\partial v_1 \cdots \partial v_4}\, C(\mathbf{0}) = \frac{1}{8}\,8\,(r_{1,2}\, r_{3,4} + r_{1,3}\, r_{2,4} + r_{1,4}\, r_{2,3})\,,$$

was der Behauptung (4.2-12) entspricht. (Bei der als kleine **Übung** empfohlenen Nachprüfung der Tatsache, daß es z.B. 8 Summanden $r_{1,2}\, r_{3,4}$ gibt, ist zu berücksichtigen, daß $r_{i,k} = r_{k,i}$.)

4.3. Messung von spektralen Leistungsdichten

Hier sind Fehlerschätzungen begrifflich und mathematisch wesentlich komplizierter, da auf das Schema von Abschn. 4.1.1 nicht unmittelbar zurückgegriffen werden kann. Prinzipiell gibt es von der Meßtechnik her zwei Gruppen von Methoden einer genäherten Bestimmung der spektralen Leistungsdichte $S_y(\omega)$ eines Zufallsprozesses $\{y(t)\}$ bzw. allgemeiner: der Kreuzleistungsdichte $S_{y,z}(\omega)$ eines Verbundprozesses $\{x(t)\} = \{y(t), z(t+\tau)\}$:

1) die wegen der Wiener-Khintchine-Relationen naheliegende Fouriertransformation von (verschiedenartig gemessenen) Näherungsausdrükken für die Korrelationsfunktion $R_x(\tau)$;

2) Messungen der spektralen Leistungsdichte eines Ausschnitts einer Musterfunktion x(t) durch schmalbandige Filter.

Vor einer Diskussion der obigen Methoden soll die Bedeutung des sog. Periodogramms für die Schätzung spektraler Leistungsdichten besprochen werden; wo zunächst ein Ausschnitt einer Musterfunktion nach Fourier transformiert wird:

4.3.1. Inkonsistenz des Periodogramms
(Vgl. DAVENPORT/ROOT [1, S. 107/108])

Bezeichnet man das auf einem Meßschrieb der "Länge" T befindliche Stück der Musterfunktion y(t) des Prozesses $\{y(t)\}$ mit

$$y_T(t) = \begin{cases} y(t) \text{ für } t \in [0,T], \\ \\ 0 \text{ sonst,} \end{cases}$$

so gilt nach der Parsevalformel der Fouriertransformation mit $Y_T(j\omega) = \mathfrak{F}\,y_T(t)$

$$\frac{1}{T} \int_{-\infty}^{\infty} y_T^2(t)\,dt = \frac{1}{2\pi} \int_{-\infty}^{\infty} \frac{|Y_T(j\omega)|^2}{T}\,d\omega.$$

Der Grenzübergang $T \to \infty$ führt offensichtlich zur mittleren Leistung von y(t). Wenn man einmal annimmt, daß auf der rechten Seite der letzten Gleichung die Integration über ω und $\lim_{T\to\infty}$ vertauschbar sind und daß für

$$S_T(\omega) := \frac{|Y_T(j\omega)|^2}{T} \qquad ^1 \tag{4.3-1}$$

der Grenzwert für $T \to \infty$, $S_\infty(\omega)$ existiert, dann kann man $S_\infty(\omega)$ die spektrale Leistungsdichte der Musterfunktion y(t) nennen. Es ist nun zu prüfen, welcher Zusammenhang zwischen $S_T(\omega)$, dem sog. Periodogramm, und $S_y(\omega)$, der spektralen Leistungsdichte des Prozesses $\{y(t)\}$ besteht; speziell ob und gegebenenfalls wie genau

---

[1] Man beachte den Faktor 2 gegenüber Gl. (3.2-2).

$S_T(\omega)$ eine Näherung für $S_y(\omega)$ ist. Dazu werden Erwartungswert und Varianz von $S_T(\omega)$ berechnet: Da nach Gl. (4.3-1) mit $*$ für die konjugiert komplexe Zahl

$$S_T(\omega) = \frac{1}{T} \{ \mathfrak{F} y_T(t) \} \{ \mathfrak{F} y_T(t) \}^*$$

ist, wird

$$E\, S_T(\omega) = \frac{1}{T}\, E\left\{ \int_0^T y(t_1) \exp(-j\omega t_1)\,dt_1 \cdot \int_0^T y(t_2) \exp(+j\omega t_2)\,dt_2 \right\}$$

$$= \frac{1}{T} \iint_0^T R_y(t_1 - t_2) \exp[-j\omega(t_1 - t_2)]\, dt_1 dt_2 . \qquad (4.3-2)$$

Nach einer Integration, die im nächsten Anhang erklärt ist, wird daraus

$$E\, S_T(\omega) = \int_{-T}^{T} \left(1 - \frac{|\tau|}{T}\right) R_y(\tau) \exp(-j\omega\tau)\,d\tau \qquad (4.3-2a)$$

oder

$$E\, S_T(\omega) = 2 \int_0^T \left(1 - \frac{\tau}{T}\right) R_y(\tau) \cos(\omega\tau)\,d\tau .$$

Wenn

$$\lim_{T\to\infty} \int_{-T}^{T} \frac{|\tau|}{T} R_y(\tau) \exp(-j\omega\tau)\,d\tau = 0$$

(dafür ist z.B. hinreichend, daß ab einem gewissen $\tau > 0$ für $\varepsilon \in (0,1)$ $|R_y(\tau)| < |\tau|^{-1-\varepsilon}$; vgl. auch DOOB [1, S. 530]), erhält man das offenbar nicht triviale Resultat

$$\lim_{T\to\infty} E\, S_T(\omega) = S_y(\omega) . \qquad (4.3-3)$$

S_T ist also eine asymptotisch erwartungstreue Schätzfunktion für S_y.[1]

---

[1] Nebenbei ergibt sich hier die in Abschn. 3.2.1 nicht bewiesene Tatsache, daß wegen Gl. (4.3-1) $S(\omega) := \mathfrak{F} R(\tau) \geqslant 0$ ist; denn $S_T \geqslant 0$, also auch der Erwartungswert.

Für $E\,S_T^2(\omega)$ gilt analog zur obigen Bildung von $E\,S_T(\omega)$

$$E\,S_T^2(\omega) = \frac{1}{T^2}\,\oint\!\!\!\oint_{0} E[y(t_1)\,y(t_2)\,y(t_3)\,y(t_4)]$$

$$\exp[-j\omega(t_1-t_2+t_3-t_4)]\,dt_1\,dt_2\,dt_3\,dt_4\,. \qquad (4.3\text{-}4)$$

Das hier auftretende Moment vierter Ordnung kann z.B. bei Gaußprozessen $\{y(t)\}$ mit $Ey = 0$ zerlegt werden gemäß [vgl. Gl.(4.2-12)]

$$E[y(t_1)\,y(t_2)\,y(t_3)\,y(t_4)] = r_y(t_1-t_2)\,r_y(t_3-t_4)$$
$$+ r_y(t_1-t_3)\,r_y(t_2-t_4)$$
$$+ r_y(t_1-t_4)\,r_y(t_2-t_3)\,.$$

Damit wird, wie man sich durch Einsetzen in Gl.(4.3-4) unter Beachtung von Gl.(4.3-2) rasch überzeugt,

$$E\,S_T^2(\omega) = 2[E\,S_T(\omega)]^2 + \left|\frac{1}{T}\oint\!\!\!\oint_{0} R_y(u_1-u_2)\exp[-j(u_1+u_2)]\,du_1\,du_2\right|^2$$

und schließlich wegen der Gln.(2.3-9) und (4.3-3)

$$\lim_{T\to\infty}\sigma_{S_T}(\omega) := \lim_{T\to\infty}\sqrt{E\,S_T^2(\omega)-[E\,S_T(\omega)]^2} \geq \lim_{T\to\infty} E\,S_T(\omega) = S_y(\omega).\,^{[1]}$$

$$(4.3\text{-}5)$$

Das Periodogramm ist also leider bei der wichtigen Klasse der Gaußprozesse kein konsistenter Schätzwert für die spektrale Leistungsdichte

---

[1] Die Standardabweichung ist somit mindestens so groß wie der gesuchte Wert!

des Prozesses. Das Auffinden konsistenter Schätzwerte wird in Abschn.
4.3.2 und 4.3.3 behandelt. Vgl. auch PARZEN [1].

<u>Anhang</u>

<u>Ausrechnung von Doppelintegralen über Funktionen von der Differenz
der beiden Variablen</u>

Derartige Integrale lassen sich wie folgt auf Integrale nur einer Variablen zurückführen: Zunächst ist

$$
\iint_{t_1}^{t_2} f(t-\tau)\,dt\,d\tau = \int_{t_1}^{t_2} \int_{t_1-\tau'}^{t_2-\tau'} f(t')\,dt'\,d\tau'\ ;\quad \begin{matrix} t' = t-\tau \\ \tau' = \tau \end{matrix} \left.\right\} \ \frac{\partial(t',\tau')}{\partial(t,\tau)} = 1\ ;
$$

(vgl. Bild 4.3-1 zur affinen Transformation des Integrationsgebiets.
Der horizontal verlaufende schraffierte Streifen symbolisiert das in-
finitesimale Integrationsgebiet der inneren Integration.)

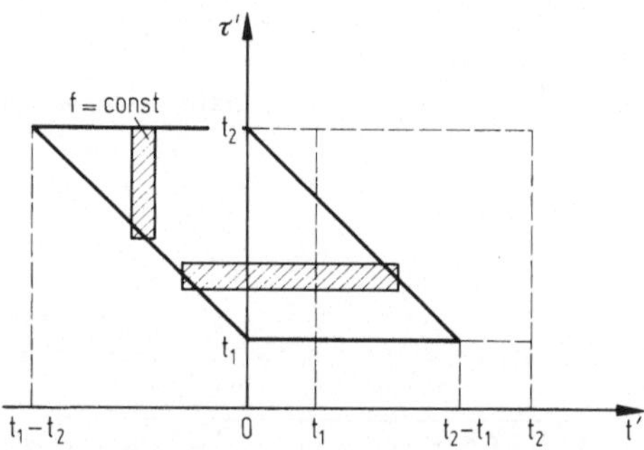

Bild 4.3-1. Koordinatentransformation zur Berechnung gewisser Dop-
        pelintegrale.

Nun wird die Integration über τ' ausgeführt. Dies muß jedoch so ge-
schehen, daß das Integral über t' im Gegensatz zur obigen Darstellung
feste Grenzen hat. Dazu denkt man sich das Integrationsgebiet in infi-
nitesimale Streifen parallel zur τ'-Achse aufgeteilt. Außerdem werden
für die Gebiete mit t'< 0 und t'> 0 zunächst getrennte Integrale an-
geschrieben. Es wird also

$$\iint\limits_{t_1}^{t_2} f(t-\tau)\,dt\,d\tau = \int\limits_{t_1-t_2}^{0} f(t') \int\limits_{t_1-t'}^{t_2} d\tau'\,dt' + \int\limits_{0}^{t_2-t_1} f(t') \int\limits_{t_1}^{t_2-t'} d\tau'\,dt'$$

$$= \int\limits_{t_1-t_2}^{0} f(t')(t_2-t_1+t')\,dt' + \int\limits_{0}^{t_2-t_1} f(t')(t_2-t_1-t')\,dt'$$

$$= \int\limits_{-(t_2-t_1)}^{t_2-t_1} f(t')(t_2-t_1-|t'|)\,dt' . \qquad (4.3-6)$$

Für $t_1 = 0$ und gerades f gilt speziell

$$\iint\limits_{0}^{t_2} f(t-\tau)\,dt\,d\tau = 2 \int\limits_{0}^{t_2} f(t')(t_2-t')\,dt' . \qquad (4.3-6a)$$

4.3.2. Indirekte Messung über die Korrelationsfunktion

Wir betrachten nun Möglichkeiten, Näherungswerte für das Leistungsspektrum aus Messungen der nach Wiener-Khintchine zugeordneten Korrelationsfunktion zu bekommen. Man geht hierbei aus von einem Schätzwert Nr. k der KKF $R_{y,z}(\tau)$, der mit $R_{y,z,k}(\tau)$ bezeichnet wird, bildet dazu durch Fouriertransformation den zugeordneten Schätzwert $S_{y,z,k}(\omega)$ der spektralen Leistungsdichte und berechnet davon die Varianz.

Man geht also etwa aus von der aus Gl.(3.1-9) bekannten Näherung für die KKF

$$R_{y,z,0}(\tau) = \begin{cases} \dfrac{1}{T-|\tau|} \displaystyle\int\limits_{0}^{T-|\tau|} y(t)z(t+\tau)\,dt \; ; \; |\tau| \leqslant T_m , \\[3mm] 0 , \; |\tau| > T_m , \end{cases} \qquad (4.3-7)$$

bildet daraus den Schätzwert

$$S_{y,z,0}(\omega) = \int_{-\infty}^{\infty} R_{y,z,0}(\tau)\exp(-j\omega\tau)\,d\tau$$

und berechnet schließlich dessen Varianz.

Andere Schätzwerte für die Korrelationsfunktion erhält man z.B. durch Multiplikation von $R_{y,z,0}$ mit einer geraden Bewertungsfunktion $b_k(\tau)$, also

$$R_{y,z,k}(\tau) = b_k(\tau)R_{y,z,0}(\tau)\,. \qquad (4.3\text{-}8)$$

Nun ist (mit den üblichen Vertauschungen der Integrationen) unter der Annahme, daß $R_{y,z}(\tau)$ für $|\tau| > T_m$ identisch verschwindet,

$$E\,S_{y,z,0}(\omega) = \int_{-\infty}^{\infty} E\,R_{y,z,0}(\tau)\,\exp(-j\omega\tau)\,d\tau$$

$$= \int_{-\infty}^{\infty} R_{y,z}(\tau)\exp(-j\omega\tau)\,d\tau = S_{y,z}(\omega)\,,$$

da der obige Schätzwert der KKF verzerrungsfrei ist. Das muß bei anderen Schätzwerten nicht so sein: Z.B. folgt aus der Definitionsgl. (4.3-8) für $R_{y,z,k}(\tau)$ nach Fouriertransformation und Bildung des Erwartungswerts

$$E\,S_{y,z,k}(\omega) = \frac{1}{2\pi}\int_{-\infty}^{\infty} B_k(\omega-\omega')S_{y,z}(\omega')\,d\omega';\ B_k := \mathfrak{F}\,b_k$$

d.h. i.allg. ist

$$E\,S_{y,z,k}(\omega) \neq S_{y,z}(\omega)\,.$$

Weiter ist

$$E\,S_{y,z,0}^2(\omega) = \iint_{-\infty}^{\infty} E[R_{y,z,0}(\tau)R_{y,z,0}(\tau')]\,\exp[-j\omega(\tau+\tau')]\,d\tau\,d\tau'$$

mit

$$E[R_{y,z,0}(\tau)R_{y,z,0}(\tau')] =$$

$$= \frac{1}{(T-|\tau|)(T-|\tau'|)} \int_0^{T-|\tau|} \int_0^{T-|\tau'|} E[y(t)z(t+\tau)y(t')z(t'+\tau')]\,dt\,dt'.$$

Da das Moment 4. Ordnung im Integranden i.allg. nur sehr mühsam
bestimmt werden kann, wird von nun an wieder auf Gaußisch verbund-
verteilte Variablen y und z und verschwindende Erwartungswerte
dieser Variablen spezialisiert. In diesem Sonderfall kann das Moment
mittels Gl. (4.2-6) durch Kovarianzfunktionen ausgedrückt werden.

Da man die Streuung der Schätzwerte der Leistungsdichte gern mit
Hilfe von Leistungsdichten angeben wird, müssen alle Kovarianzfunktionen nach Wiener-Khintchine durch Leistungsdichten ausgedrückt
werden.

Die weitere Rechnung wird bei Kreuzleistungsdichten so umfangreich,
daß sie von hier an auf Wirkleistungsdichten spezialisiert wird.

Bei BLACKMAN-TUKEY [1, S. 103] wird gezeigt, daß für die Varianz
der geschätzten spektralen Leistungsdichte eines Zufallsprozesses
$\{y(t)\}$ schließlich die folgende Formel gilt

$$\sigma^2_{S_{y,k}(\omega_0)} =$$

$$= \frac{1}{4\pi^2} \iint_{-\infty}^{\infty} [B_k(\omega+\omega_0)+B_k(\omega-\omega_0)]^2 S_y(\omega'+\omega) S_y(\omega'-\omega)\,\text{si}^2[\omega'(T-T')]\,d\omega\,d\omega';$$

$$0 < T' < T_m.$$

[Das Auffinden eines optimalen, d.h. die Varianz von $S_{y,k}(\omega_0)$ mini-
mierenden $B_k(\omega)$ ist ein Problem der Variationsrechnung.
Dabei hängt B_k prinzipiell noch von ω_0 (als Parameter) ab!]

Man nennt $B_k(\omega) = \mathfrak{F}b_k(\tau)$ ein sog. Spektralfenster, eine Bewertungsfunktion für die spektrale Leistungsdichte $S_y(\omega)$. Dabei ist der

hier benutzte Schätzwert von $S_y(\omega)$ die Fouriertransformierte einer ("gewogenen") Schätzung der AKF nämlich

$$S_{y,k}(\omega_0) = \mathfrak{F} R_{y,k}(\tau) = \mathfrak{F}[b_k(\tau)R_{y,0}(\tau)] = \frac{1}{2\pi} \int\limits_{-\infty}^{\infty} B_k(\omega_0-\omega)S_{y,0}(\omega)d\omega \; .$$

Abschließend soll gezeigt werden, daß die Varianz von $S_{y,k}$ im Gegensatz zu der des Periodogramms i.allg. mit $T \to \infty$ gegen 0 geht:

Für beschränktes $S_y(\omega)$ konvergiert zunächst (im wesentlichen wegen des Faktors ω'^2 im Nenner) unabhängig von T und ω das Integral über ω', d.h.

$$\int\limits_{-\infty}^{\infty} S_y(\omega'+\omega)S_y(\omega'-\omega) \frac{\sin^2[\omega'(T-T')]}{\omega'^2} d\omega' < \widetilde{K} = \text{const.}$$

Wählt man als $B_k(\omega)$ eine quadratisch integrierbare Funktion, so wird die Varianz von $S_{y,k}(\omega_0)$

$$\sigma^2_{S_{y,k}(\omega_0)} \leq \frac{\widetilde{K}}{4\pi^2} \cdot \frac{1}{(T-T')^2} \int\limits_{-\infty}^{\infty} [B_k(\omega+\omega_0)+B_k(\omega-\omega_0)]^2 d\omega \to 0 \;\; \text{für } T \to \infty \; .$$

4.3.3. Messung durch schmalbandige Filter

Physikalisch besonders einleuchtend ist die Messung von spektralen Leistungsdichten durch selektive Filter. Im Idealfall hätte ein solches Filter zur Messung von $S(\omega_0)$ den Amplitudengang

$$|G(j\omega)| = \begin{cases} 1 & \text{für } \omega_0 \leq |\omega| \leq \omega_0 + \Delta\omega, \\ 0 & \text{sonst.} \end{cases}$$

Aus einem Zufallsprozeß $\{x\}$ mit der Leistungsdichte $S_x(\omega)$ würde nach dieser idealen Schmalband-Filterung ein Prozeß $\{y\}$ mit der Leistungsdichte

$$S_y(\omega) = \begin{cases} S_x(\omega) & \text{für } \omega_0 \leq |\omega| \leq \omega_0 + \Delta\omega, \\ 0 & \text{sonst.} \end{cases} \tag{4.3-9}$$

Wenn dabei $\Delta\omega$ so klein ist, daß in diesem Frequenzintervall $S_x(\omega)$ praktisch konstant ist, wird nach Gl.(3.2-5) und Gl.(3.3-3a)

$$E\,y^2 = S_x(\omega_0)\,\Delta\omega/\pi\,. \qquad\qquad (4.3\text{-}10)$$

Daraus folgt bei Kenntnis von $E\,y^2$ das gesuchte $S_x(\omega_0)$.

Im Falle eines einfachen realisierbaren Filters z.B. eines Schwingkreises, dessen Resonanzfrequenz ω_0 ist, ist (vgl. GILOI [1, S.159ff])

$$G(j\omega) = [1 + j(\omega/\omega_0 - \omega_0/\omega)/\alpha]^{-1}\,,$$

so daß nach Gl.(3.3-3a)

$$S_y(\omega) = |G(j\omega)|^2 S_x(\omega)$$

und somit nach Gl.(3.2-5)

$$E\,y^2 = \frac{1}{\pi}\int_0^{\infty} \frac{S_x(\omega)\,d\omega}{1 + \dfrac{1}{\alpha^2}\left(\dfrac{\omega}{\omega_0} - \dfrac{\omega_0}{\omega}\right)^2} \approx S_x(\omega_0)\,\Delta'\omega/2\,. \qquad (4.3\text{-}11)$$

Hierbei ist $\frac{1}{\alpha}$ die als groß angenommene "Güte" des Kreises, und $\Delta'\omega := \alpha\omega_0$ ist das Verhältnis vom Ohmschen Widerstand zur Induktivität des Schwingkreises.

Begründung der Naherung (4.3-11): Wegen

$$\omega/\omega_0 - \omega_0/\omega = (\omega - \omega_0)(\omega + \omega_0)/(\omega\,\omega_0) \approx 2(\omega - \omega_0)/\omega_0$$

für $\omega \approx \omega_0$ lautet der Nenner des Integranden nahe seinem Minimum

$$1 + 4(\omega - \omega_0)^2/(\Delta'\omega)^2\,.$$

Mit

$$\int_0^{\infty} dx/(1 + x^2) = \pi/2$$

folgt somit die Näherung zu Gl.(4.3-11).

Neben dem Bau oder der Simulation geeigneter Filter ist wieder die
Abhängigkeit der Genauigkeit der Ergebnisse von der Meßzeit für einen
Schätzwert von $E\,y^2$ anzugeben. Es wird sich zeigen, daß die für eine
Messung nötige Einschwingzeit eines Filters monoton mit seiner Selek-
tivität zunimmt:

Das Meßgerät für $S_x(\omega_0)$ bildet einen Schätzwert für $E\,y^2$. Wir nehmen an, es sei der kontinuierlich gemessene quadratische Mittelwert
von y. Der Schätzwert ist also zunächst erwartungstreu. Die Varianz
dieses Schätzwerts ist offenbar die Varianz der Autokorrelationsfunktion von y bei 0 und lautet im Gaußschen Falle, falls $E\,y \equiv 0$, nach
Gl. (4.2-9)

$$\sigma_{\frac{2}{y^2}} = \frac{4}{T} \int_0^T (1 - \tau/T)\,r_y^2(\tau)\,d\tau$$

oder wegen der Parseval-Formel und des Faltungssatzes [für $\mathfrak{F}\,r_y^2(\tau)$]
analog zu Gl. (4.1-11)

$$\sigma_{\frac{2}{y^2}} = \frac{1}{\pi^2} \int_0^\infty \mathrm{si}^2(\omega T/2) \int_{-\infty}^\infty S_y(\omega-\omega')S_y(\omega')\,d\omega'\,d\omega\,.$$

Unten wird aus dieser Varianz auf die von $S_x(\omega_0)$ geschlossen werden!
Ist T viel größer als der τ-Wert von dem ab $r_y(\tau) = 0$, den man daher
die maximale "Reichweite" der Autokorrelation von $\{y\}$ nennen könnte,
dann gilt als meist ausreichend gute Näherung

$$\sigma_{\frac{2}{y^2}} = \frac{4}{T} \int_0^T r_y^2(\tau)\,d\tau = \frac{2}{\pi T} \int_0^\infty S_y^2(\omega)\,d\omega\,. \qquad (4.3-12)$$

Beim obigen idealen Bandpaß erhält man wegen der Rechteckform von
S_y nach Gl. (4.3-9) unmittelbar

$$\sigma_{\frac{2}{y^2}} = \frac{2\,\Delta\omega\,S_x^2(\omega_0)}{\pi T}\,. \qquad (4.3-13)$$

Da $\overline{y^2}$ ein Schätzwert für $E\,y^2$ ist, ist nach Gl. (4.3-10) der zugehörige Schätzwert für $S_x(\omega_0)$ mit $\pi/\Delta\omega$ zu multiplizieren und [nach Gl. (2.3-10)] die Varianz mit $(\pi/\Delta\omega)^2$, so daß hier

$$\sigma^2_{\overline{S}_x(\omega_0)} = \frac{2\,\pi\,S^2_x(\omega_0)}{\Delta\omega T} \, . \qquad (4.3\text{-}13a)$$

Man ersieht hieraus, daß das Meßergebnis mit wachsendem $\Delta\omega$ immer "stabiler" wird; dafür wird jedoch immer stärker über S_x-Werte aus der Nachbarschaft von ω_0 gemittelt.

Im zweiten obigen Beispiel erhält man nach Einsetzen von S_y aus Gl. (4.3-11) in Gl. (4.3-12) mit einer Abschätzung des Integrals ähnlich der zu Gl. (4.3-11)

$$\sigma^2_{\overline{y^2}} = \frac{\Delta'\omega\,S^2_x(\omega_0)}{\sqrt{2}\;T} \, . ^1 \qquad (4.3\text{-}14)$$

Analog zu Gl. (4.3-13a) wird

$$\sigma^2_{\overline{S}_x(\omega_0)} = \frac{2\,\sqrt{2}\,S^2_x(\omega_0)}{\Delta'\omega T} \, . \qquad (4.3\text{-}14a)$$

Allgemein erkennt man, daß sehr selektive Filter (kleines $\Delta\omega$, $\Delta'\omega$) große Meßzeiten erfordern, um genaue Werte zu liefern. Speziell ist interessant, daß das ideale Bandpaßfilter mit einem Schwingkreis mit $2\,\alpha\,\omega_0 \approx \Delta\omega$ vergleichbar ist, wenn das Spektrometer erst quadriert, dann integriert und schließlich durch die Meßzeit dividiert, wie oben angenommen wurde.

4.4. Diskussion der Ergebnisse von Abschnitt 4

In Abschn. 4 wird gezeigt, wie man die früher definierten Größen wie Erwartungswert, Verteilungsfunktion und Korrelationsfunktion messen

---

^{1} $\sqrt{2}$ stammt daher, daß durch die weitere Näherung

$$[1 + 4(\omega-\omega_0)^2/(\Delta'\omega)^2]^2 \approx 1 + 8(\omega-\omega_0)^2/(\Delta'\omega)^2$$

die Koordinatentransformation in Gl. (4.3-12) gegenüber der von Gl. (4.3-11) um den Faktor $\sqrt{2}$ geändert ist.

kann, so daß im zweiten Teil des Buches in den Abschn.5 bis 8 mit
diesen Größen vertrauensvoll operiert werden kann.

Wie alle Meßwerte werden auch die Meßwerte für obige "stochastischen"
Größen streuen. Daher bringt Abschn.4.1.1 die Ableitung von grundle-
genden Formeln für die Varianz von Mittelwerten aus diskreten bzw.
kontinuierlichen Messungen. Das erste fundamentale Resultat ist für

$$\overline{x}_d := (x_1 + x_2 + \dots + x_N)/N$$

$$\sigma^2_{\overline{x}_d} = \sigma^2_x/N + (2/N) \sum_{k=1}^{N-1} (1 - k/N) r_x(k\Delta t) . \qquad [(4.1-2)]$$

Dabei ist Δt der zeitliche Abstand zwischen jeder Messung und der
nächsten, und [vgl. Gl.(3.2-7)]

$$r_x(\tau) := R_x(\tau) - \mu^2_x$$

nennen wir die Kovarianzfunktion. Sind alle Meßwerte unkorreliert miteinander, so erhält man das bekannte Resultat, daß die Standardabweichung $\sigma_{\overline{x}_d}$ mit der reziproken Wurzel aus der Anzahl der
Messungen kleiner wird.

Bei kontinuierlicher Messung in derselben Zeit $T = (N-1)\Delta t$ wird

$$\sigma^2_{\overline{x}_c} = (2/T) \int_0^T (1 - \tau/T) r_x(\tau) d\tau . \qquad [(4.1-3)]$$

Hieraus folgt auch, wann ein stationärer Prozeß bezüglich des einfachen Erwartungswerts ergodisch ist, d.h. unter welchen Umständen für fast jede Musterfunktion $x(t)$

$$\mu_x := E\,x = \lim_{T\to\infty} (1/T) \int_0^T x(t) dt = \lim_{T\to\infty} \overline{x}_c .$$

Das ist gewiß dann der Fall, wenn $\lim\limits_{T\to\infty} \sigma^2_{\overline{x}_c} = 0$.

Hinreichend dafür aber ist nach Gl.(4.1-3) z.B., daß $r_x(\tau)$ absolut
integrabel ist.

Die obige Schätzfunktion $\bar{x}$ für μ_x ist e r w a r t u n g s t r e u (v e r z e r -
r u n g s f r e i), d.h. ihr Erwartungswert ist der zu schätzende Wert.
Mit Hilfe der Ungleichung von Tschebyscheff kann man nun jeweils eine
Wahrscheinlichkeit angeben, mit der ein Meßwert in einem gewünsch-
ten (z.B. dem zulässigen) Intervall um den "wahren" Wert liegt. Bei
Kenntnis der Verteilung der Meßwerte erhält man sehr viel schärfere
Abschätzungen. Wenn z.B. $\{X\}$ ein Gaußprozeß ist, gilt

$$S^* := W \left\{ \frac{|\bar{x} - \mu_x|}{\sigma_x} > t_{s^*} = \frac{a|\mu_x|}{\sigma_x} \right\} = 1 - \sqrt{2/\pi} \int_0^{t_{s^*}} \exp(-u^2/2)\, du . \qquad [(4.1\text{-}10)]$$

Dabei heißen üblicherweise S^* die s t a t i s t i s c h e S i c h e r h e i t und
t_{s^*} Quantil oder Fraktil.

Über die Parsevalformel der $\mathfrak{F}$-Transformation kann man die Varianz
des Mittelwerts auch im Frequenzbereich ausdrücken. Man erhält mit
$si(\alpha) := \sin \alpha/\alpha$

$$\sigma_{\bar{x}_c}^2 = (1/\pi) \int_0^\infty s(\omega)si^2(\omega T/2)\, d\omega \; ; \; s(\omega) := \mathfrak{F}r(\tau) . \qquad [(4.1\text{-}11)]$$

Eine Art A b t a s t t h e o r e m gibt an, daß man bei periodischer Abtastung zum Erzielen derselben Varianz wie bei kontinuierlicher Messung pro Periode der höchstfrequenten Teilschwingung im Spektrum
des Prozesses einmal abtasten muß. (Feinheiten hierzu findet man bei
SCHNEEWEISS in [1].) In SCHNEEWEISS [2] werden Möglichkeiten
einer Abtastung gemäß einem Poisson-Prozeß ausführlich untersucht.

Außerdem läßt sich zeigen, daß im Falle $s(0) > 0$ mit steigendem T
$\sigma_{\bar{x}}^2$ monoton fällt, sobald T so groß ist, daß mindestens für $\tau > T: r_x(\tau) = 0$.

Auf die Probleme der Mittelwertbildung bei instationären Prozessen
geht z.B. PUGACHEV [1, S. 529ff.] ein.

In Abschn. 4.2 wird mit den Methoden von Abschn. 4.1 die Messung von
Verteilungsfunktionen (vgl. Abschn. 9) und - sehr ausführlich - von
Korrelationsfunktionen abgehandelt. Die gefundenen Ergebnisse sind

meist schon zu speziell, um hier genannt zu werden. Erwähnenswert
scheint aber die Abschätzung bei einem Gaußprozeß $\{y\}$.

$$\sigma^2_{\overline{x}} \leqslant (4/T) \int_0^\infty r_y^2(\tau)\, d\tau \,, \qquad\qquad [(4.2\text{-}9)]$$

wobei nun $\overline{x}$ die Schätzfunktion für die AKF von $\{y\}$ bezeichnet. Im
Anhang steht noch die folgende wichtige Formel für die Darstellung
von Momenten 4. Ordnung bei Gaußprozessen durch Kovarianzen, die
einzuprägen sich lohnt: Falls $E\,X_i = 0$; $i = 1,2,3,4$, gilt

$$E(X_1 X_2 X_3 X_4) = E(X_1 X_2)E(X_3 X_4) + E(X_1 X_3)E(X_2 X_4) + E(X_1 X_4)E(X_2 X_3).$$

$$[(4.2\text{-}12)]$$

Die in Abschn. 4.3 diskutierte Messung von spektralen Leistungsdichten funktioniert im Gegensatz zu vielen irrtümlichen, aber schon 1958
von DAVENPORT-ROOT [1] korrigierten Darstellungen jedenfalls nicht
über das sog. Periodogramm als Schätzfunktion, wenn man Gaußprozesse messen will. Durch geeignete B e w e r t u n g s f u n k t i o n e n ,
sog. S p e k t r a l f e n s t e r kann man jedoch zu k o n s i s t e n t e n
S c h ä t z u n g e n kommen, wie am Schluß von Abschn. 4.3.2 nachgewiesen wird. Dabei geht man von Schätzfunktionen für die AKF aus, die
nach Wiener-Khintchine $\mathfrak{F}$-transformiert werden. (In diesem Zusammenhang sei auf spezielle Methoden der "schnellen" $\mathfrak{F}$-Transformation
hingewiesen; sehr konkrete, auch programmtechnische Hinweise bringt
BICE [1].) Die in Abschn. 4.3.3 behandelte Messung durch schmalbandige Filter ist dieser Technik jedoch leistungsmäßig ebenbürtig.

5. Statische nichtlineare Transformation von Zufallsprozessen

Dynamische Systeme enthalten häufig Nichtlinearitäten, bei denen die Ausgangsgröße zu jedem Zeitpunkt vollständig durch die Eingangsgröße zum selben Zeitpunkt also statisch bestimmt wird. Es wird nun untersucht, wie Zufallsprozesse beim Passieren derartiger nichtlinearer Glieder abgewandelt werden; insbesondere auch, wie Zufallsprozesse in rückgokoppelten Systemen, die solche "statischen" Nichtlinearitäten enthalten, aussehen. Praktisch eine Monographie hierzu ist die zweite Hälfte des Buchs von SCHLITT [1].

5.1. Verteilungsdichten nach statischer Transformation

Wir beginnen mit der Frage, wie sich Verteilungsfunktionen bei Variablentransformationen ändern. Die Antwort stammt natürlich im wesentlichen aus der in jeder Vorlesung über Differential- und Integralrechnung behandelten Theorie der Transformation von Kurven- und Gebietsintegralen. (Vgl. z.B. COURANT [1].) Hier soll uns dieser Problemkreis jedoch mehr als Anlaß dienen, über den fundamentalen Begriff der Verteilungsfunktion nochmals nachzudenken und z.B. die wichtige Formel für die Verteilung der Summe zweier unabhängiger Variablen nachzutragen.

5.1.1. Transformation eindimensionaler Verteilungen

Es sei $Y(t) = f[X(t)]$ eine statische Beziehung zwischen den Zufallsvariablen X und Y. Wie Bild 5.1-1 zeigt, ist dann die Wahrscheinlichkeit, daß Y einen Wert aus dem Intervall $(y, y + \Delta y)$ annimmt, gleich der Wahrscheinlichkeit, daß X einen Wert aus dem zugeordneten Intervall der Länge Δx annimmt. Für hinreichend kleine Intervalle gilt demnach bei Existenz der Verteilungsdichten - mit vorgeschriebener Genauigkeit für genügend kleines Δx -

$$p_Y(y)\Delta y \approx p_X(x)\Delta x. \qquad (5.1-1)$$

Als Transformationsformel für einen eineindeutigen Zusammenhang
zwischen X und Y erhält man also mit f^{-1} für die Umkehrfunktion
zu f

$$p_Y(y) = p_X[f^{-1}(y)]\left|\frac{d}{dy}f^{-1}(y)\right|, \qquad (5.1-2)$$

wobei die Absolutstriche daher kommen, daß in Gl.(5.1-1) für Δx
und Δy plausiblerweise Beträge gemeint sind.

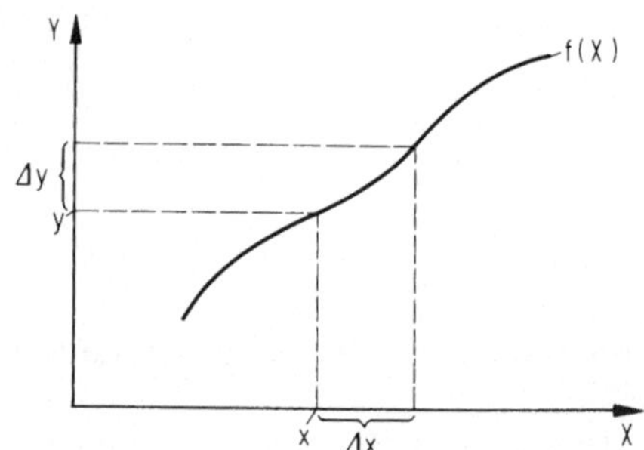

Bild 5.1-1. Kennlinie einer statischen Nichtlinearität.

Beispiel:

Es sei $f(X) = \exp X$, also $f^{-1}(Y) = \ln Y$. Dann ist

$$p_Y(y) = p_X(\ln y)/y \, ; \; y > 0.$$

Aus der Gaußverteilung [vgl. Gl.(2.4-1a)] mit

$$p_X(x) = \frac{1}{\sqrt{2\pi}}\exp(-x^2/2)$$

wird für $y \geqslant 0$ in diesem Beispiel

$$p_Y(y) = \frac{1}{\sqrt{2\pi}\,y}\exp[-(\ln y/\sqrt{2})^2],$$

also eine völlig andere Verteilung.

Bei der Bestimmung von Erwartungswerten gemäß

$$E\,h(Y) = \int_{-\infty}^{\infty} h(v)p_X[f^{-1}(v)]\left|\frac{d}{dv}f^{-1}(v)\right|dv \qquad (5.1\text{-}3)$$

kann es rechnerische Erleichterungen geben, wenn man von der y-Achse auf die x-Achse zurücktransformiert. Ist $f(x)$ streng monoton für alle x, so gilt (auch anschaulich)

$$E\,h(Y) = \int_{-\infty}^{\infty} h[f(u)]p_X(u)du\,. \qquad (5.1\text{-}3a)$$

Speziell ist $E\,h(Y) = 0$, falls $h[f(u)]$ ungerade und $p_X(u)$ gerade ist.

Nichtlineare Kennlinien enthalten häufig Sprungstellen und/oder konstante Abschnitte, die bei der Umkehrabbildung ihren Charakter gegen-

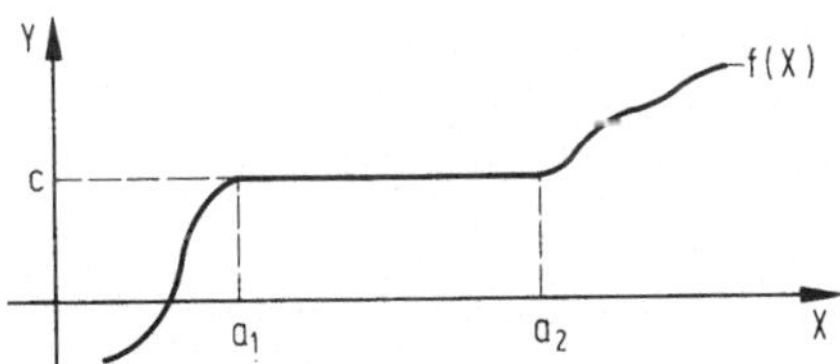

Bild 5.1-2. Kennlinie mit konstantem Abschnitt.

seitig auswechseln, also dort die Ableitung von f^{-1} verschwinden oder divergieren lassen. Im Falle des konstanten Funktionsabschnitts nach Bild 5.1-2 sei $f'(X) \geqslant 0$, d.h. die Steigung 0 wird als unterer Grenzwert einer positiven Steigung aufgefaßt, so daß offenbar

$$\lim_{\varepsilon \to 0} \int_{c-\varepsilon}^{c+\varepsilon} p_Y(v)dv = \int_{a_1}^{a_2} p_X(u)du$$

oder

$$p_Y(y)/_c = \int_{a_1}^{a_2} p_X(u)du\,\delta(y-c)\,. \qquad (5.1\text{-}2a)$$

Im Falle eines Sprunges habe nach Bild 5.1-3 f im Punkt c den oberen Grenzwert positiver Steigung. Dann liegt für die Bestimmung von p_Y kein Problem vor, es sei denn, daß auch P_X bei c einen Sprung

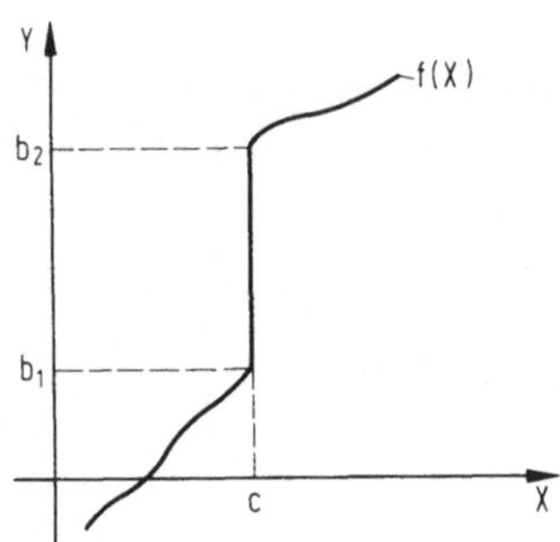

Bild 5.1-3. Kennlinie mit Sprungstelle.

macht. Dann müßte nämlich geklärt werden, wie der entsprechende Anteil von P_Y auf das Intervall $[b_1, b_2]$ zu verteilen ist.

Nicht eindeutig umkehrbare Kennlinien lassen sich häufig in eineindeutige (einschließlich der obigen beiden Grenzfälle) "zerlegen": Dabei muß dann im allgemeinen die Verteilung der Summe von Zufallsvariablen berechnet werden, was weiter unten allgemein behandelt wird. Es gibt jedoch Fälle wie z.B. den Quadrierer, wo die Zerlegung gemäß $f = \varphi_1 + \varphi_2$ so erfolgen kann, daß immer nur φ_1 oder φ_2 ungleich null ist, so daß die letzte Addition trivial ist. Sind genauer Ψ_1 und Ψ_2 die Umkehrfunktionen zu φ_1 und φ_2, so ist x immer gleich Ψ_1 oder Ψ_2, und in plausibler Bezeichnung ist $p_Y = p_{Y,1} + p_{Y,2}$ mit

$$p_{Y,i}(y) = p_X[\Psi_i(y)] \left| \frac{d}{dy} \Psi_i(y) \right| \; ; \; i = 1, 2 \, .$$

Beispiel:

Beim Quadrierer mit $y = x^2$ erhält man über

$$\varphi_1(x) := \begin{cases} x^2 & \text{für } x \geq 0, \\ 0 \text{ sonst}, \end{cases} \qquad \varphi_2(x) := \begin{cases} x^2 & \text{für } x \leq 0, \\ 0 \text{ sonst} \end{cases}$$

das plausible Ergebnis

$$p_Y(y) = \begin{cases} [p_X(-|\sqrt{y}|) + p_X(|\sqrt{y}|)]/(2|\sqrt{y}|) & \text{für } y \geq 0, \\[2ex] 0 \text{ sonst.} \end{cases} \qquad (5.1\text{-}4)$$

5.1.2. Transformation mehrdimensionaler Verteilungen

Wir beschränken uns auf den zweidimensionalen Fall; die Erweiterung auf höhere Dimensionen macht kaum begriffliche Schwierigkeiten.

Gegeben seien zwei Zufallsvariablen X_1, X_2, die durch die Funktionon f_1 und f_2 eineindeutig in die Variablen Y_1, Y_2 transformiert werden

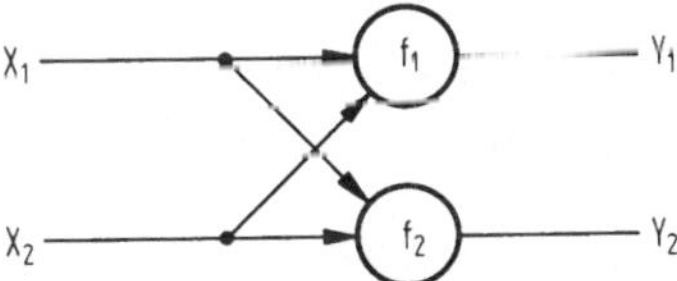

Bild 5.1-1. Nichtlineare statische Transformation eines zweidimensionalen Vektors.

sollen. Es gelten also (vgl. Bild 5.1-4) für die Schranken der 4 Zufallsvariablen die Transformationsgln.

$$\left.\begin{aligned} y_1 &= f_1(x_1, x_2), \\ y_2 &= f_2(x_1, x_2), \end{aligned}\right\} \longleftrightarrow \left\{\begin{aligned} x_1 &= g_1(y_1, y_2), \\ x_2 &= g_2(y_1, y_2). \end{aligned}\right.$$

Die eindeutige Umkehrbarkeit ist bekanntlich überall dort gesichert, wo die Jacobische Funktionaldeterminante

$$D_x := \frac{\partial(y_1, y_2)}{\partial(x_1, x_2)} := \det \begin{bmatrix} \partial f_1/\partial x_1 & \partial f_1/\partial x_2 \\[2ex] \partial f_2/\partial x_1 & \partial f_2/\partial x_2 \end{bmatrix}$$

nicht verschwindet. Geometrisch ausgedrückt ist D_x das Größenverhältnis von einander zugeordneten (differentiellen) Flächenelementen und muß daher bei eineindeutiger Abbildung von null verschieden und beschränkt sein. (Näheres z.B. bei COURANT [1, S. 220].)

Wir kommen nun zur Berechnung von $p_{Y_1,Y_2}(y_1,y_2)$ aus $p_{X_1,X_2}(x_1,x_2)$. Nach Definitionsgl. (2.2-5) ist

$$P_{Y_1,Y_2}(y_1,y_2) = \int_{-\infty}^{y_2} \int_{-\infty}^{y_1} p_{Y_1,Y_2}(v_1,v_2)dv_1dv_2$$

$$= \iint_{F(y_1,y_2)} p_{X_1,X_2}(u_1,u_2)du_1du_2 . \qquad (5.1-5)$$

Dabei ist das Gebiet $F(y_1,y_2)$ der X_1,X_2-Ebene das Urbild des Quadranten $v_1 \leqslant y_1$; $v_2 \leqslant y_2$. Da F ein sehr unübersichtliches Gebiet sein kann, wird nach der Formel für die Transformation von Gebietsintegralen die Integration in der v_1,v_2-Ebene ausgeführt, wo das Bild von F ein Quadrant ist. Man erhält somit

$$P_{Y_1,Y_2}(y_1,y_2) =$$

$$= \int_{-\infty}^{y_2} \int_{-\infty}^{y_1} p_{X_1,X_2}[g_1(v_1,v_2),g_2(v_1,v_2)] \left| \frac{\delta(g_1,g_2)}{\delta(v_1,v_2)} \right| dv_1dv_2 . \qquad (5.1-6)$$

Aus den letzten beiden Gleichungen entnimmt man unmittelbar die Transformationsformel für die Wahrscheinlichkeitsdichten:

$$p_{Y_1,Y_2}(y_1,y_2) = p_{X_1,X_2}[g_1(y_1,y_2),g_2(y_1,y_2)] \left| \frac{\delta(g_1,g_2)}{\delta(y_1,y_2)} \right| .$$

$$(5.1-6a)$$

Anwendung:

Gesucht sei die Verteilungsdichte $p_{Y_1}(y_1)$ von $Y_1 = f(X_1,X_2)$. Dabei ist klar, daß mehr Information nötig ist, als in $p_{X_1}(x_1)$ und $p_{X_2}(x_2)$ enthalten ist, denn nur für besondere Wertepaare X_1,X_2 ergibt sich ein bestimmter Wert von Y_1, und die Wahrscheinlichkeit einer solchen

Paarbildung wird erst durch die zweidimensionale Verteilungsdichte $p_{X_1,X_2}(x_1,x_2)$ beschrieben. Diese Funktion muß daher als gegeben angenommen werden. Dann aber ist sofort nach Gl.(2.2-7)

$$p_{Y_1}(y_1) = \int_{-\infty}^{\infty} p_{Y_1,Y_2}(y_1,v_2)dv_2 \, ,$$

und mit Gl.(5.1-6a) wird

$$p_{Y_1}(y_1) = \int_{-\infty}^{\infty} p_{X_1,X_2}[g_1(y_1,v_2),g_2(y_1,v_2)] \left| \frac{\partial(g_1,g_2)}{\partial(y_1,v_2)} \right| dv_2 \, .$$

$$(5.1-7)$$

Man erkennt, daß die Wahl der Zufallsvariablen Y_2 zunächst gleichgültig ist, denn sie verschwindet beim Integrieren; für die Auswertung des letzten Integrals kann sie aber bedeutsam sein. Ein erster Versuch ist die Annahme

$$Y_2 = f_2(X_1,X_2) = X_2 \, ,$$

(vgl. Bild 5.1-4). Damit werden (für die Schranken der Zufallsvariablen)

$$x_1 = g_1(y_1,y_2) = g_1[f_1(x_1,x_2),x_2] \, ,$$

$$x_2 = g_2(y_1,y_2) = y_2$$

und somit

$$\frac{\partial(g_1,g_2)}{\partial(y_1,y_2)} = \det \begin{bmatrix} \partial g_1/\partial y_1 & \partial g_1/\partial y_2 \\ 0 & 1 \end{bmatrix} = \frac{\partial g_1(y_1,y_2)}{\partial y_1} \, ,$$

so daß schließlich

$$p_{Y_1}(y_1) = \int_{-\infty}^{\infty} p_{X_1,X_2}[g_1(y_1,v_2),v_2] \left| \frac{\partial g_1}{\partial y_1} \right| dv_2 \, . \qquad (5.1-7a)$$

Beispiele:

1) <u>Lineare Variablenverknüpfung</u>

Es sei

$$f_1 = a\,x_1 + b\,x_2 \; ; \; f_2 = x_2 \; .$$

Hier ist

$$g_1 = \frac{y_1}{a} - \frac{b}{a}\,y_2 \; ; \; g_2 = y_2$$

und daher

$$\frac{\partial(g_1, g_2)}{\partial(y_1, y_2)} = 1/a \; ,$$

weshalb die Abbildung eineindeutig ist. Nach Gl. (5.1-7a) wird also

$$p_{Y_1}(y_1) = \frac{1}{|a|} \int_{-\infty}^{\infty} p_{X_1, X_2}\left[\frac{1}{a}(y_1 - b\,v_2), v_2\right] dv_2 \; .$$

Im häufig auftretenden Fall der einfachen Summenbildung mit $a = b = 1$ erhält man, wenn speziell X_1 und X_2 stochastisch unabhängig voneinander sind, wegen [vgl. Gl. (2.2-12)]

$$p_{X_1, X_2}(x_1, x_2) = p_{X_1}(x_1)\,p_{X_1}(x_2)$$

das wichtige Resultat

$$p_{Y_1}(y_1) = \int_{-\infty}^{\infty} p_{X_1}(y_1 - v_2)\,p_{X_2}(v_2)\,dv_2 \; ; \; Y_1 = X_1 + X_2 \; . \qquad (5.1-8)$$

Nach dem Faltungssatz der Fouriertransformation gilt auch

$$\mathfrak{F}p_{Y_1} = \mathfrak{F}p_{X_1}\,\mathfrak{F}p_{X_2} \qquad (5.1-8a)$$

oder wegen Gl. (2.3-23a) für die charakteristischen Funktionen

$$C_{Y_1}(v) = C_{X_1}(v)\,C_{X_2}(v) \; . \qquad (5.1-8b)$$

In Worten: Die charakteristische Funktion der Summe von stochastisch unabhängigen Zufallsvariablen ist gleich dem Produkt der charakteristischen Funktionen der einzelnen Variablen.

Aus dieser Tatsache wird übrigens auch der sog. z e n t r a l e G r e n z - w e r t s a t z etwas plausibel, daß nämlich unter weiten Voraussetzungen die Verteilung der Summe von N stochastisch unabhängigen Variablen für $N \to \infty$ gegen die Gaußverteilung strebt: Wie in Gln. (1.3-12a), (1.3-14); (1.3-15) und Gl. (2.4-3) gezeigt wird, haben einfache Verteilungen mit Erwartungswert 0 wie Exponential-, Rechteck-, Dreieck- und Gaußverteilung Fouriertransformierte, die beim Wert null der Variablen ein ausgeprägtes Maximum haben und dann gegen 0 abklingen. Wenn man viele solcher Funktionen miteinander multipliziert, entsteht eine Glockenkurve. Daß dies eine Gaußsche Glockenkurve ist, ist jedoch keineswegs trivial! Einen Beweis des zentralen Grenzwertsatzes findet man z.B. bei CRAMÉR [1].

2) <u>Multiplikative Verknüpfung</u>

Es sei

$$f_1 = x_1 h(x_2) \; ; \quad f_2 = x_2 \, .$$

Hier ist

$$g_1 = \frac{y_1}{h(y_2)} \; ; \quad g_2 = y_2 \, ,$$

also

$$\frac{\partial g_1}{\partial y_1} = \frac{1}{h(y_2)}$$

und daher nach Gl. (5.1-7a)

$$p_{Y_1}(y_1) = \int_{-\infty}^{\infty} p_{X_1, X_2}\left[\frac{y_1}{h(v_2)} , \; v_2 \right] \frac{1}{|h(v_2)|} \, dv_2 \, .$$

Speziell bei $h(x_2) = x_2$, also bei Multiplikation ist für $Y_1 = X_1 X_2$

$$p_{Y_1}(y_1) = \int_{-\infty}^{\infty} p_{X_1, X_2}\left(\frac{y_1}{v_2} , \; v_2 \right) \frac{1}{|v_2|} \, dv_2 \, , \qquad (5.1-9)$$

und bei $h(x_2) = 1/x_2$, also bei Division ist für $Y_1 = X_1/X_2$

$$p_{Y_1}(y_1) = \int_{-\infty}^{\infty} p_{X_1,X_2}(y_1 v_2,\, v_2)\,|v_2|\,dv_2 \,. \qquad (5.1\text{-}10)$$

5.2. Korrelationsfunktionen nach statischer Transformation

Wir kommen nun zum Einfluß, den "statische" Nichtlinearitäten auf Korrelationsfunktionen haben. Dabei kommt man nur in Sonderfällen mit der Kenntnis der entsprechenden Kennfunktion (z.B. der AKF) am Eingang aus, wenn man die am Ausgang berechnen möchte. In vielen Fällen ist die Kenntnis der Verbundverteilung, die in der wahrscheinlichkeitstheoretischen Definition der Korrelationsfunktion vorkommt, unerläßlich.

5.2.1. Transformation beliebiger Prozesse

Zunächst wird untersucht, wie sich eine Kreuzkorrelationsfunktion zwischen zwei Signalen $\{X_1\} := \{x_1(t)\}$ und $\{X_2\} := \{x_2(t+\tau)\}$ ändert, wenn das eine Signal (hier $\{x_1\}$) durch ein nichtlineares Übertragungsglied mit der statischen Kennlinie f_1 "amplitudenverzerrt" wird. Aus

$$R_{x_1,x_2}(\tau) := \iint_{-\infty}^{\infty} u_1 u_2 p_{X_1,X_2}(u_1,u_2)\,du_1\,du_2$$

wird mit $y_1 = f_1(x_1)$

$$R_{y_1,x_2}(\tau) := \iint_{-\infty}^{\infty} f_1(u_1) u_2 p_{X_1,X_2}(u_1,u_2)\,du_1\,du_2 \,.$$

Nun zur Transformation der AKF:

Hängt in Bild 5.1-4 f_1 nur vom ersten Argument ab, f_2 nur vom zweiten, so lautet die Funktionaldeterminante

$$D_x := \det \begin{bmatrix} df_1(x_1)/dx_1 & 0 \\[2mm] 0 & df_2(x_2)/dx_2 \end{bmatrix} = f_1'(x_1)\, f_2'(x_2) \,.$$

Somit gilt [vgl. Gl. (5.1-6a) und $D_y = 1/D_x$]

$$p_{Y_1,Y_2}(y_1,y_2) = \frac{p_{X_1,X_2}(x_1,x_2)}{f_1'(x_1)f_2'(x_2)} \bigg/ \; x_i = g_i(y_i) \, ; \; i = 1,2 \, . \quad (5.2-1)$$

Wenn man nun X_1 als Zufallsvariable $x(t_1)$ deutet, X_2 als $x(t_2)$, analog Y_1 und Y_2 und wenn $f_1 = f_2 =: f$ ist, so ist $p_{Y_1,Y_2}(y_1,y_2)$ gerade die Verbundverteilungsdichte, die man i.allg. z.B. für die Berechnung der Autokorrelationsfunktion eines statisch nichtlinear transformierten Prozesses braucht. Genauer ist dann mit diesem bekannten p_{Y_1,Y_2} nach Gl. (3.1-4)

$$R_y(t_1,t_2) := \iint\limits_{-\infty}^{\infty} v_1 v_2 p_{Y_1,Y_2}(v_1,v_2) dv_1 \, dv_2 \, .$$

Die Berechnung mittels der aus der Definition des Erwartungswerts folgenden Formel

$$R_y(t_1,t_2) = \iint\limits_{-\infty}^{\infty} f(u_1)f(u_2) p_{X_1,X_2}(u_1,u_2) du_1 \, du_2 \quad (5.2-2)$$

kann jedoch einfacher sein.

5.2.2. Transformation von Gaußprozessen

Aus der Form der Verteilungsdichte von mehrdimensionalen Gaußverteilungen folgt unmittelbar, daß die Korrelationsfunktion eines Prozesses, der durch nichtlineare Verzerrung aus einem Gaußprozeß hervorgegangen ist, im wesentlichen nur von der Korrelationsfunktion des ursprünglichen Prozesses abhängt. Es ist aber bemerkenswert, wie einfach dieser Zusammenhang in vielen auch praktisch interessanten Fällen ist, so z.B. bei Verzerrung durch eine statische Nichtlinearität mit Polynomkennlinie, durch die sehr viele andere Kennlinien recht gut approximiert werden können. Zunächst wird jedoch ein einfaches Relais untersucht:

Beispiele:

1) <u>Transformation der AKF eines Gaußprozesses durch ein einfaches Relais</u>

Mit

$$U := x(t); \quad V := x(t+\tau); \quad \mu := E\,x; \quad \sigma^2 := E(x-\mu)^2; \quad \rho := r_x(\tau)/\sigma^2 \quad (5.2\text{-}3)$$

sei nach Gl. (2.4-4) (für ein festes τ)

$$p(u,v) = \frac{1}{2\pi\sigma^2\sqrt{1-\rho^2}} \exp\left[-\frac{(u-\mu)^2 - 2\rho(u-\mu)(v-\mu) + (v-\mu)^2}{2\sigma^2(1-\rho^2)}\right]. \quad (5.2\text{-}4)$$

Zu

$$y(t) := \operatorname{sgn} x(t) := \begin{cases} 1 & \text{für } x > 0, \\ -1 & \text{für } x \leq 0 \end{cases}$$

wird nun die AKF $R_y(\tau)$ gesucht. Allgemein, d.h. für beliebige Verteilungen ist nach Gl. (5.2-2)

$$R_y(\tau) = \iint\limits_{-\infty}^{\infty} \operatorname{sgn} u \, \operatorname{sgn} v \, p(u,v) \, du \, dv \,.$$

Im 1. und 3. Quadranten ist $\operatorname{sgn} u \, \operatorname{sgn} v > 0$, im 2. und 4. < 0, so daß

$$R_y(\tau) = \left\{ \int\limits_0^\infty \int\limits_0^\infty - \int\limits_0^\infty \int\limits_{-\infty}^0 + \int\limits_{-\infty}^0 \int\limits_{-\infty}^0 - \int\limits_{-\infty}^0 \int\limits_0^\infty \right\} p(u,v) \, du \, dv \,. \quad (5.2\text{-}5)$$

Damit ist formal alles erledigt - bis auf erhebliche Schwierigkeiten bei der Ausführung der Integration bei komplizierten Integranden; LAWSON-UHLENBECK [1, S. 58] empfehlen im Gaußschen Falle zunächst den Übergang zu Polarkoordinaten. Interessanter scheint ein von PAPOULIS [2, S. 198] eingeschlagener Rechengang zu sein, der Gedanken der Wahrscheinlichkeitstheorie mit benutzt: Offenbar ist (wieder mit W für Wahrscheinlichkeit) nach Gl. (5.2-5)

$$R_y(\tau) = W(\operatorname{sgn} U = \operatorname{sgn} V) - W(\operatorname{sgn} U \neq \operatorname{sgn} V)\,. \quad (5.2\text{-}6)$$

Ist nun die Zufallsvariable

$$Z := f(U, V) \begin{cases} > 0 & \text{für } \operatorname{sgn} U = \operatorname{sgn} V, \\[2mm] < 0 & \text{für } \operatorname{sgn} U \neq \operatorname{sgn} V \end{cases}$$

z.B. $Z = UV$ oder $Z = U/V$, so sind, wenn P_Z die Verteilung der Variablen Z ist,

$$W(\operatorname{sgn} U = \operatorname{sgn} V) = W(Z > 0) = 1 - P_Z(0),$$

$$W(\operatorname{sgn} U \neq \operatorname{sgn} V) = W(Z \leqslant 0) = P_Z(0);$$

insgesamt also

$$R_y(\tau) = 1 - 2 P_Z(0). \tag{5.2-7}$$

(Man beachte, daß Z über V von τ abhängt.)

Wir bestimmen nun $P_Z(0)$; Ist $p(u,v)$ in beiden Variablen gerade (Nullpunktsymmetrie), also

$$p(-u, \ v) = p(u,v),$$

so wird nach Gl. (5.1-10) die Verteilungsdichte von $Z = U/V$

$$p_Z(z) = 2 \int\limits_0^\infty v\, p(vz, v)\, dv.$$

Die nachfolgende Rechnung wird einigermaßen einfach, falls $p(u,v)$ die Gaußsche Verbunddichte nach Gl. (5.2-4) ist und dabei $\mu = 0$ ist. Dann ist mit $u = vz$ der Exponent in $p(u,v)$ gleich

$$-\frac{(vz)^2 - 2\rho \cdot (vz)v + v^2}{2\sigma^2(1-\rho^2)} = -v^2\, \frac{z^2 - 2\rho z + 1}{2\sigma^2(1-\rho^2)} =: -\frac{v^2}{2a^2} \ ; \quad a := \frac{\sigma\sqrt{1-\rho^2}}{\sqrt{z^2 - 2\rho z + 1}}\ .$$

Somit wird wegen

$$\int\limits_0^\infty \alpha \exp(-\alpha^2)\, d\alpha = -\frac{1}{2} \exp(-\alpha^2)\ \Big]_0^\infty = \frac{1}{2}$$

offenbar

$$p_Z(z) = \frac{2}{2\pi\sigma^2 \sqrt{1-\rho^2}} \int_0^\infty v \exp\left(-\frac{v^2}{2a^2}\right) dv = \frac{\sqrt{1-\rho^2}}{\pi(z^2-2\rho z+1)} \, .$$

Daraus folgt

$$P_Z(0) := \int_{-\infty}^0 p_Z(z)\,dz = \frac{1}{2} - \frac{1}{\pi} \arctan \frac{\rho}{\sqrt{1-\rho^2}}$$

$$= \frac{1}{2} - \frac{1}{\pi} \arcsin \rho \; ; \; \rho := r_x(\tau)/r_x(0) \, ,$$

denn

$$z^2 - 2\rho z + 1 = (z - \rho)^2 + 1 - \rho^2$$

und

$$\int \frac{d\alpha}{a+b\alpha^2} = \frac{1}{\sqrt{ab}} \arctan(\alpha\sqrt{b/a}) \; ; \; \tan\alpha = \frac{\sin\alpha}{\sqrt{1-\sin^2\alpha}} \, .$$

Also ist schließlich in diesem Spezialfall nach Einsetzen von $P_Z(0)$ in Gl.(5.2-7) die AKF der Ausgangsgröße

$$R_y(\tau) = \frac{2}{\pi} \arcsin[r_x(\tau)/r_x(0)] \, . \qquad (5.2-8)$$

Darauf basiert eine auf die Digitaltechnik zugeschnittene Methode der Messung von $R_x(\tau)$, denn $R_y(\tau)$ kann in einer Zählschaltung für

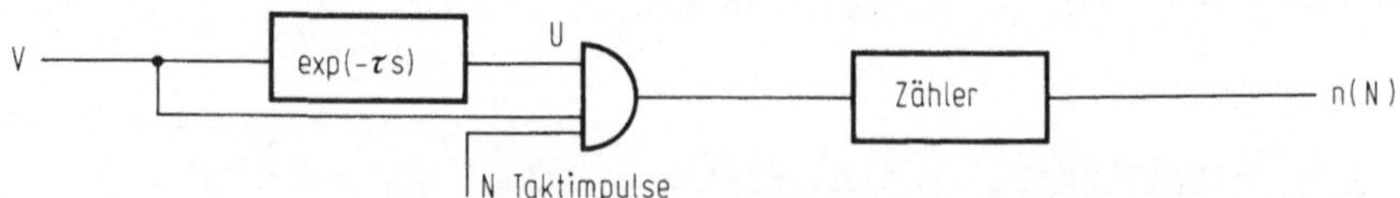

Bild 5.2-1. Prinzip einer Messung von $R_y(\tau)$.

$\operatorname{sgn} U = \operatorname{sgn} V$ [vgl. Gl.(5.2-6)] gewonnen werden. Aus Bild 5.2-1 folgt, wenn von N möglichen Zählimpulsen n registriert werden,

$$W(\operatorname{sgn} U = \operatorname{sgn} V) \approx n/N \, ,$$

so daß nach Gl. (5.2-6)

$$R_y(\tau) \approx \frac{n}{N} - \frac{N-n}{N} = \frac{2n}{N} - 1 \; .$$

2) <u>Transformation der AKF durch Polynomkennlinien</u>

Es wird angenommen, daß die Kennlinie bereits so transformiert ist, daß die neue Eingangsgröße x den Erwartungswert 0 hat. Die Ausgangsgröße des nichtlinearen Gliedes sei also

$$y = \sum_{k=0}^{n} a_k \, x^k \; .$$

Die AKF von $\{y\}$ ist dann mit den Bezeichnungen

$$X_1 := x(t) \; ; \quad X_2 := x(t+\tau) \; ; \quad m_{i,k} := E\left(X_1^i \, X_2^k\right) \qquad (5.2-9)$$

nach der üblichen Vertauschung der Reihenfolge von Summation und Erwartungswertbildung

$$R_y(\tau) = \sum_{i,k=0}^{n} a_i \, a_k \, m_{i,k} \; . \qquad (5.2-10)$$

Nun sollen die $m_{i,k}$ durch Elemente $r_{i,k}$ der Kovarianzmatrix

$$\mathbf{R} := E\left\{ \begin{bmatrix} X_1 \\ X_2 \end{bmatrix} (X_1 \, X_2) \right\}$$

ausgedrückt werden. Dazu wird die charakteristische Funktion

$$C(\mathbf{v}) := E \exp\left[j(v_1 X_2 + v_2 X_2) \right]$$

benutzt. Analog zu Gl. (2.3-24) ist nämlich

$$m_{i,k} = (-j)^{i+k} \; \frac{\partial^{i+k}}{\partial v_1^i \, \partial v_2^k} \, C(\mathbf{0}) \; ; \quad j := \sqrt{-1} \; . \qquad (5.2-11)$$

Speziell bei (einzeln und verbunden) Gauß-verteilten X_1 und X_2 ist nach Gl.(2.4-14) mit $\mathbf{v}^T := (v_1, v_2)$

$$C(\mathbf{v}) = \exp(-\mathbf{v}^T \mathbf{R} \mathbf{v}/2) = \sum_{l=0}^{\infty} \frac{(-1)^l}{l!} \left[\frac{1}{2} \left(r_{1,1} v_1^2 + 2 r_{1,2} v_1 v_2 + r_{2,2} v_2^2 \right) \right]^l.$$

$$(5.2-12)$$

Bei der Bildung der $m_{i,k}$ nach Gl.(5.2-11) liefern nun nur diejenigen Glieder der Reihe von Gl.(5.2-12) einen Beitrag, die das Produkt $v_1^i v_2^k$ enthalten, das nur bei $l = (i+k)/2$ auftritt. Alle anderen Beiträge verschwinden entweder beim Differenzieren oder im Nullpunkt. Somit wird (vgl. LANING-BATTIN [1,S.83])

$$m_{i,k} = \begin{cases} \dfrac{i!\,k!}{j^{i+k}\left(\frac{i+k}{2}\right)!} \left(-\frac{1}{2}\right)^{\frac{i+k}{2}} \sum \prod_{l=1}^{\frac{i+k}{2}} r_{\mu_l,\nu_l} \; ; \quad \mu_l, \nu_l = 1,2 & \text{für } i+k \text{ gerade,} \\[2em] 0 & \text{für } i+k \text{ ungerade,} \end{cases} \qquad (5.2-13)$$

wobei die Summe über alle Permutationen der Indizes μ_l und ν_l in $\displaystyle\prod_{l=1}^{(i+k)/2} r_{\mu_l,\nu_l}$ mit i Wiederholungen der 1 und k Wiederholungen der 2 läuft. Es gibt also $\binom{i+k}{i}$ Summanden.

B e i s p i e l e :

(1) $\quad m_{1,1} = \frac{1}{2} \left(r_{1,2} + r_{2,1} \right) = r_{1,2}$ (nur Probe!).

(2) $\quad m_{2,2} = \frac{1}{2} \left(r_{1,1} r_{2,2} + r_{1,2} r_{1,2} + r_{2,1} r_{2,1} + r_{1,2} r_{2,1} + r_{2,1} r_{1,2} + r_{2,2} r_{1,1} \right)$

$$= r_{1,1} r_{2,2} + 2 r_{1,2}^2.$$

Man berechne zur **Übung** $m_{2,2}$ mittels Gl.(4.2-12) und deute das Ergebnis für einen Quadrierer.

(3) $\quad m_{3,1} = \frac{3}{4} \left(r_{1,1} r_{1,2} + r_{1,2} r_{1,1} + r_{1,1} r_{2,1} + r_{2,1} r_{1,1} \right) = 3\, r_{1,1} r_{1,2}.$

Da $r_{1,2} = R_x(\tau)$ und $r_{1,1} = r_{2,2} = R_x(0)$, erhält man nach Gl. (5.2-10) $R_y(\tau)$, das eine Linearkombination gewisser $m_{i,k}$ ist, als Polynom in $R_x(\tau)$. Dieser Sachverhalt ist ein Spezialfall der Tatsache, daß (bei Gaußschem $\{x\}$) immer $R_y(\tau)$ als Potenzreihe in $R_x(\tau)$ darstellbar ist, wie nun gezeigt wird:

3) <u>AKF der Ausgangsgröße einer Nichtlinearität als Potenzreihe mit der AKF der Eingangsgröße</u>

(Vgl. z.B. BOOTON [1] Anhang C oder PERVOZVANSKII [1, S. 23]!)

Gesucht wird für einen stationären Gaußprozeß $\{x(t)\}$ mit Erwartungswert 0 und eine nichtlineare statische Beziehung $y = f(x)$ eine Reihenentwicklung

$$R_y(\tau) = \sum_{k=0}^{\infty} b_k R_x^k(\tau) \; ; \; E\,x = 0 \,. \qquad (5.2\text{-}14)$$

Bei Gaußverteiltem x mit

$$p_x(z) = \frac{1}{\sqrt{2\pi}\,\sigma} \exp[-z^2/(2\sigma^2)] \qquad (5.2\text{-}15)$$

erhält man für U und V nach Definition (5.2-3) wegen $p_U(z) = p_V(z) = p_x(z)$ die Verbunddichte $p(u,v) := p_{U,V}(u,v)$ mit

$$p(u,v) = p_x(u)p_x(v)\left(1 + \frac{uv}{\sigma^2}\,\rho + \text{Terme mit } \rho^2, \rho^3, \ldots\right), \qquad (5.2\text{-}16)$$

die man zur **Übung** herleiten sollte.

Es handelt sich im Prinzip um eine sog. Gram-Charlier-Reihe mit Hermiteschen Polynomen, die für eine allgemeine zweidimensionale Gaußsche Dichte folgendermaßen aussieht:

$$p_{U,V}(u,v) =$$

$$= \frac{1}{2\pi\sigma_U\sigma_V} \exp\left[-\frac{(u-\mu_U)^2}{2\sigma_U^2} - \frac{(v-\mu_V)^2}{2\sigma_V^2}\right] \sum_{n=0}^{\infty}\left[\frac{n}{n!}\,H_n\left(\frac{u-\mu_U}{\sigma_U}\right)H_n\left(\frac{v-\mu_V}{\sigma_V}\right)\right]$$

$$(5.2\text{-}17)$$

mit

$$H_n(y) = (-1)^n \exp \frac{y^2}{2} \cdot \frac{d^n}{dy^n} \exp(-y^2/2) .$$

Für $H_n(y)$ gilt die Rekursionsformel

$$H_{n+1}(y) = y\,H_n(y) - n\,H_{n-1}(y)$$

mit der Verankerung bei $n=0$ und $n=1$ durch

$$H_0(y) = 1 , \quad H_1(y) = y .$$

Das Einsetzen von $p(u,v) =: p_{X_1,X_2}(u,v)$ nach Gl.(5.2-16) in Gl. (5.2-2) führt bei den ersten beiden Gliedern der Reihenentwicklung auf Quadrate von Einzelintegralen, nämlich

$$R_y(\tau) = \left[\int_{-\infty}^{\infty} f(u)p_X(u)\,du \right]^2 + \rho \left[\int_{-\infty}^{\infty} \frac{u}{\sigma} f(u)p_X(u)\,du \right]^2 + \dots$$

$$= \mu_y^2 + K^2 r_X(\tau) + \dots ; \quad \rho := \rho(\tau) := r_X(\tau)/\sigma^2$$

oder [vgl. Gl.(3.2-7)]

$$r_y(\tau) = K^2 r_X(\tau) + \dots \qquad (5.2-18)$$

Der Koeffizient b_1 der Reihenentwicklung (5.2-14) von R_y nach Potenzen von R_X ist also K^2 mit

$$K := r_{X,y}(0)/r_X(0) , \qquad (5.2-19)$$

denn wegen $E\,x = 0$ ist

$$r_{X,y}(0) = E[x(t)y(t)] = \int_{-\infty}^{\infty} u\,f(u)p_X(u)\,du .$$

Schließlich wird noch gezeigt, daß $r_{X,y}(\tau)$ proportional $r_X(\tau)$ ist:

4) <u>Proportionalität zwischen der KKF zwischen Eingangs- und Aus-</u>
<u>gangsgröße und der AKF der Eingangsgröße einer statischen Nicht-</u>
<u>linearität</u>

Definitionsgemäß ist mit $y = f(x)$, $U := x(t)$ und $V := x(t+\tau)$

$$R_{x,y}(\tau) = \iint\limits_{-\infty}^{\infty} u f(v) p(u,v)\, du\, dv \,. \qquad (5.2\text{-}20)$$

Wegen der Definitionsgl.(2.2-11) der bedingten Verteilungsdichte
gilt auch

$$R_{x,y}(\tau) = \int\limits_{-\infty}^{\infty} f(v) p_V(v) \int\limits_{-\infty}^{\infty} u\, p(u|v)\, du\, dv \,. \qquad (5.2\text{-}20a)$$

Dabei ist das innere Integral der bedingte Erwartungswert $E(U|v)$.

Bei Gaußisch verbundverteilten Variablen U und V ist nach Gl.(2.4-9),
falls $E\,U = E\,V = \mu_x$, $\sigma_U = \sigma_V$,

$$E(U|v) = \mu_x + (v - \mu_x)\,\rho \,.$$

[Das wird in der **Übung** zu Gl.(2.4-9) in Abschn. 9 ausführlich begrün-
det.]

Damit wird für $p_x = p_V$ aus Gl.(5.2-20a)

$$R_{x,y}(\tau) = \int\limits_{-\infty}^{\infty} [\mu_x + (v - \mu_x)\rho]\, f(v)\, p_x(v)\, dv \,.$$

Wegen

$$\mu_y := \int\limits_{-\infty}^{\infty} f(v)\, p_x(v)\, dv \;;\; R_{x,y}(0) := \int\limits_{-\infty}^{\infty} v\, f(v)\, p_x(v)\, dv$$

folgt daraus

$$R_{x,y}(\tau) = \mu_x \mu_y (1 - \rho) + \rho\, R_{x,y}(0) \,;$$

also, wegen der Bedeutung von r nach Gl.(3.2-7) und ρ nach Gl.(5.2-3)

$$r_{x,y}(\tau) = \frac{r_{x,y}(0)}{r_x(0)}\, r_x(\tau) = K\, r_x(\tau) \qquad (5.2-21)$$

wie behauptet, und zwar mit dem K von Gl.(5.2-19).

Außerdem ist natürlich auch

$$s_{x,y}(\omega) \sim s_x(\omega)\,.$$

Das gilt allgemein nur bei statischen linearen Systemen (sog. P r o p o r -
t i o n a l g l i e d e r n) nach Gl.(3.3-2a).

Es gibt also bei Gaußschem x mit E x = 0 zu jeder Kennlinie $y = f(x)$
eine lineare Beziehung $\tilde{y} = K x$, so daß $r_{x,\tilde{y}} = r_{x,y}$ und $r_{\tilde{y}} \approx r_y$ und
zwar bis auf ein Polynom von mindestens 2. Ordnung in r_x. In wel-
cher Weise K die Differenz zwischen y und der linearen Näherung $\tilde{y}$
minimiert, wird anschließend für allgemeine stationäre Prozesse $\{x\}$
gezeigt.

5.3. Stochastische Linearisierungen

Unter s t o c h a s t i s c h e n L i n e a r i s i e r u n g e n , die wir nun betrachten wollen, sollen nicht etwa stochastisch schwankende Lineari-
sierungen mit variablen Parametern verstanden werden, sondern solche, bei denen eine nichtlineare Kennlinie durch eine Gerade ersetzt
wird, deren Lage durch ein statistisches Gütekriterium, zum Beispiel
zum Erzielen eines kleinsten mittleren quadratischen Fehlers, festgelegt wird. Das wesentliche dieses Abschnitts ist die Tatsache, daß auch
rückgekoppelte nichtlineare Systeme näherungsweise untersucht werden
können. Dabei soll jedoch die Schwierigkeit von befriedigenden Fehler-
abschätzungen nicht verschwiegen werden.

5.3.1. Äquivalenter Verstärkungsfaktor (Gaußsche Beschreibungs-
funktion)

Zu $y = f(x)$ wird eine Beziehung $\tilde{y} = K x$ derart gesucht, daß durch einen Verstärker mit dem sog. ä q u i v a l e n t e n V e r s t ä r k u n g s f a k t o r

K die Nichtlinearität f im Sinne eines minimalen mittleren Fehlerquadrats optimal linear approximiert wird. (Vgl. Bild 5.3-1.)

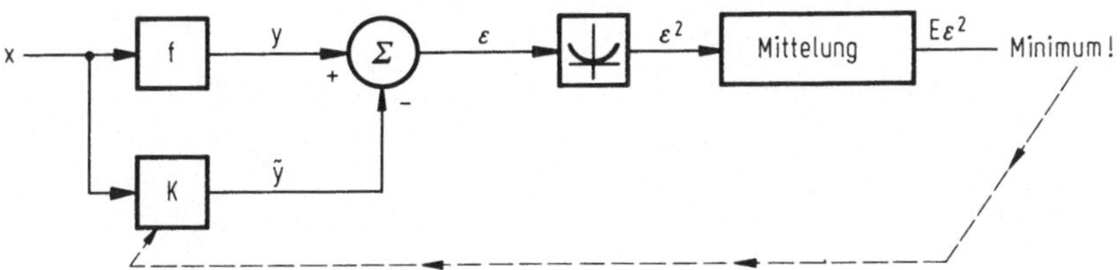

Bild 5.3-1. Blockschaltbild zur optimalen linearen Näherung bei quadratischem Kriterium.

Aus dem Fehler $\varepsilon := y - Kx$ folgt

$$E \varepsilon^2 = E y^2 - 2 K E(xy) + K^2 E x^2$$

mit einem Minimum bei dem K von Gl.(5.2-19), falls $E x = 0$ ist, nämlich

$$K = \frac{E(xy)}{E x^2} = \frac{R_{x,y}(0)}{R_x(0)} , \qquad [1] \qquad (5.3-1)$$

(Zur **Übung** diskutiere man auch die Näherung $y \approx \alpha x + \beta$ statt $y \approx Kx$.) Gl.(5.3-1) folgt z.B. aus der Betrachtung der ersten beiden Ableitungen von $E \varepsilon^2$ nach K. Mit p für die Verteilungsdichte von x gilt auch

$$K = \int_{-\infty}^{\infty} x f(x) p(x) \, dx \Big/ \int_{-\infty}^{\infty} x^2 p(x) \, dx . \quad [2] \qquad (5.3-2)$$

Für spätere Verwendung soll dieser Ausdruck bei Gaußverteilung von x [siehe Gl.(2.4-1)] ausgerechnet werden: Es ist dabei

$$E(xy) = \frac{1}{\sqrt{2\pi}\,\sigma} \int_{-\infty}^{\infty} x f(x) \, \exp[-(x-\mu)^2/(2\sigma^2)] \, dx . \quad [2]$$

---

[1] Man beachte, daß nach Gl.(5.2-21) bei Gaußprozessen $\{x\}$ mit $E x = 0$ das Argument 0 durch jede reelle Zahl ersetzt werden kann.

[2] Aus Mangel an Symbolen werden in diesem Abschnitt mehrmals Zufallsvariablen und Integrationsvariablen gleich bezeichnet.

Wenn man statt x die auf ihren Erwartungswert bezogene Variable $\tilde{x} = x - \mu$ und entsprechend $\tilde{f}(\tilde{x}) = f(x)$ verwendet, wobei die Standardabweichung von $\tilde{x}$ gleich der von x ist, wird

$$E(xy) = \frac{1}{\sqrt{2\pi}\,\sigma} \int_{-\infty}^{\infty} \tilde{f}(\tilde{x})\,(\tilde{x}+\mu)\,\exp[-\tilde{x}^2/(2\sigma^2)]\,d\tilde{x}.$$

Nun wird gemäß

$$\int u\,dv = u\,v - \int v\,du$$

partiell integriert, und zwar mit

$$u: = \tilde{f}(\tilde{x}); \quad v: = -\sigma^2 \exp[-\tilde{x}^2/(2\sigma^2)],$$

so daß

$$E(xy) = \frac{1}{\sqrt{2\pi}\,\sigma}\left\{ \mu \int_{-\infty}^{\infty} \tilde{f}(\tilde{x})\exp\left[-\frac{\tilde{x}^2}{2\sigma^2}\right]d\tilde{x} - \sigma^2\tilde{f}(\tilde{x})\exp\left[-\frac{\tilde{x}^2}{2\sigma^2}\right]\Bigg]_{-\infty}^{\infty} \right.$$

$$\left. + \sigma^2 \int_{-\infty}^{\infty} \tilde{f}'(\tilde{x})\exp\left[-\frac{\tilde{x}^2}{2\sigma^2}\right]d\tilde{x} \right\}.$$

Wenn $\tilde{f}(\tilde{x})$ nicht wenigstens wie $\exp[\tilde{x}^2/(2\sigma^2)]$ divergiert, verschwindet der mittlere Ausdruck in der geschweiften Klammer. Es bleibt mit $\varphi: = -\tilde{x}^2/(2\sigma^2)$

$$E(xy) = \frac{1}{\sqrt{2\pi}\,\sigma}\left\{ \mu \int_{-\infty}^{\infty} \tilde{f}(\tilde{x})\exp\varphi\,d\tilde{x} + \sigma^2 \int_{-\infty}^{\infty} \tilde{f}'(\tilde{x})\exp\varphi\,d\tilde{x} \right\} \qquad (5.3\text{-}3)$$

oder

$$E(xy) = E[\mu f(x) + \sigma^2\,d\,f(x)/dx],$$

wobei die Tilden wegbleiben können, weil $\tilde{f}(\tilde{x}) = f(x)$ und $d\tilde{f}(\tilde{x})/d\tilde{x} = df(x)/dx$. Daraus erhält man mit $E\,x^2 = \mu^2 + \sigma^2$ nach Gl. (2.3-9) schließlich für Gl. (5.3-1)

$$K = \frac{\mu\,E\,f + \sigma^2\,E\,f'}{\mu^2 + \sigma^2}. \qquad (5.3\text{-}4)$$

<u>Beispiele für K:</u>

1) Polynomkennlinie: Dieser Fall ist wegen der Linearität des Funktionals E zurückführbar auf den einer Potenzkennlinie.

2) Potenzkennlinie $f(x) = x^n$. Aus Gl. (5.3-4) folgt sofort

$$K = \frac{\mu E x^n + \sigma^2 n E x^{n-1}}{\mu^2 + \sigma^2} \,. \qquad (5.3\text{-}4a)$$

Mit Hilfe dieses Ausdrucks und der allgemeinen Definitionsgl. (5.3-1) für K erhält man die Rekursionsformel (zur **Übung** zu beweisen!)

$$E x^{n+1} = \mu E x^n + n\sigma^2 E x^{n-1}, \qquad (5.3\text{-}5)$$

mit deren Hilfe man K vollständig durch μ und σ ausdrücken kann, denn

$$E x^2 = \sigma^2 + \mu^2 \,; \quad E x = \mu.$$

Für den Spezialfall $\mu = 0$ gilt nach Gl. (5.3-5) mit $2n - 1$ statt n

$$E x^{2n} = (2n - 1)\,\sigma^2 E x^{2(n-1)} \,.$$

Daraus folgt

$$E x^{2n} = \sigma^{2n} \prod_{i=0}^{n-1} (2i + 1) \,,$$

was mit einer Verankerung bei $n = 1$ wegen

$$E x^2 = \sigma^2$$

durch vollständige Induktion bewiesen werden kann. Somit wird für $\mu = 0$

$$K = \begin{cases} \dfrac{E x^{n+1}}{\sigma^2} = \sigma^{n-1} \displaystyle\prod_{i=0}^{\frac{n-1}{2}} (2i+1), & \text{falls } n \text{ ungerade,} \\[2em] 0, & \text{falls } n \text{ gerade,} \end{cases} \qquad (5.3\text{-}4b)$$

da E von ungeraden Funktionen verschwindet.

3) **Sättigungscharakteristik** (mit Verstärkung 1 im linearen Bereich)

(Vgl. dazu neben BOOTON [1] den Anhang von PUGACHEV [1], Anhang 1 von PERVOZVANSKII [1] sowie SCHLITT [1].)

Es sei mit $\tilde{x} := x - \mu$

$$y = f(x) = \left\{ \begin{array}{ll} c & \text{für} \quad x > c, \\ x & " \quad |x| \leqslant c, \\ -c & " \quad x < -c \end{array} \right\} \hat{=} \tilde{f}(\tilde{x}) = \left\{ \begin{array}{ll} c & \text{für} \quad \tilde{x} > c - \mu, \\ \tilde{x} + \mu & " \quad |\tilde{x} + \mu| \leqslant c, \\ -c & " \quad \tilde{x} < - c - \mu. \end{array} \right\}$$

Hier ist mit $\varphi := -\tilde{x}^2/(2\sigma^2)$ nach Gl. (5.3-3)

$$E(xy) = \frac{1}{\sqrt{2\pi}\sigma} \left\{ \mu \left[-c \int_{-\infty}^{-c-\mu} \exp\varphi\, d\tilde{x} + \int_{-c-\mu}^{c-\mu} (\tilde{x} + \mu) \exp\varphi\, d\tilde{x} \right. \right.$$

$$\left. \left. + c \int_{c-\mu}^{\infty} \exp\varphi\, d\tilde{x} \right] + \sigma^2 \int_{-c-\mu}^{c-\mu} \exp\varphi\, d\tilde{x} \right\}.$$

Nennt man das Integral der Gaußschen Fehlerfunktion

$$\text{erf}(v) := \frac{1}{\sqrt{2\pi}} \int_0^v \exp(-u^2/2)\, du = \frac{1}{\sqrt{2\pi}\sigma} \int_0^{v\sigma} \exp[-\tilde{x}^2/(2\sigma^2)]\, d\tilde{x};$$

$$= \frac{1}{\sqrt{2\pi}\sigma} \int_0^{v\sigma} \exp\varphi\, d\tilde{x}; \qquad\qquad u := \tilde{x}/\sigma$$

und bedenkt, daß $\text{erf}(\infty) = 1/2$, so kann man mit $\alpha := (c + \mu)/\sigma$, $\beta := (c - \mu)/\sigma$ auch schreiben

$$E(xy) = (\mu^2 + c\mu + \sigma^2)\, \text{erf}(\alpha) + (\mu^2 - c\mu + \sigma^2)\, \text{erf}(\beta) - $$

$$- \frac{\mu\sigma}{\sqrt{2\pi}} [\exp(-\alpha^2/2) - \exp(-\beta^2/2)].$$

(Die eckige Klammer ergibt sich beim Integrieren von $\tilde{x} \exp\varphi$.)
Speziell für $\mu = 0$ erhält man

$$E(xy) = 2\sigma^2\, \text{erf}(c/\sigma);$$

also nach Gl.(5.3-1)

$$K = 2\,\mathrm{erf}(c/\sigma)\,. \tag{5.3-6}$$

K erreicht also höchstens den Wert 1 der Verstärkung im linearen Bereich. Weitere Beispiele wie Zweipunktschalter (Relais), Dreipunktschalter und Lose sind den oben angegebenen Büchern behandelt.

5.3.2. Quasilineare rückgekoppelte Systeme

Die Annäherung der nichtlinearen statischen Abhängigkeit f durch einen Proportionalitätsfaktor K soll nun in rückgekoppelten Systemen nach Bild 5.3-2 durchgeführt werden:

Gesucht sind Erwartungswerte und Korrelationsfunktionen an allen Stellen des geschlossenen Kreises in einem (statistisch) stationären

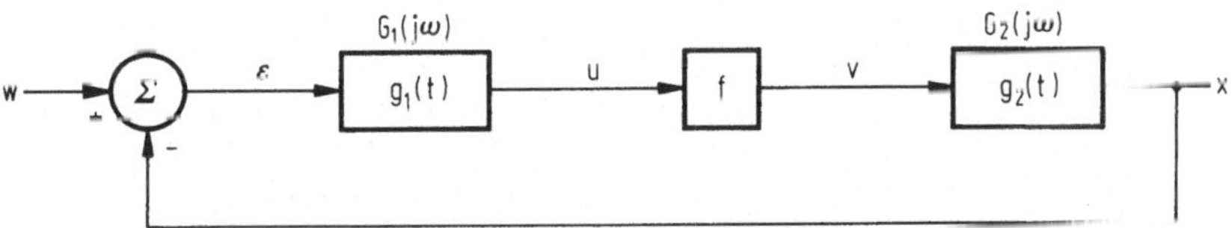

Bild 5.3-2. Nichtlineares Regelungssystem.

Zustand. Im folgenden wird zwar von technischen Systemen gesprochen werden, doch sind die Ergebnisse völlig allgemein, denn Bild 5.3-2 ist ein mathematisches Modell-Bild.

Erwartungswerte

Bekannt sei $Ew = \mu_w$; gesucht sei z.B. μ_x. Es gelten zunächst (wegen des Superpositionsprinzips für lineare Systeme) die folgenden einfachen Beziehungen

$$\mu_\varepsilon = \mu_w - \mu_x,\ \text{[vgl. Gl.(2.3-4)]},$$
$$\mu_u = G_1(0)\mu_\varepsilon;\ |G_1(0)| < \infty,$$
$$\mu_x = G_2(0)\mu_v;\ |G_2(0)| < \infty.$$

Die letzten beiden Beziehungen ergeben sich daraus, daß der Frequenzgang bei der Frequenz 0 als statische Verstärkung gedeutet werden

kann. Daraus folgt der Zusammenhang zwischen den Erwartungswerten an Eingang und Ausgang des nichtlinearen Gliedes, μ_u und μ_v
durch Eliminieren von μ_ε und μ_x:

$$\mu_u = G_1(0)[\mu_w - G_2(0)\mu_v]$$

oder für $G_1(0) \neq 0$, $G_2(0) \neq 0$

$$\mu_v = \frac{1}{G_2(0)}\left[\mu_w - \frac{\mu_u}{G_1(0)}\right].$$

Bei Kenntnis der Verteilung von u kann man natürlich auch Gl. (5.1-3a)
benutzen, wonach

$$\mu_v = \int_{-\infty}^{\infty} f(u')\,p_u(u')\,du'. \tag{5.3-7}$$

Beispiel für μ_v:

Sättigungscharakteristik (mit Steigung 1 im linearen Bereich).

Hier ist mit $\alpha := -\dfrac{\tilde{u}^2}{2\sigma_u^2}$; $\tilde{u} =: u - \mu_u$ bei normalverteiltem u nach Gl.
(5.3-7)

$$\mu_v = \frac{1}{\sqrt{2\pi}\,\sigma_u}\left\{-c\int_{-\infty}^{-c-\mu_u}\exp\alpha\,d\tilde{u} + \int_{-c-\mu_u}^{c-\mu_u}(\tilde{u}+\mu_u)\exp\alpha\,d\tilde{u} + c\int_{c-\mu_u}^{\infty}\exp\alpha\,d\tilde{u}\right\}$$

$$= \mu_u\left[(\mu_u+c)\,\mathrm{erf}\,\frac{c+\mu_u}{\sigma_u} + (\mu_u-c)\,\mathrm{erf}\,\frac{c-\mu_u}{\sigma_u}\right]$$

$$+ \mu_u\frac{\sigma_u}{\sqrt{2\pi}}\left\{\exp\left[-\frac{(c+\mu_u)^2}{2\sigma_u^2}\right] - \exp\left[-\frac{(c-\mu_u)^2}{2\sigma_u^2}\right]\right\}. \tag{5.3-8}$$

(Vgl. PUGACHEV [1, S. 806], wo $x \triangleq u$; $k_0 \triangleq \mu_v/\mu_u$.)

Korrelationsfunktionen

Im allgemeinen kann die Korrelationsfunktion am Ausgang eines durch
eine statische Kennlinie beschriebenen nichtlinearen Gliedes, hier also
$R_v(\tau)$, nicht mit Hilfe der Autokorrelationsfunktion der Eingangsgröße,
hier $R_u(\tau)$, bestimmt werden. Man braucht i.allg. die Verbundverteilungsdichte zwischen der Eingangsgröße und der zeitlich um τ verscho-
benen Eingangsgröße. Da diese Dichte bei Gaußprozessen nur von Mittelwert (Erwartungswert) und Varianz (für gegebenes τ, also der AKF)
abhängt, scheint eine geschlossene, d.h. nicht durch die Forderung
nach der Kenntnis von Verteilungsdichten eingeengte Korrelationstheorie auch für nichtlineare Systeme mit statischen Kennlinien möglich,
solange die Eingangssignale der nichtlinearen Glieder Musterfunktionen von (im weiteren Sinne stationären) Gaußschen Prozessen sind.
Nach Abschn.2.4.2 gehen stationäre Gaußprozesse bei linearer Filterung (Durchgang durch lineare zeitinvariante Übertragungsglieder) in
ebensolche über. Das gilt leider i.allg. nicht für nichtlineare Übertragungsglieder, wie schon das Beispiel des Quadrierers zeigt: Aus
$Y = X^2$ für $X > 0$ und $Y = 0$ sonst folgt nämlich nach Gln.(5.1-2),
(2.4-1a) [vgl. auch Gl.(5.1-4) für den symmetrischen Quadrierer]

$$p_Y(y) = \frac{1}{2\sqrt{y}}\, p_X(\sqrt{y}) = \frac{1}{2\sqrt{2\pi y}\,\sigma} \exp\left(-\frac{y}{2\sigma^2}\right),$$

was von einer Normalverteilung erheblich abweicht.

Andererseits ist bekannt (vgl. z.B. DAVENPORT et al. [1, S. 386]),
daß nicht normale Prozesse durch Tiefpaßfilterung der Musterfunktionen in "genähert" normale übergehen. Dazu die folgende Plausibilitätsbetrachtung: Wegen der Skalierungsregel der Fouriertransformation
(Abschn.1.3) entspricht ein nur in der Nachbarschaft von $\omega = 0$ wesentlich von 0 verschiedener Frequenzgang $G(j\omega)$ (eines Filters) einer Gewichtsfunktion $g(t)$, die langsam abklingt, d.h. das Filter ist
ein Tiefpaß mit großen Zeitkonstanten. Ist $x(t)$ die wesentlich nicht-
Gaußsche Eingangsgröße des Filters, so lautet die Ausgangsgröße nach
Gl.(1.1-4)

$$y(t) = \int_{-\infty}^{t} x(\tau)g(t-\tau)d\tau \approx \sum_{k=-\infty}^{\left[\frac{t}{\Delta t}\right]} x(k\Delta t)g(t-k\Delta t)\Delta t\,.$$

$y(t)$ ist also eine Summe von Zufallsvariablen, von denen bei festem Δt um so mehr auftauchen und (über größere Abstände) statistisch unabhängig sein werden, je länger sich $g(t)$ nach positiven t hin erstreckt. Damit wird aber wegen des zentralen Grenzwertsatzes $y(t)$ annähernd Gaußisch. (Vgl. dazu die Bemerkung am Ende von Abschn. 5.1.2.)

Somit kann man eine approximative Korrelationstheorie für nichtlineare Systeme gemäß Bild 5.3-2 herleiten. Die Näherung besteht dabei zunächst darin, daß die Eingangsgröße des nichtlinearen Gliedes als Gaußisch angenommen wird. Sinnvollerweise wird auch die äußere Störfunktion, die F ü h r u n g s g r ö ß e $w(t)$, als Musterfunktion eines Gaußprozesses angenommen.

Mit den Bezeichnungen von Bild 5.3-2 gilt (zunächst allgemein, d.h. nicht nur für Gaußprozesse) nach Gl. (3.3-7)

$$S_\varepsilon(\omega) = S_w(\omega) + S_x(\omega) - S_{w,x}(\omega) - S_{w,x}^*(\omega) \qquad (5.3-9)$$

mit $*$ für die Bildung der konjugiert komplexen Zahl. Gegeben sei nur $S_w(\omega)$; gesucht seien S_ε oder S_x oder die daraus leicht herleitbaren Leistungsdichten der Zufallsprozesse an Eingang bzw. Ausgang der Nichtlinearität, d.h. nach Gl. (3.3-3a)

$$S_u(\omega) = |G_1(j\omega)|^2 S_\varepsilon(\omega) \qquad (5.3-10)$$

und

$$S_v(\omega) = \frac{1}{|G_2(j\omega)|^2} S_x(\omega) . \qquad (5.3-11)$$

Es müssen also mit Hilfe der Beziehung $v = f(u)$ noch $S_{w,x}$ und S_x bzw. S_ε bestimmt werden, um S_ε bzw. S_x zu erhalten. Nimmt man, wie oben diskutiert, $\{u(t)\}$ als Gaußisch an, so folgt nach Gl. (5.2-21)

$$r_{u,v}(\tau) = K\, r_u(\tau)$$

oder

$$s_{u,v}(\omega) = K\, s_u(\omega) . \qquad (5.3-12)$$

Dabei ist (für $Eu = 0$) $K = R_{u,v}(0)/R_u(0)$, also gerade gleich dem äquivalenten Verstärkungsfaktor von Gl.(5.3-1).

Dasselbe Ergebnis erhielte man, wenn das nichtlineare Glied ein Verstärker (Proportionalglied) mit der Verstärkung K wäre. In diesem Falle wäre weiterhin nach Gl.(3.3-3a)

$$S_v = K^2 S_u$$

oder

$$R_v = K^2 R_u \, .$$

Außerdem wäre $\{v(t)\}$ als linear gefilterter Gaußprozeß Gaußisch. Tatsächlich ist, wie aus Gl.(5.2-18) ersichtlich, R_v i.allg. eine nichtlineare Funktion von R_u. Die lineare Approximation bietet jedoch den Vorteil des bequemen Rechnens, denn nun können (wie in Abschn.3.3.2 ausführlich gezeigt wurde) genähert alle Korrelations- bzw. Spektralfunktionen ausgerechnet werden. Außerdem ist zu bedenken, daß auch bei Benutzung der exakten, nichtlinearen Beziehung zwischen S_u und S_v die Betrachtung den Makel des Näherungscharakters behält, weil $\{u(t)\}$ nur genähert ein Gaußprozeß ist. Wir ersetzen also im folgenden $f(u)$ durch K.

Die obige Betrachtung erinnert stark an die Begründung der Verwendung der sog. Beschreibungsfunktion, wo für sinusförmige Eingangssignale der Nichtlinearität eine (möglicherweise von verschiedenen Parametern abhängige) äquivalente Verstärkung, eben die Beschreibungsfunktion eingeführt wird. Der Musterfunktion eines Gaußprozesses hier entspricht eine sinusförmige Eingangsschwingung dort.

In beiden Fällen soll der Linearteil des rückgekoppelten Systems andere durch die Nichtlinearität erzeugte Signale unterdrücken, und bezüglich der gewünschten Signale ist die Linearisierung optimal im Sinne minimaler Varianz des Fehlers; was im Falle des sinusförmigen Eingangssignals durch das Abbrechen einer Fourierreihe (nach den Gliedern mit der 1. Harmonischen) automatisch erzielt wird. Somit ist es verständlich, daß bei der obigen statistischen Linearisierung auch von einer Gaußschen Beschreibungsfunktion gesprochen wird. (Vgl. die sehr ausführlichen Betrachtungen hierzu bei SCHLITT [1].)

Zur Bestimmung von K benutzt man unter Verwendung der Gln.(1.1-7) und (3.3-3a) die Beziehung (vgl. Bild 5.3-2)

$$S_u = \frac{|G_1|^2}{|1 + KG_1G_2|^2} S_w \, , \qquad (5.3-13)$$

wo nur K nicht von ω abhängt.

Leider ist, wie in Abschn.5.3.1 gezeigt, K i.allg. eine von σ_u und μ_u abhängige Funktion. Bei Gaußprozessen hängt jedoch (im rückge-koppelten System) μ_u im wesentlichen nur von σ_u ab, d.h.

$$\mu_u =: \varphi(\sigma_u) \, .$$

Damit ist insgesamt

$$K =: \chi(\sigma_u)$$

oder umgekehrt (soweit die Umkehrfunktion existiert)

$$\sigma_u = \chi^{-1}(K) \, .$$

Andererseits ist

$$R_u(0) = \sigma_u^2 + \mu_u^2 = \sigma_u^2 + \varphi^2(\sigma_u) =: \Psi(\sigma_u)$$

nach Wiener-Khintchine aus dem Spektrum bestimmbar. [Vgl. Gl. (3.2-5).] Dies führt mit der Definition

$$H(K) := \Psi[\chi^{-1}(K)] = \Psi(\sigma_u) = R_u(0)$$

mit S_u aus Gl.(5.3-13) auf die folgende Bestimmungsgl. für K:

$$H(K) = \frac{1}{2\pi} \int_{-\infty}^{\infty} \frac{|G_1(j\omega)|^2 S_w(\omega) d\omega}{|1 + KG_1(j\omega)G_2(j\omega)|^2} \, . \qquad (5.3-14)$$

Es wird nun ein einfaches Beispiel untersucht, an dem die besonderen
Merkmale der Methode kennengelernt werden können.

B e i s p i e l :

<u>Folgesystem aus Sättigungsglied und Integrierer</u>
(Älteste Quelle: BOOTON [1], vgl. auch SCHLITT [1, S. 282ff].)
Zum System gehöre das Blockschaltbild Bild 5.3-3.

Aus Gl.(5.3-7) mit $f(u) = Ku$ folgt, daß $\mu_v = 0$, z.B., aber nicht notwendig, aus $\mu_u = 0$ folgt.[1] Hier wird nur der Fall $\mu_u = 0$ untersucht: Für

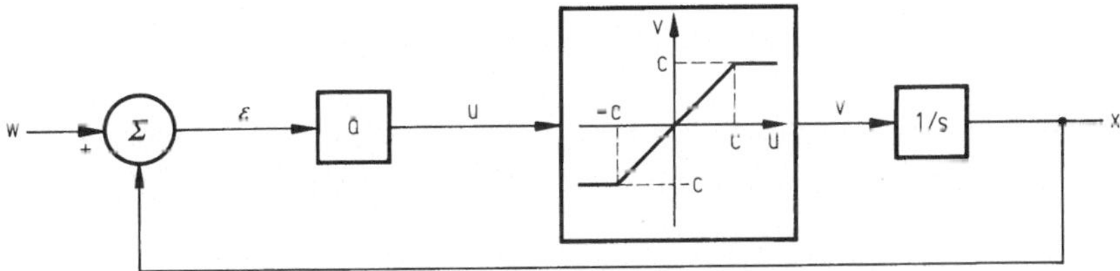

Bild 5.3-3. Regelkreis mit Sättigungsglied.

die Anwendung der allgemeinen Theorie werden die folgenden einfachen
Beziehungen bereitgestellt:

$$G_1 = a \; ; \quad G_2 = \frac{1}{j\omega} \; ; \quad K = 2 \operatorname{erf}(c/\sigma_u) \; ;$$

letzteres nach Gl.(5.3-6). Wegen $\mu_u = 0$ ist $R_u(0) = \sigma_u^2$, und daher
nach Gl.(5.3-14)

$$\sigma_u^2 = \frac{1}{2\pi} \int_{-\infty}^{\infty} \frac{a^2 S_w(\omega)}{|1 + Ka/j\omega|^2} \, d\omega$$

mit

$$\sigma_u = \frac{c}{\operatorname{erf}^{-1} \frac{K}{2}} \; ; \quad \text{Exponent } -1 \text{ für die Umkehrfunktion.}$$

---

[1] u sei normalverteilt nach Gl.(2.4-1).

Nimmt man an, daß $w(t)$ vor der Filterung durch einen Tiefpaß 1. Ordnung weißes Gaußisches Rauschen war, so ist

$$S_w(\omega) = \frac{b}{|1 + jT\omega|^2} \; ; \; b = S_w(0) > 0 \,.$$

Also lautet die geschlossene Form der Bestimmungsgleichung für K:

$$\frac{c^2}{\left(\mathrm{erf}^{-1} \frac{K}{2}\right)^2} = \frac{1}{2\pi} \int\limits_{-\infty}^{\infty} \frac{a^2 b \omega^2 d\omega}{(Ka+j\omega)(Ka-j\omega)(1+j\omega T)(1-j\omega T)} \,. \qquad (5.3\text{-}15)$$

Zur Ausrechnung des komplexen Kurvenintegrals rechts wird nur in Notfällen der Residuensatz bemüht, da in vielen Büchern fertige Tabellen vorliegen.

Nach dem Anhang Abschn. 5.3.3 lauten die dort erklärten Größen a_i, b_i, g_i, h_i speziell für das Integral in Gl. (5.3-15) wegen $\omega = -j(j\omega)$

$$g_2(s) = -a^2 b s^2 \Rightarrow b_0 = -a^2 b, \; b_1 = 0,$$

$$h_2(s) = (Ka+s)(1+sT)$$

$$= Ts^2 + (1+KaT)s + Ka \Rightarrow a_0 = T; \; a_1 = 1+KaT; \; a_2 = Ka \,.$$

Daraus folgt: Das im Anhang erklärte Integral I_2 vom Typ des Integrals von Gl. (5.3-15) wird

$$I_2 = \frac{a_0 b_1/a_2 - b_0}{2a_0 a_1} = \frac{a^2 b}{2T(1 + KaT)} \,.$$

Somit ist K zu bestimmen aus

$$\left(\mathrm{erf}^{-1} \frac{K}{2}\right)^2 = \frac{2Tc^2}{a^2 b} (1 + KaT) \,,$$

was am besten graphisch geschieht, indem man beide Seiten dieser Gleichung in dasselbe Koordinatensystem einträgt und den (die) K-

Wert(e) des Schnittpunkts bestimmt. (Über mehrdeutige Lösungen vgl. z.B. SCHLITT [1, S. 308ff].)

Der prinzipielle Verlauf kann aus Bild 5.3-4 ersehen werden.

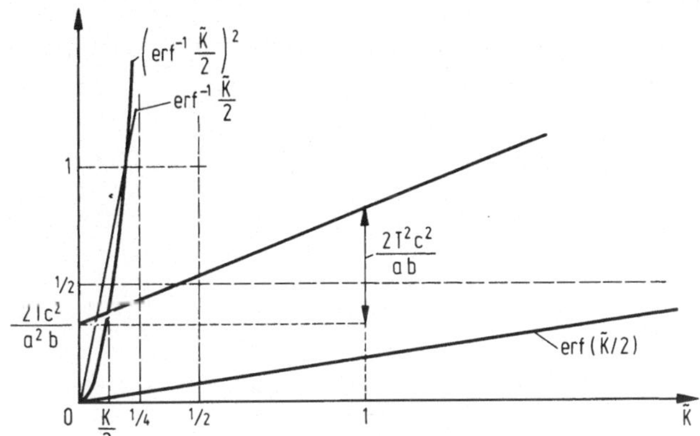

Bild 5.3-4. Äquivalenter Verstärkungsfaktor K für die Sättigungskenn-
linie des Systems nach Bild 5.3-3.

5.3.3. Anhang: Berechnung von uneigentlichen Integralen gewisser rationaler Funktionen

In der statistischen Systemtheorie werden verschiedentlich Integrale vom Typ

$$I_n := \frac{1}{2\pi} \int_{-\infty}^{\infty} \frac{g_n(j\omega)\,d\omega}{h_n(j\omega)h_n(-j\omega)} \qquad (5.3\text{-}16)$$

mit dem Hurwitzpolynom[1]

$$h_n(s) := a_0 s^n + a_1 s^{n-1} + \ldots + a_n$$

und mit

$$g_n(s) := b_0 s^{2n-2} + b_1 s^{2n-4} + \ldots + b_{n-1}$$

---

[1] Polynom, dessen sämtliche Nullstellen in der linken komplexen Halbebene liegen.

benötigt. Dabei bedeutet der Verzicht auf ungerade Potenzen von s in $g_n(s)$ keine Beschränkung der Allgemeinheit, denn Anteile des Integrals, die von Gliedern mit ungeraden Potenzen stammen könnten, würden aus Symmetriegründen einzeln verschwinden. Die Berechnung einiger I_n enthält neben neueren Büchern, wie z.B. das von SCHLITT [1] schon das Buch von JAMES, NICHOLS, PHILLIPS [1], wo auf S. 369ff. neben den folgenden auch einige weitere I_n angegeben sind. Man erhält z.B.

$$I_1 := \frac{b_0}{2\,a_0 a_1} , \qquad\qquad (5.3\text{-}17a)$$

$$I_2 := \frac{a_0 b_1 / a_2 - b_0}{2\,a_0 a_1} , \qquad\qquad (5.3\text{-}17b)$$

$$I_3 := \frac{b_0 a_2 + a_0 a_1 b_2 / a_3 - a_0 b_1}{2\,a_0 (a_1 a_2 - a_0 a_3)} . \qquad\qquad (5.3\text{-}17c)$$

Neuere Resultate, besonders rekursive Formeln und die Behandlung von Abtastsystemen findet man bei ÅSTRÖM [1].

5.4. Diskussion der Ergebnisse von Abschnitt 5

Wir kommen nun wieder zu einem kurzen Rückblick:

Abschn. 5 beginnt mit einer Art Nachtrag zur Theorie der einzelnen (skalaren oder vektoriellen) Zufallsvariablen. Dabei wird eigentlich nur die einleuchtende Tatsache benutzt, daß bei Abbildung einer Zufallsvariablen **X** auf eine ebensolche **Y** die Wahrscheinlichkeiten für den "Aufenthalt" in Urbild- und Bildbereich gleich sind, was Bild 5.1-1 für eine skalare Variable verdeutlicht. Alles weitere ist elementare Theorie mehrdimensionaler Integrale. Hauptresultat ist für 2 Variablen X_1, X_2 mit der Umkehrabbildung

$$X_i = g_i(Y_1, Y_2) ; \quad i = 1,2$$

die Transformationsformel für Wahrscheinlichkeitsdichten

$$p_{Y_1,Y_2}(y_1,y_2) = p_{X_1,X_2}[g_1(y_1,y_2),g_2(y_1,y_2)] \left| \frac{\partial(g_1,g_2)}{\partial(y_1,y_2)} \right| ,$$

$$[(5.1-6a)]$$

wobei rechts der Absolutbetrag der Jacobischen **Funktionaldeterminante** gemeint ist.

Erfreulich ist, wie man hiermit mühelos den Fall der linearen Abbildung mit den neuen Zufallsvariablen

$$Y_1 = aX_1 + bX_2 ; \quad Y_2 = X_2$$

oder (für spezielle Werte der Variablen)

$$g_1 = y_1/a - y_2 b/a ; \quad g_2 = y_2 ; \quad \frac{\partial(g_1,g_2)}{\partial(y_1,y_2)} = \det \begin{bmatrix} 1/a & -b/a \\ 0 & 1 \end{bmatrix} = 1/a$$

behandeln kann. Zunächst erhält man die Verbundverteilung von Y_1 und Y_2, aus der man durch Integration über alle Werte von Y_2 nach Gl.(2.2-7) die (eindimensionale) Verteilungsdichte von Y_1 erhält:

$$p_{Y_1}(y_1) = \frac{1}{|a|} \int_{-\infty}^{\infty} p_{X_1,X_2}(y_1/a - y_2 b/a, y_2) dy_2 .$$

Daraus folgt für $a = b = 1$ im Falle der statistischen Unabhängigkeit zwischen X_1 und X_2 die wichtige Formel für die Verteilung der Summe zweier unabhängiger Variabler $Y_1 = X_1 + X_2$:

$$p_{Y_1}(y_1) = \int_{-\infty}^{\infty} p_{X_1}(y_1 - y_2) p_{X_2}(y_2) dy_2 . \qquad [(5.1-8)]$$

oder bei Benutzung der **charakteristischen Funktionen**, was der Faltungssatz der $\mathfrak{F}$-Transformation hier nahelegt:

$$C_{Y_1}(v) = C_{X_1}(v) \cdot C_{X_2}(v) . \qquad [(5.1-8b)]$$

Bei der Berechnung von Korrelationsfunktionen von Prozessen, die vermöge der Abbildung $Y = f(X)$ "statisch" (im Gegensatz zu "dynamisch" über ein Duhamelintegral) transformiert wurden, ist die Umrechnung der Verbundverteilung von $x(t)$ und $x(t+\tau)$ in die von $y(t)$ und $y(t+\tau)$ nicht nötig, da ganz allgemein für $X_i := x(t_i)$; $i = 1,2$

$$R_y(t_1,t_2) = \iint\limits_{-\infty}^{\infty} f(u_1)f(u_2)p_{X_1,X_2}(u_1,u_2)du_1du_2 \quad [(5.2\text{-}2)]$$

gilt.

Speziell bei der Transformation eines Gaußprozesses durch ein "Relais" mit $y = \mathrm{sgn}\,x$ erhält man das vielfältig verwendbare A r c u s s i n u s - G e s e t z

$$R_y(\tau) = (2/\pi)\arcsin[r_x(\tau)/r_x(0)]. \quad [(5.2\text{-}8)]$$

Auf diesem Resultat beruht eine einfache Methode zur Messung der AKF eines Gaußprozesses $\{x\}$, denn nach Definition des Erwartungswerts ist für ein y, das nur $+1$ oder -1 sein kann,

$$R_y(\tau) = E[y(t)y(t+\tau)] = 1\,W[y(t)y(t+\tau)=1] - 1\,W[y(t)y(t+\tau)=-1] ,$$

und die beiden Wahrscheinlichkeiten kann man genähert durch Auszählen bei vielen Wiederholungen bestimmen.

Abschn.5.2.2 enthält als weiteren besonders interessanten Punkt den Nachweis, daß die KKF[1] "zwischen" einem Gaußprozeß $\{x\}$ und einem daraus durch statische nichtlineare Transformation hervorgegangenen $\{y\} = \{f(x)\}$ und die Autokovarianzfunktion $r_x(\tau)$ zu einander proportional sind, also

$$r_{x,y}(\tau) = K\,r_x(\tau) ; \quad K := r_{x,y}(0)/r_x(0) . \quad [(5.2\text{-}21)]$$

In Abschn.5.3 wird eine einfache Klasse von sog. s t o c h a s t i s c h e n L i n e a r i s i e r u n g e n vorgeführt. Dabei ist die Linearisierung der Ersatz einer nichtlinearen Kennlinie durch eine Gerade; also nicht

---

[1] Genauer ist es i.allg. die Kreuzkovarianzfunktion.

etwa - wie der Name vermuten ließe - zeitlich statistisch schwankend.
Nur die Steilheit K der Gerade wird so gewählt, daß ein mittlerer
quadratischer Fehler minimal wird. Dabei ist interessanterweise dieses K für Ex = 0 gerade das oben in Gl.(5.2-21) gemeinte. Das heißt
aber, daß bei dieser Linearisierung bei Gaußprozessen $\{x\}$ mit Ex = 0
am Eingang der statischen Nichtlinearität die Kreuzkorrelation zwischen
Eingangs- und Ausgangsprozeß erhalten bleibt.

K wird dann in Abschn.5.3.1 für verschiedene Kennlinien ausgerechnet. In Abschn.5.3.2 schließt sich die Anwendung auf rückgekoppelte
Systeme z.B. der Regelungstechnik an. Dabei nennt man in Analogie
zur deterministischen B e s c h r e i b u n g s f u n k t i o n K auch Gaußsche B e s c h r e i b u n g s f u n k t i o n. Die Analogie beruht im wesent
lichen auf der Annahme, daß durch den Tiefpaßcharakter der Serien-
schaltung der linearen dynamischen Systembausteine, die im deterministischen Fall aus nichtlinear verzerrten ehemals sinusförmigen Signalen wieder genähert ebensolche herstellt, im stochastischen Fall
aus nicht Gaußischen Prozessen (am Ausgang des nichtlinearen Gliedes) wieder genähert Gaußprozesse herstellt. Zur letzten Annahme
berechtigt der sog. z e n t r a l e G r e n z w e r t s a t z. Dieser besagt,
daß unter weiten Voraussetzungen die Summe von genügend vielen,
beliebig verteilten aber unabhängigen Zufallsvariablen beliebig genau
Gaußverteilt ist. (Vgl. dazu CRAMÉR [1] oder DAVENPORT/ROOT
[1].) Das Duhamelintegral ist aber, wenn es im rückgekoppelten System die Eingangsgröße der Nichtlinearität abhängig von der Ausgangsgröße beschreibt, genähert eine Summe von Zufallsvariablen, die i.allg.
nicht Gaußverteilt sind.

Die ausführlichste Darstellung zur Gaußschen Beschreibungsfunktion
findet man bei SCHLITT [1]; Übungsbeispiele zu den statischen Abbildungen von Zufallsvariablen besonders bei PAPOULIS [2].

6. Dynamische nichtlineare Transformation von Zufallsprozessen

Das Ziel dieses Kapitels ist die Deutung und "Lösung" s t o c h a s t i -
s c h e r D g l n . . Solche Dgln. kann man zunächst für Musterfunktionen von Zufallsprozessen hinschreiben. Alle interessanten Systemmo-
delle verwenden jedoch unter anderem Musterfunktionen von weißem
Rauschen (w.R.), die recht unangenehme mathematische Eigenschaften haben: Instruktiv ist z.B. die Tatsache, daß die Musterfunktionen
$x(t)$ von w.R. nicht beschränkt sein können. Aus $|x| < c$ und der Normierungsbedingung für Verteilungsdichten Gl.(2.2-6) würde nämlich
folgen, daß der Betrag der AKF i.allg. beschränkt wäre. Falls eine Ver-
bunddichte für $x(t)$ und $x(t+\tau)$ existiert, folgt aus $|x| < c$ genauer

$$|R(\tau)| = \left| \int\!\!\int_{-\infty}^{\infty} x(t)\, x(t+\tau)\, p[x(t), x(t+\tau)]\, dx(t)\, dx(t+\tau) \right| < c^2 \, .$$

Doch bekanntlich ist $R(0) = \infty$[1]! (Vgl. Beispiel 1 von Abschn.3.3.1.)
Die rechte Deutung stochastischer Dgln. ist also kein triviales Problem.

Bei der Untersuchung der linearen dynamischen Transformation von Zufallsprozessen in Abschn.3.3.1 kann man zur Berechnung der veränder-
ten Korrelationsfunktionen wegen der überall durchgeführten quadratischen Mittelung noch gut mit w.R. umgehen, insbesondere, da man immer feststellen kann, daß das benutzte Rauschen nicht streng "weiß"
sein muß! Wirklich bewältigt werden die Probleme des w.R. erst mit
der hauptsächlich von WIENER [1] befriedigend fundierten Theorie der
Brownschen Molekularbewegung.

Weiterhin führen Modelle für nichtlineare Systeme, die w.R. enthalten,
auf Markoffprozesse, für die die Theorie der Zufallsprozesse am wei-

---

[1] Gemeint ist das Divergieren von $R(\tau) = \delta(\tau)$ bei $\tau = 0$.

testen entwickelt ist. Insbesondere kann man mit Hilfe der Dgln. von
KOLMOGOROFF [1] die Verteilung von dynamisch transformierten Zufallsvariablen ausrechnen, was als nächstes vorgeführt wird.

6.1. Kolmogoroffsche Differentialgleichungen

Wie man Verteilungsdichten am Ausgang "statischer" Nichtlinearitäten
aus denen am Eingang berechnet, wurde in Abschn.5.1 behandelt. Dasselbe ist verständlicherweise für dynamische nichtlineare Systeme eine
ungleich schwierigere Aufgabe; im wesentlichen natürlich deshalb, weil
das Ausgangssignal sich als komplizierte Überlagerung von Eingangssignalen zu verschiedenen Zeitpunkten erweist (Duhamelintegral) und weil
nach Gl.(5.1-8) bereits die Verteilung der Summe zweier stochastisch
unabhängiger Variabler durch ein Faltungsintegral beschrieben wird.
Kolmogoroff hat 1031 in [1] partielle Dgln. für die Verteilungsdichte
von Zufallsvariablen in nichtlinearen stochastischen Dgln. angegeben.
Dabei wird als Störprozeß ein Markoffprozeß angenommen. Wir werden
allerdings im Verlaufe der Untersuchung sehen, daß diese Einschränkung nicht wesentlich ist.

6.1.1. Smoluchowski (Chapman-Kolmogoroff)-Gleichung

Obwohl ein Markoffprozeß nach Abschn.2.2.3 durch zweidimensionale
Dichtefunktionen vollständig bestimmt ist, dürfen diese bei der "Konstruktion" eines solchen stochastischen Prozesses nicht beliebig vorgegeben werden. Eine wesentliche Bindung zwischen den Dichtefunktionen wird durch die Smoluchowski (bzw. Chapman-Kolmogoroff)-Glei-
chung ausgedrückt. Diese Gleichung wird nun hergeleitet:

Nach Gl.(2.2-14) gilt für die dreidimensionale Dichtefunktion eines
Markoffprozesses (für $t > \tau > t_0$)

$$p_3(x,t;\xi,\tau;x_0,t_0) = p_2(\xi,\tau;x_0,t_0)\,p(x,t\,|\,\xi,\tau)\,.^1$$

---

[1] Bei Markoffprozessen wird wie schon in Abschn.2.2.3 die Verteilungsdichtefunktion nur mit der Zahl der Variablen indiziert. Diese
Kennzeichnung ist also nicht eindeutig!

Wird diese Gleichung über alle (möglichen) Werte der Zufallsvariablen $\xi(\tau)$ integriert, so entsteht für alle $\tau \in (t_0, t)$ in Anlehnung an Gl. (2.2-7)

$$p_2(x,t; x_0,t_0) = \int\limits_{-\infty}^{\infty} p_2(\xi,\tau; x_0,t_0)\, p(x,t\,|\,\xi,\tau)\,d\xi\,.$$

Nach Anwendung der Definition (2.2-11) für bedingte Verteilungsdichten kann aus dieser Gleichung der Faktor $p_1(x_0,t_0)$ herausgekürzt werden; denn

$$p_2(x,t; x_0,t_0) = p_1(x_0,t_0)\, p(x,t\,|\,x_0,t_0)$$

und

$$p_2(\xi,\tau; x_0,t_0) = p_1(x_0,t_0)\, p(\xi,\tau\,|\,x_0,t_0)\,.$$

Das Endergebnis ist die sog. Smoluchowski- oder Chapman-Kolmogoroff-Gl.

$$p(x,t\,|\,x_0,t_0) = \int\limits_{-\infty}^{\infty} p(x,t\,|\,\xi,\tau)\, p(\xi,\tau\,|\,x_0,t_0)\,d\xi \qquad (6.1\text{-}1)$$

oder für stationäre Markoffprozesse mit t' für $t - t_0$; t'' für $t - \tau$ und x_0 statt $x_0, 0$

$$p(x,t'\,|\,x_0) = \int\limits_{-\infty}^{\infty} p(x,t''\,|\,\xi)\, p(\xi,t'-t''\,|\,x_0)\,d\xi\,. \qquad (6.1\text{-}1a)$$

Die bedingten Dichten bilden also bezüglich der Bildung des Produkt-integrals eine Halbgruppe. (Vgl. VAN DER WAERDEN [1].)

6.1.2. Klassiche Herleitung der Vorwärtsgleichung (Fokker-Planck-Gleichung

(Vgl. z.B. MIDDLETON [1, S. 448-450], GNEDENKO [1, S. 268-270].)

Ersetzt man in der im vorigen Abschnitt hergeleiteten Smoluchowski-Gleichung (für den stationären Fall) t' durch $t + \Delta t$ und t'' durch Δt, so erhält man

$$p(x,t+\Delta t\,|\,x_0) = \int\limits_{-\infty}^{\infty} p(x,\Delta t\,|\,\xi)\, p(\xi,t\,|\,x_0)\,d\xi\,. \qquad (6.1\text{-}2)$$

(Wegen der Bezeichnungen vgl. Bild 6.1-1.)

Dabei gilt als Anfangsbedingung nach Gl. (2.2-11a)

$$p(x,0\,|\,x_0) = \delta(x - x_0)\ ,$$

denn es handelt sich um die bedingte Verteilungsdichte dafür, daß zu einem beliebigen Zeitpunkt die Zufallsvariable den Wert x annimmt

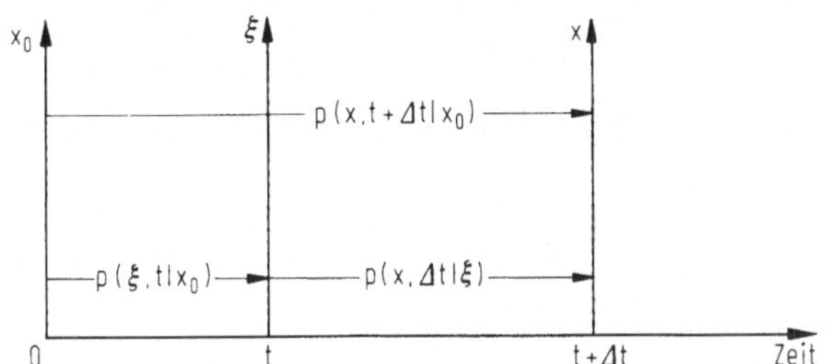

Bild 6.1-1. Bezeichnungen zur Smoluchowski-Gl.

unter der Bedingung, daß zur gleichen Zeit die Zufallsvariable den Wert x_0 hat.

Nun betrachtet man das mit der Hilfsfunktion $Q(x)$ gebildete Integral

$$I = \int\limits_{-\infty}^{\infty} Q(x)\ \frac{\partial p(x,t\,|\,x_0)}{\partial t}\ dx\ .^{[1]} \qquad (6.1\text{-}3)$$

$Q(x)$ ist noch genauer zu charakterisieren. Zunächst soll $|Q(x)|$ für $x \to \pm\infty$ so stark gegen 0 gehen, daß $|I| < \infty$ gesichert ist.

Bei Vertauschung der Grenzprozesse (uneigentliche Integration und partielle Differentiation) erhält man

$$I = \lim_{\Delta t \to 0} \int\limits_{-\infty}^{\infty} Q(x)\ \frac{p(x,t+\Delta t\,|\,x_0) - p(x,t\,|\,x_0)}{\Delta t}\ dx\ .$$

---

[1] Da t der zeitliche Abstand zwischen den Zufallsvariablen X und X_0 ist, bedeutet die Zeitabhängigkeit von p keinen Widerspruch zur angenommenen Stationarität des Prozesses.

Setzt man für $p(x, t+\Delta t | x_0)$ aus der Smoluchowski-Gl. (6.1-2) ein, so lautet das Integral:

$$I = \lim_{\Delta t \to 0} \frac{1}{\Delta t} \left[\int_{-\infty}^{\infty} Q(x) \int_{-\infty}^{\infty} p(x, \Delta t | \xi) \, p(\xi, t | x_0) \, d\xi \, dx \right.$$

$$\left. - \int_{-\infty}^{\infty} Q(x) \, p(x, t | x_0) \, dx \right] . \qquad (6.1-3a)$$

Nun wird $Q(x)$ in eine Taylorreihe um die Stelle ξ entwickelt, so daß

$$Q(x) = \sum_{k=0}^{\infty} \frac{Q^{(k)}(\xi)}{k!} (x - \xi)^k .$$

Setzt man diesen Ausdruck in das Doppelintegral in Gl. (6.1-3a) ein und vertauscht noch die Integrations-Reihenfolge, so lautet dieses Doppelintegral

$$\int_{-\infty \atop (\xi)}^{\infty} p(\xi, t | x_0) \sum_{k=0}^{\infty} \left[\frac{Q^{(k)}(\xi)}{k!} \int_{-\infty \atop (x)}^{\infty} (x - \xi)^k p(x, \Delta t | \xi) \, dx \right] d\xi$$

$$= \int_{-\infty \atop (x)}^{\infty} p(x, t | x_0) \sum_{k=0}^{\infty} \left[\frac{Q^{(k)}(x)}{k!} \int_{-\infty \atop (\xi)}^{\infty} (\xi - x)^k p(\xi, \Delta t | x) \, d\xi \right] dx ;$$

letzteres bei Änderung der Bezeichnungsweise durch Vertauschung der Integrations-Variablen, was bei der uneigentlichen Integration erlaubt ist.

Wenn man noch eine Art "Momenten-Geschwindigkeit"

$$A_k(x) := \lim_{\Delta t \to 0} \frac{1}{\Delta t} \int_{-\infty}^{\infty} (\xi - x)^k p(\xi, \Delta t | x) \, d\xi \qquad (6.1-4)$$

einführt und die Summenbildung für die Taylorreihe nach der Integration über x ausführt, lautet I

$$I = \sum_{k=1}^{\infty} \frac{1}{k!} \int_{-\infty}^{\infty} p(x,t|x_0)\, Q^{(k)}(x)\, A_k(x)\,dx\,. \qquad (6.1\text{-}3b)$$

Dabei wird angenommen, daß die $Q^{(k)}$ und die A_k die Konvergenz des Einzelintegrals und der Reihe, also von I ermöglichen. [Der Term für $k = 0$ in Gl.(6.1-3b) wird durch den letzten Term von Gl.(6.1-3a) gelöscht.] Nun wird jeder (k-te) Summand der Reihe k-fach partiell integriert. Wenn man dabei annimmt, daß die "ausintegrierten" Anteile wegen der Beschaffenheit der $Q^{(k)}$ jeweils null werden, gilt in etwas gekürzter Schreibweise

$$\int_{-\infty}^{\infty} (pA_k)\, Q^{(k)}\,dx = (pA_k)\, Q^{(k-1)} \Big]_{-\infty}^{\infty} - \int_{-\infty}^{\infty} (pA_k)^{(1)}\, Q^{(k-1)}\,dx\,,$$

$$\int_{-\infty}^{\infty} (pA_k)^{(1)}\, Q^{(k-1)}\,dx = (pA_k)^{(1)}\, Q^{(k-2)} \Big]_{-\infty}^{\infty} - \int_{-\infty}^{\infty} (pA_k)^{(2)}\, Q^{(k-2)}\,dx\,,$$

usw. bis

$$\int_{-\infty}^{\infty} (pA_k)^{(k-1)}\, Q^{(1)}\,dx = (pA_k)^{(k-1)}\, Q \Big]_{-\infty}^{\infty} - \int_{-\infty}^{\infty} (pA_k)^{(k)}\, Q\,dx\,,$$

so daß unter den obigen Voraussetzungen

$$\int_{-\infty}^{\infty} (pA_k)\, Q^{(k)}\,dx = (-1)^k \int_{-\infty}^{\infty} (pA_k)^{(k)}\, Q\,dx\,.$$

Damit lautet nun I:

$$I = \int_{-\infty}^{\infty} Q(x) \sum_{k=1}^{\infty} \frac{(-1)^k}{k!}\, \frac{\partial}{\partial x^k}\, [A_k(x)\, p(x,t|x_0)]\,dx\,.$$

Vergleicht man diesen Ausdruck für I mit der Definitionsgl.(6.1-3), so kann man wegen der relativen Allgemeinheit von $Q(x)$ mit dem sog.

Hauptlemma der Variationsrechnung schließen, daß für alle x die Integranden gleich sind, d.h.

$$\frac{\partial p(x,t\,|\,x_0)}{\partial t} = \sum_{k=1}^{\infty} \frac{(-1)^k}{k!} \frac{\partial^k}{\partial x^k} [A_k(x)\,p(x,t\,|\,x_0)]\,. \qquad (6.1\text{-}5)$$

Dies ist eine der Smoluchowski-Gleichung äquivalente Dgl..

Gilt nun

$$A_k(x) \equiv 0 \quad \text{für} \quad k \geqslant 3\,,$$

so lautet der verbleibende Rest der obigen partiellen Differentialgleichung

$$\frac{\partial p(x,t\,|\,x_0)}{\partial t} = -\frac{\partial}{\partial x} [A_1(x)\,p(x,t\,|\,x_0)] + \frac{1}{2} \frac{\partial^2}{\partial x^2} [A_2(x)\,p(x,t\,|\,x_0)]\,.$$

$$(6.1\text{-}6)$$

Diese Gleichung nennt man Fokker-Planck-Gleichung.

Dabei ist $A_1(x)$ die Geschwindigkeit, mit der sich (im Mittel des Ensembles) die Zufallsvariable vom Werte x aus ändert und $A_2(x)$ die entsprechende Größe für das Abstandsquadrat. [Vgl. Gl.(6.1-4).]

Allgemein gilt für einen Vektor-Markoff-Prozeß mit n-komponentigem Zustandsvektor $\mathbf{x} = (x_1,\ldots,x_n)^T$:

$$\frac{\partial p(\mathbf{x},t\,|\,\mathbf{x}_0)}{\partial t} = -\mathbf{\nabla}^T \{\mathbf{a}\,p\} + \frac{1}{2} (\mathbf{\nabla}^T \mathbf{B}\mathbf{\nabla}) \{p\}\,; \quad \mathbf{a} := \begin{bmatrix} a_1 \\ \vdots \\ a_n \end{bmatrix}, \ \mathbf{B} := (b_{i,k})_{n,n}$$

$$(6.1\text{-}7)$$

mit [vgl. Gln.(1.4-15) und (1.4-16)]

$$\mathbf{\nabla} = \left(\frac{\partial}{\partial x_1}, \ldots, \frac{\partial}{\partial x_n}\right)^T\,.$$

Nach Gl.(6.1-4) ist in Gl.(6.1-7) genauer

$$a_i = \lim_{\Delta t \to 0} \frac{1}{\Delta t} \int_{-\infty}^{\infty} \Delta x_i \, p(\mathbf{x} + \Delta \mathbf{x}, \Delta t \,|\, \mathbf{x}) \, d(\Delta \mathbf{x})$$

$$= \lim_{\Delta t \to 0} \frac{1}{\Delta t} \int_{-\infty}^{\infty} \Delta x_i \, p(x_i + \Delta x_i, \Delta t \,|\, x_i) \, d\Delta x_i$$

$$= \lim_{\Delta t \to 0} \frac{1}{\Delta t} E_b [\Delta x_i(\Delta t)] . \tag{6.1-8}$$

(Der Index b ist für bedingt gemäß $E_b \alpha := E[\alpha(t + \Delta t)\,|\,\mathbf{x}(t)]$ für alle t.)
Außerdem ist

$$b_{i,k} = \lim_{\Delta t \to 0} \frac{1}{\Delta t} \int_{-\infty}^{\infty} \Delta x_i \, \Delta x_k \, p(\mathbf{x} + \Delta \mathbf{x}, \Delta t \,|\, \mathbf{x}) \, d(\Delta \mathbf{x})$$

$$= \lim_{\Delta t \to 0} \frac{1}{\Delta t} \iint_{-\infty}^{\infty} \Delta x_i \, \Delta x_k \, p(x_i + \Delta x_i, \Delta t; x_k + \Delta x_k, \Delta t \,|\, x_i, x_k) d\Delta x_i \cdot d\Delta x_k$$

$$=: \lim_{\Delta t \to 0} \frac{1}{\Delta t} E_b [\Delta x_i(\Delta t) \cdot \Delta x_k(\Delta t)] . \tag{6.1-9}$$

Man erkennt, daß die Fokker-Planck-Gleichung eine Art Diffusion
der bedingten Verteilungsdichte p beschreibt, indem die zeitliche Än-
derung $\left(\frac{\partial}{\partial t}\right)$ von p einer räumlichen [div des Vektors $\left(-\mathbf{a} + \frac{1}{2}\,\mathbf{B}\nabla\right)p$,
wobei $\mathbf{B}$ als konstante Matrix zu behandeln ist] entspricht.

Bemerkung zur Berechnung der a_i und $b_{i,k}$
=====

Wie im nächsten Abschnitt gezeigt wird, sind in der Praxis häufig die
$\dot{x}_i$ als Funktionen $h_i(x_1, \ldots, x_n, t)$ gegeben. Dann wird Δx_i nicht mehr
über den gesamten Phasenraum [1] variiert, sondern es entsteht

$$\Delta x_i(\Delta t) = \int_0^{\Delta t} \dot{x}_i(t + \tau) d\tau = \int_0^{\Delta t} h_i(\mathbf{x}) \, d\tau ,$$

---

[1] Synonym für Zustandsraum.

und die Mittelung erfolgt nun über das Ensemble der h_i, das vom Ensemble der Vektoren **x** abhängt. Dabei ist jedoch der "Ausgangspunkt" **x**(t) (für $\Delta t = 0$) fest! Siehe Bild 6.1-2.

Also wird

$$E_b[\Delta x_i(\Delta t)] = E_b \int_0^{\Delta t} \dot{x}_i(t + \tau)\, d\tau$$

und somit nach Gl.(6.1-8)

$$a_i(\mathbf{x}) = \lim_{\Delta t \to 0} \frac{1}{\Delta t} \int_0^{\Delta t} E_b \dot{x}_i(t + \tau)\, d\tau .\qquad (6.1-10)$$

Analog gilt bei der Berechnung der $b_{i,k}$ nach Gl.(6.1-9)

$$\Delta x_i(\Delta t)\Delta x_k(\Delta t) = \int_0^{\Delta t} \dot{x}_k d\tau_i \int_0^{\Delta t} \dot{x}_k d\tau_k := \int_0^{\Delta t}\int_0^{\Delta t} \dot{x}_i(t+\tau_i)\dot{x}_k(t+\tau_k) d\tau_i\, d\tau_k .$$

Und wieder wird der Erwartungswert nur über den Integranden des Zeitintegrals gebildet, d.h. es wird die Reihenfolge der Ausführung des

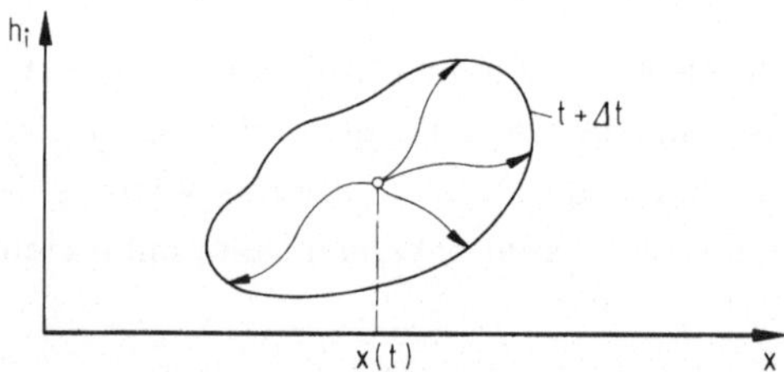

Bild 6.1-2. Änderung der rechten Seiten einer Vektor-Dgl. im Zeitraum Δt.

in der Ausgangsformel für $b_{i,k}$ gemeinten Doppelintegrals über die Koordinaten x_i und x_k und des zeitlichen Doppelintegrals umgekehrt, so daß nach Gl.(6.1-9)

$$b_{i,k} = \lim_{\Delta t \to 0} \frac{1}{\Delta t} \int_0^{\Delta t}\int_0^{\Delta t} E_b[\dot{x}_i(t+\tau_i)\dot{x}_k(t+\tau_k)]\, d\tau_i\, d\tau_k .\qquad (6.1-11)$$

6.1.3. Anwendung der Fokker-Planck-Gleichung

Wenn die Fokker-Planck-Gl.(6.1-7) gelöst werden kann, gestattet sie
die Berechnung der bedingten Verteilungsdichte eines stationären vektoriellen Markoff-Prozesses; und als solchen kann man einen Zustandsvektor in einer großen Klasse (auch) nichtlinearer Systeme ansehen.
Für hinreichend große Werte von t geht plausiblerweise (vgl. KOLMO-
GOROFF [2] die bedingte Wahrscheinlichkeit in eine gewöhnliche über.
Dann kann nämlich ein gegebener Endzustand als stochastisch unabhängig vom Anfangszustand angesehen werden. Daraus folgt u.a., daß die
Fokker-Planck-Gleichung zur unmittelbaren Gewinnung der in der linearen Theorie so sehr wichtigen Korrelationsfunktion leider unge-
eignet ist, da sie keine zweidimensionalen Dichten zu den Zufallsvariablen $x_k(t)$ und $x_k(t+\tau)$ liefert.

Nun sei ein nichtlineares (Regelungs-)System beschrieben durch die
Vektor-Differentialgl.

$$\dot{x} = f(x) + u\ ;\quad x = \begin{pmatrix} x_1(t) \\ \vdots \\ x_n(t) \end{pmatrix}\ ;\quad u = \begin{pmatrix} u_1(t) \\ \vdots \\ u_n(t) \end{pmatrix}\ ;\quad f = \begin{pmatrix} f_1 \\ \vdots \\ f_n \end{pmatrix}$$

(Vgl. Bild 6.1-3.)

Dabei seien die Zufallsvariablen $u_i(t_k)$ voneinander unabhängig. Genauer seien die $u_i(t)$ weiße Rauschvorgänge, so daß die AKF Delta-

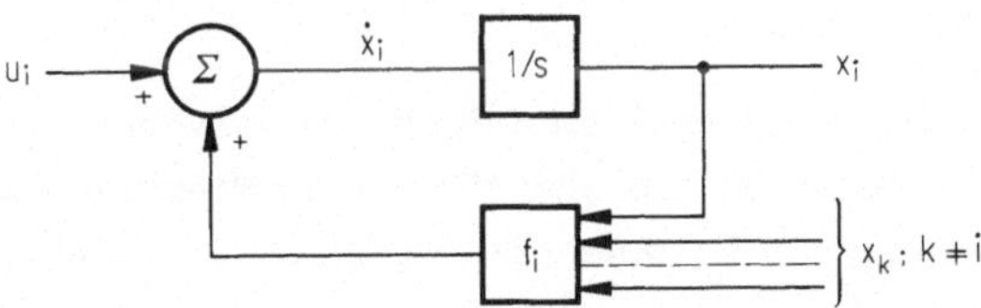

Bild 6.1-3. Blockschaltbild für eine vektorielle nichtlineare Dgl. 1. Ordnung.

funktionen sind und daher wegen Gl.(3.1-14) alle $Eu_i = 0$ sind. Außerdem seien die Zufallsvariablen $u_i(t_m)$ und $u_k(t_n)$ für beliebig eng
benachbarte t_m, t_n voneinander unabhängig. Also gilt für alle i und k

$$R_{u_i, u_k}(\tau) = E[u_i(t) \cdot u_k(t+\tau)] = c_{i,k}\,\delta(\tau)\,. \qquad (6.1\text{-}12)$$

Hieraus schließt man, daß jeder Systemzustand und damit seine auf die Vergangenheit bezogene bedingte Wahrscheinlichkeit nur von dem zeitlich unmittelbar vorherigen abhängt, d.h. daß $\{\mathbf{x}\}$ ein vektorieller einstufiger Markoff-Prozeß ist. [Vgl. Gl.(2.2-13).]

Berechnung von $\mathbf{a}$ und $\mathbf{B}$

Nun wird in die für die n-komponentige Form der Fokker-Planck-Gl. (6.1-7) hergeleiteten Formeln eingesetzt: Die Komponenten des Vektors $\mathbf{a}$ lauten nach Gl.(6.1-10)

$$a_i = \lim_{\Delta t \to 0} \frac{1}{\Delta t} \int_0^{\Delta t} E\{ f_i[\mathbf{x}(t+\tau)] + u_i(t+\tau) \,|\, \mathbf{x}(t)\} \, d\tau$$

$$= \lim_{\Delta t \to 0} \frac{1}{\Delta t} \int_0^{\Delta t} E_b f_i[\mathbf{x}(t+\tau)] \, d\tau \,,$$

da der bedingte Erwartungswert von u_i verschwindet, wie nun erläutert wird:

Zunächst ist nur der gewöhnliche Erwartungswert $E\,u_i = 0$. Im Falle des w.R. ist aber wegen der stochastischen Unabhängigkeit zwischen $u_i(t)$ und $u_i(t+\tau)$

$$p(u_i, t+\tau \,|\, x_i, t) = p_1(u_i, t+\tau)\,,$$

und als Folge davon ist der bedingte gleich dem gewöhnlichen Erwartungswert. [Da man bei w.R. zunächst nur Unkorreliertheit zwischen $u_i(t)$ und $u_i(t+\Delta t)$ verlangt, wird man für statistische Unabhängigkeit noch eine Zusatzforderung stellen, z.B., daß $\{u(t)\}$ Gaußisch ist.]

Hängt f_i stetig von t ab, so folgt aus Gl.(2.3-27)

$$\lim_{\tau \to 0} E_b f_i[\mathbf{x}(t+\tau)] = f_i[\mathbf{x}(t)]\,,$$

und aus einer Abschätzung des letzten Integrals folgt

$$a_i = f_i(\mathbf{x})\,. \tag{6.1-13}$$

Nun zur Berechnung der Elemente der Matrix **B** nach Gl. (6.1-11)!
Dabei ist (in etwas gekürzter Schreibweise) wegen der statistischen
Unabhängigkeit der u_i von den f_k

$$E_b[\dot{x}_i(t+\tau_i)\,\dot{x}_k(t+\tau_k)] = E_b\{[f_i(\mathbf{x})+u_i][f_k(\mathbf{x})+u_k]\}$$

$$= E_b[f_i f_k]+E_b[f_i]E_b[u_k]+E_b[f_k]E_b[u_i]+E_b[u_i u_k]$$

$$= E_b[f_i f_k]+E_b[u_i u_k]\,;$$

letzteres wegen

$$E_b[u_i] = E_b[u_k] = 0\,.$$

Nun ist zu bedenken, daß wegen der stochastischen Unabhängigkeit der
Zufallsvariablen von weißen Rauschprozessen

$$p(u_i+\Delta u_i,\Delta t\,;u_k+\Delta u_k,\Delta t\,|\,x_i,x_k) = p_2(u_i+\Delta u_i,\Delta t\,;u_k+\Delta u_k,\Delta t)\,.$$

Daher gilt [vgl. auch Gl. (6.1-12)]

$$E_b[u_i u_k] = E[u_i u_k]:= E[u_i(t+\tau_i)u_k(t+\tau_k)] = c_{i,k}\,\delta(\tau_i-\tau_k)\,.$$

Setzt man nun in Gl. (6.1-11) ein, so entsteht, falls die $f_i(\mathbf{x})$ be-
schränkt sind und damit $|E_b[f_i f_k]| < M = \text{const.}$, so daß

$$\left|\lim_{\Delta t\to 0}\frac{1}{\Delta t}\int_0^{\Delta t}\int_0^{\Delta t} E_b[f_i f_k]d\tau_i\,d\tau_k\right| \leq \lim_{\Delta t\to 0}\Delta t\,M = 0$$

ist,

$$b_{i,k} = \lim_{\Delta t\to 0}\frac{c_{i,k}}{\Delta t}\int_0^{\Delta t}\int_0^{\Delta t}\delta(\tau_i-\tau_k)d\tau_i\,d\tau_k\,.$$

So wird wegen

$$\int_0^{\Delta t} \delta(\tau_i - \tau_k)\,d\tau_i = 1 ; \quad \tau_i, \tau_k \leq \Delta t$$

schließlich

$$b_{i,k} = c_{i,k} . \qquad (6.1\text{-}14)$$

Beispiele:

1) System 1. Ordnung

Es sei

$$\dot{x}_1 = f_1(x_1) + u_1 \qquad (6.1\text{-}15)$$

mit

$$E\,u_1 = 0 ; \quad E[u_1(t + \tau)\,u_1(t)] = c_{1,1}\,\delta(\tau) , \qquad (6.1\text{-}16)$$

d.h. die Störfunktion $u_1(t)$ soll weißes Rauschen (mit dem Mittelwert 0) sein. Gesucht wird

$$p(x_1) := \lim_{\Delta t \to \infty} p(x_1, \Delta t \mid x_{01}) .$$

(x_1 bzw. x_{01} sind hier die ersten Komponenten der Vektoren $\mathbf{x}$ bzw. $\mathbf{x}_0$.) Man sucht also die Verteilungsdichte der Ausgangsgröße im stationären Zustand des Systems.

Hier lautet die Fokker-Planck-Gleichung wegen $\partial p / \partial(\Delta t) = 0$

$$- \frac{d}{dx_1}\,[a_1(x_1)p(x_1)] + \frac{1}{2}\,\frac{d^2}{dx_1^2}\,[b_{1,1}(x_1)p(x_1)] = 0 .\,^{[1]} \quad (6.1\text{-}17)$$

Das Einsetzen von

$$a_1(x_1) = f_1(x_1) ; \quad b_{1,1}(x_1) = c_{1,1} \qquad (6.1\text{-}18)$$

---

[1] Beim eindimensionalen Zustandsraum sind partielle Ableitungen überflüssig.

nach Gln. (6.1-13) und (6.1-14) und eine Integration über x_1 ergeben

$$f_1(x_1)p(x_1) - \frac{c_{1,1}}{2} \frac{d}{dx_1} p(x_1) = \tilde{C} = \text{const.},$$

wie man durch Differenzieren dieser Gleichung rasch bestätigt. Aus der Normierungsbedingung

$$\int_{-\infty}^{\infty} p(x_1)dx_1 = 1$$

ergeben sich die plausiblen Annahmen

$$\lim_{|x_1|\to\infty} p(x_1) = 0 \; ; \qquad \lim_{|x_1|\to\infty} \frac{d}{dx_1} p(x_1) = 0 .$$

Daraus folgt $\tilde{C} = 0$ und nach einer weiteren Integration (nach Trennung der "Variablen" p und x_1)

$$p(x_1) = \tilde{\tilde{C}} \exp\left[\frac{2}{c_{1,1}} \int_0^{x_1} f_1(\xi_1)d\xi_1 \right], \qquad (6.1\text{-}19)$$

wobei $\tilde{\tilde{C}}$ durch die Normierungsbedingung festgelegt ist.

Für eine lineare Charakteristik

$$f_1(x_1) = -k\,x_1$$

erhält man sofort

$$p(x_1) = \tilde{\tilde{C}} \exp\left(-\frac{kx_1^2}{c_{1,1}}\right); \quad \tilde{\tilde{C}} = \sqrt{k/(\pi c_{1,1})} ,$$

also eine Gaußverteilung. Da zwischen x_1 und u_1 ein linearer Zusammenhang besteht, wurde offenbar implizit vorausgesetzt, daß u_1 Gaußisches w.R. ist.

2) <u>System 2. Ordnung</u>

Gegeben sei ein lineares sog. F o l g e s y s t e m 2. Ordnung mit einer nichtlinearen A u f s c h a l t u n g der R e g e l a b w e i c h u n g gemäß Bild 6.1-4.

Eine mögliche Systembeschreibung lautet

$$f(w - x) = \ddot{x} + a\dot{x} + bx$$

und umgeschrieben für $\varepsilon = w - x$

$$\ddot{\varepsilon} + a\dot{\varepsilon} + b\varepsilon + f(\varepsilon) = \ddot{w} + a\dot{w} + bw =: u_2(t) .$$

Mit

$$x_1 := \varepsilon ,$$

$$\dot{x}_1 = x_2 ,$$

$$\dot{x}_2 = - ax_2 - bx_1 - f(x_1) + u_2$$

ist die Systembeschreibung nach Bild 6.1-3 gefunden, und die a_i bzw. $b_{i,k}$ können berechnet werden, sobald $\{w(t)\}$ näher spezifiziert ist,

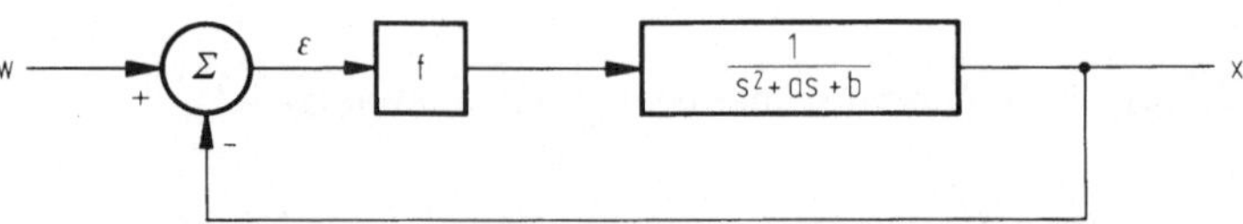

Bild 6.1-4. Nichtlineares (Regelungs-)System 2. Ordnung.

nämlich zumindest so weit, daß $\{\mathbf{x}(t)\}$ ein zweidimensionaler, stationärer Markoffprozeß ist: Dazu wird angenommen, daß $u_2(t)$ weißes Rauschen (mit dem Mittelwert 0) ist, also

$$R_{u_2}(\tau) = c_{2,2}\,\delta(\tau) .$$

Wegen $u_1(t) \equiv 0$ verschwinden alle übrigen Korrelationsfunktionen identisch in τ; d.h. nach Gl.(6.1-12) sind $c_{1,1} = c_{1,2} = c_{2,1} = 0$.

Somit ergeben sich nach Gl.(6.1-13)

$$a_1 = x_2 \, ,$$
$$a_2 = - ax_2 - bx_1 - f(x_1) \, ,$$

und nach Gl.(6.1-14)

$$b_{1,1} = b_{1,2} = b_{2,1} = 0 \, ,$$
$$b_{2,2} = c_{2,2} \, .$$

Daraus folgt für den **stationären** Fall die Fokker-Planck-Gleichung:

$$0 = - \frac{\partial}{\partial x_1} (a_1 p_2) - \frac{\partial}{\partial x_2} (a_2 p_2) + \frac{b_{2,2}}{2} \frac{\partial^2}{\partial x_2^2} p_2 \, ,$$

d.h.

$$0 = - \frac{\partial}{\partial x_1} [x_2 p_2(x_1,x_2)] - \frac{\partial}{\partial x_2} \{[- ax_2 - bx_1 - f(x_1)] p_2(x_1,x_2)\}$$

$$+ \frac{c_{2,2}}{2} \frac{\partial^2}{\partial x_2^2} p_2(x_1,x_2) \, .$$

Unter den im wesentlichen aus der Normierungsbedingung

$$\int_{-\infty}^{\infty} \int_{-\infty}^{\infty} p_2(x_1,x_2) \, dx_1 dx_2 = 1$$

als plausibel herleitbaren Annahmen

$$\lim_{\|\mathbf{x}\| \to \infty} p_2(\mathbf{x}) = 0 \, ; \qquad \lim_{\|\mathbf{x}\| \to \infty} \nabla p_2(\mathbf{x}) = \mathbf{0} \, ;$$

erhält man die (vernünftigerweise stets positive) Lösung

$$p_2(x_1,x_2) = \hat{C} \exp\left\{ -\frac{2a}{c_{2,2}} \left[\frac{x_2^2}{2} + b \frac{x_1^2}{2} + \int_0^{x_1} f(u) \, du \right] \right\} \, ; \quad \hat{C} = \text{const.} \, ,$$

$$(6.1-20)$$

wobei $\hat{C}$ aus der Normierungsbedingung folgt. Man bestätigt die Richtigkeit dieser Lösung wieder durch Differenzieren.

Interessant ist, daß aus diesem Ergebnis

$$p_1(x_2) = \int\limits_{-\infty}^{\infty} p_2(x_1,x_2)\,dx_1 \sim \exp\left[-\frac{a}{c_{2,2}}\,x_2^2\right],$$

folgt, d.h. daß die Verteilungsdichte der Änderungsgeschwindigkeit der Regelabweichung noch Gaußisch ist; nicht aber die der Regelabweichung ε selbst.

Schlußbetrachtung

Die "Methode der Fokker-Planck-Gleichung" liefert also exakte Angaben über die bedingte Verteilungsdichte des Zustandsvektors im Zustandsraum bzw. Bewegungsraum[1] bei solchen dynamischen Systemen, deren Lösungskurven als Musterfunktionen von vektoriellen Markoffprozessen angesprochen werden können. Dabei ist die Beschränkung auf extrem breitbandige Störgeräusche unwesentlich; notfalls wird ein zwischen einem Generator für weißes Rauschen und dem tatsächlichen Störeingang zu denkendes Formfilter in das System einbezogen.

Vorteile der Methode sind die bzgl. der Systeme große Allgemeinheit und die Exaktheit der Resultate. Ein wesentlicher Mangel ist die Tatsache, daß Verbundverteilungsdichten für zeitlich gegeneinander verschobene Signale und damit Korrelationsfunktionen nicht berechnet werden können. Damit ist der Anschluß an die für lineare Systeme so bequeme Methode der Berechnung von Leistungsspektren (ggf. nach Ausführung der nötigen Wiener-Khintchine-Transformationen) nicht vorhanden. Aber auch für lineare Systeme kann die Transformation der Verteilungsdichte durch nichttriviale Operatoren (Verzögerungsglieder usw.) interessant sein, wenn ausnahmsweise kein Gaußprozeß vorliegt; denn andernfalls kann man die in Gl.(2.4-1) einzusetzende Varianz mittels Gl.(3.2-5) aus der spektralen Leistungsdichte berechnen.

Kritisch ist jedenfalls der Rechenaufwand bei Systemen von mehr als 2. Ordnung, wo durchweg Iterationsverfahren auf Digitalrechnern programmiert werden müssen.

----

[1] Der um die Dimension Zeit erweiterte Zustandsraum.

Außerdem muß bei jeder Anwendung sorgfältig geprüft werden, ob die mittleren "Geschwindigkeiten" der Momente 3. und höherer Ordnung[1] der Komponenten des jeweiligen Prozesses wirklich verschwinden. Dieses Problem ist jedoch bei stetigen Prozessen unkritisch, wenn alle $\Delta x_i(\Delta t)$ mit $(\Delta t)^\beta$; $\beta > 1/2$ gegen 0 gehen.

6.1.4. Klassische Herleitung der Rückwärtsgleichung

(Vgl. z.B. GNEDENKO [1, S. 266-267] oder BHARUCHA-REID [1, S. 130].)

Bei der folgenden Herleitung der Schwestergleichung zur Fokker-Planck-Gl. können wir uns kurz fassen: Wir gehen aus von der Smoluchowski-Gl. in der Form

$$p(x_0|x, t-\Delta t) = \int_{-\infty}^{\infty} p(x_0|\xi, -t)p(\xi, -t|x, -t-\Delta t)\,d\xi$$

mit

$$p(\xi, -t|x, -t-\Delta t) = p(\xi|x, -\Delta t)$$

(vgl. dazu Bild 6.1-1 wegen der Spiegelung der Zeitachse) und von

$$p(x_0|x, -t) = \int_{-\infty}^{\infty} p(x_0|x, -t)\,p(\xi|x, -\Delta t)\,d\xi,$$

was aus der Normierungsbedingung für Verteilungsdichten folgt.

Bei Subtraktion beider Gln. voneinander und Division durch Δt ergibt sich der negative Differenzenquotient

$$\frac{p(x_0|x, -t-\Delta t)-p(x_0|x, -t)}{\Delta t} = \frac{1}{\Delta t} \int_{-\infty}^{\infty} [p(x_0|\xi, -t)-p(x_0|x, -t)]p(\xi|x, -\Delta t)\,d\xi.$$

$$(6.1-21)$$

---

[1] Gemeint sind die A_k von Gl.(6.1-4) bzw. allgemeiner die a_i von Gl.(6.1-8) für $i,k \geqslant 3$.

Die eckige Klammer im Integranden ersetzt man durch eine Taylorreihe. Diese lautet

$$p(x_0 \mid \xi, -t) - p(x_0 \mid x, -t) = (\xi - x) \frac{\partial}{\partial x} p(x_0 \mid x, -t)$$

$$+ \frac{1}{2} (\xi - x)^2 \frac{\partial^2}{\partial x^2} p(x_0 \mid x, -t) + \ldots$$

Bei dem nun folgenden Grenzübergang $\Delta t \to 0$ wird angenommen, daß
die Glieder höherer Ordnung der Taylorreihe bei Mittelung trotz Division durch Δt keinen Beitrag zur rechten Seite von Gl. (6.1-21) geben,
d.h. die Ausdrücke [vgl. Gl. (6.1-4)]

$$\widetilde{A}_k(x) := \lim_{\Delta t \to 0} \frac{1}{\Delta t} \int_{-\infty}^{\infty} (\xi - x)^k \, p(\xi \mid x, -\Delta t) \, d\xi$$

sollen für $k \geq 3$ verschwinden. Dann wird für $\Delta t \to 0$ aus Gl. (6.1-21)
die auf die eher auftretende bedingende Variable bezogene Gl.

$$\frac{\partial}{\partial t} p(x_0 \mid x, -t) = - \widetilde{A}_1(x) \frac{\partial}{\partial x} p(x_0 \mid x, -t) - \frac{1}{2} \widetilde{A}_2(x) \frac{\partial^2}{\partial x^2} p(x_0 \mid x, -t) .$$

$$(6.1-22)$$

6.2. Stochastische Differential- und Integralgleichungen

Wir kommen nun zu der heiklen Frage, was bei Dgln. mit stochastischen Störungen insbesondere, wenn die Störfunktionen Musterfunktionen (Realisierungen) von weißem Rauschen (oder zulässigen, realisierbaren Näherungen davon) sind, als Lösung anzusehen ist. Dieses
Problem soll vorsichtig Schritt für Schritt angegangen werden. Wir
werden mit dem Begriff der quadratischen Konvergenz und
dem der Differenzierbarkeit im quadratischen Mittel
beginnen und uns über ein zwar streng genommen nur heuristisches,
aber dafür ausführliches Studium der eindimensionalen Brownschen
Bewegung (sog. Wienerprozeß) zu Itoschen und verwandten Integralen
vorarbeiten, die erst ein echtes Verständnis für die Bedeutung stochastischer Dgln. ermöglichen.

Eine umfassende Darstellung dieses Problemkreises findet man bei ARNOLD [1]; man vergleiche auch WONG [1].

6.2.1. Konvergenz im quadratischen Mittel

Wir definieren nun eine Erweiterung des Begriffs der Stetigkeit einer Funktion, welche für Musterfunktionen besonders gut geeignet ist. Der erweiterte Begriff gestattet eine Stetigkeitsaussage über Musterfunktionen aus einer ähnlichen Aussage über die zugeordnete AKF. Und zwar folgt aus der für stationäre Prozesse gültigen Gl.

$$E[x(t+\varepsilon) - x(t)]^2 = E\,x^2(t+\varepsilon) - 2\,E[x(t)x(t+\varepsilon)] + E\,x^2(t)$$

$$= 2[R(0) - R(\varepsilon)] \qquad (6.2\text{-}1)$$

der Satz: Ein stationärer Prozeß ist genau dann im quadratischen Mittel stetig, d.h.

$$\lim_{\varepsilon \to 0} E[x(t+\varepsilon) - x(t)]^2 = 0 , \qquad (6.2\text{-}2)$$

wenn seine AKF $R(\tau)$ bei $\tau = 0$ (im üblichen Sinne) stetig ist. Interessanterweise folgt aus der Stetigkeit von $R(\tau)$ bei $\tau = 0$ dasselbe für alle τ, denn (vgl. DOOB [1, S. 519]) nach der Schwarzschen Ungl. ist

$$|R(\tau+\varepsilon) - R(\tau)| := E\,|\{x(0)\,[x(\tau+\varepsilon) - x(\tau)]\}|$$

$$\leqslant \sqrt{E\,x^2(0)\,E[x(\tau+\varepsilon) - x(\tau)]^2}$$

$$= \sqrt{2\,R(0)\,[R(0) - R(\varepsilon)]} . \qquad (6.2\text{-}3)$$

Soweit die Stetigkeit im Quadratmittel; nun zur Differenzierbarkeit, wobei wir im wesentlichen die AKF von differenzierten Prozessen betrachten wollen:

Wenn die einzelne Musterfunktion differenzierbar ist, so ist es bei einem stationären Prozeß kein Problem, auf Grund von Gl.(3.3-3a) und der Differenzierregel der $\mathfrak{F}$-Transformation (vgl. Abschn.1.3) die AKF des differenzierten Prozesses anzugeben. Man erhält aus

$$S_{\dot{x}}(\omega) = \omega^2 S_x(\omega) = -(j\omega)^2 S_x(\omega) \qquad (6.2\text{-}4)$$

sofort

$$R_{\ddot{x}}(\tau) = - \frac{d^2}{d\tau^2} R_x(\tau) \, . \qquad (6.2\text{-}4a)$$

Diese Gl. wird bei $\tau = 0$ problematisch, da dort wegen der Gradheit jeder AKF (vgl. Abschn.3.1.1) nicht immer eine Ableitung existiert. Genauer folgt aus den Taylorreihen (für $\varepsilon > 0$)

$$R(\varepsilon) = R(0) + \varepsilon R'(+0) + \frac{1}{2} \varepsilon^2 R''(+0) + \dots \qquad (6.2\text{-}5)$$

und

$$R(-\varepsilon) = R(0) - \varepsilon R'(-0) + \frac{1}{2} \varepsilon^2 R''(-0) + \dots \qquad (6.2\text{-}5a)$$

wegen $R(\varepsilon) = R(-\varepsilon)$, daß

$$\varepsilon R'(+0) + \dots = - \varepsilon R'(-0) + \dots$$

und nach Division durch ε für $\varepsilon \to 0$:

$$R'(+0) = - R'(-0) \, , \qquad (6.2\text{-}6)$$

was mit der Anschauung übereinstimmt.

Ebenso zeigt man, daß, obwohl $R''(0)$ nicht immer existiert,

$$R''(+0) = R''(-0) \, . \qquad (6.2\text{-}7)$$

Außerdem kann man $R''(\pm 0)$ auch als Grenzwert eines Differenzenquotienten zweiter Ordnung (sog. Schwarzsche Ableitung) definieren und zwar gemäß

$$R''(\pm 0) := \lim_{\varepsilon \to 0} \left\{ \left[\frac{R(\varepsilon) - R(0)}{\varepsilon} - \frac{R(0) - R(-\varepsilon)}{\varepsilon} \right] / \varepsilon \right\}$$

$$= 2 \cdot \lim_{\varepsilon \to 0} \frac{R(\varepsilon) - R(0)}{\varepsilon^2} \, . \qquad (6.2\text{-}8)$$

Das gilt jedoch nach Gl.(6.2-5) nur für den Sonderfall $R'(+0) = 0$, d.h. wegen Gl.(6.2-6) für $R'(0) = 0$.

Wegen Gl.(6.2-7) ist Gl.(6.2-4a) für eine einseitige Differentiation auch bei $\tau = 0$ sinnvoll. Gilt diese Gl. aber auch für nicht differenzierbare Musterfunktionen?

Um den Begriff der Differenzierbarkeit zu erweitern, betrachtet man
zunächst, nach einer Vertauschung von Grenzprozessen (vgl. z.B.
JAZWINSKI [1, Kap.3])

$$R_{\dot{x}}(\tau) := \lim_{\varepsilon_1, \varepsilon_2 \to 0} E\left[\frac{x(t+\varepsilon_1)-x(t)}{\varepsilon_1} \cdot \frac{x(t+\tau+\varepsilon_2)-x(t+\tau)}{\varepsilon_2} \right] \qquad (6.2-9)$$

und versucht eine Deutung hiervon im Falle, daß die Musterfunktion
x(t) nicht differenzierbar ist. Dazu definiert man D i f f e r e n z i e r -
b a r k e i t i m q u a d r a t i s c h e n M i t t e l durch

$$\lim_{\varepsilon \to 0} E\left[\frac{x(t+\varepsilon) - x(t)}{\varepsilon} - \widetilde{x}(t) \right]^2 = 0 , \qquad (6.2-10)$$

wobei sich $\widetilde{x}$ i. allg. nicht durch Differenzieren einer Musterfunktion
ergibt. Aus dem Cauchyschen K o n v e r g e n z k r i t e r i u m folgt als
gleichwertige Definition

$$\lim_{\varepsilon_1, \varepsilon_2 \to 0} E\left[\frac{x(t+\varepsilon_1)-x(t)}{\varepsilon_1} - \frac{x(t+\varepsilon_2)-x(t)}{\varepsilon_2} \right]^2 = 0 . \qquad (6.2-11)$$

Dabei ist der Ausdruck in der eckigen Klammer für ein und dieselbe
Musterfunktion zu bilden. Mit der Abkürzung

$$q_i := [x(t+\varepsilon_i) - x(t)]/\varepsilon_i$$

für den D i f f e r e n z e n q u o t i e n t e n ist also zu zeigen, daß

$$\lim_{\varepsilon_1, \varepsilon_2 \to 0} E(q_1-q_2)^2 = \lim_{\varepsilon_1, \varepsilon_2 \to 0} \left[E q_1^2 - 2E(q_1 q_2) + E q_2^2 \right] = 0 . \qquad (6.2-11a)$$

Aus Gl.(6.2-1) folgt sofort für i = 1 und 2, daß im Falle $R_x'(0) = 0$

$$\lim_{\varepsilon_i \to 0} E q_i^2 = 2 \lim_{\varepsilon_i \to 0} \left\{ [R_x(0) - R_x(\varepsilon_i)]/\varepsilon_i^2 \right\} = -R_x''(0) , \qquad (6.2-12)$$

letzteres wegen der Definitionsgl.(6.2-8) für R''(± 0). Analog ist

$$\lim_{\varepsilon_1,\varepsilon_2 \to 0} E(q_1 q_2) = \lim_{\varepsilon_1,\varepsilon_2 \to 0} \left\{ [R_x(\varepsilon_2-\varepsilon_1) - R_x(\varepsilon_2) + R_x(0) - R_x(\varepsilon_1)]/(\varepsilon_1\varepsilon_2) \right\}$$

$$= -\lim_{\varepsilon_1,\varepsilon_2 \to 0} \left\{ \left[\frac{R_x(\varepsilon_2)-R_x(\varepsilon_2-\varepsilon_1)}{\varepsilon_1} - \frac{R_x(0)-R_x(-\varepsilon_1)}{\varepsilon_1} \right] / \varepsilon_2 \right\}$$

$$= -\lim_{\varepsilon_2 \to 0} \left\{ [R_x'(\varepsilon_2) - R_x'(-0)]/\varepsilon_2 \right\} = -R_x''(+0) ,$$

$$(6.2-13)$$

wieder zunächst nur im Falle $R_x'(0) = 0$.[1] Setzt man nun Gln.(6.2-12) und (6.2-13) in Gl.(6.2-11a) ein, so erkennt man, daß aus der Existenz von $R_x''(0)$ nach Gl.(6.2-8) die Differenzierbarkeit im quadratischen Mittel folgt. Weiter folgt aus der Schreibweise

$$R_{\dot{x}}(\tau) := \lim_{\varepsilon_1,\varepsilon_2 \to 0} \left\{ \frac{1}{\varepsilon_1\varepsilon_2} [R_x(\tau+\varepsilon_2-\varepsilon_1) - R_x(\tau-\varepsilon_1) - R_x(\tau+\varepsilon_2) + R_x(\tau)] \right\}$$

für Gl.(6.2-9) durch Vergleich mit Gl.(6.2-13) sofort, daß Gl.(6.2-4a) auch gilt, wenn $\dot{x}(t)$ nicht im gewöhnlichen Sinne existiert, solange $R_x'(0) = 0$ ist.

Zur **Übung** zeige man, daß allgemeiner für instationäre Prozesse

$$R_{\dot{x},x}(t_1,t_2) = \frac{\partial}{\partial t_1} R_x(t_1,t_2) \tag{6.2-14}$$

und

$$R_{\dot{x}}(t_1,t_2) = \frac{\partial^2}{\partial t_1 \partial t_2} R_x(t_1,t_2) . \tag{6.2-15}$$

Beweise für den Fall, daß $\dot{x}$ nur im quadratischen Mittel existiert, findet man bei JAZWINSKI [1].

---

[1] Vgl. PAPOULIS [2, S. 315].

Sehr viel einfacher werden die obigen Differentiationen, bei stationären Prozessen mit sämtlich differenzierbaren Musterfunktionen. Dann ist z.B.

$$R_{x,\dot{y}}(\tau) := E[x(t)\,\dot{y}(t+\tau)] = E[x(0)\,\dot{y}(\tau)]$$

$$= E\,\frac{d}{d\tau}\,[x(0)\,y(\tau)] = \frac{d}{d\tau}\,E[x(0)\,y(\tau)]$$

$$= \frac{d}{d\tau}\,R_{x,y}(\tau)\,. \tag{6.2-16}$$

Hieraus folgt übrigens eine Möglichkeit zum Auffinden unkorrelierter Zufallsvariabler, denn $x(t-\tilde{\tau})$ und $\dot{y}(t)$ sind unkorreliert, wenn die Ableitung der KKF von $\{x\}$ und $\{y\}$ bei $\tau = \tilde{\tau}$ verschwindet.

Zum weiteren Arbeiten mit Prozessen $\{x(t)\}$, die im quadratischen Mittel differenzierbar sind, beachte man, daß gemäß Definition (6.2-10)

$$x(t + \varepsilon) - x(t) = \tilde{\dot{x}}(t)\,\varepsilon + \eta\,. \tag{6.2-17}$$

Dabei gilt für die durch Gl.(6.2-17) definierte Zufallsvariable η

$$E\,\eta^2 = o(\varepsilon^2)\,, \tag{6.2-18}$$

denn nach Gl.(6.2-10) soll

$$E\left[\frac{x(t+\varepsilon)-x(t)}{\varepsilon} - \tilde{\dot{x}}\right]^2 = E\,\eta^2/\varepsilon^2$$

mit $\varepsilon \to 0$ verschwinden. Interessant ist auch, daß nach Gl.(6.2-17)

$$E\left[\frac{x(t+\varepsilon)-x(t)}{\varepsilon}\right]^2 = \tilde{\dot{x}}^2 + \frac{2}{\varepsilon}\,\tilde{\dot{x}}E\,\eta + \frac{1}{\varepsilon^2}\,E\,\eta^2\,,$$

so daß als Definition für $\tilde{\dot{x}}$

$$\lim_{\varepsilon\to 0} E\left[\frac{x(t+\varepsilon)-x(t)}{\varepsilon}\right]^2 = \tilde{\dot{x}}^2$$

gilt, falls neben Gl.(6.2-18) noch

$$E\,\eta = o(\varepsilon) \tag{6.2-19}$$

gilt.

6.2.2. Wiener-(Brown)-scher Prozeß

In Abschn.6.1 wurde gezeigt: Bei der Untersuchung "verrauschter"
dynamischer Systeme kann man bei geeigneter Erweiterung der Systeme im Prinzip immer erreichen, daß die auf das neue System ein-
wirkende äußere Störung weißes Rauschen ist. Dieses natürlich nur
genähert richtige Denkmodell führt dazu, daß die Zufallsprozesse an
den verschiedenen Stellen im Innern des Systems Komponenten gewisser vektorieller Markoffprozesse sind, so daß nicht nur wie in
Abschn.3.3 Korrelationsfunktionen, sondern, vermittels der Dgln.
von Kolmogoroff, auch Verteilungsfunktionen bestimmt werden können.
Das motiviert unser starkes Interesse am w.R.. Dabei ist das "Zeitintegral" des weißen Gaußschen Rauschens, der sog. Wiener-(Levy-)
oder Brownsche Prozeß von grundlegender Bedeutung. Mit diesem Zufallsprozeß $\{w(t)\}$ wollen wir uns nun beschäftigen.

Bei stochastischen Dgln., insbesondere sog. Langevin-Gln., wird als
Störfunktion gewöhnlich weißes Rauschen angenommen oder, anders
ausgedrückt, man nimmt weißes Rauschen $u(t)$ als Eingangsgröße
von linearen Übertragungssystemen an. Man fragt sich dann, was sog.
s t o c h a s t i s c h e (Wienersche) I n t e g r a l e , die man im skalaren
Fall nach Gl.(1.1-4) formal als

$$I(t) = \int_0^t g(t-\tau)u(\tau)d\tau =: \int_0^t h(t,\tau)^1 \, dw(\tau) ; \quad w(t) := \int_0^t u(\tau)d\tau \quad (6.2\text{-}20)$$

schreibt, bedeuten sollen, da $u(t)$ nicht v o n b e s c h r ä n k t e r V a -
r i a t i o n ist. (Diese Integrale werden z.B. bei DOOB [1, S. 426ff.]
gründlich behandelt, ebenso im 2. Kapitel von SKOROKHOD [1].) Zunächst ist für stückweise konstante (treppenförmige) $h(t,\tau)$ mit
Sprungstellen bei τ_i

$$I(t) := \sum_i h(t,\tau_i)[w(\tau_{i+1}) - w(\tau_i)] . \quad (6.2\text{-}21)$$

Beliebige $h(t,\tau)$ werden als Grenzkurven geeigneter Folgen von Treppenfunktionen aufgefaßt.

---

[1] $h(t,\tau)$ ist nicht zu verwechseln mit der Ü b e r g a n g s f u n k t i o n .

Wir betrachten zunächst den Fall $g(t) = 1(t)$ [nach Gl.(1.1-3)]. Hier wird nach Wiener (vgl. DOOB [1,S. 426ff.]) definiert, daß

$$I(t) = w(t) := \lim_{\max(t_{i+1}-t_i)\to 0} \sum_{i=1}^{\infty} [u(t_{i+1})-u(t_i)] . \qquad (6.2-22)$$

Faßt man u in Gl.(6.2-20) als integrabel auf, so erhält man (heuristisch) die Korrelationsfunktion von $\{w\}$ und zwar wegen der bekannten Beziehungen $E\,u = 0$, $R_u(t,\tau) = \sigma^2\,\delta(t-\tau)$ als

$$R_w(t,\tau) = \sigma^2 \int_0^t\int_0^\tau \delta(\tau'-t')\,d\tau'\,dt' = \sigma^2\min(t,\tau) . \qquad (6.2-23)$$

Dabei ist plausibel, daß das Ergebnis nur vom kleineren der Werte t und τ abhängt, denn der Integrand ist nur auf der Geraden $t' = \tau'$ von Bild 6.2-1 von 0 verschieden.

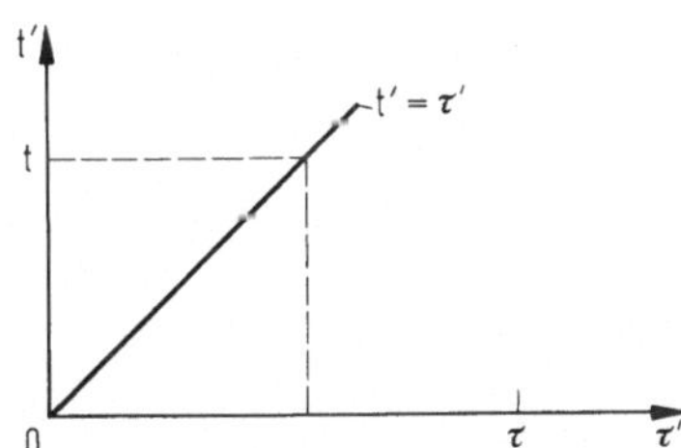

Bild 6.2-1. Zur Bestimmung der AKF des Wienerprozesses.

Das genaue Resultat folgt bei formaler Anwendung der Formel für die Umwandlung eines Doppelintegrals über Funktionen von der Differenz der beiden Variablen in ein Einfachintegral Gl.(4.3-6a) mit $t_2 = \min(t,\tau)$; $f = \delta$, und das Einfachintegral verschwindet durch die **Ausblendeigenschaft** der δ-Funktion. Speziell folgt aus Gl.(6.2-23), daß die Varianz des Wienerprozesses zeitproportional ist, d.h. der Prozeß ist instationär mit

$$R_w(t,t) = \sigma^2_{w(t)} = \sigma^2 t ; \quad w(0) = 0 . \qquad (6.2-24)$$

Außerdem ist der Wienerprozeß Gaußisch. Er gehorcht nämlich, weil $\dot w = u$ ist und, weil in der Schreibweise von Gl.(6.1-15) $f(x) \equiv 0$ ist, nach Gln. (6.1-17) und (6.1-18) der Fokker-Planck-Gl.

$$\frac{\partial p(x,t\,|\,0,0)}{\partial t} = \frac{\sigma^2}{2}\,\frac{\partial^2 p(x,t\,|\,0,0)}{\partial x^2}\;;\;\lim_{t\to 0} p(x,t\,|\,0,0) = \delta(x) \qquad (6.2\text{-}25)$$

mit der Lösung

$$p(x,t\,|\,0,0) = \frac{1}{\sqrt{2\pi t}\,\sigma}\,\exp[-x^2/(2t\sigma^2)]\,, \qquad (6.2\text{-}26)$$

was der Leser zur **Übung** nachprüfen möge.

Dieses Resultat wird z.B. bei PAPOULIS [2, S. 293] mittels völlig anderer Überlegungen plausibel gemacht.

Weiterhin hat der Wienerprozeß orthogonale Zuwächse, denn wegen Gl. (6.2-23) ist für $t_1 < t_2 < t_3 < t_4$

$$E\{[w(t_2)-w(t_1)][w(t_4)-w(t_3)]\} =$$
$$= R_w(t_2,t_4)-R_w(t_2,t_3)-R_w(t_1,t_4)+R_w(t_1,t_3)$$
$$= \sigma^2(t_2-t_2-t_1+t_1) = \sigma^2(0) = 0\,. \qquad (6.2\text{-}27)$$

Daraus und mit Gl. (6.2-24) kann man übrigens ebenfalls die AKF von $\{w\}$ bestimmen: Wegen $w(0) = 0$ ist nach Gl. (6.2-27) für $t_1 = 0$, $t_2 = t_3$

$$E\{w(t_2)[w(t_4) - w(t_2)]\} = 0\,.$$

Also wird wegen $E\,w^2(t_2) = \sigma^2 t_2$ nach Gl. (6.2-24)

$$R_w(t,\tau) = \begin{cases} E\{w(t)[w(\tau)-w(t)]\} + E\,w^2(t) = \sigma^2 t \;\text{ für }\; t < \tau, \\[2ex] E\{w(\tau)[w(t)-w(\tau)]\} + E\,w^2(\tau) = \sigma^2 \tau \;\text{ für }\; \tau < t. \end{cases}$$

Schließlich sind die Musterfunktionen $w(t)$ nicht differenzierbar, aber stetig. Daß Differenzierbarkeit nicht einmal im quadratischen Mittel

vorliegt, erkennt man daran, daß nach Gl.(6.2-24) mit l.i.m. für Limes im (quadratischen) Mittel

$$\text{l.i.m.}_{t\to 0} \; [w(t)/t] := \lim_{t\to 0} \sqrt{E\,w^2(t)/t^2} = \lim_{t\to 0} \sigma/\sqrt{t} = \infty \; .$$

Explizit lautet die bedingte Verteilungsdichte eines Wienerprozesses nach Gl.(6.2-26)

$$p(w_t|w_\tau) = \frac{1}{\sigma\sqrt{2\pi(t-\tau)}} \; \exp\left[-\frac{(w_t - w_\tau)^2}{2(t-\tau)\sigma^2} \right] \; .$$

Man erkennt, daß ein Zuwachs $\Delta w = w_t - w_\tau$ von der bedingenden Variablen w_τ nicht statistisch abhängt. Das ist verständlich, denn zwei orthogonale Variablen mit verschwindenden Erwartungswerten sind immer unkorreliert und damit im Gaußschen Falle statistisch unabhängig voneinander.

6.2.3. Stochastische Integrale nach Ito bzw. Stratonovich

In Abschn.6.2.2 wurden schon stochastische Integrale und zwar solche vom Wienerschen Typ eingeführt. Hier wird eine wesentliche Erweiterung betrachtet, die man dann erhält, wenn die Funktion h in Gl.(6.2-20) auch noch von einem Zufallsprozeß, insbesondere einem durch dynamische Transformation von weißem Rauschen erzeugten, abhängt.

Wir betrachten zunächst eine statische nichtlineare Transformation F eines Wienerprozesses mit der Taylorentwicklung

$$F[w(t+\Delta t)] = F[w(t)] + F'[w(t)]\Delta w(t) + F''[w(t)][\Delta w(t)]^2/2 + \dots \; ,$$

wobei $\Delta w(t) := w(t+\Delta t) - w(t)$ mit

$$E\Delta w(t) = 0, \quad E[\Delta w(t)]^2 = \Delta t \; . \qquad (6.2\text{-}28)$$

[Die Varianz der Zuwächse wird also zu 1 angenommen; vgl. Gl. (6.2-24).] Deutet man den folgenden rechtsseitigen Differentialquotienten wie üblich als Grenzwert eines Differenzenquotienten, so wird aus der obigen Gl. für $F[w(t+\Delta t)]$ wegen Gl.(6.2-28) einerseits

$$E\left\{\frac{d}{dt}F[w(t)]\right\} = \frac{1}{2}E\,F''[w(t)] + \dots . \qquad (6.2\text{-}29)$$

Andererseits erhält man bei formaler Anwendung der Kettenregel

$$dF[w(t)] = F'[w(t)]\,dw(t) .$$

Da aber $\{w(t)\}$ nach Gl.(6.2-27) ein Prozeß mit unabhängigen Zuwächsen ist, gilt weiter

$$E\,dF[w(t)] = E\,F'[w(t)]\,E\,dw(t) .$$

Daraus folgt nun wegen $E\,dw(t) = 0$ nach Gl.(6.2-28)

$$E\left\{\frac{d}{dt}F[w(t)]\right\} = 0 ,$$

was Gl.(6.2-29) offensichtlich widerspricht. Die Diskrepanz der Resultate wird offenbar dadurch bewirkt, daß in der Taylorentwicklung von F der Term mit der zweiten Ableitung im Mittel nicht gegen den mit der ersten Ableitung vernachlässigbar ist. Gelöst wird dieses Problem durch eine nach ITO [1] benannte spezielle Differenzierregel für transformierte Zufallsvariablen von Wienerprozessen. Im obigen Fall gilt mit dem Index I für Ito (das sog. Ito-Differential)

$$d_I F[w(t)] = F'[w(t)]\,dw(t) + \frac{1}{2}F''[w(t)]\,dt . \qquad (6.2\text{-}30)$$

Wenn für die den Ito-Differentialen zugeordneten Ito-Integrale der **Hauptsatz der Differential- und Integralrechnung** auch gelten soll, also [mit (I) für Ito]

$$\int_{t_0}^{t_1} (I)\,d_I F[w(t)] = F[w(t_1)] - F[w(t_0)] ,$$

so folgt mit

$$F'(x) := f(x)$$

aus Gl. (6.2-30)

$$\int_{t_0}^{t_1} (I)\, f[w(t)]\,dw(t) := F[w(t_1)] - F[w(t_0)] - \frac{1}{2} \int_{t_0}^{t_1} f'[w(t)]\,dt. \quad (6.2\text{-}31)$$

Im Gegensatz hierzu steht eine "naive" Definition für stochastische Integrale nach STRATONOVICH [1] nämlich [mit (S) für Stratonovich]

$$\int_{t_0}^{t_1} (S)\, f[w(t)]\,dw(t) := \int_{w(t_0)}^{w(t_1)} f(u)\,du := F[w(t_1)] - F[w(t_0)]. \quad (6.2\text{-}32)$$

Der Vergleich der letzten beiden Gln. liefert sofort den folgenden Zusammenhang zwischen beiden Typen von Integralen

$$\int (I)\, f[w(t)]\,dw(t) = \int (S)\, f[w(t)]\,dw(t) - \frac{1}{2} \int f'[w(t)]\,dt.$$

Ein einfaches Beispiel für ein Ito-Integral erhält man, wenn f die identische Abbildung ist, gemäß Gl. (6.2-31) als

$$\int_{t_0}^{t_1} (I)\, w(t)\, dw(t) = w^2(t_1)/2 - w^2(t_0)/2 - (t_1 - t_0)/2. \quad (6.2\text{-}33)$$

(Vgl. auch DOOB [1, S. 444].) Man kann die Gültigkeit dieser Beziehung, wenigstens für den Erwartungswert, auf elementare Eigenschaften des Wienerprozesses zurückführen: Da das Itointegral eine linearer Operator ist, gilt

$$E \int (I) \ldots = \int (I)\, E \ldots .$$

Nun ist wegen Gl. (6.2-27)

$$E[w(t)\, dw(t)] = E\,w(t)\, E\,dw(t) = 0 .$$

Sinnvollerweise verschwindet aber ein Itointegral, dessen Integrand identisch null ist. Also ist der Erwartungswert der linken Seite von Gl. (6.2-33) null. Andererseits sind nach Gl. (6.2-28)

$$E\, w^2(t_0) = t_0, \quad E\, w^2(t_1) = t_1,$$

womit auch der Erwartungswert der rechten Seite von Gl. (6.2-33) verschwindet. Demgegenüber ist nach Stratonovich

$$E \int_{t_0}^{t_1} (S)\, w(t)\, dw(t) = (t_1 - t_0)/2 \neq 0.$$

Offenbar ist bei diesem Integraltyp $dw(t)$ nicht statistisch unabhängig von $w(t)$, und tatsächlich definiert Stratonovich $dw(t)$ als Grenzwert für $\Delta t \to 0$ von

$$\Delta_S w(t) := w(t + \Delta t/2) - w(t - \Delta t/2),$$

was [bei einem Wienerprozeß $\{w(t)\}$] von $w(t)$ abhängt.

Bei der Definition des Itointegrals als Grenzwert einer Summe gemäß

$$\int_0^T (I)\, x(t)\, dw(t) := \lim_{\min(t_k - t_{k-1}) \to 0} \sum_{k=1}^{\infty} x(t_{k-1})\, [w(t_k) - w(t_{k-1})]$$

ist zu beachten, daß x immer zu Beginn jedes Zeitintervalls genommen wird und daß $x(t_k)$ und $\Delta w(t_k)$ statistisch unabhängig voneinander sind. Außerdem wird von $x(t)$ die quadratische Integrierbarkeit verlangt, also

$$\int_0^T x^2(t)\, dt < \infty.$$

Nachdem somit ein erster Einblick in die moderne stochastische Analysis gewonnen wurde, sollen nun einige zur Beschreibung dynamischer Systeme typische Dgln. untersucht werden.

6.2.4. Stochastische Differentialgleichungen mit weißem Rauschen als Störfunktion

Ein recht allgemeines mathematisches Modell für dynamische Systeme mit Rauschen hat die Form der stochastischen Dgl.

$$\dot{\mathbf{x}}(t) = \mathbf{f}[\mathbf{x}(t),t] + \mathbf{H}[\mathbf{x}(t),t]\,\mathbf{u}(t)\,, \qquad (6.2\text{-}34)$$

wobei $\mathbf{x}$ und $\mathbf{f}$ n-komponentige Vektoren sind, $\mathbf{H}$ eine n·m-Matrix und $\mathbf{u}$ ein m-Vektor aus weißem Rauschen. Modelle mit sog. farbigem Rauschen mögen bereits so um ein Formfilter erweitert sein, daß die stochastischen Eingangsgrößen des neuen Modells sämtlich weiße Rauschvorgänge sind, und zwar seien es speziell Gaußprozesse mit dem Erwartungswert $\mathbf{0}$ und der Kovarianzmatrix

$$E\left[\mathbf{u}(t_1)\,\mathbf{u}^T(t_2)\right] =: \mathbf{Q}(t_1)\,\delta(t_1 - t_2)\,. \qquad (6.2\text{-}35)$$

Linearer vektorieller Fall

Besonders einfach ist die Behandlung solcher Dgln. natürlich wieder im linearen Fall, wo (alles abhängig von t)

$$\dot{\mathbf{x}} = \mathbf{A}\,\mathbf{x} + \mathbf{B}\,\mathbf{u}$$

mit der formalen Lösung Gl.(1.2-11). Diese Lösung ist deshalb formal, weil bei weißem Rauschen das Riemann-Integral zunächst keinen Sinn hat. Allerdings interessieren normalerweise nicht die einzelnen Musterfunktionen des Prozesses $\{\mathbf{x}\}$, sondern überwiegend die Verteilung von $\mathbf{x}(t)$ und die AKF. Verteilungen bzw. deren Dichten erhält man als Lösungen von Fokker-Planck-Gln.. Die AKF bzw. die Korrelationsmatrix wird nun bestimmt. Da $\mathbf{u}(t)$ und $\mathbf{x}(\tau)$ für alle Paare von Zeitpunkten t,τ (mit $\tau < t$) unkorreliert sind [vgl. 1.Zeile von Gl.(6.2-38), wo dieses Ergebnis nachgetragen ist], wird nach Gl.(1.2-11) mit

$\widetilde{\mathbf{R}}(t) := \mathbf{R}_{\mathbf{x}}(t,t)$ speziell für $\mathbf{B} = \mathbf{I}$ und die Übergangsmatrix $\emptyset$

$$\mathbf{R}_{\mathbf{x}}(t_1,t_2) := E\left[\mathbf{x}(t_1)\mathbf{x}^T(t_2)\right]$$

$$= \emptyset(t_1,t_0)\widetilde{\mathbf{R}}(0)\emptyset^T(t_2,t_0)$$

$$+\int_{t_0}^{t_1}\int_{t_0}^{t_2}\emptyset(t_1,\tau_1)\mathbf{Q}(\tau_1)\delta(\tau_1-\tau_2)\emptyset^T(t_2,\tau_2)d\tau_2\,d\tau_1$$

$$= \emptyset(t_1,t_0)\widetilde{\mathbf{R}}(0)\emptyset^T(t_2,t_0)+\int_{t_0}^{\min(t_1,t_2)}\emptyset(t_1,\tau)\mathbf{Q}(\tau)\emptyset^T(t_2,\tau)d\tau.\,^{[1]}$$

$$(6.2\text{-}36)$$

[Zwei weitere Summanden verschwinden wegen Gl.(6.2-35).] Zur **Übung** berechne man $\mathbf{R}_{\mathbf{x}}(t_1,t_2)$ für $\mathbf{B} \neq \mathbf{I}$.

Als Nachtrag und für spätere Verwendung bestimmen wir noch die Kreuzkovarianzmatrix

$$\mathbf{R}_{\mathbf{x},\mathbf{u}}(t_1,t_2) := E\left[\mathbf{x}(t_1)\,\mathbf{u}^T(t_2)\right]$$

für beliebige t_1,t_2, obwohl sie oben nur für $t_1 < t_2$ gebraucht wurde. Einsetzen von $\mathbf{x}(t_1)$ nach Gl.(1.2-11) liefert allgemein

$$\mathbf{R}_{\mathbf{x},\mathbf{u}}(t_1,t_2) = \emptyset(t_1,t_0)\mathbf{R}_{\mathbf{x},\mathbf{u}}(t_0,t_2)+\int_{t_0}^{t_1}\emptyset(t,\tau)\mathbf{B}(\tau)\mathbf{R}_{\mathbf{u}}(\tau,t_2)d\tau.$$

Für w.R. $\mathbf{u}(t)$ ist es plausibel, zwischen $\mathbf{x}(t_0)$ und $\mathbf{u}(t)$, $t > t_0$, Unkorreliertheit anzunehmen, d.h.

$$\mathbf{R}_{\mathbf{x},\mathbf{u}}(t_0,t_2) \equiv \mathbf{0}\,;\quad t_2 > t_0.\qquad(6.2\text{-}37)$$

Außerdem gelte gemäß Gl.(6.2-35)

$$\mathbf{R}_{\mathbf{u}}(\tau,t_2) = \mathbf{Q}(\tau)\,\delta(\tau - t_2).$$

---

[1] Vgl. Gl.(6.2-23).

Somit wird wegen der Ausblendeigenschaft der δ-Funktion

$$\mathbf{R}_{\mathbf{x},\mathbf{u}}(t_1,t_2) = \int_{t_0}^{t_1} \emptyset(t_1,\tau)\mathbf{B}(\tau)\mathbf{Q}(\tau)\,\delta(\tau-t_2)\mathrm{d}\tau$$

$$= \begin{cases} \mathbf{0} \text{ für } t_1 < t_2\,, \\ \emptyset(t_1,t_1)\mathbf{B}(t_1)\mathbf{Q}(t_1)/2 = \mathbf{B}(t_1)\mathbf{Q}(t_1)/2 \text{ für } t_1 = t_2 \\ \emptyset(t_1,t_2)\mathbf{B}(t_2)\mathbf{Q}(t_2) \text{ für } t_1 > t_2\,. \end{cases}$$

$$(6.2-38)$$

Dabei kommt (heuristisch!) in der mittleren Zeile der Faktor $1/2$ von der "Geradheit" der δ-Funktion. Die erste Zeile ist durchaus plausibel, denn gemäß $\dot{\mathbf{x}} = \mathbf{A}\mathbf{x} + \mathbf{B}\mathbf{u}$ kann ein gegenwärtiges $\mathbf{u}$ nur zukünftige $\mathbf{x}$ beeinflussen.

Nichtlinearer skalarer Fall

Wir betrachten nun Integralgln., die stochastischen Dgln. äquivalent sind, um vom w.R. mit seiner analytischen Problematik wegzukommen und stochastische Dgln. sinnvoll zu "lösen".

Eine nichtlineare stochastische Dgl. vom Langevinschen Typ (skalarer Fall)

$$\dot{x}(t) = f[x(t),t] + h(t)u(t) \qquad (6.2-39)$$

oder (unter Vermeidung einer expliziten Schreibweise für weißes Rauschen)

$$dx(t) = f[x(t),t]dt + h(t)\,dw(t) \qquad (6.2-40)$$

ist der folgenden Integralgl. äquivalent:

$$x(t) = x(0) + \int_0^t f[x(\tau),\tau]d\tau + \int_0^t h(\tau)\,dw(\tau)\,, \qquad (6.2-41)$$

wobei das letzte Integral als Wienerintegral aufzufassen ist. Nur so ist die Langevingl. befriedigend definiert! Nun folgt aus der Tatsache, daß der Wienerprozeß unabhängige Zuwächse hat, daß Lösungen der Langevingl. Markoffprozesse sind, und für deren bedingte Verteilungsdichten gelten nach Abschn. 6.1.2 - 6.1.4 die Kolmogoroffschen Dgln.. Die Bestimmung einer einzelnen Musterfunktion $x(t)$ aus Gl. (6.2-41) ist dagegen i.allg. uninteressant. Wesentlich größere Schwierigkeiten macht die Behandlung von Dgln. des Typs [skalarer Fall von Gl. (6.2-34)]

$$dx(t) = f[x(t),t]dt + h[x(t),t]dw(t) .$$

Bei der äquivalenten Integralgl.

$$x(t) = x(0) + \int_0^t f[x(\tau),\tau]d\tau + \int_0^t h[x(\tau),\tau]dw(\tau) \quad (6.2-42)$$

reicht im Gegensatz zu Gl. (6.2-41) der Begriff des Wiener-Integrals nicht mehr aus, um dem letzten Integral eine sinnvolle Deutung zu geben. Vielmehr müssen Ito- bzw. Stratonovichintegrale betrachtet werden. Mit diesen, in Abschn. 6.2.3 eingeführten Integralen erhält man verschiedene Lösungen der Gl. (6.2-42), die jedoch beide Markoffprozesse sind, deren bedingte Verteilungsdichten gewissen Kolmogoroffschen Dgln. genügen. (Vgl. z.B. MORTENSEN [1, S. 34].) Im Itoschen Falle lautet die V o r w ä r t s g l. (Fokker-Planck-Gl.) mit $p := p(x,t \mid x_0,t_0)$

$$\frac{\partial}{\partial t} p = - \frac{\partial}{\partial x} [f(x,t)p] + \frac{1}{2} \frac{\partial^2}{\partial x^2} [h^2(x,t)p]$$

und die Rückwärtsgleichung [vgl. Gl. (6.1-22)]

$$\frac{\partial}{\partial t} p = -f(x_0,t_0) \frac{\partial}{\partial x_0} p - \frac{1}{2} h^2(x_0,t_0) \frac{\partial^2}{\partial x_0^2} p .$$

Will man mit dem Itoschen Integral die Lösung von Gl. (6.2-42) nach Stratonovich haben, so benutzt man statt Gl. (6.2-42) die für beide Lösungen mit den jeweiligen Integralen richtig ist, die Integralgl. (Index S für Stratonovich

$$x_S(t) = x_S(0) + \int_0^t \left\{ f[x_S(\tau),\tau] + \frac{1}{2} h[x_S(\tau),\tau] \frac{\partial}{\partial x_S} h[x_S(\tau),\tau] \right\} d\tau$$

$$+ \int_0^t (I) h[x_S(\tau),\tau] dw(\tau) .$$

Sie folgt aus Gl.(6.2-42) mittels der Itoschen Differenzier-
bzw. Integrierregel Gln.(6.2-30) bzw. (6.2-31).

6.3. Diskussion der Ergebnisse von Abschnitt 6

Fassen wir noch einmal zusammen! Abschn.6 behandelt die "dynamischen" Transformationen von Zufallsprozessen, also - als Fortsetzung
der in Abschn.3.3 behandelten Theorie linearer Dgln. mit integrierba-
ren Störfunktionen - nichtlineare Differentialgln., bei denen die Störfunktionen und somit auch die Lösungen Musterfunktionen von Zufallsprozessen sind. Daher spricht man von stochastischen Dgln..
Zunächst wird in Abschn.6.1 sehr ausführlich eine Dgl. von Kolmogoroff für Markoffprozesse, die sog. Fokker-Planck-Gl. hergeleitet.
Das Ergebnis ist charakteristischerweise keine Dgl. für die Musterfunktion $x(t)$, sondern für die auf den Anfangszustand $x_0 = x(t_0)$ be-
zogene bedingte Verteilungsdichte $p[x(t)|x(t_0)]$, und zwar ist es eine
partielle Dgl. von 1. Ordnung in t und 2. Ordnung in x. Sie lautet (im
skalaren Fall)

$$\frac{\partial}{\partial t} p(x,t|x_0) = -\frac{\partial}{\partial x} [A_1(x)p(x,t|x_0)] + \frac{1}{2} \frac{\partial^2}{\partial x^2} [A_2(x)p(x,t|x_0)]$$

$$[(6.1-6)]$$

mit

$$A_i(x) := \lim_{\Delta t \to 0} \frac{1}{\Delta t} \int_{-\infty}^{\infty} (u-x)^i p(u,\Delta t|x)du ; \quad i = 1,2 ; \quad [(6.1-4)]$$

wobei $x := x(t)$ und $u := u(t+\Delta t)$ sind.

Im vektoriellen Falle gilt mit $\boldsymbol{\nabla}$ für den Nablaoperator

$$\partial p/\partial t = -\boldsymbol{\nabla}^T(\mathbf{a}p) + \frac{1}{2}(\boldsymbol{\nabla}^T\mathbf{B}\boldsymbol{\nabla})p \qquad [(6.1-7)]$$

mit a_i und $b_{i,k}$ nach Gln.(6.1-8) und (6.1-9).

Die Fokker-Planck-Gl. gestattet insbesondere die Berechnung der Verteilungen von Zufallsvariablen in dynamischen Systemen, die ja eine
sehr viel detailliertere Information liefern als etwa die Varianz. In

Abschn.6.1.3 werden einfache Anwendungen vorgeführt. Dabei wird allerdings zur Vereinfachung angenommen, daß sich das System in einem stationären Zustand befindet, d.h. daß

$$\partial p(x,t \,|\, x_0)/\partial t = 0 \,.$$

Trotzdem scheitert die Anwendung auf Systeme höherer Ordnung leicht am Rechenaufwand. (Vgl. dazu z.B. das Buch von FULLER [1].) Bei den erwähnten Anwendungen geht man von der Systembeschreibung

$$\dot{\mathbf{x}} = \mathbf{f(x)} + \mathbf{u}$$

aus, wobei die Komponenten u_i Musterfunktionen von unabhängigen w e i ß e n   R a u s c h p r o z e s s e n   sein sollen mit den Kreuzkorrelationsfunktionen

$$R_{u_i, u_k}(\tau) = c_{i,k} \,\delta(\tau) \,; \quad c_{i,k} = \text{const.} \qquad [(6.1\text{-}12)]$$

Es wird dann gezeigt, daß die i-te Komponente von $\mathbf{a}$ von Gl.(6.1-7)

$$a_i = f_i(\mathbf{x}) \qquad\qquad [(6.1\text{-}13)]$$

ist, und daß das Element $b_{i,k}$ der Matrix $\mathbf{B}$ von Gl.(6.1-7)

$$b_{i,k} = c_{i,k} \,. \qquad\qquad [(6.1\text{-}14)]$$

Bei einem System 1. Ordnung erhält man mit Konstanten α und β

$$p(x_1) = \alpha \exp\left[\beta \int_0^{x_1} f_1(\xi)\,d\xi \right] , \qquad\qquad [(6.1\text{-}19)]$$

woraus bei linearem f_1 erwartungsgemäß die Wahrscheinlichkeitsverteilungsdichte einer Gaußverteilung wird, da eine lineare Abbildung einer Gaußverteilten Variablen vorliegt, auch wenn hier u nicht explizit als Gaußisches weißes Rauschen eingeführt wurde!

Abschn.6.1.4 enthält eine ganz knappe Herleitung der Schwestergl. zur Fokker-Planck-Gl., der sog. R ü c k w ä r t s g l ., so benannt, weil die räumliche Differentiation nach der zeitlich zurückliegenden Variablen erfolgt. Daraus folgt, daß die A_i von Gl.(6.1-6) nicht mitdifferenziert werden. Außerdem hat auf der rechten Seite auch der zweite Term negatives Vorzeichen. Man erhält mit A_1 und A_2 nach Gl.(6.1-4) im stationären Fall

$$\frac{\delta}{\delta t} p(x_0, t \mid x) = - A_1(x) \frac{\delta}{\delta x} p(x_0, t \mid x) - \frac{1}{2} A_2(x) \frac{\delta^2}{\delta x^2} p(x_0, t \mid x) .$$

$$[(6.1-22)]$$

In Abschn.6.2.1 wird als erste Vorbereitung auf sog. stochastische Differential- und Integralgln. der Begriff der Konvergenz im quadratischen Mittel erläutert, der keine Verständnisschwierigkeiten macht, denn es handelt sich im Prinzip um das Verschwinden der mittleren quadratischen Differenz zwischen zwei Werten einer Musterfunktion, wenn die Argumente zusammenfallen. Nach

$$E[x(\iota + \iota) - x(\iota)]^2 = 2[R(0) - R(\varepsilon)] \qquad [(6.2-1)]$$

ist dies äquivalent einer Aussage über die Stetigkeit der AKF des betrachteten (stationären) Prozesses bei $\tau = 0$. (Dabei zeigt sich sofort, daß eine bei 0 stetige AKF überall stetig ist.) Ganz entsprechend wird Differenzierbarkeit im quadratischen Mittel definiert. Dadurch ist es möglich, den Begriff der AKF eines differenzierten Prozesses auch auf solche Prozesse auszudehnen, deren Musterfunktionen nicht (im üblichen Sinne) differenzierbar sind.

Im Zusammenhang mit dem Begriff des stochastischen Wienerschen Integrals

$$I(t) := \int_0^t h(t, \tau) \, dw(\tau) \qquad [(6.2-20)]$$

$$:= \lim_{\sup(\tau_{i+1} - \tau_i) \to 0} \sum_i h(t, \tau_i) [w(\tau_{i+1}) - w(\tau_i)] \qquad [(6.2-21)]$$

wird in Abschn.6.2.2 der sog. Wienersche oder - wegen des Zusammenhangs mit der Brownschen Molekularbewegung bei Diffusionsvorgängen - Brownsche Prozeß mit den Musterfunktionen $w(t)$ untersucht.

Er ist in gewissem Sinne "integriertes" weißes Gaußsches Rauschen. Da der Wienerprozeß instationär ist, hängt die AKF von zwei Argumenten ab. Sie lautet

$$R_w(t,\tau) := E[w(t)w(\tau)] = \sigma^2 \min(t,\tau)\,. \qquad [(6.2\text{-}23)]$$

Die Varianz

$$\sigma^2_{w(t)} = R_w(t,t) = \sigma^2 t \qquad [(6.2\text{-}24)]$$

ist also zeitproportional.

Die (auf den Anfangszustand bezogene) bedingte Verteilung lautet

$$p(x,t\,|\,0,0) = \frac{1}{\sqrt{2\pi}\,\sigma\,\sqrt{t}}\ \exp[-x^2/(2\sigma^2 t)] \qquad [(6.2\text{-}26)]$$

und ist Lösung der zum linearen System 1. Ordnung $\dot{w} = u$ gehörigen Fokker-Planck-Gleichung.

In Abschn.6.2.3 wird die für die Funktion F des Wienerprozesses $\{w\}$ gültige Itosche Differenzierregel (mit ' für totale Ableitung)

$$d_I F[w(t)] = F'[w(t)]\,dw(t) + \frac{1}{2}F''[w(t)]\,dt \qquad [(6.2\text{-}30)]$$

hergeleitet. Sie ist dadurch gekennzeichnet, daß wegen

$$E[w(t)]^2 \sim t$$

[siehe Gl.(6.2-24)] das Glied 2. Ordnung in der Taylorreihe von $F[w(t+\Delta t)]$ nach Division durch Δt für $\Delta t \to 0$ nicht verschwindet.

Für stochastische Integrale gilt gemäß Gl.(6.2-30) nach ITO [1] der folgende "Hauptsatz"

$$\int_{t_0}^{t_1} (I)\,f[w(t)]\,dw(t) := F[w(t_1)] - F[w(t_0)] - \frac{1}{2}\int_{t_0}^{t_1} F'[w(t)]\,dt\,.^{\,1}$$
$$[(6.2\text{-}31)]$$

---

[1] Vgl. auch McKEAN [1].

Nach STRATONOVICH [1] gilt dagegen "naiv"

$$\int\limits_{t_0}^{t_1} (S)\, f[w(t)]\,dw(t) := \int\limits_{w(t_0)}^{w(t_1)} f(u)\,du := F[w(t_1)] - F[w(t_0)]\,. \quad [(6.2\text{-}32)]$$

Man muß also bei stochastischen Integralen auf die genaue Bedeutung
des verwendeten Integralbegriffs achten!

Damit ist man im Großen und Ganzen für die Behandlung von Dgln.
vom Typ

$$\dot{\mathbf{x}} = \mathbf{f}(\mathbf{x},t) + \mathbf{H}(\mathbf{x},t)\,\mathbf{u}\,, \qquad\qquad [(6.2\text{-}34)]$$

wobei $\mathbf{u}$ vektorielles weißes Rauschen sei, gerüstet, wozu in Abschn.
6.2.4 einige Hinweise gegeben werden: Im linearen Fall

$$\dot{\mathbf{x}} = \mathbf{A}\,\mathbf{x} + \mathbf{B}\,\mathbf{u}$$

kann man bei Kenntnis der Kovarianzmatrix von $\mathbf{u}$ für den i.allg. instationären Lösungsprozeß $\{\mathbf{x}\}$ die AKF und außerdem die KKF zwischen $\{x_i\}$ und $\{u_k\}$ berechnen.

Für die aus der Theorie der Diffusionsvorgänge schon lange bekannten
Langevinschen Gln. [vgl. Gl.(6.2-39)]

$$\dot{\mathbf{x}} = \mathbf{f}(\mathbf{x},t) + \mathbf{h}\mathbf{u}$$

wird für den skalaren Fall eine äquivalente Schreibweise als Integralgl.
angegeben, nämlich

$$x(t) = x(0) + \int\limits_{0}^{t} f[x(\tau),\tau]\,d\tau + \int\limits_{0}^{t} h(\tau)\,dw(\tau)\,, \quad [(6.2\text{-}41)]$$

mit der man endlich vom weißen Rauschen wegkommt, denn das Wienersche Integral ist nach Abschn.6.2.2 ein relativ klarer Begriff.
Eine ähnliche Deutung der Dgl. mittels einer Integralgl. - allerdings
mittels Ito- bzw. Stratonovichintegralen - findet man im Falle, daß
h auch von x abhängt. Verteilungen der Lösungen dieser Integralgln. bestimmt man jeweils aus geeigneten Kolmogoroffschen Dgln..

Viele nützliche Hinweise auf einem mittleren bis hohen mathematischen
Niveau findet man bei JAZWINSKI [1], ÅSTRÖM [1], WONG [1] und
ARNOLD [1].

7. Optimale Übertragungssysteme

Nun wird untersucht, wie man lineare Systeme mit vorgegebenen äußeren (zufälligen) Störungen so gestalten kann, daß die Zufallsprozesse
an bestimmten Stellen in diesen Systemen gewisse optimale Eigenschaften, meist minimale Streuung haben.

7.1. Systeme mit vorgegebener Struktur

Die i.allg. am einfachsten zu optimierenden Systeme sind solche, bei
denen die Struktur, z.B. die Ordnungen von Zähler und/oder Nenner des Frequenzgangs vorgegeben sind und nur noch ein oder
mehrere Parameter gemäß einem Gütekriterium optimiert werden sollen. Ist dieses Kriterium das Minimum der Varianz, so ist nach
der fundamentalen Beziehung zur Bestimmung der Varianz einer Zufallsvariablen aus der spektralen Leistungsdichte des zugehörigen stationären Prozesses Gl. (3.2-5) einfach ein Integral von einem oder mehreren Parametern zu minimieren. Wird das System durch eine lineare
Dgl. mit konstanten Koeffizienten beschrieben (und ist die Störfunktion
ein stationärer Prozeß), so ist dieses Integral nach Abschn. 5.3.3 vom
Typ der Gl. (5.3-16) (vgl. auch DRENICK [1, Kap. 7]).

Mitunter sind einige Umformungen nötig, um $g_n(j\omega)$ und $h_n(j\omega)$ von
Abschn. 5.3.3 zu gewinnen. Als Beispiel dazu betrachten wir das rück-
gekoppelte System (Regelkreis) nach Bild 7.1-1. Dabei seien z.B. die
Parameter des Frequenzgangs $G_R(j\omega)$ optimal festzulegen:

Der Einfachheit halber werden die Zufallsvariablen $n_1(t_1)$ und $n_2(t_2)$
für alle t_1, t_2 als unkorreliert angenommen. (Andernfalls verfahre

man wie in Abschn. 3.3.2 angegeben.) Dann kann man in Gedanken $n_1(t)$ durch ein bezüglich $x(t)$ gleichwertiges $\hat{n}_1(t)$, das $n_2(t)$ addi-

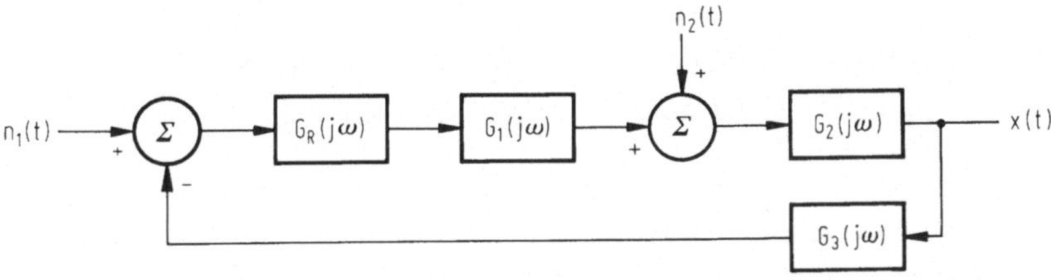

Bild 7.1-1. Blockschaltbild eines Regelkreises mit teilweise freien
Parametern.

tiv überlagert gedacht wird, ersetzen. Für die Leistungsdichte der gesamten statt $n_2(t)$ wirkenden Störung $\tilde{n}(t)$ gilt dabei nach Gl. (3.3-7) und Gl. (3.3-3a)

$$S_{\tilde{n}}(\omega) = S_{n_1}(\omega)\,|G_R(j\omega)\,G_1(j\omega)|^2 + S_{n_2}(\omega)\;;\;\; \tilde{n} := \hat{n}_1 + n_2\,,$$

denn $\hat{n}_1 = n_1 \circledast g_R \circledast g_1$.

Damit hat das System von Bild 7.1-1 die einfache Struktur von Bild 7.1-2, wonach mittels Gl. (3.3-3a) $S_x(\omega)$ und daraus σ_x^2 berechnet

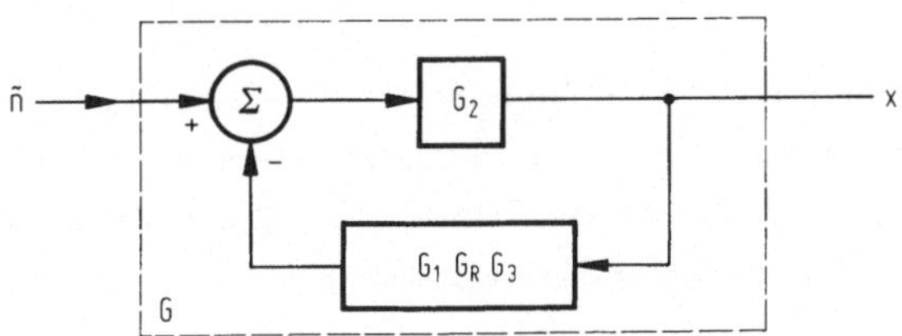

Bild 7.1-2. Ersatzbild zu Bild 7.1-1.

werden kann. Genauer ist dabei

$$S_x(\omega) = S_{\tilde{n}}(\omega)\,|G(j\omega)|^2$$

mit obigem $S_{\tilde{n}}(\omega)$ und – nach Gl. (1.1-7) –

$$G := \frac{G_2}{1 + G_1 G_R G_3 G_2} \,.$$

Eine ausführliche Weiterführung dieser Art von Optimierungen im Zustandsraum findet man bei ÅSTRÖM [1].

Zur Verdeutlichung der obigen "klassischen" Methode der Parameteroptimierung betrachten wir noch ein Beispiel.

Beispiel:

Parameteroptimierung bei einem Regelkreis

Gegeben sei ein Regelkreis mit einer (speziellen) Strecke zweiter Ordnung und einem Proportional-Integral-Regler nach Bild 7.1-3. Das System werde am Stellglied durch additives

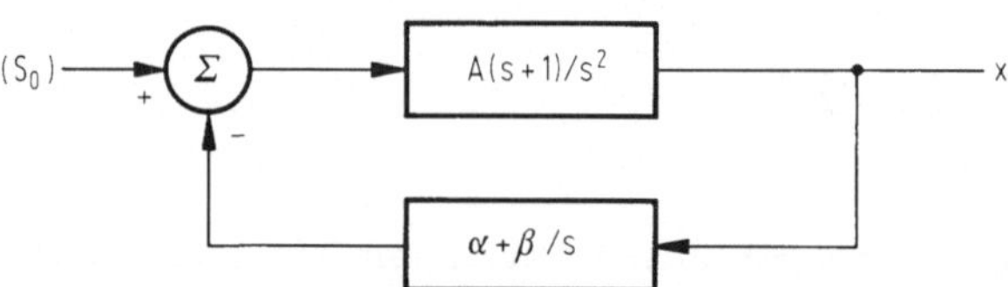

Bild 7.1-3. Optimierung eines P-I-Reglers.

weißes Rauschen der Intensität (spektrale Leistungsdichte) S_0 gestört. Freie Parameter sollen so gewählt werden, daß die Varianz der Regelgröße x möglichst klein wird. (Ob dieses Gütekriterium sinnvoll ist, soll hier nicht diskutiert werden.)

Nach Gl. (1.1-7) ist die System-Übertragungsfunktion von der Störgröße zur Regelgröße x

$$G(s) = \frac{A(1+s)/s^2}{1 + [A(1+s)/s^2](\alpha + \beta/s)} = \frac{s + s^2}{\frac{1}{A} s^3 + \alpha s^2 + (\alpha+\beta) s + \beta} \,.$$

Gesucht ist das Minimum von

$$\sigma_x^2 = \frac{1}{2\pi} \int_{-\infty}^{\infty} S_0 \, |G(j\omega)|^2 \, d\omega \, ,$$

was sich aus den Gln.(3.2-5) und (3.3-3a) ergibt. Die Polynome im Integranden der Integralformel (5.3-16) lauten also hier wegen
$|j\omega + (j\omega)^2|^2 = (j\omega)^4 - (j\omega)^2$

$$g_3(s) = b_0 s^4 + b_1 s^2 + b_2 \equiv S_0(s^4 - s^2)$$

und

$$h_3(s) = a_0 s^3 + a_1 s^2 + a_2 s + a_3 = \frac{1}{A} s^3 + \alpha s^2 + (\alpha + \beta) s + \beta \, .$$

Damit wird nach Gl.(5.3-17c)

$$\sigma_x^2 = \frac{1}{2} S_0 A [A(\alpha + \beta) + 1] / [A\alpha(\alpha + \beta) - \beta] \, . \qquad (7.1-1)$$

Daß dabei der Nenner positiv ist, folgt aus der noch zu beweisenden Tatsache, daß unter gewissen Bedingungen $h_3(s)$ - wie für die Anwendung von Gl.(5.3-17c) gefordert - ein Hurwitzpolynom ist: Wegen der Ungln.(1.1-8) ist dafür notwendig und hinreichend, daß

$$H_1 = \alpha + \beta > 0 \, ; \quad H_2 = \alpha(\alpha + \beta) - \beta/A > 0 \, . \quad [1]$$

(Die Bedingung $H_3 > 0$ folgt daraus.)

Da $A, \alpha, \beta > 0$ vorausgesetzt sein sollen, lautet die einzige nichttriviale Bedingung

$$0 < \beta < A \alpha^2 / (1 - A \alpha) \, ,$$

Dabei bleibt der Nenner von Gl.(7.1-1) positiv, was für eine "reale" Varianz nötig ist.

Nun kann nach den üblichen Methoden das absolute Minimum von σ_x^2 als Funktion von α oder/und β oder/und A bestimmt werden. Das

---

[1] Dann beschreibt $G(s)$ ein stabiles lineares Übertragungssystem, und $\{x\}$ ist daher ein asymptotisch stationärer Prozeß.

wird jedoch hier nicht weiter verfolgt. Vielmehr wollen wir zu Optimierungsproblemen übergehen, bei denen nicht nur optimale Parameter sondern zusätzlich optimale Strukturen gesucht werden. Beginnen wir beim "klassischen" Wiener-Filter:

7.2. Wiener-Filter

Hier wird mittels eines quadratischen Gütekriteriums teilweise oder ganz auch die Struktur eines linearen dynamischen Übertragungssystems bestimmt.

7.2.1. Ableitung der Wiener-Hopfschen Integralgleichung

Die vorliegende Problemstellung lautet: Gesucht wird ein lineares System mit der Gewichtsfunktion $g(t)$, das aus gegebenen Zeitfunktionen, genauer aus den Musterfunktionen des stationären Prozesses $\{x(t); t \in (-\infty, +\infty)\}$, Musterfunktionen des Prozesses $\{y(t)\}$ herstellt, welche die Musterfunktionen eines gegebenen Prozesses $\{z(t)\}$ gemäß einem quadratischen Kriterium im Mittel möglichst gut approximieren[1]. Genauer erhält man aus der Fehlergröße

$$\varepsilon(t) := z(t) - y(t)$$

das Fehlerquadrat $\varepsilon^2 = z^2 - 2zy + y^2$, dessen Erwartungswert zu minimieren ist. Wegen (vgl. Abschn. 1.1)

$$y(t) = \int_0^\infty g(u)\, x(t - u)\, du$$

erhält man daraus nach der unter sehr weiten Voraussetzungen erlaubten Vertauschung der letzten Integration mit der bei Bildung des Erwartungswerts (vgl. z.B. COURANT [1, S. 211]) sofort

$$E\varepsilon^2(t) = R_z(0) - 2\int_0^\infty g(u)\, R_{x,z}(u)\, du + \int_0^\infty g(u) \int_0^\infty g(v)\, R_x(u-v)\, dv\, du.$$

$$(7.2-1)$$

---

[1] Speziell bei Vorhersage um T ist $z(t) = x(t+T)$.

Zur Bestimmung der optimalen Gewichtsfunktion wird nun die Existenz einer Extremale[1] $g_0(t)$ angenommen und diese wie üblich in eine Schar von Vergleichskurven mit den Gln.

$$g(t, \lambda) := g_0(t) + \lambda q(t)$$

eingebettet. Das ergibt

$$E\varepsilon^2(t, \lambda) := R_z(0) - 2 \int_0^\infty [g_0(u) + \lambda q(u)] R_{x,z}(u)\,du$$

$$+ \iint_0^\infty \Big[g_0(u)g_0(v) + \lambda g_0(u)q(v) + \lambda q(u)g_0(v) +$$

$$+ \lambda^2 q(u)q(v) \Big] R_x(u-v)\,du\,dv\,.$$

$$(7.2-2)$$

Notwendig dafür, daß $E\varepsilon^2(t, \lambda)$ für $g = g_0$ minimal wird, ist dann, daß

$$\frac{d}{d\lambda} E\varepsilon^2(t, \lambda)_{/\lambda=0} = 0\,.[2] \qquad (7.2-3)$$

Nun ist

$$\frac{d}{d\lambda} E\varepsilon^2(t, \lambda) = -2 \int_0^\infty q(u) R_{x,z}(u)\,du + 2 \iint_0^\infty q(u)g_0(v) R_x(u-v)\,dv\,du$$

$$+ 2\lambda \int_0^\infty q(u) \int_0^\infty q(v) R_x(u-v)\,dv\,du\,, \qquad (7.2-4)$$

da alle Glieder aus Gl.(7.2-2), die λ nicht als Faktor enthalten, fortfallen und da wegen der Geradheit jeder AKF

$$\iint_0^\infty g_0(u)q(v)R_x(u-v)\,dv\,du = \iint_0^\infty g_0(v)q(u)R_x(u-v)\,dv\,du\,.$$

---

[1] Lösung eines Variationsproblems, d.h. optimale Funktion.

[2] Die Bildung der totalen Ableitung statt der partiellen ist gerecht-fertigt, weil bei der vorausgesetzten Stationarität keine echte Zeit-abhängigkeit vorliegt.

Gl. (7.2-3) liefert somit

$$\int\limits_0^\infty q(u) \left[R_{x,z}(u) - \int\limits_0^\infty g_0(v) R_x(u-v)\, dv \right] du = 0 \;.$$

Aus der Willkürlichkeit von $q(u)$ schließt man mit dem Hauptlemma der Variationsrechnung auf das identische Verschwinden der ekkigen Klammer für $u > 0$, d.h. auf eine sog. Wiener-Hopfsche Integralgl. für das optimale $g = g_0$

$$R_{x,z}(u) - \int\limits_0^\infty g_0(v) R_x(u-v)\, dv = 0 \;; \quad u \geqslant 0 \;. \qquad (7.2-5)$$

Dieses Ergebnis ist leicht zu deuten, denn Gl. (7.2-5) ist für $u \geqslant 0$ nach Gl. (3.3-2) gerade die Bestimmungsgl. für $R_{x,y}$ bei gegebenem R_x und g. Beim Extremwert des mittleren Fehlerquadrats sind also die KKF zwischen Eingangsgröße und realer bzw. idealer Ausgangsgröße für positives Argument gleich. Daß $g_0(t)$ nach Gl. (7.2-5) ein Minimum des mittleren quadratischen Fehlers ergibt, zeigt man z.B. durch den Nachweis, daß die zweite Ableitung positiv ist; genauer gilt wegen der Gln. (7.2-4) und (3.3-3)

$$\frac{d^2}{d\lambda^2} E\varepsilon^2(t,\lambda) = 2 \int\limits_0^\infty q(u) \int\limits_0^\infty q(v) R_x(u-v)\, dv\, du = 2R_{y_q}(0) > 0 \;,$$

wobei $y_q(t)$ die Ausgangsgröße eines linearen Systems mit der Gewichtsfunktion $q(t)$ und der Eingangsgröße $x(t)$ ist.

Setzt man die Wiener-Hopf-Gl. (7.2-5) in Gl. (7.2-1) für $E\varepsilon^2$ ein, so erhält man den kleinsten Fehler als

$$\min E\varepsilon^2 = R_z(0) - \int\limits_0^\infty g_0(u) R_{x,z}(u)\, du \;. \qquad (7.2-6)$$

Würde Gl. (7.2-5) für alle reellen u gelten, so wäre die Lösung dieser Integralgl. nach Abschn. 3.3.1 offenbar

$$G_0(j\omega) = S_{x,z}(\omega)/S_x(\omega) \;. \qquad (7.2-7)$$

Statt dessen ergibt sich ein wesentlich längerer Lösungsweg. Eine Variante davon wird im folgenden besprochen.

7.2.2. Frequenzgang des optimalen Filters

Zur Lösung der Integralgl. (7.2-5) wird nach WIENER [2] (vgl. auch den Anhang von LEVINSON dort) eine Aufspaltung von $S_x(\omega)$ in zwei konjugiert komplexe Faktoren vorgenommen, so daß

$$S_x(\omega) := H_1(j\omega)H_2(j\omega) \; ; \; H_2(j\omega) := H_1(-j\omega) \, . \qquad (7.2-8)$$

Dabei sei $H_1(s)$ regulär für $\mathrm{Re}\,s > 0$, also in der rechten komplexen Halbebene.

Ein Faktor $1/s^2$ in $S_x(-js)$ wird durch

$$\frac{1}{s+\varepsilon} \cdot \frac{1}{s-\varepsilon} \; ; \; \varepsilon > 0$$

ersetzt, wobei $1/(s+\varepsilon)$ zu H_1 geschlagen wird. Später wird dann der Grenzübergang $\varepsilon \to 0$ durchgeführt.

Über die Lage der Nullstellen folgt später noch eine Bemerkung.

Wie der Vergleich von Gl. (7.2-8) mit Gl. (3.3-3a) zeigt, ist diese Aufspaltung bei all den Spektren kein Problem, die durch lineare Filterung aus weißem Rauschen der Intensität 1 erzeugt gedacht werden können. Genauer ist dann $H_1(j\omega)$ der Frequenzgang eines solchen (k a u s a l e n) Filters.

Die eigentliche Lösung von Gl. (7.2-5) geht nun von einer auch für negative u gültigen Version dieser Integralgl. aus und zwar von

$$R_{x,z}(u) - \int_0^\infty g_0(v)\,R_x(u-v)\,dv =: h(u) \; ; \qquad (7.2-9)$$

mit der im wesentlichen unbekannten Hilfsfunktion h(u), die für alle
positiven u verschwindet. Daraus wird nach $\mathfrak{F}$-Transformation gemäß
dem Faltungssatz

$$S_{x,z}(\omega) - G_0(j\omega) S_x(\omega) =: H(\omega) \qquad (7.2\text{-}10)$$

oder nach Division durch H_2 von Gl.(7.2-8)

$$\frac{S_{x,z}(\omega)}{H_2(j\omega)} - G_0(j\omega) H_1(j\omega) = \frac{H(\omega)}{H_2(j\omega)} \cdot \qquad (7.2\text{-}11)$$

Nun wird nur noch nach einer Möglichkeit gesucht, H(ω) aus der Betrachtung zu eliminieren, denn $S_{x,z}$ und S_x sollen bekannt sein, und
$G_0(j\omega)$ ist der gesuchte optimale Frequenzgang. Dabei wird wesentlich
benutzt, daß bei der $\mathfrak{F}$-Transformation nach Gl.(1.3-7) die P o l e (bzw.
R e s i d u e n) der rechten s-Halbebene die O r i g i n a l f u n k t i o n auf
der linken (negativen) Halbachse bestimmen und daß die der linken
s-Halbebene für $t > 0$ zuständig sind.

In Gl.(7.2-11) werden nun links vom Gleichheitszeichen diejenigen Terme gesammelt, die alle Pole in der linken Halbebene haben und rechts
die Terme, die alle Pole in der rechten Halbebene haben.

Dazu wird $S_{x,z}/H_2$ in zwei Summanden aufgespalten, die alle Pole in
der linken bzw. der rechten Halbebene haben, was in der folgenden Gl.
durch die Indizes l bzw. r ausgedrückt ist:

$$H_3(j\omega) := \frac{S_{x,z}(\omega)}{H_2(j\omega)} = \left[\frac{S_{x,z}(\omega)}{H_2(j\omega)}\right]_l + \left[\frac{S_{x,z}(\omega)}{H_2(j\omega)}\right]_r \cdot \qquad (7.2\text{-}12)$$

Damit wird aus Gl.(7.2-11) bei der oben angekündigten Aufspaltung
der Terme nach Lage der Polstellen

$$\left[\frac{S_{x,z}(\omega)}{H_2(j\omega)}\right]_l - G_0(j\omega) H_1(j\omega) \equiv \frac{H(\omega)}{H_2(j\omega)} - \left[\frac{S_{x,z}(\omega)}{H_2(j\omega)}\right]_r \cdot \qquad (7.2\text{-}13)$$

Offenbar darf $H_2(s)$ nur solche Nullstellen in der linken Halbebene
haben, die von Nullstellen von H(s) kompensiert werden. Falls nun

zwei gleiche Funktionen wie die beiden Seiten von Gl.(7.2-13) verschiedene Singularitäten haben, können sie nur beide identisch
verschwinden, wenn die Identität (7.2-13) vernünftig sein soll. Damit
wird aus der linken Seite von Gl.(7.2-13), die glücklicherweise die
unbekannte Hilfsfunktion $H(\omega)$ nicht enthält,

$$G_0(j\omega) = \frac{1}{H_1(j\omega)} \left[\frac{S_{x,z}(\omega)}{H_2(j\omega)} \right]_1 . \qquad (7.2-14)$$

Dies ist bereits eine Form des Endergebnisses. Dabei beachte man,
daß die Identität (7.2-13) implizit die Forderung nach einem kausalen
optimalen Filter enthält, denn $G_0(s)$ soll nur Pole in der linken s-
Halbebene haben.

Bedenkt man nun, daß die inverse $\mathfrak{F}$-Transformierte von $[S_{x,z}/H_2]_1$
für negative Argumente verschwindet und für positive mit

$$h_3(u) \cdot = \mathfrak{F}^{-1} H_3(j\omega) \qquad (7.2-15)$$

übereinstimmt, so kann man Gl.(7.2-14) auch ersetzen durch

$$G_0(j\omega) = \frac{1}{H_1(j\omega)} \int\limits_0^\infty h_3(u) \exp(-j\omega u)\, du \qquad (7.2-16)$$

und nach Einsetzen für H_3 nach Gl.(7.2-12) durch

$$G_0(j\omega) = \frac{1}{H_1(j\omega)} \int\limits_0^\infty \frac{1}{2\pi} \int\limits_{-\infty}^\infty \frac{S_{x,z}(\tilde{\omega})}{H_1(-j\tilde{\omega})} \exp(j\tilde{\omega}u)\, d\tilde{\omega} \exp(-j\omega u)\, du. \qquad (7.2-17)$$

Liefe das äußere Integral statt von 0 von $-\infty$, so ginge diese Gl. in
Gl.(7.2-7) über!

Zur Berechnung von H_1 sei noch bemerkt, daß offenbar

$$|H_1| = \sqrt{|S_x|}$$

und, wie von BODE [1] gezeigt wurde,

$$\operatorname{arc} H_1(j\omega) = \frac{\omega}{\pi} \int\limits_0^\infty \frac{\ln S_x(u) - \ln S_x(\omega)}{u^2 - \omega^2}\, du\,, \qquad (7.2\text{-}18)$$

falls $H_1(s)$ die **Übertragungsfunktion** eines sog. **Phasen-minimumsystems** ist, d.h. falls nicht nur alle Pole, sondern auch alle Nullstellen in der linken s-Halbebene liegen.

Über Anwendungen der Wiener-Filter-Theorie berichten besonders ausführlich NEWTON, GOULD, KAISER [1]. Neuere Untersuchungen aus dem Bereich der Wirtschaftswissenschaften stammen von C. SCHNEE-WEISS [1]. Hier folgt nur ein elementares Beispiel zum Filterproblem.

B e i s p i e l :

Es sei (in den Bezeichnungen dieses Abschnitts)

$$x(t) = z(t) + n(t)\,.$$

Die Zufallsprozesse $\{n(t)\}$ und $\{z(t)\}$ seien orthogonal und haben die spektralen Leistungsdichten

$$S_z(\omega) = a/(\omega^2 + \alpha^2)\,;\quad a, \alpha > 0$$

und

$$S_n(\omega) \equiv b > 0\,.$$

Das gewünschte Signal ist also "weiß" verrauscht.

Aus der Orthogonalität von $z(t)$ und $n(t+\tau)$ folgt zunächst $R_{x,z}(\tau) = R_z(\tau)$ oder

$$S_{x,z}(\omega) = S_z(\omega) = a/(\omega^2 + \alpha^2) = a/[(\alpha + j\omega)(\alpha - j\omega)]$$

und [vgl. Gl.(3.3-7)]

$$S_x(\omega) = S_z(\omega) + S_n(\omega) = a/(\omega^2 + \alpha^2) + b =: |H_1(j\omega)|^2\,.$$

In diesem einfachen Falle findet man daraus sofort (für die positive Quadratwurzel)

$$H_1(j\omega) = \sqrt{b}\left(\sqrt{a/b + \alpha^2} + j\omega\right)/(\alpha + j\omega),$$

wobei $H_1(s)$ offenbar ein Phasenminimumsystem ist. Gemäß Gl. (7.2-12) ist nun

$$H_3(j\omega) = S_{x,z}(\omega)/H_1(-j\omega) = (a/\sqrt{b})/\left[(\alpha+j\omega)\left(\sqrt{a/b+\alpha^2} -j\omega\right)\right].$$

Jetzt folgt die Ausführung der Fourier-Rücktransformation [inneres Integral in Gl. (7.2-17)] nach Gl. (1.3-7). Dabei ist, da nur der Pol in der linken Halbebene interessiert, $h_3(t)$ für $t < 0$ uninteressant. Daher wird

$$h_3(t) = \left[(a/\sqrt{b})/\left(\sqrt{a/b + \alpha^2} + \alpha\right)\right]\exp(-\alpha t);\ t > 0.$$

Nun ist nach Gl. (7.2-16) $\mathfrak{F}[h_3(t)\,1(t)]$ zu bilden. Nach Gl. (1.3-12) erhält man mit obigem $h_3(t)$

$$\mathfrak{F}[h_3(t)\,1(t)] = \left[(a/\sqrt{b})/\left(\sqrt{a/b + \alpha^2} + \alpha\right)\right]/(\alpha + j\omega).$$

Somit lautet der optimale Frequenzgang nach Gl. (7.2-16)

$$G_0(j\omega) = \left[(a/b)/\left(\sqrt{a/b + \alpha^2} + \alpha\right)\right]\Big/\left(\sqrt{a/b + \alpha^2} + j\omega\right). \quad (7.2\text{-}19)$$

Das optimale Filter ist also ein einfaches T i e f p a ß f i l t e r (V e r -
z ö g e r u n g s g l i e d   e r s t e r   O r d n u n g). Die Berechnung des minimalen quadratischen Fehlers ist eine kleine Rechen-**Übung.**

7.2.3. Optimierung rückgekoppelter Systeme

Die Wiener-Filter-Theorie wird nun auf rückgekoppelte Systeme angewandt: Dabei seien alle Signale, d.h. deren statistische Charakteristika, AKF, KKF und alle Frequenzgänge $G_i(j\omega)$ bzw. die zugehörigen Gewichtsfunktionen $g_i(t)$ bekannt; gesucht ist der optimale
"Regler" mit dem Frequenzgang $G_R(j\omega)$. Realistische Beschränkun-

gen von Zeitfunktionen, besonders der Regelgröße werden hier jedoch nicht berücksichtigt.

Nun wird der geschlossene Kreis nach Bild 7.1-1 in eine Reihenschaltung umgeformt, damit die Ergebnisse von Abschn.7.2.2 übernommen werden können. Dazu wird - anders als in Abschn.7.1 - das Störsignal n_2 auf den linken Systemeingang und den Ausgang transformiert. Da

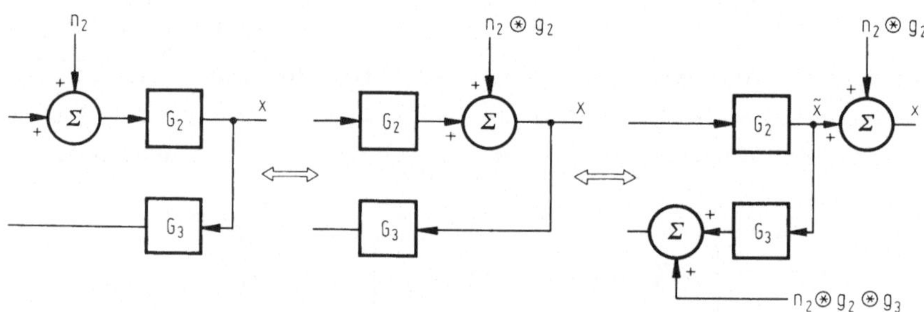

Bild 7.2-1. Hypothetische Verlagerung einer Störgröße.

es i.allg. nicht möglich ist, diese statistischen Signale unmittelbar durch Fouriertransformation in den Frequenzbereich zu übertragen, wird mit Faltungsprodukten der Form von Gl.(1.1-4) gearbeitet. Es wird also speziell aus n_1

$$n = n_1 - n_2 \circledast g_2 \circledast g_3 ,$$

und hinter dem Regelkreis wird der Ausgangsgröße das Signal $n_2 \circledast g_2$ additiv zugefügt. Die Richtigkeit dieser Umformung zeigt Bild 7.2-1. Außerdem wird ein Frequenzgang $\widetilde{G}_R$ so gesucht, daß bei Ersatz von G_R durch $\widetilde{G}_R$ in Bild 7.1-1 der ganze Rückkoppelzweig mit G_3 wegfallen kann; und zwar sei $\widetilde{G}_R$ so, daß

$$\widetilde{G}_R G_1 G_2 = \frac{G_R G_1 G_2}{1 + G_R G_1 G_2 G_3}$$

der Frequenzgang des Übertragungsverhaltens bezüglich der Abhängigkeit $\widetilde{x}(n)$ ist.

Wie dies geschieht, wird anschaulich klar, wenn man umgekehrt G_R durch $\widetilde{G}_R$ ausdrückt; denn

$$G_R = \frac{\widetilde{G}_R}{1 - \widetilde{G}_R G_1 G_2 G_3} \, . \qquad (7.2\text{-}20)$$

D.h. die neue, im Regler hypothetisch konstruierte Rückführung kompensiert gerade die alte. Insgesamt ergeben die obigen Umformungen das neue Blockschaltbild 7.2-2, wobei $x := \widetilde{x} + n_2 \circledast g_2$ ist.

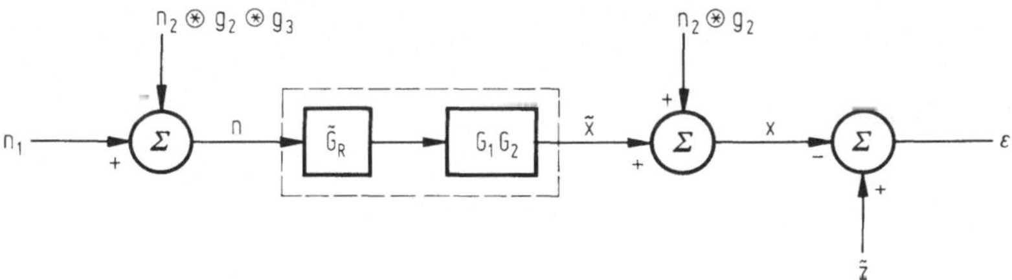

Bild 7.2-2. Formaler Ersatz des Regelkreises durch ein Filter.

Nun wird in der Literatur mitunter das zur Wiener-Hopfgleichung führende Variationsproblem für den komplizierten Frequenzgang $\overset{\circ}{G}_R G_1 G_2$ völlig neu hergeleitet. Das ist aber unnötig! Die Reihenfolge, mit der die linearen Filter mit den Frequenzgängen $\widetilde{G}_R$ bzw. $G_1 G_2$ aufeinander folgen, ist gleichgültig, da das Produkt der Frequenzgänge opti-

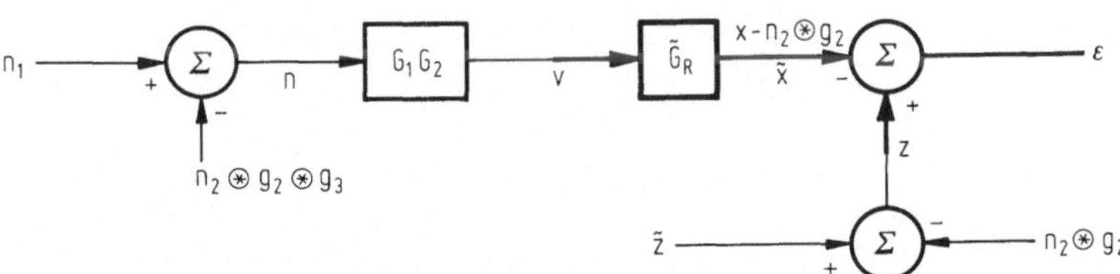

Bild 7.2-3. Optimales Regelungsproblem als Spezialfall des Filterproblems.

miert wird. Vertauscht man aber (für die Rechnung) die Filter, so erhält man genau die einfache Struktur des klassischen Wienerschen Optimalfilterproblems, nur ist die Eingangsgröße etwas komplizierter. Insgesamt gelten folgende Ersetzungen zu Abschn.7.2.1: [Vgl. Bild 7.2-3, wo noch die Störung $n_2 \circledast g_2$ am Ausgang der Filter-

                7. Optimale Übertragungssysteme

kette in die Vergleichsfunktion $z(t)$ verlegt wurde.]

$$x \stackrel{\wedge}{=} v = (n_1 - n_2 \circledast g_2 \circledast g_3) \circledast g_1 \circledast g_2 \,,$$

$$y \stackrel{\wedge}{=} \tilde{x} = x - n_2 \circledast g_2 \,,$$

$$G(j\omega) \stackrel{\wedge}{=} \tilde{G}_R(j\omega) \,,$$

$$z \stackrel{\wedge}{=} \tilde{z} - n_2 \circledast g_2 \,.$$

Nun sind nach Abschn. 7.2.2 nur noch $S_x \stackrel{\wedge}{=} S_v$ und $S_{x,z} \stackrel{\wedge}{=} S_{v,z}$ zu bestimmen: Aus den Gln. (3.3-7) und (3.3-8) folgt nach einer kurzen Rechen-**Übung** (vgl. Abschn. 9)

$$S_v = |G_1 G_2|^2 \left[|G_2 G_3|^2 S_{n_2} + S_{n_1} - G_2^* G_3^* S_{n_2,n_1} - G_2 G_3 S_{n_1,n_2} \right] . \quad (7.2\text{-}21)$$

Weiter ist nach Gl. (3.3-8a)

$$S_{v,z} = G_1^* G_2^* S_{n,z} \,; \quad v := n \circledast g_1 \circledast g_2$$

und somit nach Gl. (3.3-9) mit (vgl. Bilder 3.3-2 und 7.2-3)

$$z_1 \stackrel{\wedge}{=} n \,,$$

$$z_2 \stackrel{\wedge}{=} z \,,$$

$$x_1 \stackrel{\wedge}{=} n_2 \,, \quad G_1 \stackrel{\wedge}{=} - G_2 G_3 \,,$$

$$x_2 \stackrel{\wedge}{=} n_1 \,, \quad G_2 \stackrel{\wedge}{=} 1 \,,$$

$$x_3 \stackrel{\wedge}{=} \tilde{z} \,, \quad G_3 \stackrel{\wedge}{=} 1 \,,$$

$$x_4 \stackrel{\wedge}{=} n_2 \,, \quad G_4 \stackrel{\wedge}{=} - G_2$$

schließlich

$$S_{v,z} = G_1^* G_2^* S_{n,z} = G_1^* G_2^* \left[-G_2^* G_3^* S_{n_2,\tilde{z}} + |G_2|^2 G_3^* S_{n_2} + S_{n_1,\tilde{z}} - G_2 S_{n_1,n_2} \right] .$$

$$(7.2\text{-}22)$$

Nach Gl.(7.2-14) ist nun das optimale $G_{\widetilde{R}}$, das mittels dieser Gl. gewonnen wird, gleich

$$G_{\widetilde{R}_0}(j\omega) = \frac{1}{H_1(j\omega)}\left[\frac{S_{v,z}(\omega)}{H_1(-j\omega)}\right]_1 \qquad (7.2\text{-}23)$$

mit

$$|H_1(j\omega)|^2 = S_v(\omega) \, ,$$

wobei S_v die rechte Seite von Gl.(7.2-21) ist. Der letzte Schritt ist dann die Bestimmung des optimalen G_R aus $G_{\widetilde{R}_0}$ über Gl.(7.2-20).

7.3. Kalman-Filter

Eine Erweiterung der optimalen linearen Filterung nach einem quadratischen Kriterium auf instationäre Prozesse wurde von KALMAN [1] und KALMAN/BUCY [1] eingeführt. Insbesondere kann nun auch das "Einschwingen" eines gerade eingeschalteten Filters untersucht werden. Auch hier kann man mit Überlegungen der Variationsrechnung eine Art Wiener-Hopf-Gl. finden (vgl. BRAMMER [1]), doch ist es einfacher, derartige Gln, mittels des sog. Orthogonalitätsprinzips der linearen Schätztheorie (vgl. z.B. DEUTSCH [1]) zu gewinnen.

7.3.1. Orthogonalitätsprinzip der linearen Schätztheorie

Mittels des Zufallsprozesses $\{x(t), \tau \in T\}$ soll die Zufallsvariable $y(t)$ so geschätzt werden, daß

$$E\,\varepsilon^2(t) := E[y(t) - Lx(\tau)]^2 = \text{Min.} \, ,$$

wobei L ein linearer Operator oder ein Funktional ist, das zu bestimmen ist. Nun wird folgendes behauptet: Wenn ein Minimum des obigen Erwartungswerts existiert und wenn ein L derart existiert, daß

$\varepsilon(t)$ orthogonal zu allen obigen $x(\tau)$ ist, dann ist dieses L optimal, d.h. das optimale L ist aus der Bedingung

$$E\{[y(t) - Lx(\tau)]\,x(\tau)\} = 0 \;;\; \tau \in T\,, \qquad (7.3\text{-}1)$$

zu bestimmen.

Beweis: L^* sei das optimale L. Dann ist für ein $L = \hat{L}$ nach Gl.(7.3-1) auch $L' := \hat{L} - L^*$ linear und daher nach dem Superpositionsprinzip

$$E\{[y(t) - \hat{L}x(\tau)]\,L'x(\tau)\} = 0\,. \qquad (7.3\text{-}2)$$

Nun ist für $L = L^*$ in gekürzter Schreibweise

$$E\,\varepsilon_{min}^2 := E(y - L^*x)^2 = E[(y - \hat{L}x) + L'x]^2$$
$$= E(y - \hat{L}x)^2 + 2E[(y - \hat{L}x)L'x] + E(L'x)^2\,.$$

Nach Voraussetzung (7.3-2) verschwindet der mittlere Term, so daß

$$E\,\varepsilon_{min}^2 = E(y - \hat{L}x)^2 + E(L'x)^2\,.$$

Die Annahme $\hat{L} \neq L^*$ ergibt nun einen Widerspruch zur vorausgesetzten Optimalität von L^*, denn dann wäre wegen $E(L'x)^2 > 0$

$$E(y - \hat{L}x)^2 < E(y - L^*x)^2\,.$$

Betrachten wir sogleich ein kleines Anwendungsbeispiel!

Beispiel:

Beim Wiener-Filter ist im wesentlichen

$$E\,\varepsilon^2(t) = E\left[y(t) - \int_a^b h(t')\,x(t')\,dt'\right]^2\,.$$

Hier ist das optimale h zu bestimmen aus

$$E\left\{\left[y(t) - \int_a^b h(t') x(t') dt'\right] x(\tau)\right\} = 0 \; ; \; \tau \in (a,b)$$

oder

$$R_{x,y}(t - \tau) = \int_a^b h(t') R_x(\tau - t') dt' \; .$$

Man erhält also mittels des Orthogonalitätsprinzips mühelos die Wiener-Hopf-Gl. (7.2-5)!

Beweis einer vereinfachten Form mittels Differentialrechnung

Das Orthogonalitätsprinzip kann aber auch leicht beim Bestimmen eines relativen Minimums des Schätzfehlers gefunden werden (vgl. PAPOULIS [2, S. 242]). Mit

$$\varepsilon := y - \sum_{i=1}^n a_i x_i \qquad\qquad (7.3\text{-}3)$$

wird wegen der Umkehrbarkeit der Reihenfolge linearer Operationen wie Differentiation und Erwartungswertbildung und wegen $\delta \varepsilon^2 = 2\varepsilon\, \delta\varepsilon$

$$\frac{\delta E\, \varepsilon^2}{\delta a_i} = \frac{E\, \delta \varepsilon^2}{\delta a_i} = -2 E(\varepsilon x_i) \; ; \; i = 1,\ldots,n . \qquad (7.3\text{-}4)$$

Also ist

$$E(\varepsilon x_i) = 0 \qquad\qquad (7.3\text{-}4a)$$

notwendig für ein relatives Minimum von $E\, \varepsilon^2$. Hinreichend ist, daß außerdem die Matrix mit den Elementen

$$\frac{\delta^2 E\, \varepsilon^2}{\delta a_i\, \delta a_k} = 2 E(x_i x_k)$$

positiv definit ist. Das ist aber offenbar der Fall, denn allgemein ist
die quadratische Form in den Hilfsvariablen z_i (vgl. Abschn.1.4)

$$\sum_{i,k} a_{i,k} z_i z_k := 2 \sum_{i,k} z_i z_k x_i x_k = 2 \left(\sum_i z_i x_i \right)^2$$

positiv definit; also auch ihr Erwartungswert.

Als Anwendung wollen wir rasch den äquivalenten Verstärkungsfaktor
K von Abschn.5.3.1 bestimmen:

Im eindimensionalen Fall sei ax der Schätzwert für y, und es seien
$Ey = Ex = 0$. Dann gilt für ein (im Sinne minimaler Varianz des Schätzfehlers) optimales $a = \hat{a}$ wegen Gl.(7.3-4a)

$$E[(y - \hat{a}x)x] = 0 , \tag{7.3-5}$$

und daraus folgt sofort in Übereinstimmung mit Gl.(5.3-1)

$$\hat{a} = E(xy)/Ex^2 . \tag{7.3-6}$$

Linearität wirksamer Schätzungen im Gaußschen Falle

Hier kommen wir nochmals zu dem wichtigen schon gegen Ende von
Abschn.3.1 zitierten Satz:

Bei Normalverteilung kann der optimale lineare Schätzwert $\hat{a}x$ für y
von keinem nichtlinearen übertroffen werden. Zum Beweis über Gl.
(2.3-29) wird dazu gezeigt, daß der nicht notwendig lineare wirksame
Schätzwert (nach einem quadratischen Kriterium) $E(y|x)$ hier gleich
$\hat{a}x$ ist: Nach Gl.(7.3-5) sind die Variablen $y-\hat{a}x$ und x orthogonal.
Wegen $Ex = Ey = 0$ sind sie sogar unkorreliert und als Gaußsche Variablen damit statistisch unabhängig voneinander, so daß

$$E(y - \hat{a}x|x) = E(y - \hat{a}x) = Ey - \hat{a}Ex = 0 . \tag{7.3-7}$$

Allgemein ist aber wegen Gl.(2.3-27)

$$E(y - \hat{a}x|x) = E(y|x) - \hat{a}E(x|x) = E(y|x) - \hat{a}x ,$$

womit wegen Gl. (7.3-7) das Gewünschte gezeigt ist. (Eine ganz ähnliche Betrachtung für zwei zur Schätzung benutzte Variablen steht im letzten Teil von Abschn. 3.2. Die Ergebnisse lassen sich leicht auf Schätzungen mit n Variablen erweitern.)

Abschließend noch einige Bemerkungen zum vektoriellen Schätzproblem mit einem Gütekriterium

$$J := E(\varepsilon^T H \varepsilon) \, ,$$

wobei H positiv semi-definit sei: Bei einem vektoriellen Schätzfehler

$$\varepsilon := y - A x ; \quad A := (a_{i,k})_{n,n}$$

erhält man für die i-te Komponente statt Gl. (7.3-3)

$$\varepsilon_i = y_i - \sum_{k=1}^{n} a_{i,k} x_k \, . \tag{7.3-3a}$$

Da zu verschiedenen i verschiedene Zeilen von A gehören, können für alle Kriterien, die monoton von den ε_i abhängen, die $E \varepsilon_i^2$ einzeln minimiert werden. Die optimalen Schätzungen sind also z.B. für alle H mit sämtlich nicht negativen Elementen $h_{i,k}$ gleich, und zwar lautet das Orthogonalitätsprinzip hier nach Gl. (7.3-4a) (mit ^ für die optimalen Werte)

$$E(\hat{\varepsilon} x^T) = 0 \, . \tag{7.3-4b}$$

(Die Einschränkung $h_{i,k} \geq 0$ ist nicht wesentlich, da jedes positiv definite H auf Diagonalform mit $h_{i,i} \geq 0$ transformierbar ist.) Wegen Gl. (7.3-4b) lautet die Kovarianzfunktion des minimalen Fehlervektors

$$E(\hat{\varepsilon} \hat{\varepsilon}^T) = E[\hat{\varepsilon}(y^T - x^T \hat{A}^T)] = E(\hat{\varepsilon} y^T) \, . \tag{7.3-8}$$

7.3.2. Rekursive Filtergleichungen im zeitdiskreten Fall

Nach diesen Voruntersuchungen kommen wir zur Betrachtung der bislang theoretisch und praktisch (Raumfahrt) bedeutsamsten Erweiterung des Wiener-Filters. Sie ist wesentlich auf die Benutzung leistungsfähiger Digitalrechner zugeschnitten und wäre wohl vor den 60er Jahren nicht so rasch von den angewandten Wissenschaften aufgenommen worden.

Schon hier sei bemerkt, daß nur die Grundgedanken dargestellt werden. Schwierigere Untersuchungen, z.B. solche mit Beschränkungen von Signalen müssen in der Spezialliteratur studiert werden, besonders in Aufsätzen der Transactions der Serie AC (Automatic Control) der IEEE.

Das untersuchte dynamische System wird durch die folgende **vektori- elle stochastische Differenzengleichung** (mit auf 1 normierter Abtastperiode) beschrieben:

$$\mathbf{x}(k+1) = \mathbf{A}(k)\,\mathbf{x}(k) + \mathbf{v}(k)\;;\;\; k \geqslant k_0\,. \qquad (7.3\text{-}9)$$

Dabei seien $\mathbf{A}$ eine quadratische Matrix, $\mathbf{x}$ und $\mathbf{v}$ Vektoren und $E\,\mathbf{x}(k_0) = \mathbf{0}$. Die Kovarianzmatrix $\mathbf{T}(k_0) := E\left[\mathbf{x}(k_0)\mathbf{x}^T(k_0)\right]$ sei ge-

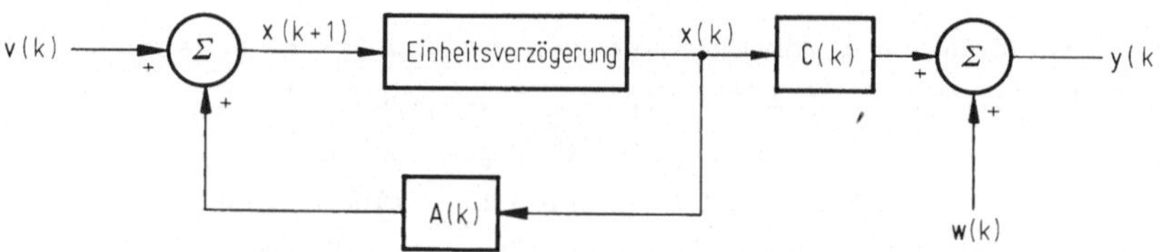

Bild 7.3-1. System-Blockschaltbild für KALMAN-Filterung (ohne Filter).

geben, aber $\mathbf{x}(k)$ sei nicht (physikalisch) meßbar, sondern nur eine "verrauschte" Linearkombination der Komponenten von $\mathbf{x}(k)$

$$\mathbf{y}(k) = \mathbf{C}(k)\,\mathbf{x}(k) + \mathbf{w}(k)\,. \qquad (7.3\text{-}10)$$

(Vgl. Bild 7.3-1.)

Speziell seien $\mathbf{v}$ und $\mathbf{w}$ **vektorielles weißes Rauschen** mit $E\mathbf{v} = E\mathbf{w} = \mathbf{0}$ und den Kovarianzmatrizen (mit $\delta_{i,k}$ für das Kronecker-Symbol)

$$E\left[\mathbf{v}(k)\mathbf{v}^T(i)\right] =: \mathbf{Q}(k)\,\delta_{i,k}\;;\;\; E\left[\mathbf{w}(k)\mathbf{w}^T(i)\right] =: \mathbf{R}(k)\,\delta_{i,k}$$

und der Kreuzkovarianzmatrix

$$E[\mathbf{v}(k)\mathbf{w}^T(i)] =: \mathbf{S}(k)\,\delta_{i,k}\,.$$

Demnach sind, da $\mathbf{x}(m)$ nur von den $\mathbf{v}(k)$ mit $k \leqslant m-1$ abhängt,

$$E[\mathbf{x}(m)\mathbf{v}^T(n)] = E[\mathbf{x}(m)\mathbf{w}^T(n)] = \mathbf{0}\,;\ m \leqslant n\,.$$

Nun soll aus den Meßdaten $\mathbf{y}(k_0),\dots,\mathbf{y}(k)$ der Vektor $\mathbf{x}(K)$; $K \geqslant k$ durch $\hat{\mathbf{x}}(K,k)$ so "geschätzt" werden, daß der mittlere Betrag des Schätzfehlers

$$\varepsilon(K,k) := \mathbf{x}(K) - \hat{\mathbf{x}}(K,k)\,,$$

also die Größe

$$E[\varepsilon^T(K,k)\,\varepsilon(K,k)] = E\,\|\varepsilon(K,k)\|^2$$

minimal wird.

Die Schätzung sei linear; d.h. mit der (gesuchten) nicht quadratischen Matrix $\mathbf{G}$ sei

$$\hat{\mathbf{x}}(K,k) = \mathbf{G}(K,k)\,\mathbf{Y}(k)\,, \tag{7.3-11}$$

wobei

$$\mathbf{Y}^T(k) := \left[\mathbf{y}^T(k_0),\mathbf{y}^T(k_0+1),\dots,\mathbf{y}^T(k)\right] = [\mathbf{Y}^T(k-1),\mathbf{y}^T(k)]\,.$$

Aus dem **Orthogonalitätsprinzip** folgt sofort die zu lösende Matrizengleichung

$$E[\varepsilon(K,k)\,\mathbf{Y}^T(k)] = \mathbf{0}\,, \tag{7.3-12}$$

oder – nach Rechtsmultiplikation mit $\mathbf{G}^T(K,k)$ –

$$E[\varepsilon(K,k)\,\mathbf{Y}^T(k)\,\mathbf{G}^T(K,k)] = E[\varepsilon(K,k)\,\{\mathbf{G}(K,k)\,\mathbf{Y}(k)\}^T]$$

$$= E[\varepsilon(K,k)\,\hat{\mathbf{x}}^T(K,k)] = \mathbf{0}\,, \tag{7.3-12a}$$

woraus $\mathbf{G}(K,k)$ zu bestimmen ist. (Wegen einer elementaren Herleitung dieser Matrix-Wiener-Hopf-Gl. ohne Verwendung des Orthogonalitätsprinzips vgl. BRAMMER [1].)

Nun wird ein rekursiver Algorithmus angegeben, durch den es gelingt, das zur optimalen Prediktion nötige Datenmaterial - und damit in der Praxis den Speicherbedarf eines Rechners - beschränkt zu halten: Das optimale $\hat{\mathbf{x}}(k,k-1)$ sei schon bekannt. Es wurde ermittelt aus $\mathbf{y}(k_0),\dots,\mathbf{y}(k-1)$. Gl.(7.3-12) liefert dann für den nächsten Zeitschritt

$$E[\varepsilon(k+1,k)\,\mathbf{Y}^T(k)] = \mathbf{0}\,, \qquad (7.3-13)$$

oder wegen $\mathbf{Y}^T(k) = [\mathbf{Y}^T(k-1),\mathbf{y}^T(k)]$:

$$E[\varepsilon(k+1,k)\mathbf{Y}^T(k-1)] = \mathbf{0} \qquad (7.3-13a)$$

und

$$E[\varepsilon(k+1,k)\mathbf{y}^T(k)] = \mathbf{0}\,. \qquad (7.3-13b)$$

Unten brauchen wir $\hat{\mathbf{x}}(k+1,k)$ in der Form

$$\hat{\mathbf{x}}(k+1,k) := \mathbf{G}(k+1,k)\mathbf{Y}(k) = \widetilde{\mathbf{G}}(k)\mathbf{Y}(k-1)+\mathbf{K}(k)\mathbf{y}(k) \qquad (7.3-14)$$

$\mathbf{G}(k+1,k)$ wird also zerlegt in $\widetilde{\mathbf{G}}(k)$ und $\mathbf{K}(k)$.

Daraus folgt mit $\mathbf{x}(k+1)$ aus Gl.(7.3-9) und $\mathbf{y}(k)$ aus Gl.(7.3-10)

$$\varepsilon(k+1,k) := \mathbf{x}(k+1)-\hat{\mathbf{x}}(k+1,k) = \mathbf{Ax}+\mathbf{v}-\widetilde{\mathbf{G}}\mathbf{Y}(k-1)-\mathbf{KCx}-\mathbf{Kw}\,, \qquad (7.3-15)$$

wobei, wie auch im folgenden, Größen, deren Argument nicht ausgeschrieben ist, das Argument k haben.

<u>Bestimmung von $\widetilde{\mathbf{G}}$:</u>

Da nach Voraussetzung über $\mathbf{v}$ und $\mathbf{w}$

$$E[\mathbf{v}(k)\mathbf{Y}^T(k-1)] = \mathbf{0}\,; \;\; E[\mathbf{w}(k)\mathbf{Y}^T(k-1)] = \mathbf{0}\,,$$

wird mit der Abkürzung

$$\widetilde{\mathbf{A}} := \mathbf{A} - \mathbf{K}\mathbf{C} \qquad (7.3\text{-}16)$$

aus Gl.(7.3-13a) mit $\varepsilon(k+1,k)$ aus Gl.(7.3-15)

$$E\left\{\left[\widetilde{\mathbf{A}}\mathbf{x} - \widetilde{\mathbf{G}}\mathbf{Y}(k-1)\right]\mathbf{Y}^{\mathrm{T}}(k-1)\right\} = \mathbf{0}. \qquad (7.3\text{-}17)$$

Diese Gl. ist erfüllbar mit einem $\widetilde{\mathbf{G}}$ derart, daß

$$\widetilde{\mathbf{G}}\,\mathbf{Y}(k-1) = \widetilde{\mathbf{A}}\,\hat{\mathbf{x}}(k,k-1) \qquad (7.3\text{-}18)$$

gilt, denn dann ist nach Definition von $\varepsilon(k,k-1)$

$$\widetilde{\mathbf{A}}\,\mathbf{x} - \widetilde{\mathbf{G}}\,\mathbf{Y}(k-1) = \widetilde{\mathbf{A}}\,\varepsilon(k,k-1), \qquad (7.3\text{-}18a)$$

und aus Gl.(7.3-17) wird

$$E\left[\widetilde{\mathbf{A}}\,\varepsilon(k,k-1)\,\mathbf{Y}^{\mathrm{T}}(k-1)\right] = \mathbf{0}.$$

Das ist aber die von links mit $\widetilde{\mathbf{A}}$ multiplizierte Gl.(7.3-13) für den
Fall, daß man dort k durch $k-1$ ersetzt!

Mit $\widetilde{\mathbf{G}}$ nach Gl.(7.3-18) erhält man übrigens aus Gl.(7.3-14) die Rekursionsformel für den jeweils neuen Schätzwert (vgl. z.B. KALMAN in
BOGDANOFF-KOZIN [1, S. 301])

$$\hat{\mathbf{x}}(k+1,k) = \widetilde{\mathbf{A}}\,\hat{\mathbf{x}}(k,k-1) + \mathbf{K}\mathbf{y}. \qquad (7.3\text{-}19)$$

Entscheidend ist, daß die benutzte Information aus allen alten Schätzwerten im letzten enthalten ist und somit auch bei längerem Arbeiten
des Systems der Daten-Speicher-Bedarf endlich bleibt, was aus dem
Ansatz Gl.(7.3-11) zunächst nicht abzusehen war.

Die Gln. (7.3-16) und (7.3-19) beschreiben den einstufigen Prediktor gemäß Bild 7.3-2, wo $\hat{\mathbf{y}}(k,k-1) := \mathbf{C}\,\mathbf{x}(k,k-1)$ ist.

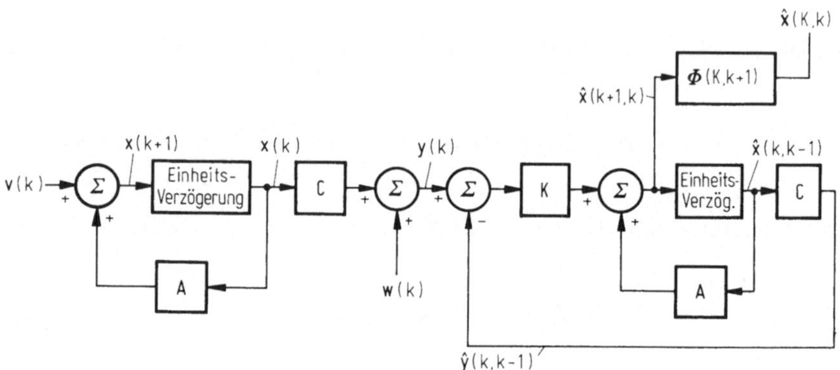

Bild 7.3-2. Dynamisches System mit KALMANfilter zur Schätzung des Zustands $\mathbf{x}(k)$ mittels $\hat{\mathbf{x}}(k,k-1)$.

Bestimmung von $\mathbf{K}$:

Nur die Matrix $\mathbf{K}$ muß noch spezifiziert werden: Mit den Gln. (7.3-16) und (7.3-18a) wird aus Gl. (7.3-15)

$$\boldsymbol{\varepsilon}(k+1,k) = \widetilde{\mathbf{A}}\,\boldsymbol{\varepsilon}(k,k-1) + \mathbf{v} - \mathbf{K}\mathbf{w}. \qquad (7.3-15a)$$

Außerdem lautet Gl. (7.3-10) transponiert geschrieben

$$\mathbf{y}^{T} = \mathbf{x}^{T}\mathbf{C}^{T} + \mathbf{w}^{T}.$$

Damit wird aus der noch nicht ausgenutzten Beziehung Gl. (7.3-13b)

$$E\left\{ [\widetilde{\mathbf{A}}\,\boldsymbol{\varepsilon}(k,k-1) + \mathbf{v} - \mathbf{K}\mathbf{w}][\mathbf{x}^{T}\mathbf{C}^{T} + \mathbf{w}^{T}]\right\} = \mathbf{O}. \qquad (7.3-20)$$

Nun ist wegen Gl. (7.3-12a)

$$E[\boldsymbol{\varepsilon}(k,k-1)\,\mathbf{x}^{T}] = E[\boldsymbol{\varepsilon}(k,k-1)\{\boldsymbol{\varepsilon}^{T}(k,k-1) + \hat{\mathbf{x}}^{T}(k,k-1)\}]$$

$$= E[\boldsymbol{\varepsilon}(k,k-1)\,\boldsymbol{\varepsilon}^{T}(k,k-1)].$$

Mit der Kovarianzmatrix des minimalen Schätzfehlers

$$\mathbf{P}(k) := E[\varepsilon(k,k-1)\,\varepsilon^T(k,k-1)]$$

ist also

$$E[\varepsilon(k,k-1)\,\mathbf{x}^T(k)] = \mathbf{P}(k)\,. \qquad (7.3\text{-}21)$$

Somit ergeben die verschiedenen Voraussetzungen über die Kovarianzmatrizen aus der obigen Bestimmungsgl. (7.3-13b) für $\mathbf{K}$ schließlich

$$\widetilde{\mathbf{A}}\,\mathbf{P}\,\mathbf{C}^T + \mathbf{S} - \mathbf{K}\mathbf{R} = 0\,, \qquad (7.3\text{-}22)$$

was man zur **Übung** ausführlich nachprüfen sollte. Daraus folgt wegen
Gl. (7.3-16) bei Auflösung nach $\mathbf{K}$

$$\mathbf{K} = (\mathbf{A}\,\mathbf{P}\,\mathbf{C}^T + \mathbf{S})(\mathbf{C}\,\mathbf{P}\,\mathbf{C}^T + \mathbf{R})^{-1}\,. \qquad (7.3\text{-}22a)$$

Dabei ist für den 2. Faktor, falls die Inverse nicht existiert, die
Pseudoinverse nach Gl. (1.4-13) oder eine vergleichbare zu nehmen. Unbekannt ist nun aber das neu eingeführte $\mathbf{P}$: Für einen minimalen Schätzfehler ist nach Gl. (7.3-21)

$$\mathbf{P}(k+1) = E[\varepsilon(k+1,k)\mathbf{x}^T(k+1)]\,.$$

Mit dem letzten Ausdruck für $\varepsilon(k+1,k)$ Gl. (7.3-15a) und der Systemgl.
(7.3-9) [zur Umformung von $\mathbf{x}^T(k+1)$] wird daraus

$$\mathbf{P}(k+1) = E\{[\widetilde{\mathbf{A}}\,\varepsilon(k,k-1) + \mathbf{v} - \mathbf{K}\mathbf{w}][\mathbf{x}^T\mathbf{A}^T + \mathbf{v}^T]\}$$

und nach Ausmultiplizieren und Einsetzen der Kovarianzmatrizen

$$\mathbf{P}(k+1) = \widetilde{\mathbf{A}}\,\mathbf{P}\,\mathbf{A}^T + \mathbf{Q} - \mathbf{K}\mathbf{S}^T\,, \qquad (7.3\text{-}23)$$

was wieder zur **Übung** nachgeprüft werden sollte.

Einsetzen von Gl.(7.3-22a) in Gl.(7.3-23) liefert für $\mathbf{P}$ eine quadratische Differenzengl. 1. Ordnung, nämlich mit der Abkürzung

$$\mathbf{L} := \mathbf{A}\mathbf{P}\mathbf{C}^T + \mathbf{S}^1$$

die Gl.

$$\mathbf{P}(k+1) = \mathbf{A}\mathbf{P}\mathbf{A}^T - \mathbf{L}(\mathbf{C}\mathbf{P}\mathbf{C}^T + \mathbf{R})^{-1}\mathbf{L}^T + \mathbf{Q}. \qquad (7.3\text{-}24)$$

Setzt man die Lösung dieser Gl. in Gl.(7.3-22a) ein, so erhält man $\mathbf{K}$ und hat das Kalman-Filter bestimmt.

Vorhersageproblem und Filterproblem

Nun wird noch die Prediktion um mehr als einen Zeitschritt betrachtet: Aus der Systemgl.(7.3-9) folgt mit der Übergangsmatrix [vgl. Gl.(1.2-19a)]

$$\varnothing(K,k+1) = \mathbf{A}(K-1)\mathbf{A}(K-2)\ldots\mathbf{A}(k+1)\,; \quad \varnothing(K,K) = \mathbf{I}$$

analog zu Gl.(1.2-19)

$$\mathbf{x}(K) = \varnothing(K,k+1)\mathbf{x}(k+1) + \sum_{i=k+1}^{K-1} \varnothing(K,i+1)\mathbf{v}(i)\,.$$

Da $\mathbf{v}$ mit sich und allen $\mathbf{x}$ bzw. $\mathbf{y}$ unkorreliert ist, wird aus der Orthogonalitätsrelation

$$E[\varepsilon(K,k)\mathbf{y}^T(k)] = \mathbf{0}\,; \quad K \geqslant k$$

hier

$$E\{[\varnothing(K,k+1)\,\mathbf{x}(k+1) - \hat{\mathbf{x}}(K,k)]\mathbf{y}^T(k)\} = \mathbf{0}\,; \quad K \geqslant k\,.$$

Dies ist für optimales $\hat{\mathbf{x}}(k+1,k)$ erfüllbar mit

$$\hat{\mathbf{x}}(K,k) = \varnothing(K,k+1)\hat{\mathbf{x}}(k+1,k)\,, \qquad (7.3\text{-}25)$$

weil nach Gl.(7.3-13b) $E[\varepsilon(k+1,k)\mathbf{y}^T(k)] = \mathbf{0}$ ist.

---

[1] Wegen $\mathbf{P}^T = \mathbf{P}$ wie für jede Kovarianzmatrix ist $\mathbf{L}^T = \mathbf{C}\mathbf{P}\mathbf{A}^T + \mathbf{S}^T$.

Also ist die optimale Prediktion um beliebig viele Zeitschritte dann bekannt, wenn man sie für einen Schritt kennt und wenn man die Veränderung des Systems im Vorhersagezeitraum, d.h. die $\mathbf{A}(i)$ kennt.

Aus Gl.(7.3-25) folgt auch sofort der optimale Schätzwert $\hat{\mathbf{x}}(k,k)$ bei reiner Filterung. Man setze dazu $K = k$ und beachte, daß

$$\emptyset(k,k+1) = \emptyset^{-1}(k+1,k) ,$$

wobei

$$\emptyset(k+1,k) = \mathbf{A}(k) .$$

Also ist, falls $\mathbf{A}$ invertierbar ist,

$$\hat{\mathbf{x}}(k,k) = \mathbf{A}^{-1}(k)\,\hat{\mathbf{x}}(k+1,k) . \qquad (7.3-26)$$

Beispiel zum KALMAN-Filter (nach BRAMMER [1])

Ein zweidimensionaler Zustandsvektor $\mathbf{x}$ soll aus einer eindimensionalen Meßgröße y optimal geschätzt werden. Dabei seien (vgl. die ersten Gln. dieses Abschnitts)

$$\mathbf{A} = \begin{bmatrix} 1 & 1 \\ 0 & 1 \end{bmatrix} \;;\; \mathbf{C} = (1,0) \;;\; \mathbf{Q} = \begin{bmatrix} 1/3 & 1/2 \\ 1/2 & 1 \end{bmatrix} \;;\; \mathbf{R} = 1 \;;\; \mathbf{S} = \mathbf{0} .$$

Zum Einsetzen in Gl.(7.3-26) wird zunächst $\mathbf{A}$ invertiert. Nach der **Übung** zu Gl.(7.3-58) ist, da $\det\mathbf{A} = 1$, sofort

$$\mathbf{A}^{-1} = \begin{bmatrix} 1 & -1 \\ 0 & 1 \end{bmatrix} .$$

(Dieses Resultat wird jedoch im folgenden nicht gebraucht.) Nun ist im wesentlichen die "KALMANsche" Matrix $\mathbf{K}$ zu bestimmen: Nach Gl.(7.3-22a) ist mit obigen $\mathbf{A}$ und $\mathbf{C}$

$$\mathbf{K} = \mathbf{A}\,\mathbf{P}\,\mathbf{C}^T/(\mathbf{C}\,\mathbf{P}\,\mathbf{C}^T + 1) ,$$

wobei die Division anstatt der Inversion erlaubt ist, da $\mathbf{C\,P\,C}^T$ formal aufgebaut ist wie eine quadratische Form und somit ein Skalar ist. Außerdem sieht man: Da $\mathbf{C}^T$ ein Vektor ist, wird $\mathbf{K}$ auch ein Vektor.

Schließlich ist $\mathbf{P}$ nach Gl. (7.3-24) zu berechnen aus

$$\mathbf{P}(k+1) = \mathbf{A\,P\,A}^T - \mathbf{A\,P\,C}^T(\mathbf{A\,P\,C}^T)^T/(\mathbf{C\,P\,C}^T + 1) + \mathbf{Q}\,; \quad \mathbf{P}(k_0) = \mathbf{0}\,,$$

Das ist eine quadratische vektorielle Differenzengleichung erster Ordnung. Dabei ist

$$\mathbf{K}(k_0) = \mathbf{0}\,.$$

Mit den angegebenen Anfangswert bei $k = k_0$ wird nun

$$\mathbf{P}(k_0 + 1) = \mathbf{Q} = \begin{bmatrix} 1/3 & 1/2 \\ 1/2 & 1 \end{bmatrix}.$$

Daraus folgt

$$\mathbf{K}(k_0 + 1) = \mathbf{A\,Q\,C}^T/(\mathbf{C\,Q\,C}^T + 1)\,.$$

Nach einer kleinen Rechen-**Übung** erhält man

$$\mathbf{K}(k_0 + 1) = \frac{1}{8} \begin{bmatrix} 5 \\ 3 \end{bmatrix}.$$

Obwohl man alle $\mathbf{P}(k+1)$ schon vor der Filterung bereitstellen kann, ist es hier rechnerisch bequemer, über Gl. (7.3-23), nämlich

$$\mathbf{P}(k+1) = [\mathbf{A} - \mathbf{K}(k)\,\mathbf{C}]\,\mathbf{P}(k)\,\mathbf{A}^T + \mathbf{Q} \qquad (7.3\text{-}27)$$

und

$$\mathbf{K}(k+1) = \mathbf{A\,P}(k+1)\,\mathbf{C}^T/[\mathbf{C\,P}(k+1)\,\mathbf{C}^T + 1] \qquad (7.3\text{-}28)$$

iterativ vorzugehen. Dabei ist nach den Ergebnissen am Anfang der Lösung der letzten **Übung**[1] speziell mit $\mathbf{P} := (p_{i,k})_{2,2}$

$$\mathbf{K}(k+1) = \begin{bmatrix} p_{1,1}(k+1) + p_{2,1}(k+1) \\ p_{2,1}(k+1) \end{bmatrix} / [p_{1,1}(k+1)+1]\,. \qquad (7.3\text{-}28a)$$

---

[1] Siehe Abschn. 9. Dort findet man die allgemeine Form von $\mathbf{A\,P\,C}^T$ und $\mathbf{C\,P\,C}^T$.

Man erhält so nach Fortsetzung der letzten **Übung**

$$\mathbf{K}(k_0 + 2) = \begin{bmatrix} 1,219 \\ 0,536 \end{bmatrix}.$$

Bei BRAMMER [1] findet man dann noch

$$\mathbf{K}(k_0 + 3) = \begin{bmatrix} 1,238 \\ 0,487 \end{bmatrix} ; \quad \mathbf{K}(k_0 + 4) = \begin{bmatrix} 1,231 \\ 0,473 \end{bmatrix}$$

und

$$\mathbf{K}(k_0 + 5) - \mathbf{K}(k_0 + 6) - \begin{bmatrix} 1,251 \\ 0,494 \end{bmatrix}.$$

Man sieht daraus, daß das Filter sehr rasch seinen stationären Wert erreicht, der dem eines diskreten Wiener-Filters entspricht.

Nachfolgend wird der kontinuierliche Fall des Kalman-Filters behandelt, wobei jedoch, da nun die größten begrifflichen Schwierigkeiten überwunden sind, gewisse Verallgemeinerungen in den Systemgln. und im Gütekriterium vorgenommen werden können. Der Übergang vom diskreten zum kontinuierlichen w.R. wird z.B. von KALMAN in BOG-DANOFF-KOZIN [1] behandelt. Zur Nomenklatur ist anzumerken, daß, während die Bezeichnungen der Zufallsvariablen von $\mathbf{v}$ bis $\mathbf{x}$ laufen, die der zugehörigen Kovarianzmatrizen von $\mathbf{Q}$ bis $\mathbf{T}$ laufen, wie bisher.

7.3.3. Kalman/Bucy-Filter für kontinuierliche Systeme

Wir betrachten nun dynamische Systeme ähnlich denen nach Bild 7.3-1 mit

$$\dot{\mathbf{x}}(t) = \mathbf{A}(t)\mathbf{x}(t) + \mathbf{B}(t)\mathbf{v}(t) ; \quad t \geqslant t_0 \qquad (7.3-29)$$

und

$$\mathbf{y}(t) = \mathbf{C}(t)\mathbf{x}(t) + \mathbf{w}(t) , \quad \mathbf{x}(t_0) =: \mathbf{x}_0 , \qquad (7.3-30)$$

wobei nur der Vektor $\mathbf{y}$ meßtechnisch erfaßbar ist und $\mathbf{v}$ und $\mathbf{w}$ vektorielles weißes Rauschen sind. Die n·n-Matrix $\mathbf{A}$, die n·q-Matrix $\mathbf{B}$

und die m·n-Matrix $\mathbf{C}$ seien für alle t bekannt, ebenso die Kovarianzmatrizen

$$E[\mathbf{v}(t)\mathbf{v}^T(\tau)] =: \mathbf{Q}(t)\,\delta(t-\tau) \qquad (7.3-31)$$

und

$$E[\mathbf{w}(t)\mathbf{w}^T(\tau)] =: \mathbf{R}(t)\,\delta(t-\tau)\,, \qquad (7.3-32)$$

sowie die Kovarianzmatrix $\mathbf{T}$ von $\mathbf{x}_0$. $\mathbf{T},\mathbf{Q},\mathbf{R}$ seien mindestens positiv
semidefinit. Die Erwartungswerte von $\mathbf{v}$ und $\mathbf{w}$ sowie ihre Kreuzkovarianzmatrix mögen immer null sein. Außerdem sei $\mathbf{x}(t_0)$ weder
mit $\mathbf{v}(t)$ noch mit $\mathbf{w}(t)$ korreliert. [Daher ist gemäß Gl.(6.2-37) $\mathbf{x}$
nie mit späteren $\mathbf{v}$ korreliert. Nach einer **Übung** zu Gl.(7.3-48) gilt
dies auch für $\mathbf{x}$ und $\mathbf{w}$.]

Nun soll ein linearer Schätzwert

$$\hat{\mathbf{x}}(t) := \int\limits_{t_0}^{t} \mathbf{G}(t,\tau)\,\mathbf{y}(\tau)\,\mathrm{d}\tau \qquad (7.3-33)$$

von $\mathbf{x}(t)$ aus der gemessenen Musterfunktion $\mathbf{y}(t)$ gebildet werden.
Der Schätzfehler sei

$$\varepsilon(t) := \mathbf{x}(t) - \hat{\mathbf{x}}(t)\,.$$

Er soll in einem gewogenen quadratischen Mittel minimal werden; es
ist also das Funktional (quadratische Form)

$$J := E[\varepsilon^T(t)\,\mathbf{H}(t)\,\varepsilon(t)] \qquad (7.3-34)$$

zu minimieren, wobei die bewertende Kostenmatrix $\mathbf{H}(t)$ immer positiv definit sei. (Interessanterweise ist das optimale Filter von $\mathbf{H}$ unabhängig, was am Schluß von Abschn.7.3.1 diskutiert wurde.)

Aus dem Orthogonalitätsprinzip folgt nun

$$E[\varepsilon(t)\mathbf{y}^T(t')] = \mathbf{0}\,;\ \ t' \in [t_0,t)$$

oder

$$E[\mathbf{x}(t)\,\mathbf{y}^T(t')] = E[\hat{\mathbf{x}}(t)\,\mathbf{y}^T(t')]$$

oder, nach Einsetzen aus Gl.(7.3-33), die Matrix-Wiener/Hopf-Gl.

$$E[\mathbf{x}(t)\mathbf{y}^T(t')] = \int_{t_0}^{t} \mathbf{G}(t,\tau)\,E[\mathbf{y}(\tau)\mathbf{y}^T(t')]d\tau \; ; \; t' \in [t_0,t)$$

oder wegen Gln.(7.3-30) und (7.3-32) mit der Kovarianzmatrix von $\mathbf{x}$

$$\mathbf{T}(t,t') :\,= E[\mathbf{x}(t)\,\mathbf{x}^T(t')]$$

auch

$$\mathbf{T}(t,t')\mathbf{C}^T(t') = \int_{t_0}^{t} \mathbf{G}(t,\tau)[\mathbf{C}(\tau)\mathbf{T}(\tau,t')\mathbf{C}^T(t')+\mathbf{R}(\tau)\delta(\tau-t')]d\tau \; .$$

$$(7.3-35)$$

Die Lösung dieser Integralgl. für die gesuchte optimale Gewichtsmatrix $\mathbf{G}$ geschieht aber nicht in konventioneller Weise, sondern durch einen Algorithmus, der ein dynamisches System (optimales Filter) in Echtzeit simuliert. Dieses neuartige Konzept wurde (für kontinuierliche Systeme) von KALMAN und BUCY [1] eingeführt. (Da der "Benutzer" nur den optimalen Schätzwort $\hat{\mathbf{x}}$ für $\mathbf{x}$ sucht, ist die explizite Bestimmung der optimalen Gewichtsmatrix auch gar nicht unbedingt erforderlich!)

Zunächst die Ergebnisse: Der (im Sinne des Kriteriums) optimale Schätzwert $\hat{\mathbf{x}}$ für $\mathbf{x}$ aus einer Linearkombination früherer $\mathbf{x}$-Werte ist Lösung der linearen (zeitvariablen) Dgl. [vgl. Gl.(7.3-19)] mit einer unten noch erläuterten Matrix $\mathbf{K}$

$$\dot{\hat{\mathbf{x}}}(t) = \widetilde{\mathbf{A}}(t)\hat{\mathbf{x}}(t) + \mathbf{K}(t)\mathbf{y}(t) \; ; \; \widetilde{\mathbf{A}} :\,= \mathbf{A} - \mathbf{K}\mathbf{C}$$

oder - um die Analogie zwischen dem optimalen Filter und dem dynamischen System, dessen Zustand der zu schätzende Prozeß beschreibt, besser zu verdeutlichen -

$$\dot{\hat{\mathbf{x}}}(t) = \mathbf{A}(t)\hat{\mathbf{x}}(t) + \mathbf{K}(t)[\mathbf{y}(t) - \mathbf{C}(t)\hat{\mathbf{x}}(t)]$$

$$= \mathbf{A}(t)\hat{\mathbf{x}}(t) + \mathbf{K}(t)\mathbf{C}(t)\varepsilon(t) + \mathbf{K}(t)\mathbf{w}(t) \; ; \; \hat{\mathbf{x}}(t_0) = \mathbf{0} \, . \quad (7.3-36)$$

Die letzte Zeile zeigt den Effekt der Rückkopplung: Mit steigendem Schätzfehler steigt die Änderungsgeschwindigkeit des Schätzwerts.

Mittels dieser Dgl. kann das optimale Filter unmittelbar realisiert
werden. Es hat - wie in Bild 7.3-3 zu sehen ist - als Eingangsgröße

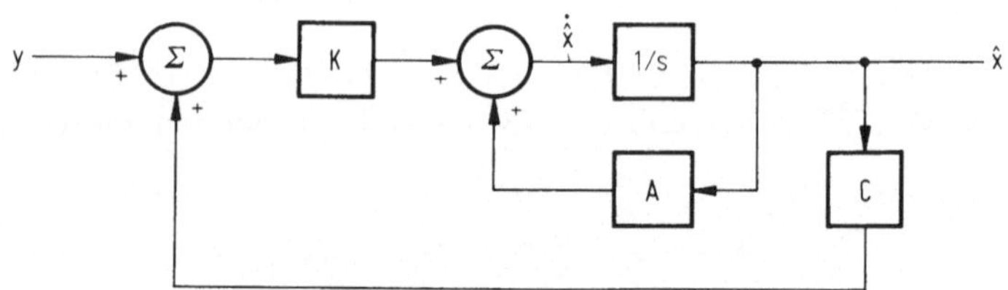

Bild 7.3-3. KALMAN/BUCY-Filter im kontinuierlichen Fall.

die Meßwerte $\mathbf{y}(t)$ und als Ausgangsgröße den optimalen Schätzwert
$\hat{\mathbf{x}}(t)$ für $\mathbf{x}(t)$.

Die neu eingeführte Matrix $\mathbf{K}(t)$ hängt, wie noch gezeigt wird, als

$$\mathbf{K}(t) = \mathbf{P}(t)\,\mathbf{C}^{T}(t)\,\mathbf{R}^{-1}(t) \qquad (7.3\text{-}37)$$

linear von der Kovarianzmatrix

$$\mathbf{P}(t,t') := E[\boldsymbol{\varepsilon}(t)\,\boldsymbol{\varepsilon}^{T}(t')]\;;\;\;\mathbf{P}(t) := \mathbf{P}(t,t)$$

des Schätzfehlers $\boldsymbol{\varepsilon}$ ab, und diese ist Lösung der Riccatischen Matrix-
Dgl. - also leider einer nichtlinearen Gleichung -

$$\dot{\mathbf{P}}(t) = \mathbf{A}(t)\mathbf{P}(t) + \mathbf{P}(t)\mathbf{A}^{T}(t) - \mathbf{P}(t)\mathbf{C}^{T}(t)\mathbf{R}^{-1}(t)\mathbf{C}(t)\mathbf{P}(t) + \mathbf{B}(t)\mathbf{Q}(t)\mathbf{B}^{T}(t),$$

$$(7.3\text{-}38)$$

wobei $\mathbf{P}(t_0)$ als bekannt angenommen wird.

<u>Herleitung der Filtergleichungen</u>

Wegen ihrer großen theoretischen und praktischen Bedeutung sollen
diese Ergebnisse (möglichst elementar) hergeleitet werden. (Vgl.
z.B. VAN TREES [1, S. 539ff.].) Aus Gl.(7.3-35) muß die Kovari-
anzmatrix $\mathbf{T}$ des nicht meßbaren Zustandsvektors $\mathbf{x}$ eliminiert werden.

Durch zeitliche Ableitung wird aus Gl.(7.3-35)

$$\frac{\partial}{\partial t}\mathbf{T}(t,\tau')\mathbf{C}^T(t') = \mathbf{G}(t,t)\mathbf{C}(t)\mathbf{T}(t,t')\mathbf{C}^T(t')$$

$$+ \int_{t_0}^{t} \frac{\partial}{\partial t}\mathbf{G}(t,\tau)[\mathbf{C}(\tau)\mathbf{T}(\tau,t')\mathbf{C}^T(t')+\mathbf{R}(\tau)\delta(\tau-t')]d\tau .$$

$$(7.3-39)$$

Der erste Term rechts kann mittels Gl.(7.3-35) durch ein Integral von t_0 bis t ausgedrückt werden. Dasselbe ist wie folgt auch für die linke Seite möglich: Offensichtlich ist nach Definition von $\mathbf{T}(t,t')$

$$\frac{\partial}{\partial t}\mathbf{T}(t,t')\mathbf{C}^T(t') = E[\dot{\mathbf{x}}(t)\,\mathbf{x}^T(t')]\,\mathbf{C}^T(t')$$

$$= \mathbf{A}(t)\mathbf{T}(t,t')\,\mathbf{C}^T(t') , \qquad (7.3-40)$$

letzteres nach Einsetzen aus der System-Dgl.(7.3-29), wobei die Unkorreliertheit von $\mathbf{x}(t')$ und $\mathbf{v}(t)$ für $t' < t$ benutzt wurde. Der letzte Ausdruck ist aber ebenfalls nach Gl.(7.3-35) als Integral von t_0 bis t ausdrückbar. Setzt man diese Ergebnisse in Gl.(7.3-39) ein, so erhält man für alle $t > t_0$

$$\int_{t_0}^{t}\left[-\mathbf{A}(t)\mathbf{G}(t,\tau)+\mathbf{G}(t,t)\mathbf{C}(t)\mathbf{G}(t,\tau)+\frac{\partial}{\partial t}\mathbf{G}(t,\tau)\right]$$

$$\cdot[\mathbf{C}(\tau)\mathbf{T}(\tau,t')\mathbf{C}^T(t')+\mathbf{R}(\tau)\delta(\tau-t')]\,d\tau = \mathbf{0} .$$

Hinreichend dafür ist offenbar das identische Verschwinden der vorletzten eckigen Klammer für alle $\tau \in [t_0,t)$, also die Dgl. für das optimale $\mathbf{G}$

$$\frac{\partial}{\partial t}\mathbf{G}(t,\tau) = \mathbf{A}(t)\mathbf{G}(t,\tau) - \mathbf{G}(t,t)\mathbf{C}(t)\mathbf{G}(t,\tau) , \qquad (7.3-41)$$

in der interessanterweise $\mathbf{B}$ nicht vorkommt! (Die Notwendigkeit der Dgl.(7.3-41) nachzuweisen ist nicht ganz trivial.)

Aus der Definitionsgl. (7.3-33) für das optimale $\hat{\mathbf{x}}(t)$ wird beim Differenzieren nach t

$$\dot{\hat{\mathbf{x}}}(t) = \mathbf{G}(t,t)\,\mathbf{y}(t) + \int_{t_0}^{t} \frac{\partial}{\partial t}\,\mathbf{G}(t,\tau)\,\mathbf{y}(\tau)\,d\tau\,. \qquad (7.3-42)$$

Setzt man hier für $\partial\mathbf{G}(t,\tau)/\partial t$ aus Gl. (7.3-41) ein und ersetzt die entstehenden Integrale von t_0 bis t gemäß Gl. (7.3-33), so wird aus Gl. (7.3-42) wie behauptet Gl. (7.3-36), falls man noch $\mathbf{K}(t)$ als $\mathbf{K}(t) :=$ $:= \mathbf{G}(t,t)$ definiert.

Aus Gl. (7.3-35) folgt weiter wegen der Ausblendeigenschaft der δ-Funktion für $t' = t$

$$\left[\mathbf{T}(t,t) - \int_{t_0}^{t} \mathbf{G}(t,\tau)\,\mathbf{C}(\tau)\,\mathbf{T}(\tau,t)\,d\tau\right]\mathbf{C}^{T}(t) = \mathbf{K}(t)\mathbf{R}(t)\,, \quad (7.3-43)$$

d.h. Gl. (7.3-37), denn die eckige Klammer ist $\mathbf{P}(t,t)$, was man zur **Übung** verifiziere.

Zur Herleitung von Gl. (7.3-38) wird in die Ableitung der Definitionsgl. für $\mathbf{P}$, d.h. in [vgl. Gl. (1.4-14)]

$$\dot{\mathbf{P}} = E(\dot{\varepsilon}\,\varepsilon^{T} + \varepsilon\dot{\varepsilon}^{T}) \qquad (7.3-44)$$

eingesetzt: Mit den Gln. (7.3-29) und (7.3-36) wird dabei

$$\dot{\varepsilon} = \dot{\mathbf{x}} - \dot{\hat{\mathbf{x}}} = \mathbf{A}\mathbf{x} + \mathbf{B}\mathbf{v} - \mathbf{A}\hat{\mathbf{x}} - \mathbf{K}\mathbf{C}(\mathbf{x}-\hat{\mathbf{x}}) - \mathbf{K}\mathbf{w}$$

$$= (\mathbf{A} - \mathbf{K}\mathbf{C})\,\varepsilon + \mathbf{B}\mathbf{v} - \mathbf{K}\mathbf{w}\,, \qquad (7.3-45)$$

so daß mit der Definition für $\mathbf{P} := \mathbf{P}(t)$ und Gl. (2.3-5)

$$E(\dot{\varepsilon}\,\varepsilon^{T}) = (\mathbf{A} - \mathbf{K}\mathbf{C})\mathbf{P} + \mathbf{B}\,E(\mathbf{v}\,\varepsilon^{T}) - \mathbf{K}\,E(\mathbf{w}\,\varepsilon^{T})\,. \qquad (7.3-45a)$$

Nach Definition von ε ist weiter

$$E(\mathbf{v}\,\varepsilon^{T}) = E(\mathbf{v}\mathbf{x}^{T}) - E(\mathbf{v}\hat{\mathbf{x}}^{T})\,.$$

Dabei ist nach Gl.(6.2-38)

$$E(\mathbf{v}\mathbf{x}^T) = \mathbf{Q}^T\mathbf{B}^T/2 \;;\; \mathbf{Q}^T = \mathbf{Q}.$$

Und nach Gl.(7.3-33) mit $\mathbf{y}$ aus Gl.(7.3-30) ist

$$E(\hat{\mathbf{x}}\mathbf{v}^T) := E[\hat{\mathbf{x}}(t)\mathbf{v}^T(t)] = \int_{t_0}^{t} \mathbf{G}(t,\tau)\{\mathbf{C}(\tau)\,E[\mathbf{x}(\tau)\mathbf{v}^T(t)]+$$
$$+E[\mathbf{w}(\tau)\mathbf{v}^T(t)]\}\,d\tau. \quad (7.3\text{-}46)$$

Diese Kreuzkovarianzmatrix verschwindet jedoch, denn nach Gl.(6.2-38) erste Zeile ist

$$E[\mathbf{x}(\tau)\,\mathbf{v}^T(t)] = \mathbf{0}\;;\; \tau < t,$$

und nach Voraussetzung oben ist

$$E[\mathbf{w}(\tau)\,\mathbf{v}^T(t)] \equiv \mathbf{0}$$

in t und τ. Es gilt also

$$E(\mathbf{v}\boldsymbol{\varepsilon}^T) = \mathbf{Q}\mathbf{B}^T/2. \qquad (7.3\text{-}47)$$

Entsprechend ist

$$E(\mathbf{w}\boldsymbol{\varepsilon}^T) = E(\mathbf{w}\mathbf{x}^T) - E(\mathbf{w}\hat{\mathbf{x}}^T).$$

Dabei ist

$$E(\mathbf{w}\mathbf{x}^T) = \mathbf{0}, \qquad (7.3\text{-}48)$$

da $\mathbf{v}$ und $\mathbf{w}$ unkorreliert sein sollen, was man zur **Übung** ausführlich nachweise.

Weiter liefert ein Vergleich mit Gl.(7.3-46) sofort

$$E(\hat{\mathbf{x}}\mathbf{w}^T) = \int_{t_0}^{t} \mathbf{G}(t,\tau)\,E[\mathbf{w}(\tau)\,\mathbf{w}^T(t)]\,d\tau = \mathbf{K}\mathbf{R}/2 \;;\; \mathbf{R}^T = \mathbf{R}.^{1}$$

---

[1] Alle Kovarianzmatrizen sind symmetrisch, was unmittelbar aus der Definition folgt.

Dabei erhält man die letzte Umformung - mit $\mathbf{R}$ nach Gl.(7.3-32) und $\mathbf{K} = \mathbf{G}(t,t)$ - wieder wegen der Geradheit der δ-Funktion. Es gilt also

$$E(\mathbf{w}\,\boldsymbol{\varepsilon}^T) = -\mathbf{R}\mathbf{K}^T/2\,. \qquad (7.3\text{-}49)$$

Insgesamt haben wir damit nach Einsetzen von Gln. (7.3-47) und (7.3-49) in Gl.(7.3-45a)

$$E(\dot{\boldsymbol{\varepsilon}}\,\boldsymbol{\varepsilon}^T) = \mathbf{A}\mathbf{P} - \mathbf{K}\mathbf{C}\mathbf{P} + \mathbf{B}\mathbf{Q}\mathbf{B}^T/2 + \mathbf{K}\mathbf{R}\mathbf{K}^T/2\,.$$

Ersetzt man nun $\mathbf{K}$ gemäß Gl.(7.3-37) durch $\mathbf{P}\,\mathbf{C}^T\mathbf{R}^{-1}$ und setzt $E(\dot{\boldsymbol{\varepsilon}}\,\boldsymbol{\varepsilon}^T)$ sowie den transponierten Ausdruck in Gl.(7.3-44) ein, so folgt wegen $\mathbf{P} = \mathbf{P}^{T\,1}$, so daß

$$-\mathbf{K}\mathbf{C}\mathbf{P} - \mathbf{P}\,\mathbf{C}^T\mathbf{K}^T + \mathbf{K}\mathbf{R}\mathbf{K}^T = -\mathbf{P}\,\mathbf{C}^T\mathbf{R}^{-1}\mathbf{C}\mathbf{P}$$

wird, nach kurzer elementarer Zwischenrechnung tatsächlich Gl.(7.3-38).

Bemerkungen

Wichtige Bemerkungen zur Lösung der Riccati-Gl.(7.3-38) findet man u.a. bei BUCY-JOSEPH [1]; ein Digitalrechner-Programm in dem Bericht von KALMAN-ENGLAR [1], mehr bei LEONDES [1]. Hier soll nur auf die Umformung der Riccati-Gl. n-ter Ordnung in ein sog. lineares Hamiltonsches System 2n-ter Ordnung hingewiesen werden: Man geht dabei aus vom homogenen Gl.-System zu Gl.(7.3-45), nämlich

$$\dot{\boldsymbol{\varepsilon}} = (\mathbf{A} - \mathbf{K}\mathbf{C})\,\boldsymbol{\varepsilon}$$

(mit spezifizierten Anfangsbedingungen) und geht zunächst zum sog. adjungierten System

$$\dot{\boldsymbol{\xi}} = -(\mathbf{A} - \mathbf{K}\mathbf{C})^T\,\boldsymbol{\xi}$$

über (vgl. ZADEH-DESOER [1]). Nach Einsetzen für $\mathbf{K}$ aus Gl.(7.3-37) wird daraus (unter Beachtung von $\mathbf{R}^{-1T} = \mathbf{R}^{-1}$ und $\mathbf{P}^T = \mathbf{P}$)

$$\dot{\boldsymbol{\xi}} = (-\mathbf{A}^T + \mathbf{C}^T\mathbf{R}^{-1}\mathbf{C}\mathbf{P})\,\boldsymbol{\xi}\,. \qquad (7.3\text{-}50)$$

---

[1] Alle Kovarianzmatrizen sind symmetrisch, was unmittelbar aus der Definition folgt.

Der Vergleich mit der Riccatigl.(7.3-38) ergibt sofort, daß

$$\frac{d}{dt}\,(\mathbf{P}\,\xi) = \dot{\mathbf{P}}\,\xi + \mathbf{P}\,\dot{\xi} = (\mathbf{A}\,\mathbf{P} + \mathbf{B}\,\mathbf{Q}\,\mathbf{B}^T)\,\xi\,. \qquad (7.3-51)$$

Aus ξ soll nach der linearen Abbildung mit der Matrix $\mathbf{P}$

$$\eta = \mathbf{P}\,\xi \qquad\qquad (7.3-52)$$

werden. Dann bilden die Gln.(7.3-50) und (7.3-51) das sog. Hamiltonsche System (mit Übermatrizen und -Vektoren)

$$\frac{d}{dt}\begin{bmatrix} \xi \\ \eta \end{bmatrix} = \begin{bmatrix} -\mathbf{A}^T & \mathbf{C}^T\,\mathbf{R}^{-1}\,\mathbf{C} \\ \mathbf{B}\,\mathbf{Q}\,\mathbf{B}^T & \mathbf{A} \end{bmatrix} \begin{bmatrix} \xi \\ \eta \end{bmatrix}, \qquad (7.3-53)$$

das als lineares System im allgemeinen nach Standardverfahren inte-
grierbar ist!

Da Gl.(7.3-52) nur nach $\mathbf{P}$ auflösbar wäre, wenn ξ eine invertier-
bare Matrix wäre, muß man sich zu Gl.(7.3-53) eine Mannigfaltigkeit
von n linear unabhängigen Lösungen beschaffen; am besten durch n-
fache Integration.

Übrigens wird $\mathbf{P}$ außer zur Bestimmung von $\mathbf{K}$ auch zur Berechnung
des Minimalwerts des Gütekriteriums gebraucht:

Der minimale Wert des Gütekennwerts J nach Gl.(7.3-34) ist wegen
der allgemeinen Relation (1.4-6)

$$J_{min} = E\,sp(\varepsilon\,\varepsilon^T\,\mathbf{H}) = sp(\mathbf{P}\,\mathbf{H})\,.$$

Soweit das Filterproblem im engeren Sinn. Bei Vorhersage eines zu-
künftigen Zustands $\mathbf{x}(t_1)$; $t_1 > t$ mit Hilfe der von t_0 bis t angefalle-
nen Messungen gemäß Gl.(7.3-30), genauer bei Bestimmung des opti-
malen Vorhersagewerts $\hat{\mathbf{x}}(t_1,t)$ für $\mathbf{x}(t_1)$, gilt analog zum Vorhersageproblem von Abschn.7.3.2 mit obigem $\hat{\mathbf{x}}(t)$ und dem $\emptyset$ von Abschn.1.2

$$\hat{\mathbf{x}}(t_1,t) = \emptyset(t_1,t)\,\hat{\mathbf{x}}(t)\,. \qquad (7.3-54)$$

Vergleich mit dem Wiener-Filter

Es wird nun noch gezeigt, wie sich das Wienerfilter als einfacher Spezialfall des Kalman-Bucy-Filters ergibt, denn dazu muß man nur überall stationäre Verhältnisse und einen Start der Messungen in einer sehr fernen Vergangenheit fordern. Die Matrizen $\mathbf{A}$, $\mathbf{B}$ und $\mathbf{C}$ in Gln. (7.3-29) und (7.3-30) sollen also konstant sein, ebenso die Kovarianzmatrizen $\mathbf{Q}$ und $\mathbf{R}$.

Aus Gl. (7.3-37) für $\mathbf{K}$ liest man ab, daß sich das Filter nach dem Einschalten solange ändert, wie sich $\mathbf{P}(t)$ noch ändert. Der stationäre Wert $\mathbf{P}$ ist nach Gl. (7.3-38) Lösung der quadratischen Gl.

$$\mathbf{AP} + \mathbf{PA}^T - \mathbf{PC}^T\mathbf{R}^{-1}\mathbf{CP} + \mathbf{BQB}^T = \mathbf{0} .$$

Brauchbar für das Filter sind nur positiv definite Lösungs-Matrizen $\mathbf{P}$. Bei KALMAN-BUCY [1] wird nun gezeigt: Wenn das Modell eines dynamischen Systems nach Gln. (7.3-29) und (7.3-30) vollkommen beobachtbar und steuerbar ist (vgl. dazu Abschn. 1.2) und wenn die Elemente von $\mathbf{A}$, $\mathbf{Q}$ und $\mathbf{R}$ beschränkt sind, dann hat Gl. (7.3-38) eine eindeutige positiv definite Lösung. Außerdem ist dann das optimale Filter asymptotisch stabil, da die Eigenwerte der Matrix $\mathbf{A}$ (vgl. Abschn. 1.4) alle negativen Realteil haben.

Nach den obigen Voraussetzungen ist es übrigens nicht nötig, daß der beobachtete Prozeß $\{\mathbf{y}\}$ nach Gl. (7.3-30) selbst asymptotisch stabil ist; im Gegensatz zur Wienerschen Filtertheorie. Weiterhin wird bei Wiener nur der Fall einer skalaren Meßgröße behandelt, und $\mathbf{v}$ darf nicht mehr als 2 Komponenten haben: Eine, die zum Signal gehört, und eine für (nicht notwendig weißes) Rauschen. Existiert diese zweite Komponente, so kann bei Wiener das weiße Rauschen $\mathbf{w}(t)$ in Gl. (7.3-30) entfallen. Dies ist beim Kalman-Filter nicht immer zulässig, wenn Gl. (7.3-37) gelten soll. Für $w(t) \equiv 0$ erhält man jedoch im Wienerfilter Differenzierglieder, die in der Praxis unrealistisch sind.

Zur Bildung, d.h. genauer zur Simulation des klassischen Wienerfilters hat man nun neben der Lösung der Wiener-Hopfschen Dgl. für die optimale Gewichtsfunktion ein neues Verfahren, das im Prinzip leicht auf dem Digitalrechner programmierbar ist: Z.B. integriert man die

Riccatische Dgl.(7.3-38) ausgehend von $\mathbf{P}(t_0) = \mathbf{0}$ so lange, bis man einen stationären Wert für $\mathbf{P}$ erhält. Dieser ist unter den obigen Voraussetzungen automatisch positiv definit. Ein möglicher Algorithmus hierzu lautet mit dem Index k für die k-te Iteration (für jeden Zeitpunkt)

$$\widetilde{\mathbf{P}}_{k+1} := \left[\widetilde{\widetilde{\mathbf{P}}}_{k+1} + \widetilde{\widetilde{\mathbf{P}}}^{T}_{k+1} \right]/2 \; ; \; \widetilde{\mathbf{P}}_0 = \mathbf{0} \, ,$$

so daß $\widetilde{\mathbf{P}}^{T}_{k+1} = \widetilde{\mathbf{P}}_{k+1}$, wobei

$$\widetilde{\widetilde{\mathbf{P}}}_{k+1} := \widetilde{\mathbf{P}}_k + \lambda \left(\mathbf{A}\widetilde{\mathbf{P}}_k + \widetilde{\mathbf{P}}_k \mathbf{A}^T - \widetilde{\mathbf{P}}_k \mathbf{C}^T \mathbf{R}^{-1} \mathbf{C}\widetilde{\mathbf{P}}_k + \mathbf{B}\mathbf{Q}\mathbf{B}^T \right),$$

was wegen Gl.(7.3-38) für $\lambda \approx 1$ plausibel ist.

Andere, verbesserte Algorithmen diskutieren z.B. KALMAN-ENGLAR [1]. Wiener- und Kalman-Filter vergleichen SINGER-FROST [1] und ANDERSON-MOORE [1].

Um in einem gut überschaubaren konkreten Fall einmal Wiener- und Kalman-Filter miteinander zu vergleichen, soll das Beispiel von Abschn.7.2.2 nun als Spezialfall eines Kalman-Filters dargestellt werden.

Beispiel:

(Vgl. VAN TREES [1, S. 546ff.] oder SINGER-FROST [1])

Der Prozeß $\{z(t)\}$ - hier beim Kalman-Bucy-Filter im folgenden mit $\{x(t)\}$ bezeichnet - mit der spektralen Leistungsdichte

$$S_z(\omega) = a/(\omega^2 + \alpha^2)$$

wird in einem dynamischen System mit der Dgl.(7.3-29) erzeugt. Da dieses System nach Gl.(3.3-4) ein Verzögerungssystem 1. Ordnung ist, erhält man für Gl.(7.3-29) sofort (in diesem einfachen Fall als skalare Gl.)

$$\dot{x} = -\alpha x + \sqrt{a}\, v \; ; \; G_1(s) := \mathcal{L}x/\mathcal{L}v = \sqrt{a}/(s + \alpha) \, .$$

Dabei ist $v(t)$ weißes Rauschen; jedoch nicht das in Abschn.7.2.2 mit $n(t)$ bezeichnete. Gl.(7.3-30) lautet nun

$$y = x + w$$

[mit $y(t)$ statt $x(t)$ von Abschn.7.2.2 und $w(t)$ statt $n(t)$ dort]. Der Vergleich mit den Gln.(7.3-29) bis (7.3-32) ergibt also die Ersetzungen

$$\mathbf{A} \ \hat{=} \ -\alpha \ ; \ \mathbf{B} \ \hat{=} \ \sqrt{a} \ ; \ \mathbf{C} \ \hat{=} \ 1 \ ; \ \mathbf{R} \ \hat{=} \ b \ ; \ \mathbf{Q} \ \hat{=} \ 1 \ ; \ \mathbf{P} \ \hat{=} \ \sigma^{2},^{1} \qquad (7.3\text{-}55)$$

wobei $\sigma^{2}(t)$ die Varianz des Filterfehlers $\varepsilon(t)$ ist.

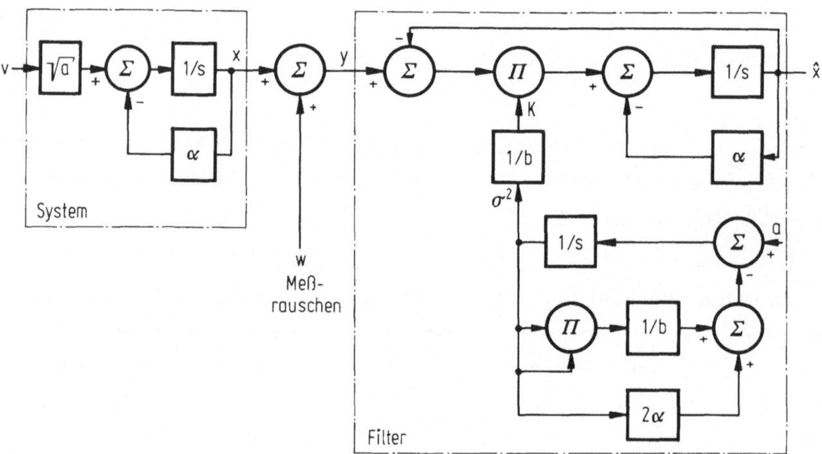

Bild 7.3-4. Eindimensionales System mit KALMAN/BUCYfilter. (Π bezeichnet Multiplizierer.)

Die Filtergln. lauten also nach Gln.(7.3-36) bis (7.3-38)

$$\dot{\hat{x}} = -\alpha\hat{x} + K(y - \hat{x}) \ ; \ \hat{x}(0) = 0$$

mit

$$K = \sigma^{2}/b,$$

und σ^{2} ist Lösung der Riccatigl.

$$\frac{d}{dt}\sigma^{2} = -2\alpha\sigma^{2} - \sigma^{4}/b + a; \ \sigma^{2}(0) = \sigma_{0}^{2}. \qquad (7.3\text{-}56)$$

---

[1] Man könnte natürlich auch $\mathbf{B} \ \hat{=} \ 1$ und $\mathbf{Q} \ \hat{=} \ a$ setzen.

Die Riccatigl. läßt sich also hier sehr leicht mit dem Analogrechner
simulieren. Das Gesamtsystem einschließlich Kalman-Bucy-Filter
hat daher das Blockschaltbild 7.3-4.

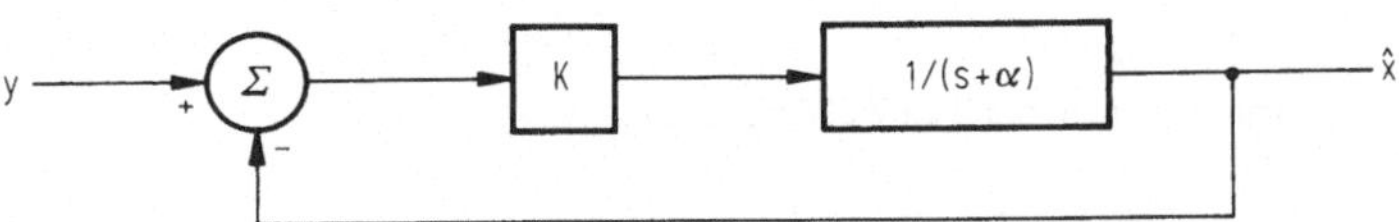

Bild 7.3-5. KALMAN/BUCY-Filter im stationären Zustand.

Im stationären Zustand erwartet man die Übereinstimmung mit dem Wiener-Filter: Es ist dann - als Lösung von Gl. (7.3-56) für $d\sigma^2/dt = 0$ -

$$\sigma^2 = \sigma_{\infty}^2 = \sqrt{ab + \alpha^2 b^2} - \alpha b = b\left(\sqrt{a/b + \alpha^2} - \alpha\right),^1 \qquad (7.3-56a)$$

und das Filter wird durch Blockschaltbild 7.3-5 beschrieben. (Bezeichnungen weiter gemäß Kalman-Filter.)

Nach Gl. (1.1-7) lautet davon die Übertragungsfunktion

$$G(s) = \frac{K/(s+\alpha)}{1 + K/(s+\alpha)} = K/(s+\alpha+K) \; ; \; K = \sqrt{a/b + \alpha^2} - \alpha,$$

die offenbar mit $G_0(s)$ nach Gl. (7.2-19), d.h. der des Wiener-Filters
übereinstimmt, denn

$$K = \left(\sqrt{a/b + \alpha^2} - \alpha\right)\left(\sqrt{a/b + \alpha^2} + \alpha\right)\Big/\left(\sqrt{a/b + \alpha^2} + \alpha\right)$$

$$= (a/b) \Big/ \left(\sqrt{a/b + \alpha^2} + \alpha\right).$$

Viel interessanter ist nun das allgemeine, auch für instationäre Verhältnisse z.B. von Einschaltvorgängen bei Wiener-Filtern optimale
Kalman-Bucy-Filter: Das zentrale Problem ist die Lösung der Riccati-Gl., um die ("Kalmansche") Matrix $\mathbf{K}(t)$ - hier natürlich eine
skalare Zeitfunktion $K(t)$ - zu bestimmen. Das Hamiltonsche System

---

[1] Vgl. das Endergebnis der Übung zu Gl. (7.2-19) in Abschn. 9. Man
beachte, daß $E\,\varepsilon = 0$, so daß $\sigma^2 = E\,\varepsilon^2$.

nach Gl.(7.3-53) lautet hier wegen Gl.(7.3-55)

$$\frac{d}{dt}\begin{bmatrix}\xi\\\eta\end{bmatrix} = \begin{bmatrix}\alpha & 1/b\\ a & -\alpha\end{bmatrix}\begin{bmatrix}\xi\\\eta\end{bmatrix}\;;\quad \begin{bmatrix}\xi(0)\\\eta(0)\end{bmatrix} = \begin{bmatrix}\xi_0\\\eta_0\end{bmatrix}. \qquad (7.3\text{-}57)$$

Aus der Lösung ist nach Gl.(7.3-52) wegen

$$\eta(t) = \sigma^2(t)\,\xi(t) \qquad (7.3\text{-}58)$$

sofort σ^2 zu gewinnen. Man kann zur Lösung den üblichen Exponential-ansatz machen oder - wie nachfolgend - zunächst Laplacetransformieren, um algebraische Gln. in der Variablen s zu erhalten, deren Lösungen dann in den Zeitbereich zurücktransformiert werden: Mit der Bezeichnung

$$L_{f}(s) := \mathscr{L}f(t)$$

wird aus Gl.(7.3-57) wegen $\mathscr{L}\dot{f}(t) = s\,L_{f}(s) - f(+0)$

$$\begin{bmatrix}s\,L_{\xi}(s)\\ s\,L_{\eta}(s)\end{bmatrix} - \begin{bmatrix}\xi(0)\\\eta(0)\end{bmatrix} = \begin{bmatrix}\alpha & 1/b\\ a & -\alpha\end{bmatrix}\begin{bmatrix}L_{\xi}(s)\\ L_{\eta}(s)\end{bmatrix}$$

und weiter

$$\begin{bmatrix}L_{\xi}(s)\\ L_{\eta}(s)\end{bmatrix} = \begin{bmatrix}s-\alpha & -1/b\\ -a & s+\alpha\end{bmatrix}^{-1}\begin{bmatrix}\xi(0)\\\eta(0)\end{bmatrix} = \begin{bmatrix}s+\alpha & 1/b\\ a & s-\alpha\end{bmatrix}\begin{bmatrix}\xi(0)\\\eta(0)\end{bmatrix}\Big/(s^2-\alpha^2-a/b)\,.$$

$$(7.3\text{-}59)$$

Die Richtigkeit der Bildung der Inversen weise man zur **Übung** nach.

Nun ist z.B. nach den Tabellen von DOETSCH [1] mit der Abkürzung

$$\beta := \sqrt{a/b + \alpha^2}\;:$$

$$\begin{bmatrix}\xi(t)\\\eta(t)\end{bmatrix} = \mathscr{L}^{-1}\left\{\begin{bmatrix}s+\alpha & 1/b\\ a & s-\alpha\end{bmatrix}\begin{bmatrix}\xi(0)\\\eta(0)\end{bmatrix}\Big/[(s+\beta)(s-\beta)]\right\} =$$

$$= \begin{bmatrix}\cosh(\beta t) + (\alpha/\beta)\sinh(\beta t); & [1/(b\beta)]\sinh(\beta t)\\[2mm] (a/\beta)\sinh(\beta t) & ; \cosh(\beta t) - (\alpha/\beta)\sinh(\beta t)\end{bmatrix}\begin{bmatrix}\xi(0)\\\eta(0)\end{bmatrix},$$

so daß nach Gl.(7.3-58)

$$\sigma^2(t) = \frac{\eta(t)}{\xi(t)} = \frac{(a/\beta)\sinh(\beta t)\,\xi(0)+[\cosh(\beta t)-(\alpha/\beta)\sinh(\beta t)]\eta(0)}{[\cosh(\beta t)+(\alpha/\beta)\sinh(\beta t)]\xi(0)+[1/(b\beta)]\sinh(\beta t)\eta(0)}$$

$$= \frac{(a/\beta)\sinh(\beta t)+[\cosh(\beta t)-(\alpha/\beta)\sinh(\beta t)]\sigma_0^2}{\cosh(\beta t)+(\alpha/\beta)\sinh(\beta t)+\sigma^2/(b\beta)\sinh(\beta t)}\,.$$

[Zur Probe findet man wegen $\sinh(0) = 0$, $\cosh(0) = 1$ als Wert der rechten Seite für $t = 0$ tatsächlich σ_0^2.]

Damit ist $K = \sigma^2/b$ bekannt und das Filter vollständig bestimmt.

Abschließend wird noch gezeigt, wie man ohne die Dgl. für σ^2 zum Spezialfall des Wiener-Filters gelangen kann: Wegen

$$\sinh(\gamma) := [\exp\gamma - \exp(-\gamma)]/2 \; ; \;\; \cosh(\gamma) := [\exp\gamma + \exp(-\gamma)]/2$$

ist für $\gamma \gg 1$

$$\sinh\gamma \approx \cosh\gamma \,.$$

Damit wird

$$\sigma_\infty^2 := \lim_{t\to\infty} \sigma^2(t) = \frac{a/\beta + (1 - \alpha/\beta)\sigma_0^2}{(1 + \alpha/\beta) + \sigma_0^2/(b\beta)} =$$

$$= \frac{(\beta - \alpha)\sigma_0^2 + a}{\beta + \alpha + \sigma_0^2/b}\,. \tag{7.3-60}$$

Als kleine Rechen-**Übung** zeigt man nun, daß das σ^2 zum Wiener-Filter nach Gl.(7.3-56a) dann auftritt, wenn $\sigma_0^2 = \sigma_\infty^2$, d.h. wenn das Kalman-Filter schon bei $t = 0$ seinen stationären Zustand erreicht hat.

Praktische Probleme werden u.a. im Bericht (AGARDOGRAPH) von LEONDES [1] vorgeführt.

Anmerkungen

Zum tieferen Verständnis der modernen Filtertheorie ist die Kenntnis der beiden folgenden Prinzipien bedeutsam:

1) <u>Dualitätsprinzip</u>: Es wurde 1960 von KALMAN [1], [2] entdeckt. Danach sind (im linearen Bereich) die Gln. für die optimale deterministische Regelung bzw. die optimale Filterung bei Rauschen "dual", und zwar ähnlich wie in Abschn.1.2 die Kriterien für Beobachtbarkeit und Steuerbarkeit. Man kann dabei vom einen zum dualen Problem und damit zu dessen Lösung jeweils durch Zeitumkehr, Vertauschen von Eingangs- mit Ausgangsgrößen und durch Transponieren der Matrizen $\mathbf{A}$, $\mathbf{B}$ und $\mathbf{C}$ der Systemgln. gelangen. Bei KALMAN [1] und BUCY-JOSEPH [1] findet man Tabellen, die das Umschreiben von Gln. der optimalen Regelung in solche der optimalen Filterung ermöglichen.

2) <u>Separationsprinzip</u>: KALMAN [1] zeigte, daß bei der Bestimmung optimaler Regler (für lineare Systeme bei quadratischem Gütekriterium) der Zustandsvektor der Regelstrecke vollständig bekannt sein muß, was in der Praxis kaum möglich ist. Treten im System keine Zufallsprozesse auf, dann kann man den Zustand $\mathbf{x}$ aus den Meßwerten $\mathbf{y}$ mit einem sog. Beobachter nach LUENBERGER [1] bestimmen. Sind jedoch - technisch gesprochen - Eingang und Ausgang der Regelstrecke verrauscht, so kann nach JOSEPH-TOU [1] die Berechnung des optimalen Reglers aufgespalten werden in die Bestimmung eines optimalen Schätzwerts für den Zustandsvektor mit Hilfe eines Kalman-Bucy-Filters und eine wie für ein deterministisches Problem durchgeführte Optimierung unter Zugrundelegung dieses optimalen Schätzwerts für den Zustandsvektor.

7.4. Diskussion der Ergebnisse von Abschnitt 7

Wir kommen nun wieder zu einem kurzen Rückblick: Abschn.7 bringt Ansätze für die Optimierung von linearen Übertragungssystemen, insbesondere von Regelungssystemen bei quadratischen Gütekriterien (minimale Varianz eines Fehlers). Kosten der Regelung oder Steuerung und denkbare Beschränkungen von Prozessen werden jedoch nicht berücksichtigt. In Abschn.7.1 wird feste Struktur (also nur noch optimal einzustellende Parameter) angenommen. Wie man dann mittels

$$S_y(\omega) = |G(j\omega)|^2 S_x(\omega) \qquad [(3.3\text{-}3a)]$$

für eine "Eingangsgröße" (Zufallsprozeß) $\{x\}$ die optimale "Ausgangsgröße" $\{y\}$ findet, wurde schon in Abschn.3.3.1 bei der Diskussion
der praktischen Bedeutung dieser Formel angegeben. Hier liegt das
Schwergewicht der Betrachtung auf der geeigneten Modellbildung, wie
man nämlich in einem Regelkreis mit mehreren stochastischen Stör-
größen für die letzte Formel die passenden $\{x\}$ und $G(j\omega)$ findet.
Dazu aber braucht man eigentlich immer nur die Formel

$$G(j\omega) = G_v(j\omega)/[1 + G_v(j\omega)\, G_r(j\omega)] \qquad [(1.1\text{-}7)]$$

für den Frequenzgang eines rückgekoppelten Systems, wo im "Vor-
wärtszweig", d.h. in der direkten Verbindung zwischen Eingang und
Ausgang das Glied mit G_v liegt, und die Rückkopplung durch ein Glied
mit G_r erfolgt. Als Beispiel wird eine Strecke 2. Ordnung mit PI-
R e g e l u n g behandelt.

Abschn.7.2 bringt dann die klassische Herleitung der ca. 1940 von
WIENER [2] (in anderer Form etwa gleichzeitig auch von KOLMOGO-
ROFF [3]) entwickelten Theorie der optimalen Filterung und Vorher-
sage stationärer Zufallsprozesse: Die ausführliche Darstellung als
Problem der V a r i a t i o n s r e c h n u n g führt auf eine sog. Wiener-
Hopfsche (lineare) Integralgl.

$$R_{x,z}(u) = \int_0^{\infty} g_0(v)\, R_x(u - v)\, dv \; ; \; u \geqslant 0 \qquad [(7.2\text{-}5)]$$

für die optimale Gewichtsfunktion $g_0(t)$ des gesuchten linearen Übertragungssystems. Dabei setzt man die Kenntnis der AKF seiner Eingangsgröße $\{x\}$ und die der KKF zwischen $\{x\}$ und dem durch die
Ausgangsgröße des Übertragungssystems optimal anzunähernden Prozeß $\{z\}$ voraus. Gl.(7.2-5) kann, da sie nur für $u \geqslant 0$ gilt, nicht
ohne weiteres über den Faltungssatz der $\mathfrak{J}$-Transformation gelöst werden. Jedoch gelingt das, wenn man die linke Seite von Gl.(7.2-5) für
alle reellen u als Hilfsfunktion $h(u)$ bezeichnet, dann formal $\mathfrak{J}$-trans-
formiert und später $\mathfrak{J}h(u) = H(\omega)$ wieder eliminiert: Das Ergebnis der
$\mathfrak{J}$-Transformation ist Gl.(7.2-10). Wenn man nun $S_x(\omega)$ gemäß

$$S_x(\omega) := H_1(j\omega) H_1^*(j\omega) \; ; \; H_1(s) \text{ regulär für } \operatorname{Re} s > 0 \qquad [(7.2\text{-}8)]$$

faktorisiert, erhält man nach einer (gedachten) Partialbruch-zerlegung die Identität (in ω)

$$\left[\frac{S_{x,z}(\omega)}{H_1^*(j\omega)} \right]_1 - G_0(j\omega)H_1(j\omega) \equiv \frac{H(\omega)}{H_1^*(j\omega)} - \left[\frac{S_{x,z}(\omega)}{H_1^*(j\omega)} \right]_r \ ; \ H(\omega) := \mathfrak{F}h(u) , \qquad [(7.2\text{-}13)]$$

wo die Indizes l und r an den eckigen Klammern die Terme der einge-klammerten Ausdrücke in der linken und rechten s-Halbebene bezeich-nen. Da die linke Funktion nur Pole in der linken Halbebene, die rech-te nur Pole in der rechten Halbebene haben kann, müssen beide Seiten identisch verschwinden. Aus der linken Seite von Gl.(7.2-13) folgt da-mit der optimale Frequenzgang

$$G_0(j\omega) = \frac{1}{H_1(j\omega)} \left[\frac{S_{x,z}(\omega)}{H_1^*(j\omega)} \right]_1 , \qquad [(7.2\text{-}14)]$$

wofür Gl.(7.2-17) ein äquivalentes Doppelintegral enthält. Angesichts der Existenz einer gut lesbaren Monographie über dieses Gebiet, die von NEWTON-GOULD-KAISER [1] stammt, wird nur ein kleines Bei-spiel zum Wiener-Verfahren gebracht, das später zum Vergleich mit dem Kalman-Bucy-Filter herangezogen werden kann: Es wird das Problem des "Wegfilterns" von weißem Rauschen, das einem Gauß-Markoff-Prozeß überlagert sei, behandelt. Das Wiener-Filter wird dabei ein einfacher Tiefpaß (1. Ordnung).

Anwendungen auf die Lagerhaltungstheorie werden ausführlich insbe-sondere für diskrete (sog. Abtast-)Systeme von C. SCHNEEWEISS [1] behandelt.

Abschn.7.2.3 bringt die Modellierung von rückgekoppelten Systemen mit mehr oder weniger freier Struktur in Filtersysteme, wobei stets zu erreichen ist, daß aus einem geschlossenen Kreis eine Serien-(Kaskaden-)Schaltung wird. Ist dabei z.B. ein optimaler Regler ge-sucht und hat der Regelkreis die Übertragungsfunktion

$$G_K = G_S/(1 + G_R G_S) , \qquad [(1.1\text{-}7)]$$

so liefert die Wienersche Theorie zunächst das optimale G_K, und das
gesuchte G_R ist daraus und aus dem gegebenen G_S als

$$G_R = (G_S - G_K)/G_S G_K$$

auszurechnen.

Eine konsequente Weiterentwicklung der Wienerschen ist in Abschn.7.3
die Kalman-Bucysche Optimalfiltertheorie, die ebenfalls die Kenntnis gewisser Kovarianzfunktionen voraussetzt, die aber auch für instationäre Prozesse gültig ist und zwar auch für die nach Wiener schwierig zu behandelnden Einschaltvorgänge. Auf die wesentlichen Gln. dieser Theorie kommt man besonders elegant mit dem sog. Orthogonalitätsprinzip, das in Abschn.7.3.1 erläutert wird. Es besagt im
Groben, daß bei linearen Schätzungen mit quadratischem Gütekriterium
(im wesentlichen mininale Varianz des Schätzfehlers) der "kleinste"
Schätzfehler zu allen Meßdaten orthogonal (im Sinne der Wahrscheinlichkeitsrechnung) ist: Wenn also L ein Operator ist, der auf die
zur Schätzung von $y(t)$ benutzten Meßwerte $x(\tau)$ wirkt, gilt

$$E\{[y(t)-Lx(\tau)]x(\tau)\} = 0 \; ; \quad \tau \in T \text{ (Meßintervall)}. \quad [(7.3-1)]$$

Als einfache Anwendung erhält man z.B. die in Abschn.7.2 so relativ
mühsam mittels Gedanken der Variationsrechnung hergeleitete Wiener-
Hopfgl..

Im zeitdiskreten Fall (Abtastsysteme) lauten nach Abschn.7.3.2 die
Gln. für das Gesamtsystem, wo nicht der Zustandsvektor $\mathbf{x}$ sondern ein Meßvektor $\mathbf{y}$ bekannt sein soll,

$$\mathbf{x}(k+1) = \mathbf{A}(k)\,\mathbf{x}(k) + \mathbf{v}(k) \qquad\qquad [(7.3-9)]$$

und

$$\mathbf{y}(k) \quad = \mathbf{C}(k)\,\mathbf{x}(k) + \mathbf{w}(k) \qquad\qquad [(7.3-10)]$$

mit den Kovarianzmatrizen

$$E[\mathbf{v}(k)\,\mathbf{v}^T(i)] = \delta_{i,k}\,\mathbf{Q}(k),$$

$$E[\mathbf{w}(k)\,\mathbf{w}^T(i)] = \delta_{i,k}\,\mathbf{R}(k), \qquad \delta_{i,k} := \begin{cases} 1 & \text{für } i = k, \\ 0 & \text{für } i \neq k. \end{cases}$$

$$E[\mathbf{v}(k)\,\mathbf{w}^T(i)] = \delta_{i,k}\,\mathbf{S}(k),$$

Das Ergebnis ist das Kalman-Filter mit der Gl.

$$\hat{\mathbf{x}}(k+1,k) = \mathbf{A}(k)\hat{\mathbf{x}}(k,k-1)+\mathbf{K}(k)[\mathbf{y}(k)-\mathbf{C}(k)\hat{\mathbf{x}}(k,k-1)] \qquad [(7.3-19)]$$

für die optimale Vorhersage um ein Abtastintervall. Dabei ist

$$\mathbf{K} := (\mathbf{A}\,\mathbf{P}\,\mathbf{C}^{T} + \mathbf{S})(\mathbf{C}\,\mathbf{P}\,\mathbf{C}^{T} + \mathbf{R})^{-1}, \qquad [(7.3-22a)]$$

und $\mathbf{P}$ ist Lösung der quadratischen Differenzengl. 1.Ordnung

$$\mathbf{P}(k+1) = \mathbf{A}(k)\mathbf{P}(k)\mathbf{A}^{T}(k)-\mathbf{L}(k)[\mathbf{C}(k)\mathbf{P}(k)\mathbf{C}^{T}(k)+\mathbf{R}(k)^{-1}]\mathbf{L}^{T}(k)+\mathbf{Q}(k)$$

$$[(7.3-24)]$$

mit

$$\mathbf{L} := \mathbf{A}\,\mathbf{P}\,\mathbf{C}^{T} + \mathbf{S}.$$

Typisch für diese Filter bzw. Prediktoren ist, daß die neuen optimalen Schätzwerte jeweils linear von den unmittelbaren Vorgängern abhängen und daß eine geschlossene Lösung nicht angestrebt wird, da viele derartige Systeme bei unvorhersehbaren Parameteränderungen im Echtzeitbetrieb (on line) laufen müssen. Zur Parameterempfindlichkeit vgl. LAINIOTIS-SIMS [1].

Im zeitlich kontinuierlichen Fall nach Abschn.7.3.3 geht man aus von der Systembeschreibung

$$\mathbf{x} = \mathbf{A}\,\mathbf{x} + \mathbf{B}\,\mathbf{v} \qquad [(7.3-29)]$$

und

$$\mathbf{y} = \mathbf{C}\,\mathbf{x} + \mathbf{w} \qquad [(7.3-30)]$$

mit

$$E[\mathbf{v}(t)\,\mathbf{v}^{T}(\tau)] = \mathbf{Q}(t)\,\delta(t-\tau), \qquad [(7.3-31)]$$

$$E[\mathbf{w}(t)\,\mathbf{w}^{T}(\tau)] = \mathbf{R}(t)\,\delta(t-\tau) \qquad [(7.3-32)]$$

und sucht eine optimale Gewichtsmatrix $\mathbf{G}(t,\tau)$ so, daß der Fehler

$$\varepsilon := \mathbf{x} - \hat{\mathbf{x}}; \quad \hat{\mathbf{x}}(t) := \int_{t_0}^{t} \mathbf{G}(t,\tau)\,\mathbf{y}(\tau)\,d\tau \qquad [(7.3-33)]$$

das Gütekriterium

$$J := E[\varepsilon^T(t)\, H(t)\, \varepsilon(t)] \qquad\qquad [(7.3\text{-}34)]$$

mit $H > 0$ (H positiv definit) minimiert.

Als Lösung findet man für die implizite Form der optimalen Gewichtsmatrix $G(t,\tau)$ folgende Gln. (vgl. Bild 7.3-3), wo alle Vektoren und
Matrizen zeitabhängig sein können:

$$\dot{\hat{x}} = A\hat{x} + K(y - C\hat{x}) \; ; \; K(t) = G(t,t) \qquad [(7.3\text{-}36)]$$

mit

$$K = P\, C^T R^{-1}. \qquad\qquad [(7.3\text{-}37)]$$

Dabei ist P Lösung der Matrix-Riccati-Dgl.

$$\dot{P} = AP + PA^T - PC^T R^{-1} CP + BQB^T. \qquad [(7.3\text{-}38)]$$

Schon aus den Matrizenoperationen dieser Gln. ist zu folgern, daß realistische Probleme sich nur mittels Rechenmaschinen lösen lassen. Für
ein System 1. Ordnung wurde jedoch eine geschlossene Lösung vorgeführt
und mit der entsprechenden beim Wiener-Filter verglichen.

Schließlich wird noch auf das Kalmansche Dualitätsprinzip und
– eng damit verwandt – auf das Separationsprinzip hingewiesen,
deren Erläuterung den Schluß von Abschn.7.3.3 bildet.

8. Punktprozesse (Ströme von Geschehnissen)

Punktprozesse sind - grob gesagt - Folgen von Zeit-Punkten,
die gemäß einer Zufallsgesetzmäßigkeit ausgewählt werden. Nach
KHINTCHINE [1] spricht man auch von Ereignisströmen. Ein
Beispiel für die ersten theoretischen Untersuchungen war das zufällige Eintreffen von Telefonanrufen. Und der heutige Straßenverkehr
liefert - leider nicht zuletzt mit den Zeitpunkten von Unfällen - weitere Beispiele. Eine relativ einfache Klasse von Punktprozessen sind
die sog. Erneuerungsprozesse, die besonders bei Zuverlässigkeitsuntersuchungen in der Praxis eine wichtige Rolle
spielen. In Analogie zu den bisher in diesem Buch betrachteten Zufallsprozessen mit ihren Ensembles von Musterfunktionen (vgl. Bild
2.2-1) definiert man einen Punktprozeß als ein Ensemble von zufälligen Folgen von Zeitpunkten. Speziell bei einem stationären Punktprozeß[1] sollen die Verbundwahrscheinlichkeiten dafür, daß in Intervallen
von bestimmter Länge und gegenseitigem Abstand gegebene Anzahlen
von Punkten liegen, vom Zeitnullpunkt nicht abhängen.

Es ist leicht, die Punktprozesse in die üblichen stochastischen Prozesse, d.h. geordnete Mengen von Zufallsvariablen einzuordnen. Man
kann z.B. als Musterfunktionen Treppenfunktionen nehmen, die in den
Punkten positive Einheitssprünge haben. Dabei ist die Anzahl der
Punkte in einem interessierenden Zeitintervall gleich der Differenz
der Werte der entsprechenden Musterfunktion an den Intervallenden.
(Vgl. Bild 8-1.)

Interessieren mehr die Abstände benachbarter Punkte, so kann man
auch die Intervalle zwischen benachbarten Punkten der Reihe nach
durchnumerieren. Dann bilden die Intervallängen in Abhängigkeit von
den zugehörigen Nummern einen diskreten Prozeß (sog. Zufallsfolge).

---

[1] BEUTLER-LENEMAN [1] oder COX-LEWIS [1].

Die Theorie der Punktprozesse wird von zwei Grundbegriffen mit je
einem besonders interessanten Spezialfall beherrscht. Ihre Definitionen lauten (für stationäre Prozesse):

$W_n(\tau)$ ist die Wahrscheinlichkeit dafür, daß ein (beliebiges) Zeitintervall der Länge τ genau n P u n k t e enthält.

Speziell gilt:

$\widetilde{W}_n(\tau)$ ist die (bedingte) Wahrscheinlichkeit dafür, daß im Zeitintervall der Länge τ genau n P u n k t e liegen, wobei am Anfang
des Intervalls ein weiterer P u n k t liegt. [$\widetilde{W}_n(\tau)$ wird auch
Palmsche Funktion genannt.] Die Problematik dieser beding-
ten Wahrscheinlichkeit wird weiter unten ausführlich diskutiert
werden.

$P_n(\tau)$ ist die Verteilungsfunktion des Abstands zwischen einem (beliebigen) Zeitpunkt und dem n-ten P u n k t danach.

Speziell gilt:

$\widetilde{P}_n(\tau)$ ist die (bedingte) Verteilungsfunktion des Abstands zwischen
einem Anfangszeitpunkt und dem n-ten P u n k t danach, wobei
auch der Anfangszeitpunkt ein P u n k t des Prozesses sein
soll. Insbesondere ist $\widetilde{P}_n(\tau)$ die Verteilungsfunktion des Abstands zwischen zwei P u n k t e n , zwischen denen genau n-1
weitere liegen.

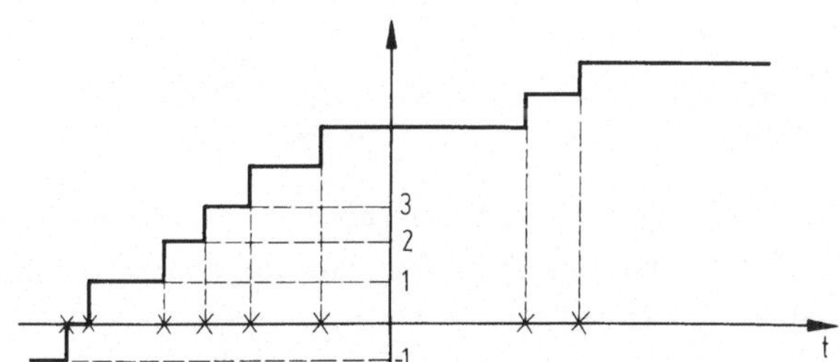

Bild 8-1. Abbildung eines Punktprozesses auf einen üblichen Zufallsprozeß (sog. Geburtsprozeß).

Diskussion der Palmschen Funktion

Nun zur angekündigten Diskussion der bedingten Wahrscheinlichkeiten
$\widetilde{W}_n$: Wollte man $\widetilde{W}_n$ nach der Definitionsgl.(2.1-11) für bedingte Wahr-

scheinlichkeiten ausrechnen, so ergäbe sich die Schwierigkeit, daß im allgemeinen die Wahrscheinlichkeit $W(B)$ dafür, daß der Anfangspunkt eines Intervalls ein **Punkt** ist, null ist. Man kann jedoch nach KHINTCHINE [1, S. 37ff.] den Anfangspunkt in ein (neues) Intervall der Länge $\Delta\tau$ legen und $\Delta\tau$ gegen null gehen lassen, wobei zwar auch $W(B)$ gegen null geht, aber $W(A|B)$ konvergiert: Sei

$$\hat{W}_n(\Delta\tau,\tau) := W\ \{\text{mindestens 1 Punkt in einem Zeitintervall der Länge}$$
$$\Delta\tau \text{ und genau } n \text{ Punkte im anschließenden Intervall}$$
$$\text{der Länge } \tau\ \}$$

oder, wenn n_t die Anzahl der Punkte in einem Intervall der Länge t ist,

$$\hat{W}_n(\Delta\tau,\tau) := W\{(n_{\Delta\tau} > 0) \cap (n_\tau = n)\}.^{1} \qquad (8\text{-}1)$$

Außerdem sei

$$W_{>0}(\Delta\tau) := \sum_{k=1}^{\infty} W_k(\Delta\tau) = 1 - W_0(\Delta\tau) = W\{n_{\Delta\tau} > 0\}. \qquad (8\text{-}2)$$

Dann ist, falls die Grenzwerte existieren, nach Gl. (2.1-11)

$$\widetilde{W}_n(\tau) = \lim_{\Delta\tau\to 0} W\{n_\tau = n \,|\, n_{\Delta\tau} > 0\}^{1} := \lim_{\Delta\tau\to 0} \frac{\hat{W}_n(\Delta\tau,\tau)}{W_{>0}(\Delta\tau)}. \qquad (8\text{-}3)$$

Nun existieren

$$\lim_{\Delta\tau\to 0} \frac{\hat{W}_n(\Delta\tau,\tau)}{\Delta\tau} \quad \text{und} \quad \gamma := \lim_{\Delta\tau\to 0} \frac{W_{>0}(\Delta\tau)}{\Delta\tau} \qquad (8\text{-}4)$$

und damit tatsächlich $\widetilde{W}_n(\tau)$, denn die beiden Funktionen (von $\Delta\tau$) $\hat{W}_n(\Delta\tau,\tau)$, $W_{>0}(\Delta\tau)$ sind vom Typ $f(x)$ des folgenden Hilfssatzes (vgl. KHINTCHINE [1, S. 27]):

Wenn $f(x)$ in $(0,a]$ nicht negativ ist und monoton steigt und für $x_1, x_2, x_1 + x_2 \in (0,a]$ die **Funktionalungleichung**

$$f(x_1 + x_2) \leqslant f(x_1) + f(x_2) \qquad (8\text{-}5)$$

---

^{1} Die Zusatzbedingung, daß die Intervalle der Länge $\Delta\tau$ bzw. τ mit den Punkte-Anzahlen $n_{\Delta\tau}$ bzw. n_τ an einander grenzen, wird beibehalten!

gilt, dann ist $f(x)$ bei 0 rechtsseitig differenzierbar, d.h.

$$\lim_{x \downarrow 0} [f(x)/x]$$

existiert.

Daß $\hat{W}_n$ und $W_{>0}$ vom Typ f sind, überlegt man sich leicht anhand der Analogie zwischen Gl.(8-5) und der aus Gl.(2.1-9) folgenden Ungl.

$$W(A \cup B) \leqslant W(A) + W(B) ,$$

wenn A und B mit Längen von Intervallen $\Delta\tau_1 \hat{=} x_1$ und $\Delta\tau_2 \hat{=} x_2$ zusammenhängen. So gilt z.B. für $W_{>0}(\Delta\tau)$ neben der unmittelbar einleuchtenden Monotonie in $\Delta\tau$ für zwei benachbarte Intervalle der Längen $\Delta\tau_1$ und $\Delta\tau_2$

$$W\left\{\left(n_{\Delta\tau_1} > 0\right) \cup \left(n_{\Delta\tau_2} > 0\right)\right\} = W\left\{n_{\Delta\tau_1 + \Delta\tau_2} > 0\right\}$$

$$\leqslant W\left\{n_{\Delta\tau_1} > 0\right\} + W\left\{n_{\Delta\tau_2} > 0\right\}$$

oder in anderer Schreibweise

$$f(\Delta\tau_1 + \Delta\tau_2) \leqslant f(\Delta\tau_1) + f(\Delta\tau_2) ,$$

was offenbar Ungl.(8-5) entspricht.

8.1. Beziehungen zwischen den Wahrscheinlichkeiten für die Punktzahlen in einem Zeitraum und den Verteilungsfunktionen für Punktabstände

Zwischen den oben eingeführten Begriffen $W_n(\tau)$ und $P_n(\tau)$ besteht eine enge Beziehung, die im folgenden näher untersucht werden soll. Der erwähnte Zusammenhang folgt schon aus einer neuen Deutung von $P_n(\tau)$: Nach Bild 8.1-1 ist (nach der allgemeinen Definition einer Verteilungsfunktion) $P_n(\tau)$ die Wahrscheinlichkeit dafür, daß der n-te Punkt nach t von t höchstens den Abstand τ hat. D.h. aber: In

(t,t+τ] liegen mindestens n Punkte, also n Punkte, oder n+1
oder n+2 usf.. Daher gilt im stationären, von t unabhängigen Falle

$$P_n(\tau) = \sum_{k=n}^{\infty} W_k(\tau) \; ; \; n \geq 1 \, . \qquad (8.1-1)$$

Dabei wurde benutzt, daß die Ereignisse $A_k := \{k \; Punkte \; in \; (t,t+\tau]\}$
disjunkt sind, so daß die Wahrscheinlichkeit der Vereinigungsmenge

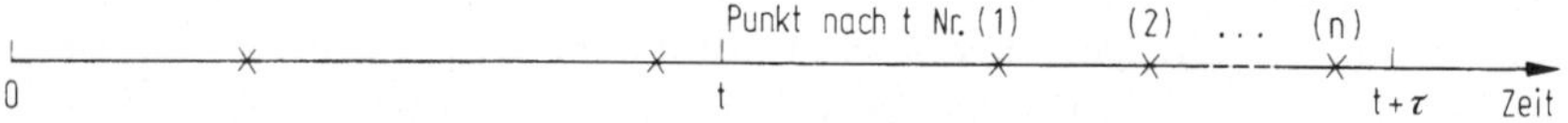

Bild 8.1-1. Zur Dualität der Begriffe Punktabstand und Punktanzahl
in einem Intervall.

gleich der Summe der Einzelwahrscheinlichkeiten ist. Die Wahrscheinlichkeit, daß ein Intervall keinen oder eine beliebige (abzählbare) Anzahl von Punkten enthält, ist offenbar

$$\sum_{k=0}^{\infty} W_k(\tau) = 1 \, . \qquad (8.1-2)$$

Mit der Forderung nach Abzählbarkeit sind wir aber praktisch schon
bei den sog. geordneten Punktprozessen, auf die wir uns hier beschränken werden.

8.1.1. Allgemeine geordnete stationäre Punktprozesse

Nach KHINTCHINE [1] heißt ein Punktprozeß geordnet, wenn das
Verhältnis zwischen der Wahrscheinlichkeit für mehr als einen Punkt
in einem Zeitraum der Länge t und t selbst ein $\sigma(t)$ ist, d.h. für $t \to 0$
verschwindet. Praktisch werden damit mehrfache Punkte ausgeschlossen. Aus Gl. (8.1-2) wird dabei

$$W_0(\tau) + W_1(\tau) = 1 - \sigma(\tau) \, . \qquad (8.1-3)$$

Nun wird gezeigt, daß und wie jeder der oben eingeführten 4 Grundbegriffe durch jeden anderen ausgedrückt werden kann. Im wesentlichen

sind also 6 Gleichungen zu finden. Allerdings wurde oben schon eine gewonnen, nämlich

$$P_n(\tau) = \sum_{k=n}^{\infty} W_k(\tau) = 1 - \sum_{k=0}^{n-1} W_k(\tau) \; ; \; n \geqslant 1 \, .[1] \qquad (8.1\text{-}4)$$

$[P_0(\tau)$ hat begrifflich keinen Sinn; man könnte höchstens formal über Gl. $(8.1\text{-}4)$ $P_0(\tau) \equiv 1$ definieren.] Analog ist

$$\tilde{P}_n(\tau) = \sum_{k=n}^{\infty} \tilde{W}_k(\tau) = 1 - \sum_{k=0}^{n-1} \tilde{W}_k(\tau) \; ; \; n \geqslant 1 \, . \qquad (8.1\text{-}5)$$

Die Umkehrung von Gl. $(8.1\text{-}4)$ lautet - wie man durch Einsetzen sofort bestätigt -

$$W_n(\tau) = P_n(\tau) - P_{n+1}(\tau) \; ; \; n \geqslant 1 \, . \qquad (8.1\text{-}6)$$

Speziell gilt auf Grund der Definitionen von $W_0(t)$ und $P_1(\tau)$

$$W_0(\tau) = 1 - P_1(\tau) \, . \qquad (8.1\text{-}6a)$$

Und die Umkehrung von Gl. $(8.1\text{-}5)$ lautet

$$\tilde{W}_n(\tau) = \tilde{P}_n(\tau) - \tilde{P}_{n+1}(\tau) \; ; \; n \geqslant 1 \, . \qquad (8.1\text{-}7)$$

Speziell ist

$$\tilde{W}_0(\tau) = 1 - \tilde{P}_1(\tau) \, . \qquad (8.1\text{-}7a)$$

Schwieriger ist nun ein Brückenschlag zwischen den einfachen und den bedingten Größen. Dazu wird unter der für viele praktische Anwendungen nicht wesentlichen Einschränkung, daß der Prozeß geordnet ist, folgende Beziehung hergeleitet: Mit γ nach Gl. $(8\text{-}4)$ ist

$$W_n'(\tau) := \frac{dW_n(\tau)}{d\tau} = \gamma \left[\tilde{W}_{n-1}(\tau) - \tilde{W}_n(\tau) \right] \; ; \; n \geqslant 1 \, , \qquad (8.1\text{-}8)$$

---

[1] Derartige Umformungen von unendlichen in endliche Summen sind für die Praxis äußerst wertvoll!

speziell

$$W_0'(\tau) = -\gamma \widetilde{W}_0(\tau)\,. \qquad\qquad (8.1\text{-}8a)$$

Dabei ist γ nach dem Satz von Korolyuk[1] bei geordneten Prozessen die Punktdichte.

Beweis von Gl. (8.1-8):

Da alle Verbundereignisse $(n_{\Delta\tau} = i) \cap (n_\tau = k)$ disjunkt sind, ist

$$W_n(\Delta\tau + \tau) = \sum_{k=0}^{n} W\{(n_{\Delta\tau}=k) \cap (n_\tau=n-k)\}\,.[2]$$

Aus der O r d n u n g der Punkte folgt

$$W_n(\Delta\tau+\tau) = W\{(n_{\Delta\tau}=0) \cap (n_\tau=n)\} + W\{(n_{\Delta\tau}=1) \cap (n_\tau=n-1)\} + \mathcal{O}(\Delta\tau)\,.$$

Nun sind allgemein

$$W_n(\tau)=W\{(n_{\Delta\tau}\text{ beliebig})\cap(n_\tau=n)\}=W\{(n_{\Delta\tau}=0)\cap(n_\tau=n)\}+W\{(n_{\Delta\tau}>0)\cap(n_\tau=n)\}$$

und

$$W\{(n_{\Delta\tau}>0)\cap(n_\tau=n-1)\} = W\{(n_{\Delta\tau}=1)\cap(n_\tau=n-1)\} + W\{(n_{\Delta\tau}>1)\cap(n_\tau=n-1)\}\,,$$

wobei wegen der Ordnung der Punkte die letzte Wahrscheinlichkeit ein $\mathcal{O}(\Delta\tau)$ ist. - Nach Gl. (8-1) sind weiter

$$W\{(n_{\Delta\tau}>0) \cap (n_\tau=n)\} =: \hat{W}_n(\Delta\tau,\tau)$$

und

$$W\{(n_{\Delta\tau}>0) \cap (n_\tau=n-1)\} =: \hat{W}_{n-1}(\Delta\tau,\tau)\,.$$

Setzt man nun in die letzte Formel für $W_n(\Delta\tau+\tau)$ ein, so ergibt sich nach Division mit $\Delta\tau$

$$\frac{W_n(\Delta\tau+\tau)-W_n(\tau)}{\Delta\tau} = -\frac{\hat{W}_n(\Delta\tau,\tau)}{\Delta\tau} + \frac{\hat{W}_{n-1}(\Delta\tau,\tau)}{\Delta\tau} + \frac{\mathcal{O}(\Delta\tau)}{\Delta\tau}\,.$$

---

[1] Vgl. KHINTCHINE [1,S. 42], CRAMÉR-LEADBETTER [1,S. 56].
[2] Vgl. die Fußnote zu Gl. (8-1).

Daraus folgt mit

$$\frac{\hat{W}_k(\Delta\tau,\tau)}{\Delta\tau} = \frac{\hat{W}_k(\Delta\tau,\tau)}{W_{>0}(\Delta\tau)} \cdot \frac{W_{>0}(\Delta\tau)}{\Delta\tau} \;,\;\; k = n-1,n$$

wegen Gln. (8-3) und (8-4) für $\Delta\tau \to 0$ schließlich Gl. (8.1-8), falls $W_n(\tau)$ differenzierbar ist. Der Bew. von Gl. (8.1-8a) geht analog.

Die Umkehrung von Gl. (8.1-8) lautet (mit ' für $d/d\tau$)

$$\widetilde{W}_n(\tau) = \frac{1}{\gamma} \sum_{k=n+1}^{\infty} W_k'(\tau) = -\frac{1}{\gamma} \sum_{k=0}^{n} W_k'(\tau) \;,\;\; n \geqslant 0 \;, \qquad (8.1-9)$$

letzteres wegen Gl. (8.1-4).

Aus Gl. (8.1-4) folgt durch Differenzieren nach τ und Einsetzen für $\sum_k W_k'$ nach Gl. (8.1-9), falls $P_n(\tau)$ und die $W_k(\tau)$ differenzierbar sind,

$$p_n(\tau) := \frac{d}{d\tau} P_n(\tau) = \gamma\widetilde{W}_{n-1}(\tau) \;,\;\; n \geqslant 1 \qquad (8.1-10)$$

oder umgekehrt

$$\widetilde{W}_n(\tau) = p_{n+1}(\tau)/\gamma \;,\;\; n \geqslant 0 \;. \qquad (8.1-11)$$

Aus Gln. (8.1-7) und (8.1-10) folgt sofort in Analogie zu Gl. (8.1-8)

$$p_n(\tau) = \gamma[\widetilde{P}_{n-1}(\tau) - \widetilde{P}_n(\tau)] \;,\;\; n \geqslant 2 \;. \qquad (8.1-12)$$

Speziell gilt wegen der Formeln (8.1-7a) und (8.1-10)

$$p_1(\tau) = \gamma[1 - \widetilde{P}_1(\tau)] \;. \qquad (8.1-12a)$$

Die Umkehrung zu Gl. (8.1-12) lautet

$$\widetilde{P}_n(\tau) = \frac{1}{\gamma} \sum_{k=n+1}^{\infty} p_k(\tau) = 1 - \frac{1}{\gamma} \sum_{k=1}^{n} p_k(\tau) \;,\;\; n \geqslant 1 \;, \qquad (8.1-13)$$

letzteres wegen $\sum_{k=1}^{\infty} p_k(\tau) = \gamma$, wie aus Gl. (8.1-10) folgt.

Aus Gln.(8.1-7) und (8.1-8) folgt weiter

$$W_n'(\tau) = \gamma [\tilde{P}_{n+1}(\tau) - 2\tilde{P}_n(\tau) + \tilde{P}_{n-1}(\tau)] , \quad n \geqslant 2 . \qquad (8.1-14)$$

Speziell gelten bei Berücksichtigung der Formeln (8.1-7a) und (8.1-8a)

$$W_0'(\tau) = \gamma [\tilde{P}_1(\tau) - 1] ; \quad W_1'(\tau) = \gamma [\tilde{P}_2(\tau) - 2\tilde{P}_1(\tau) + 1] . \qquad (8.1-14a)$$

Setzt man in Gl.(8.1-12) links aus der differenzierten Gl.(8.1-4) ein, so erhält man

$$\sum_{i=n}^{\infty} W_i'(\tau) = \gamma [\tilde{P}_{n-1}(\tau) - \tilde{P}_n(\tau)] .$$

Daraus wird analog zur Umkehrung von Gl.(8.1-8)

$$\tilde{P}_n(\tau) = \frac{1}{\gamma} \sum_{k=n+1}^{\infty} \sum_{i=k}^{\infty} W_i'(\tau) = \frac{1}{\gamma} \sum_{k=n+1}^{\infty} (k-n) W_k'(\tau) =$$

$$= 1 + \frac{1}{\gamma} \sum_{k=0}^{n} (n-k) W_k'(\tau) , \quad n \geqslant 1 , \qquad (8.1-15)$$

letzteres im wesentlichen, weil nach Gl.(8.1-8)

$$\frac{1}{\gamma} \sum_{k=1}^{\infty} k W_k'(\tau) = \sum_{k=0}^{\infty} \tilde{W}_k(\tau) = 1 \qquad (8.1-16)$$

und nach Gl.(8.1-2)

$$\sum_{k=0}^{\infty} W_k' = 0 .$$

Wegen $W_0(0) = \tilde{W}_0(0) = 1$ kann man γ auch z.B. aus folgenden rechtsseitigen Differentialquotienten gewinnen:

$$\gamma = - W_0'(+0) = p_1(+0) , \qquad (8.1-17)$$

was z.B. aus Gln.(8.1-8a) und (8.1-10) folgt.

Man kann also jede der Grundgrößen $P_n, \widetilde{P}_n, W_n, \widetilde{W}_n$ durch einen oder mehrere Vertreter jeder anderen Grundgröße ausdrücken.

8.1.2. Erneuerungsprozesse

E r n e u e r u n g s p r o z e s s e sind wegen der für sie typischen statistischen Unabhängigkeit der Abstände aufeinander folgender P u n k t e (vgl. z.B. COX [1] oder SMITH [1]) eine relativ einfache Klasse von Punktprozessen. In Praxi sind diese Prozesse unter anderem deshalb so wichtig, weil sie - wie der Name schon sagt - die sukzessive Erneuerung defekter Gegenstände statistisch beschreiben[1]. Aus der Definition dieser Prozesse folgt wegen der fundamentalen Gl.(5.1-8a) mit der Schreibweise

$$^L f(s) := \mathcal{L} f(t)$$

für die Laplacetransformation sofort

$$^L\widetilde{p}_n(s) = {}^L\widetilde{p}_1^n(s) := [{}^L\widetilde{p}_1(s)]^n. \qquad (8.1\text{-}18)$$

Außerdem erhält man bei Erneuerungsprozessen, da die Länge des ersten Intervalls zwischen einem beliebigen Anfangszeitpunkt t und dem ersten Punkt des Prozesses nach t die Verteilungsdichte $p_1(\tau)$ hat,

$$^L p_n(s) = {}^L p_1(s)\,{}^L\widetilde{p}_1^{\,n-1}(s) \; ; \; n \geqslant 1. \qquad (8.1\text{-}19)$$

Nun ist nach Gl.(8.1-12a) für geordnete stationäre Punktprozesse, also insbesondere für s t a t i o n ä r e E r n e u e r u n g s p r o z e s s e und zwar als deren Definition

$$^L p_1(s) = \gamma\,\mathcal{L}[1 - \widetilde{P}_1(\tau)] = \frac{\gamma}{s}\left[1 - {}^L\widetilde{p}_1(s)\right].$$

oder

$$^L\widetilde{p}_1(s) = 1 - (s/\gamma)\,{}^L p_1(s). \qquad (8.1\text{-}20)$$

---

[1] Vgl. z.B. STÖRMER [1].

Hierbei wurden aus der Theorie der Laplacetransformation $\mathcal{L}\, 1(t) = 1/s$ und die Integrationsregel

$$\mathcal{L} \int\limits_0^t f(\tau)\,d\tau = \frac{1}{s}\,\mathcal{L}\,f(t)$$

benutzt.

Damit gilt für stationäre Erneuerungsprozesse statt Gl. (8.1-19)

$$^L p_n(s) = \frac{\gamma}{s}\left[1 - {}^L\widetilde{p}_1(s)\right] {}^L\widetilde{p}_1^{\,n-1}(s) \qquad (8.1\text{-}21)$$

oder

$$^L p_n(s) = {}^L p_1(s)\left[1 - (s/\gamma)\,{}^L p_1(s)\right]^{n-1}. \qquad (8.1\text{-}21a)$$

Weiterhin ist nach Gl. (8.1-7) für $n \geqslant 0$ bei stationären Prozessen

$$^L\widetilde{W}_n(s) = \frac{1}{s}\,{}^L\widetilde{p}_1^{\,n}(s)\left[1 - {}^L\widetilde{p}_1(s)\right] \qquad (8.1\text{-}22)$$

oder nach Gl. (8.1-21)

$$^L\widetilde{W}_n(s) = {}^L p_{n+1}(s)/\gamma. \qquad (8.1\text{-}22a)$$

Schließlich können auch alle $W_n(\tau)$ durch $\widetilde{p}_1(\tau)$ ausgedrückt werden: Zunächst folgt aus Gl. (8.1-14) wegen der Integrationsregel der Laplacetransformation

$$\mathcal{L}\,W_n'(\tau) = \frac{\gamma}{s}\left[{}^L\widetilde{p}_{n+1}(s) - 2\,{}^L\widetilde{p}_n(s) + {}^L\widetilde{p}_{n-1}(s)\right];\ n \geqslant 2$$

und aus den Gln. (8.1-14a)

$$\mathcal{L}\,W_0'(\tau) = \frac{\gamma}{s}\left[{}^L\widetilde{p}_1(s) - 1\right];\ \mathcal{L}\,W_1'(\tau) = \frac{\gamma}{s}\left[{}^L\widetilde{p}_2(s) - 2\,{}^L\widetilde{p}_1(s) + 1\right].$$

Daraus ergibt sich wegen Gl. (8.1-18) und der Differenzierregel

$$\mathcal{L}\,\dot{f}(t) = s\,{}^L f(s) - f(+0) \qquad (8.1\text{-}23)$$

der Laplacetransformation

$$^L W_n(s) = \frac{\gamma}{s^2}\left[^L\widetilde{p}_1^2(s)-2\,^L\widetilde{p}_1(s)+1\right]\,^L\widetilde{p}_1^{\,n-1}(s)+W_n(+0)/s$$

für $n \geqslant 2$ sowie

$$^L W_1(s) = \frac{\gamma}{s^2}\left[^L\widetilde{p}_1^2(s)-2\,^L\widetilde{p}_1(s)+1\right]+W_1(+0)/s$$

und

$$^L W_0(s) = \frac{\gamma}{s^2}\left[^L\widetilde{p}_1(s)-1\right]+W_0(+0)/s\,.$$

Daraus wird mit

$$W_n(+0) = \begin{cases} 1 \ \text{ für } \ n = 0\,, \\[2mm] 0 \ \text{ für } \ n \geqslant 1 \end{cases}$$

nach Gl.(8.1-6) (was auch ganz plausibel ist)

$$^L W_n(s) = \begin{cases} \dfrac{\gamma}{s^2}\left[^L\widetilde{p}_1(s)-1\right]^2\,^L\widetilde{p}_1^{\,n-1}(s) \ \ \text{ für } \ n \geqslant 2\,, \\[4mm] \dfrac{\gamma}{s^2}\left[^L\widetilde{p}_1(s)-1\right]^2 \ \ \ \ \ \ \ \ \ \ \text{ für } \ n = 1\,, \\[4mm] \dfrac{\gamma}{s^2}\left[^L\widetilde{p}_1(s)-1\right]+\dfrac{1}{s} \ \ \ \ \ \ \text{ für } \ n = 0\,. \end{cases} \qquad (8.1\text{-}24)$$

Damit sind sämtliche Wahrscheinlichkeiten durch $\widetilde{p}_1(\tau)$, die Verteilungsdichte der "Lebensdauer" ausgedrückt.

B e i s p i e l :

__Exponentiell verteilter Abstand zwischen benachbarten Punkten:__

Für

$$\widetilde{p}_1(\tau) = \gamma\exp(-\gamma\tau)\;;\;\;^L\widetilde{p}_1(s) = \frac{\gamma}{s+\gamma} \qquad (8.1\text{-}25)$$

erhält man wegen

$$^L\widetilde{p}_1(s) - 1 = -\frac{s}{s+\gamma} \qquad (8.1\text{-}26)$$

nach Gl.(8.1-24)

$$^L W_n(s) = \frac{1}{\gamma}\left[\frac{\gamma}{s+\gamma}\right]^{n+1} \;;\; W_n(\tau) = \frac{(\gamma\tau)^n}{n!}\exp(-\gamma\tau) \;;\; n \geqslant 0. \quad (8.1\text{-}27)$$

Es handelt sich also um einen Poissonprozeß.

Interessanterweise ist nach Gl.(8.1-22) beim Poissonprozeß

$$^L\widetilde{W}_n(s) = {^L W}_n(s) \;;\; n \geqslant 0.$$

Weiter entnimmt man Gl.(8.1-19) nach Einsetzen aus den Gln.(8.1-20) und (8.1-25), daß für $\widetilde{p}_1$ nach Gl.(8.1-24)

$$^L p_n(s) = {^L\widetilde{p}}_n(s) \;;\; p_n(\tau) = \widetilde{p}_n(\tau) = \gamma\,\frac{(\gamma\tau)^{n-1}}{(n-1)!}\exp(-\gamma\tau) \;;\; n \geqslant 1; \quad (8.1\text{-}28)$$

(Gammaverteilung). Im Gegensatz zur Auffassung von GIRAULT [1, S. 14] ist z.B. der auch aus Gl.(8.1-12a) folgende Spezialfall

$$p_1(\tau) = \gamma\left[1 - \gamma\int_0^\tau \exp(-\gamma t)\,dt\right] = \gamma\exp(-\gamma\tau) = \widetilde{p}_1(\tau) \quad (8.1\text{-}29)$$

nicht so völlig plausibel, denn man kann sich nach Bild 8.1-1 bei einer Messung von p_1 und $\widetilde{p}_1$ jedes Intervall zwischen dem letzten P u n k t vor t und dem ersten nach t ersetzt denken durch das (stets kleinere) Teilstück von t bis zum ersten P u n k t danach. Die Gl. $p_1 = \widetilde{p}_1$ ist übrigens die Definitionsgl. für die sog. gewöhnlichen E r n e u e r u n g s - p r o z e s s e! Aus Gl.(8.1-20) folgt in diesem Zusammenhang noch, daß bei gewöhnlichen stationären Erneuerungsprozessen die Abstände benachbarter Punkte stets exponentialverteilt sind. Diese Prozesse sind daher immer Poissonprozesse.

8.1.3. Erwartungswerte bei Punktprozessen

Nun werden als Beispiele zu Abschn.8.1.1 Erwartungswert und Varianz von n_τ, der Zahl der Punkte in einem Intervall der Länge τ, und vom Abstand zwischen zwei benachbarten Punkten des betrachteten stationären Punktprozesses bestimmt:

1) Wegen Gl. (8.1-16) ist

$$E\,n_\tau := \sum_{k=1}^{\infty} k\,W_k(\tau) = \gamma \int_0^\tau dt = \gamma\tau. \qquad (8.1-30)$$

γ ist also nicht nur [siehe Gl. (8-4)] eine Wahrscheinlichkeitsdichte, sondern auch die mittlere Punktdichte.

Bei Erneuerungsprozessen heißt $E\,n_\tau$ Erneuerungsfunktion.

2) Definitionsgemäß ist

$$E\,n_\tau^2 := \sum_{k=1}^{\infty} k^2\,W_k(\tau).$$

Setzt man für $W_k(\tau)$ z.B. aus Gl. (8.1-14) ein, so wird [mit $P_0(t):\equiv 1$]

$$E\,n_\tau^2 = \gamma \sum_{k=1}^{\infty} \int_0^\tau \left[k^2\widetilde{P}_{k+1}(t) - 2k^2\widetilde{P}_k(t) + k^2\widetilde{P}_{k-1}(t) \right] dt$$

$$= \gamma \sum_{k=1}^{\infty} \int_0^\tau \widetilde{P}_k(t)\,[(k-1)^2 - 2k^2 + (k+1)^2]\,dt + \gamma \int_0^\tau dt$$

$$= \gamma\tau + 2\gamma \sum_{k=1}^{\infty} \int_0^\tau \widetilde{P}_k(t)\,dt. \qquad (8.1-31)$$

Die Varianz von n_τ ist also bereits eine Größe, zu deren Festlegung i.allg. unendlich viele Wahrscheinlichkeiten bekannt sein müssen.

3) Allgemein ist nach Gl. (2.3-20a) für $k = 1$ der Erwartungswert des Abstands τ' benachbarter Punkte

$$E\,\tau' := \int_0^\infty \tau\,\widetilde{p}_1(\tau)\,d\tau = \int_0^\infty [1 - \widetilde{P}_1(\tau)]\,d\tau.$$

Daraus folgt wegen Gl.(8.1-15)

$$E\,\tau' = -\frac{1}{\gamma}\int_0^\infty W_0'(\tau)\,d\tau = 1/\gamma\,, \qquad\qquad (8.1\text{-}32)$$

und zwar wegen der plausiblen Annahme: $W_0(\infty) = 0$, $W_0(0) = 1$.

4) Weiterhin ist nach Gl.(2.3-20a) für $k = 2$

$$E\,\tau'^2 := \int_0^\infty \tau^2 \widetilde{p}_1(\tau)\,d\tau = 2\int_0^\infty \tau[1 - \widetilde{P}_1(\tau)]\,d\tau = \frac{2}{\gamma}\int_0^\infty \tau\,p_1(\tau)\,d\tau\,,$$

letzteres nach Gl.(8.1-13).

Offensichtlich kann man auf das letzte Integral nochmals Gl.(2.3-20a) anwenden und erhält

$$E\,\tau'^2 = \frac{2}{\gamma}\int_0^\infty [1 - P_1(\tau)]\,d\tau\,,$$

oder wegen Gl.(8.1-6a)

$$E\,\tau'^2 = \frac{2}{\gamma}\int_0^\infty W_0(\tau)\,d\tau\,. \qquad\qquad (8.1\text{-}33)$$

[Vgl. Mc-FADDEN [2, S. 370] wegen einer entsprechenden Betrachtung mittels der sog. E r z e u g e n d e n (hier Laplacetransformierten) von $W_0(\tau)$.]

Spezielle Ergebnisse für Erneuerungsprozesse findet man z.B. bei COX [1] oder STÖRMER [1] und [2].

8.2. Punktprozesse, die durch stationäre Prozesse erzeugt werden

Man kann auf mannigfache Art "gewöhnliche" Zufallsprozesse zur Erzeugung von Punktprozessen benutzen. Dabei läßt mitunter der Punktprozeß interessante Rückschlüsse auf den ursprünglichen Prozeß zu,

so z.B. vom Erwartungswert der Abstände der Nulldurchgänge eines
Gaußprozesses mit bekanntem Erwartungswert auf dessen Korrelationsfunktion, was später gezeigt wird. Ein fundamentales Problem ist
vielfach die Bestimmung der Verteilungsfunktion des Abstandes konsekutiver Überschreitungen eines vorgeschriebenen Niveaus. Auf die Diskussion dieser Frage wollen wir uns bei der als nächstes folgenden Berechnung verschiedener Erwartungswerte bei Niveauüberschreitungen
vorbereiten. Dabei beschränken wir uns auf stationäre Prozesse $\{x\}$.

8.2.1. Erwartungswerte für Anzahl und Dauer von Aufenthalten in einem gegebenen Wertebereich

Wir werden vier Teilprobleme behandeln. Das erste betrifft die Anzahl
von Niveauüberschreitungen.

Anzahl der c-Stellen einer Musterfunktion[1]

Nach GRENANDER-ROSENBLATT [1, S. 272] benutzen wir die Hilfsfunktion (sog. Indikatorfunktion)

$$h_{c,\varepsilon}(x) := \begin{cases} 1 \ \text{für} \ |x - c| \leqslant \varepsilon, \\ 0 \ \text{sonst.} \end{cases}$$

Offenbar ist für hinreichend kleines ε in erster Näherung $h_{c,\varepsilon} = 1$
für Zeitintervalle der Länge

$$\Delta t = 2\,\varepsilon / |\dot{x}(t)| \ .$$

(Vgl. Bild 8.2-1.)

Wenn man nun $h_{c,\varepsilon}$ als mittelbare Funktion von t von 0 bis T integriert und jeden der fett gezeichneten "Zählimpulse" durch Division
durch das jeweilige Δt auf die Fläche 1 normiert, wird nach einem
Grenzübergang $\varepsilon \to 0$ das Integral gleich der Anzahl N_c der c-Stellen
im Zeitraum $(0,T)$:

$$N_c = \lim_{\varepsilon \to 0} \frac{1}{2\varepsilon} \int_0^T |\dot{x}(t)| h_{c,\varepsilon}[x(t)]dt = \int_0^T |\dot{x}(t)| \lim_{\varepsilon \to 0} \left\{ \frac{1}{2\varepsilon} h_{c,\varepsilon}[x(t)] \right\} dt \ .$$

---

[1] Gemeint sind hier und nachfolgend Zeitpunkte, zu denen die Musterfunktion den Wert c annimmt.

Bei Bildung des Erwartungswerts wird grundsätzlich die Verbundverteilungsdichte $p_{x,\dot{x}}(u,v)$ gebraucht, wenn auch für x nur bei $x = c$.

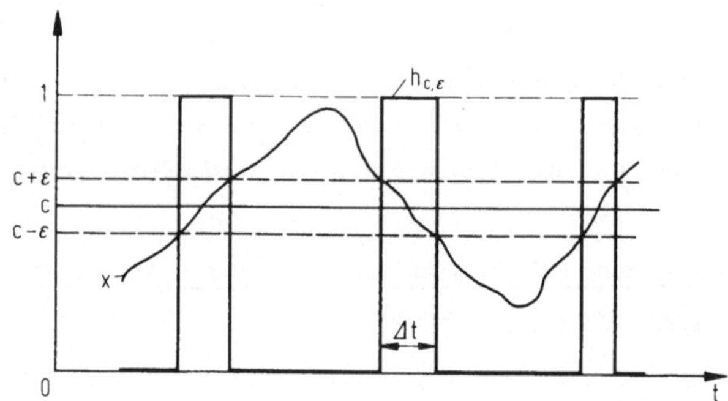

Bild 8.2-1. ε-Umgebungen von c-Stellen einer Musterfunktion.

Es gilt für einen stationären Prozeß $\{x(t)\}$

$$E\,N_c = \int_0^T \int_{-\infty}^{\infty} |v(t)| \lim_{\varepsilon \to 0} \frac{1}{2\varepsilon} \int_{c-\varepsilon}^{c+\varepsilon} h_{c,\varepsilon}[u(t)] p_{x,\dot{x}}(u,v)\,du\,dv\,dt$$

$$= \int_0^T \int_{-\infty}^{\infty} |v(t)| p_{x,\dot{x}}(c,v)\,dv\,dt = T \int_{-\infty}^{\infty} |v| p_{x,\dot{x}}(c,v)\,dv \,. \quad (8.2\text{-}1)$$

Nun ist bei den praktisch vorkommenden Prozessen $E x^2$ beschränkt, also (bei Stationarität)

$$E(x\,\dot{x}) = \frac{1}{2}\frac{d}{dt} E x^2 = 0 \,.$$

(Vgl. hierzu BENDAT [1, S. 126].) Die Zufallsvariablen $x(t)$ und $\dot{x}(t)$ sind also orthogonal und, wenn mindestens eine den Erwartungswert 0 hat, unkorreliert. Sind sie sogar statistisch unabhängig (z.B. Gaußisch verbundverteilt), d.h. gilt

$$p_{x,\dot{x}}(u,v) = p_x(u) p_{\dot{x}}(v) \,,$$

so wird speziell

$$E\,N_c = T p_x(c)\,E|\dot{x}| \,. \quad (8.2\text{-}2)$$

Ist $E\dot{x} = 0$, so ist bei normalverteiltem x (da das Differenzieren als lineare Operation den Gaußischen Charakter erhält) nach Gl. (2.4-1)

$$E|\dot{x}| = \frac{2}{\sqrt{2\pi}\,\sigma_{\dot{x}}} \int\limits_0^\infty u\,\exp\!\left[-u^2/\!\left(2\sigma_{\dot{x}}^2\right)\right] du = \sqrt{\frac{2}{\pi}}\,\sigma_{\dot{x}}\,,$$

denn

$$\int\limits_0^\infty u\,\exp(-\alpha u^2)\,du = -\frac{1}{2\alpha}\exp(-\alpha u^2)\,\Bigg]_0^\infty = \frac{1}{2\alpha}\,.$$

Mit p_x nach Gl. (2.4-1) wird schließlich als Spezialfall von Gl. (8.2-2)

$$E\,N_c = T\,\frac{1}{\pi}\,\frac{\sigma_{\dot{x}}}{\sigma_x}\,\exp\!\left[-(c-\mu)^2/\!\left(2\sigma_x^2\right)\right]\,. \qquad (8.2\text{-}3)$$

Dabei ist nach Gl. (3.2-5)

$$\sigma_x^2 = r_x(0) = \frac{1}{\pi}\int\limits_0^\infty s_x(\omega)\,d\omega\,,$$

und nach den Gln. (6.2-4) und (6.2-4a) ist

$$\sigma_{\dot{x}}^2 = -r_x''(0) = \frac{1}{\pi}\int\limits_0^\infty \omega^2 s_x(\omega)\,d\omega\,.$$

Als Spezialfall von Gl. (8.2-3) erhält man für $\mu = 0$ die Nullstellendichte

$$\gamma := \frac{E\,N_0}{T} = \frac{1}{\pi}\,\frac{\sigma_{\dot{x}}}{\sigma_x}\,. \qquad (8.2\text{-}3a)$$

Bemerkung:

Vielfach ist $r_x(\tau)$ bei 0 nicht differenzierbar und $r_x'(\tau)$ ist bei $\tau = 0$ unstetig, so daß $r_x''(0)$ nicht im üblichen Sinne existiert (vgl. Abschn. 6.2.1). In solchen Fällen ist der Integralausdruck für $\sigma_{\dot{x}}$ zu benutzen. Mitunter divergiert $\sigma_{\dot{x}}$, so z.B. beim Gaußschen Markoffprozeß. Dieser hat also, wie bereits RICE [1] bemerkte, eine divergierende Dichte von Nulldurchgängen. Zur **Übung** beweise man das.

Nach der Anzahl wollen wir uns nun dem zeitlichen Abstand von Niveauüberschreitungen zuwenden.

Dauer einer Überschreitung der Schranke c

Wir suchen zunächst eine Formel für die Anzahl der Überschreitungen
der Schranke c von unten. Offensichtlich zeichnen sich Überschreitungen von unten nur durch die positive Steigung bei x = c aus. Also ist
sofort (mit Index u für unten) nach Gl. (8.2-1)

$$E N_{c,u} = T \int_0^\infty v \, p_{x,\dot{x}}(c,v) \, dv . \qquad (8.2-4)$$

Die Dauer der i-ten Überschreitung $(x \geqslant c)$ betrage $\tau_{c,i}$, und T_c sei
die Gesamtzeit während einer Zeitspanne T, in der $x \geqslant c$, also

$$T_c := \sum_{i=1}^{N_{c,u}} \tau_{c,i} .$$

Es wird dabei angenommen, daß entweder T so groß ist, daß es gleichgültig ist, ob die eventuell über die beiden Enden des betrachteten "Meßzeitraums" der Länge T hinausragenden Überschreitungen berücksichtigt
werden oder nicht, oder daß z.B. jedes zweite Mal ein angebrochenes
Überschreitungsintervall ganz gezählt und mit der doppelten Länge des
im Meßzeitraum befindlichen Anteils bewertet wird (soweit nicht dadurch
$T_c > T$ wird!)

Zur Bestimmung von $E \tau_c := E \tau_{c,i}$ bildet man gemäß der Definition von
T_c nach Gl. (2.3-26)

$$ET_c = EE(T_c | N_{c,u}) = E(N_{c,u} E \tau_c) = E N_{c,u} \cdot E \tau_c .$$

Also ist die gesuchte mittlere Überschreitungsdauer (von unten)

$$E \tau_{c,u} = E \tau_c = ET_c / E N_{c,u} . \qquad (8.2-5)$$

Nun ist, wenn

$$h_{c,+} := \begin{cases} 1 & \text{für } x > c, \\ 0 & \text{für } x \leqslant c, \end{cases}$$

ist, offenbar

$$T_c = \int\limits_0^T h_{c,+}(t)\, dt\,.$$

Der Erwartungswert davon ist gleich dem T-fachen Erwartungswert von $h_{c,+}$. Weiter ist, da die Zufallsvariable $h_{c,+}$ nur die Werte 0 und 1 annimmt,

$$E\,h_{c,+} = 1\cdot W(x>c) + 0\cdot W(x\leqslant c) = \int\limits_c^\infty p_x(u)\,du = 1 - P_x(c)\,.$$

Damit wird

$$E\,T_c = T\int\limits_c^\infty p_x(u)\,du\,. \qquad\qquad (8.2\text{-}6)$$

Einsetzen von Gln.(8.2-4) und (8.2-6) in Gl.(8.2-5) ergibt

$$E\,\tau_{c,u} = \int\limits_c^\infty p_x(u)\,du \Big/ \int\limits_0^\infty v\,p_{x,\dot{x}}(c,v)\,dv\,. \qquad\qquad (8.2\text{-}7)$$

Analog gilt für eine Unterschreitung (von oben)

$$E\,\tau_{c,0} = \int\limits_{-\infty}^c p_x(u)\,du \Big/ \int\limits_{-\infty}^0 -v\,p_{x,\dot{x}}(c,v)\,dv\,. \qquad (8.2\text{-}7a)$$

Nun sollen Überschreitungen von Bereichsgrenzen betrachtet werden.

Zahl der Aufenthalte einer Musterfunktion im Wertebereich (a,b]

Wenn man nur an der Aufenthaltswahrscheinlichkeit (für einen beliebigen Zeitpunkt)

$$W_{a,b} := W\{x\in(a,b]\}$$

interessiert ist, kann man die Lösung sofort anschreiben. Es ist (wenn $\{x\}$ stationär ist)

$$W_{a,b} := P(b) - P(a) := \int\limits_a^b p_x(u)\,du\,.$$

Komplizierter ist schon die Bestimmung des Erwartungswerts der Anzahl $N_{a,b}$ der Zeiträume τ_i, während denen ununterbrochen $x(t) \in (a,b]$ ist. (Vgl. Bild 8.2-2.)

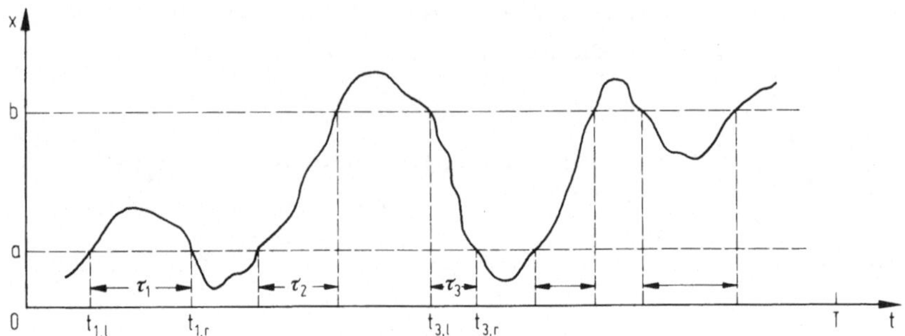

Bild 8.2-2. Aufenthalte im Wertebereich $a < x \leqslant b$.

$N_{a,b}$ ist die halbe Summe der Zahl der a-Stellen und der Zahl der b-Stellen einer Musterfunktion $x(t)$ zwischen 0 und T, kurz

$$N_{a,b} = (N_a + N_b)/2 \, ,$$

denn an den Randpunkten eines Intervalls der Länge $\tau_i = t_{i,r} - t_{i,l}$ sind folgende 4 Situationen möglich

$x(t_{i,l})$	$x(t_{i,r})$
a	a
b	b
a	b
b	a

Also ist der Erwartungswert der Zahl der Zeitintervalle, in denen $a < x \leqslant b$ während des Zeitraums T nach Gl. (8.2-1)

$$E\,N_{a,b} = \frac{T}{2} \int\limits_{-\infty}^{\infty} |v| \, [p_{x,\dot{x}}(a,v) + p_{x,\dot{x}}(b,v)] \, dv \, . \qquad (8.2-8)$$

<u>Dauer eines Aufenthalts einer Musterfunktion im Wertebereich (a,b]</u>

Weiterhin interessiert noch die mittlere Aufenthaltszeit $E\,\tau_{a,b}$ im Intervall $(a,b]$. Die Summe aller Aufenthaltszeiten sei (in verständlicher Bezeichnung)

$$T_{a,b} := \sum_{i=1}^{N_{a,b}} \tau_{a,b,i} \, .$$

Dann ist mit der wegen der Stationarität von $\{x\}$ plausiblen Annahme $E\,\tau_{a,b} = E\,\tau_{a,b,i}$ entsprechend Gl. (8.2-5)

$$E\,T_{a,b} = E\,E(T_{a,b}|N_{a,b}) = E(N_{a,b} \cdot E\,\tau_{a,b}) = E\,N_{a,b}\,E\,\tau_{a,b} \, ,$$

also

$$E\,\tau_{a,b} = E\,T_{a,b}/E\,N_{a,b} \, . \tag{8.2-9}$$

Nun ist (vgl. die entsprechende Betrachtung für eine Niveauüberschreitung)

$$E(T_{a,b}/T) = E\,T_{a,b}/T = W(a<x\leqslant b) = \int_a^b p_x(u)\,du \, . \tag{8.2-10}$$

Damit wird beim Einsetzen der Gln. (8.2-8) und (8.2-10) in Gl. (8.2-9)

$$E\,\tau_{a,b} = 2\int_a^b p_x(u)\,du \Big/ \int_{-\infty}^{\infty} |v|\,[p_{x,\dot{x}}(a,v) + p_{x,\dot{x}}(b,v)]\,dv \, . \tag{8.2-11}$$

Soweit die Erwartungswerte, die man bei Niveauüberschreitungen und ähnlichen Vorgängen betrachten kann. Nun kommen wir zu den sehr viel schwieriger zu ermittelnden zugeordneten Verteilungsfunktionen.

8.2.2. Verteilungsfunktion der Dauer einer Niveauüberschreitung

Es wird zunächst plausibel gemacht, weshalb die Bestimmung der Verteilung der Dauer von Niveauüberschreitungen im allgemeinen ein sehr schwieriges Problem ist, das weder hier noch in dem Buch von CRAMÉR-LEADBETTER [1], das gerade diesen Problemkreis eingehend behandelt, befriedigend gelöst wird. Anschließend werden ein Lösungsweg für

Gaußprozesse angedeutet und einer für Markoffprozesse, und zwar der
zeitdiskrete Fall, ausführlich behandelt[1].

Bei Betrachtung der in Bild 8.2-3 skizzierten Niveau-c-Überschreitung
einer Musterfunktion eines stationären Prozesses wird deutlich, welche
beträchtliche Menge Information nötig ist, um zu beschreiben, daß wäh-

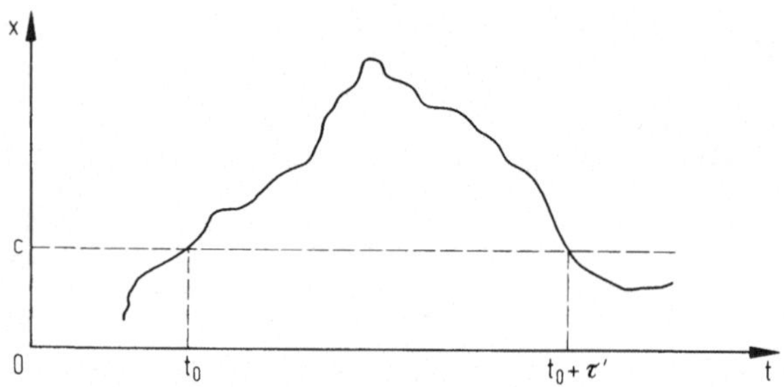

Bild 8.2-3. Nivau-c-Überschreitung einer Musterfunktion.

rend der Zeitspanne τ' die Musterfunktion $x(t) > c$ ist. Denn dies muß
man zur Berechnung der Verteilungsfunktion von τ'

$$P_c(\tau) := W(\tau' \leqslant \tau)$$

wissen. Nun denke man sich die Musterfunktion von Bild 8.2-3 so hoch-
frequent abgetastet, daß die Wahrscheinlichkeit für ein Absinken von
$x(t)$ unter c zwischen zwei aufeinanderfolgenden Abtastwerten $x > c$
verschwindend klein ist. Dann ist für eine hinreichend kleine Abtastperiode Δt

$$W(\tau' > \tau) \approx W\{[x(t_0 + \Delta t) > c] \cap [x(t_0 + 2\Delta t) > c] \cap \ldots \cap [x(t_0 + n_\tau \Delta t) > c] \mid x(t_0) \approx c\}$$

$$=: 1 - P[c; c; \ldots; c \mid x(t_0) \approx c] \; ; \; n_\tau \Delta t \approx \tau .$$

Dabei sind die Zufallsvariablen der letztgenannten Verteilungsfunktion
die A b t a s t w e r t e von $x(t)$ unter der Bedingung, daß etwa zum (be-

---

[1] Wegen des zeitlich kontinuierlichen Falles für endlich viele Zustände
vgl. STÖRMER [2].

liebigen) Zeitpunkt t_0 der ersten Abtastung eine c-Niveau-Überschrei-
tung stattfindet. Die Bedingung $x(t_0) \approx c$ hat die Bedeutung von

$$\lim_{\varepsilon \to 0} \{[x(t_0 - \varepsilon) \leqslant c] \cap [x(t_0 + \varepsilon) \geqslant c]\} ; \quad \varepsilon > 0 .$$

Offensichtlich enthält die obige Verbundverteilung eine i.allg. nicht aus
ersten und zweiten Momenten der Zufallsvariablen von $\{x(t)\}$, d.h.
insbesondere aus Korrelationsfunktionen herleitbare Information. Üblicherweise beschränkt man sich in einer solchen Situation, wo die
Kenntnis von Verbundverteilungen höherer Ordnung verlangt wird, auf
Gaußprozesse. Mit Gl. (2.4-13) für die n-dimensionale bedingte Verteilungsdichte wird

$$P(c;\ldots;c\,|\,x(t_0)\approx c) = \int_{-\infty}^{c}\cdots\int \frac{\sigma \exp\left[-\frac{1}{2}(\widetilde{\mathbf{x}}-\widetilde{\mu})^{T}\widetilde{\mathbf{R}}^{-1}(\widetilde{\mathbf{x}}-\widetilde{\mu})+\frac{1}{2\sigma^2}(x_0-\mu_0)^2\right]}{(2\pi)^{n_\tau/2}(\det\widetilde{\mathbf{R}})^{1/2}} \cdot$$

$$\cdot\, dx_1 \ldots dx_{n_\tau}$$

mit $\mu := E\,X_i$ und $X_i := x(t_0 + i\Delta t)$, und $\widetilde{\mathbf{x}}, \widetilde{\mu}$ sowie $\widetilde{\mathbf{R}}$ nach Gl. (2.4-13).

Die Matrix $\mathbf{R}$ der nicht bedingten Kovarianzen ist bei der angenommenen äquidistanten Abtastung einigermaßen übersichtlich aufgebaut: Für das Element $r_{i,k}$ gilt nach Definition von X_i

$$r_{i,k} = r\,[(i - k)\Delta t] .$$

Trotzdem scheint es aussichtslos, praktische Probleme ohne Digitalrechner zu lösen.

<u>Lösung im Markoffschen Falle</u>

Abschließend wird für ein - allerdings nicht überall brauchbares[1] - Mar-
koffsches Systemmodell die Verteilung der Überschreitungsdauer berechnet: Anhand von Bild 8.2-4 bezeichnen wir dazu mit

$\hat{w}_{i,k}(m)$ die Wahrscheinlichkeit dafür, daß ausgehend vom Niveau i
das Niveau k e r s t m a l s nach m Zeitschritten erreicht wird
und mit

---

[1] Über die Einsatzbreite diskreter Markoffscher Modelle kann man
sich bei EIER [1] informieren.

$w_{i,k}(n)$ die Wahrscheinlichkeit dafür, daß ausgehend vom Niveau i
das Niveau k spätestens nach n Zeitschritten erreicht
wird. Die $w_{i,k}(n)$ betrachten wir vorerst als gegeben.

Wir suchen sogleich einen Zusammenhang zwischen den $\hat{w}_{i,k}$ und $w_{i,k}$.
Das Ereignis, dessen Wahrscheinlichkeit $w_{i,k}(n)$ ist, kann in die fol-

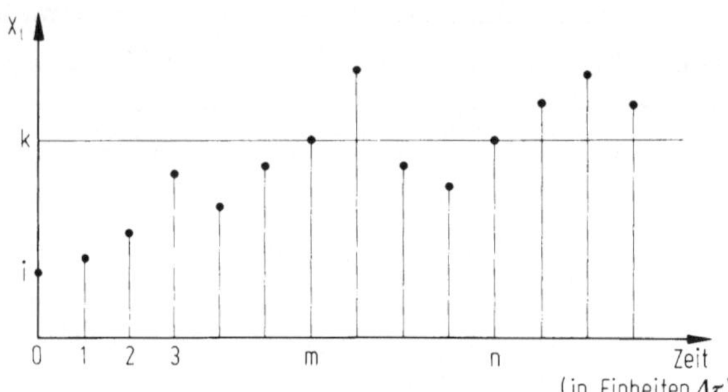

Bild 8.2-4. Abtastwerte einer Musterfunktion eines diskreten quanti-
sierten Markoffprozesses.

gende Vereinigungsmenge von paarweise disjunkten Ereignissen
aufgespalten werden:

$$\bigcup_{m=1}^{n} [(X_n = k) \cap (X_m = k) \cap (X_l \neq k; \, l < m) \,|\, X_0 = i] \,; \quad l \geq 1 \,.$$

(Es sind sämtlich "bedingte" Ereignisse, d.h. nur solche mit der Eigenschaft $X_0 = i$ gehören zum betrachteten Ereignisfeld.) Also ist mit
den Ereignissen

$$A_n \mathrel{\hat{=}} (X_n = k) \,, \quad B_m \mathrel{\hat{=}} [(X_m = k) \cap (X_l \neq k; \, l < m)] \,, \quad C \mathrel{\hat{=}} (X_0 = i)$$

nach dem 3. Axiom von Kolmogoroff [vgl. Gl.(2.1-5)]

$$\hat{w}_{i,k}(m) = W(B_m \,|\, C)$$

und

$$w_{i,k}(n) = \sum_{m=1}^{n} W(A_n \cap B_m \,|\, C) \,. \qquad (8.2\text{-}12)$$

Nun ist allgemein für 3 Ereignisse A, B, C aus einem Ereignisfeld

$$W(A \cap B \,|\, C) = W(A \,|\, B \cap C)\, W(B \,|\, C) , \qquad (8.2\text{-}13)$$

was man durch Einsetzen gemäß der Definitionsgl. (2.1-11) für bedingte Wahrscheinlichkeiten verifiziert. Angewandt auf die obigen, zu $w_{i,k}(n)$
gehörigen Ereignisse erhält man

$$W(A_n \cap B_m \,|\, C) = W[(X_n = k) \cap (X_m = k) \cap (X_1 \neq k;\, 1 < m) \,|\, X_0 = i]$$

$$= W[X_n = k \,|\, (X_m = k) \cap (X_1 \neq k;\, 1 < m) \cap (X_0 = i)] \cdot \hat{w}_{i,k}(m) .$$

Nun ist bei stationären Markoffprozessen nach Gl. (2.2-13)

$$W[X_n = k \,|\, (X_m = k) \cap (X_{m-1} \neq k) \cap (X_{m-2} \neq k) \cap \ldots \cap (X_0 = i)]$$

$$= W(X_n = k \,|\, X_m = k) = w_{k,k}(n-m) ;\quad n > m .$$

Damit gilt nach Einsetzen in Gl. (8.2-12)

$$w_{i,k}(n) = \sum_{m=1}^{n} \hat{w}_{i,k}(m)\, w_{k,k}(n-m) . \qquad (8.2\text{-}14)$$

Das folgt auch aus der evidenten Tatsache, daß der spätestens nach n
Schritten erreichte Zustand schon nach 1 oder 2 oder 3 usf. Schritten
erreicht sein kann.[1]

Im Spezialfall der Überschreitung des Niveaus $c = iq$, wobei q die
Quantisierungsstufenhöhe des Prozesses ist, muß nur $k = i$
gesetzt werden. Außerdem muß man durch eine geeignete Zusatzbedingung, z.B. $X_1 > c$ sicherstellen, daß es sich immer nur um Niveau-
c-Überschreitungen und nicht auch um -Unterschreitungen handelt.

Nun kann die gesuchte Verteilungsfunktion für die Anzahl M der Zeitschritte bis zum ersten Erreichen des Niveaus k leicht ausgerechnet

---

[1] Vgl. BHARUCHA-REID [1, S. 16, Gl. 1.18].

werden: Es ist dies (in Fortsetzung der Bezeichnungsweise von Abschn. 8.1.1)

$$\widetilde{P}_1(M\Delta\tau) := \sum_{m=1}^{M} \hat{w}_{i,k}(m) , \qquad (8.2\text{-}15)$$

wenn der einzelne Zeitschritt die Länge $\Delta\tau$ hat. Zur Bestimmung von $\hat{w}_{i,k}(m)$ aus Gl.(8.2-14) müssen M verschiedene $w_{i,k}(n)$; $n \leq M$ bekannt sein; ebenso die $w_{k,k}(n)$; $n \leq M$. Dazu wird im nächsten Anhang noch gezeigt, daß man bei einer - wie oben bereits angenommenen - stationären (homogenen) Markoffkette (diskreter Prozeß) mit der Kenntnis der $w_{i,k}(1)$ - allerdings für alle Paare i,k - auskommt.

Im einzelnen folgt aus Gl.(8.2-14)

$$w_{i,k}(1) = \hat{w}_{i,k}(1)w_{k,k}(0),$$

$$w_{i,k}(2) = \hat{w}_{i,k}(1)w_{k,k}(1) + \hat{w}_{i,k}(2)w_{k,k}(0),$$

$$w_{i,k}(3) = \hat{w}_{i,k}(1)w_{k,k}(2) + \hat{w}_{i,k}(2)w_{k,k}(1) + \hat{w}_{i,k}(3)w_{k,k}(0),$$

$$\cdots\cdots\cdots\cdots\cdots\cdots \qquad (8.2\text{-}16)$$

Da plausiblerweise für alle Niveaus die momentane Verharrenswahrscheinlichkeit $w_{k,k}(0) = 1$ ist, macht die Lösung des linearen Gl.-Systems (8.2-16) keine Mühe, denn es handelt sich bereits um ein sog. gestaffeltes Gl.-System (vgl. z.B. ZURMÜHL [1, S. 10]) der Form

$$\begin{aligned}
a_0 x_1 &&&= b_1 , \\
a_1 x_1 + a_0 x_2 &&&= b_2 , \\
a_2 x_1 + a_1 x_2 &+ a_0 x_3 &&= b_3 ,
\end{aligned}$$

$$\cdots\cdots\cdots\cdots$$

das von oben nach unten durch sukzessives Einsetzen gelöst werden kann.

Die Übertragung dieser Betrachtungen auf kontinuierliche Verhältnisse ist z.B. bei BHARUCHA-REID [1, S.148ff.] behandelt. Viel wichtiger und schwieriger ist freilich die Frage, welche Prozesse sich wie durch Markoffsche approximieren lassen. Dazu vergl. man KAILATH-FROST [1] und EIER [1].

Anhang: Bestimmung der $w_{i,k}(n)$ aus den $w_{i,k}(1)$

Nach Chapman/Kolmogoroff [vgl. Gl.(6.1-1) für den zeitlich und räumlich kontinuierlichen Fall] ist

$$w_{i,k}(n) = \sum_m w_{i,m}(n-1)\, w_{m,k}(1) \, . \qquad (8.2-17)$$

Diese Beziehung gewinnt man auch rasch aus Gl.(8.2-13). Dazu definiert man die Ereignisse

$$A := (X_n = k)\,, \quad B := (X_{n-1} = m)\,, \quad C := (X_0 = i)$$

und erhält wegen Gl.(8.2-13)

$$W[(X_n{=}k) \cap (X_{n-1}{=}m)\,|\,X_0{=}i]$$

$$= W[X_n{=}k\,|\,(X_{n-1}{=}m) \cap (X_0{=}i)]\, W(X_{n-1}{=}m\,|\,X_0{=}i)\,, \quad (8.2-18)$$

wobei der letzte Faktor gleich $w_{i,m}(n-1)$ ist.

Nun ist bei einem Markoffprozeß

$$W[X_n{=}k\,|\,(X_{n-1}{=}m) \cap (X_0{=}i)] = W(X_n{=}k\,|\,X_{n-1}{=}m) = w_{m,k}(1)\,.$$

Außerdem gilt allgemein für das Erreichen des Niveaus k über alle möglichen Zwischenniveaus m, daß

$$w_{i,k}(n) := W(X_n{=}k\,|\,X_0{=}i) = \sum_m W[(X_n{=}k) \cap (X_{n-1}{=}m)\,|\,X_0{=}i]\,.$$

Wird also Gl.(8.2-18) über m summiert, so folgt für Markoffprozesse Gl.(8.2-17).

Gl.(8.2-17) ist nach Gl.(1.4-1) offenbar die Darstellung eines Matrizenprodukt-Elements. Man kann daher für Gl.(8.2-17) kompakter schreiben

$$\mathbf{W}_n := (w_{i,k}(n)) = \mathbf{W}_{n-1}\mathbf{W}_1\,,$$

und hieraus folgt durch Induktion sofort

$$\mathbf{W}_n = \mathbf{W}_1^n\,.$$

8.2.3. Zusammenhang zwischen den Abständen von Nulldurchgängen und der Autokorrelationsfunktion bei Gaußprozessen

Wir haben uns in den vorangegangenen Abschnitten unter anderem mit dem Erwartungswert und der Verteilung der Abstände von Nulldurchgängen von stationären Prozessen beschäftigt. Nun soll nach der AKF eines Prozesses gefragt werden, der bei jedem Nulldurchgang eines bestimmten anderen abwechselnd von +1 nach -1 und umgekehrt übergeht und dazwischen konstant ist. Dabei sollen die Verteilungsfunktionen $\widetilde{P}_n(\tau)$ der Abstände der Nulldurchgänge bekannt sein. (Man vergleiche die andere Problemstellung in Abschn. 5.2.2 Beispiel 1.)

Der dem stationären Gaußprozeß $\{x(t)\}$ zugeordnete T e l e g r a p h i e - p r o z e ß $\{y(t)\}$ habe die Musterfunktionen

$$y(t) :\,= \mathrm{sgn}\ x(t)\ .$$

Damit kann das Produkt $y(t)\,y(t+\tau)$ nur ± 1 sein. Also lautet die AKF von $\{y\}$ nach der allgemeinen Definition eines Erwartungswerts (mit W_n nach Abschn. 8.1)

$$R_y(\tau) :\,= E[y(t)\,y(t+\tau)]$$

$$:\,= 1 \cdot W\,\{\text{gerade Anzahl von Nullstellen von } x(t)\ \text{während}\ \tau\}$$

$$-1 \cdot W\,\{\text{ungerade Anzahl von Nullstellen von } x(t)\ \text{während}\ \tau\}$$

$$= \sum_{n=0}^{\infty} (-1)^n W_n(\tau)\ ;\quad \tau \geqslant 0\ . \tag{8.2-19}$$

Man beachte den feinen Unterschied gegenüber Gl. (3.1-21)! Setzt man für $W_n(\tau)$ nach Gln. (8.1-14), (8.1-14a) ein, so erhält man wegen

$$W_0'' = \gamma\,\widetilde{p}_1\ ,$$

$$-W_1'' = \gamma\,(-\widetilde{p}_2 + 2\,\widetilde{p}_1)\ ,$$

$$W_2'' = \gamma\,(\widetilde{p}_3 - 2\,\widetilde{p}_2 + \widetilde{p}_1)\ ,$$

$$-W_3'' = \gamma\,(-\widetilde{p}_4 + 2\,\widetilde{p}_3 - \widetilde{p}_2)$$

usf. durch Summation als zweifach differenzierte Gl.(8.2-19)

$$R_y''(\tau) = -4\gamma \sum_{n=1}^{\infty} (-1)^n \widetilde{p}_n(\tau). \qquad (8.2\text{-}20)$$

Wir wollen diese Gl. $\mathscr{L}$-transformieren: Bei stochastischer Unabhängigkeit der Nullpunktsabstände voneinander bilden diese einen E r n e u e r u n g s p r o z e ß , und es gilt Gl.(8.1-18)[1].

Nun benutzen wir für $\alpha := -\widetilde{p}_1(s)$ wieder die geometrische Reihe

$$\alpha + \alpha^2 + \alpha^3 + \ldots = \alpha/(1-\alpha).$$

Damit wird

$$\mathscr{L}R_y''(\tau) = 4\gamma \, \frac{{}^L\widetilde{p}_1(s)}{1 + {}^L\widetilde{p}_1(s)}{}^2 \qquad (8.2\text{-}21)$$

oder

$${}^L\widetilde{p}_1(s) = [4\gamma/\mathscr{L}R_y''(\tau) - 1]^{-1}. \qquad (8.2\text{-}21a)$$

(Vgl. dazu auch McFADDEN [1, Gl.(40)].)

Speziell bei Gaußischem Rauschen $\{x(t)\}$ kann nach Gl.(5.2-8) die unbekannte AKF von $\{y\}$ aus der bekannten von $\{x\}$ berechnet werden.

Schließlich gilt für die Nullstellendichte seit RICE [1, Gl.3.3-11] – vgl. Gl.(8.2-3a) –

$$\gamma = \frac{1}{\pi} \sqrt{-r_x''(0)/r_x(0)}. \qquad (8.2\text{-}22)$$

Einsetzen von Gln.(5.2-8) und (8.2-22) in Gl.(8.2-21) ergibt den gesuchten Zusammenhang zwischen der Verteilungsdichte des Abstands benachbarter Nulldurchgänge und der Korrelationsfunktion eines Gauß-

---

[1] Die Annahme gleicher Verteilung aller Abstände ist hier jedoch nur bei $E\,x(t) \equiv 0$ sinnvoll. Andernfalls werden im Mittel auf kürzere Abstände längere folgen und umgekehrt.

[2] Vgl. wegen der Bezeichnungsweise Gl.(8.1-18).

prozesses $\{x\}$. Aus der Differenzierregel der $\mathcal{L}$-Transformation Gl.(8.1-23) folgt noch über $\mathcal{L}\ddot{f}(t) = s\,\mathcal{L}\dot{f}(t) - \dot{f}(+0)$

$$\mathcal{L}R_y(\tau) = \frac{4\gamma}{s^2}\frac{L\widetilde{p}_1(s)}{1 + L\widetilde{p}_1(s)} + \frac{1}{s^2}R_y'(+0) + \frac{1}{s}R_y(+0)\,. \qquad (8.2\text{-}21b)$$

Die spektrale Leistungsdichte findet man bei SCHNEEWEISS [3].

Wenn man sich nur für den Zusammenhang zwischen der Verteilung des Punktabstands eines Erneuerungsprozesses und der Korrelations-funktion des zugeordneten Telegraphieprozesses interessiert, muß man in Gl.(8.2-21) γ durch $R_y(\tau)$ ausdrücken: Aus Gl.(8.2-19) folgt bei geordneten Punktprozessen, die wir hier ausschließlich betrachten,

$$R_y(\tau) = W_0(\tau) - W_1(\tau) + \sigma(\tau)\,;\quad \tau \geq 0\,.$$

Andererseits ist nach Gl.(8.1-3)

$$W_0(\tau) + W_1(\tau) = 1 - \sigma(\tau)\,,$$

so daß, falls $R_y(\tau)$ und $W_0(\tau)$ bei 0 rechtsseitig differenzierbar sind,

$$R_y'(+0) = 2\,W_0'(+0)$$

oder wegen Gl.(8.1-17)

$$\gamma = -\,R_y'(+0)/2\,. \qquad\qquad (8.2\text{-}23)$$

8.2.4. Wahrscheinlichkeit für den Aufenthalt in einem Intervall gerader (ungerader) Nummer

Wir haben in diesem Buch schon verschiedentlich (Abschn.2.3.2, 3.2.2) Zufallsprozesse untersucht, die nur zwei Werte annehmen kön-nen. Sie sind wegen der geradezu überwältigenden praktischen Bedeu-tung digitaler Datenverarbeitungsgeräte, die mit solchen b i n ä r e n Signalen arbeiten, von besonderem Interesse. Nachdem bisher jeweils nur ein einziger solcher Prozeß betrachtet wurde, wollen wir uns nun mit Überlagerungen binärer Prozesse befassen. Dabei kann man ein-

mal echte Rechen- oder Steuervorgänge mit zwei Signalpegeln, etwa
0 und 1 betrachten, zum anderen kann man aber auch Geräte oder Ar-
beitsabläufe in ihnen mit sog. booleschen Variablen belegen, z.B. mit
1, solange alles wunschgemäß funktioniert und mit 0, wenn etwas defekt ist.

Wir wollen uns hier auf einige Bemerkungen zum eben angedeuteten Zu-
verlässigkeitsproblem beschränken: Dabei sei

$$V_i(t) := W[X_i(t) = 1]$$

die Wahrscheinlichkeit, daß das Untersystem Nr. i (einer Anlage oder
eines Modells) zum Zeitpunkt t intakt ist. Man nennt $V(t)$ die V e r -
f ü g b a r k e i t , besonders bei vorhandener Reparaturmöglichkeit. Ist
ein System aus zwei Untersystemen a und b nur intakt, wenn beide es
sind - sog. S e r i e n s c h a l t u n g - so gilt für die boolesche Variable
X_s, die das Systemverhalten beschreibt, die sog. S y s t e m f u n k t i o n
(vgl. STÖRMER [1, Kap.5])

$$X_s - X_a X_b , \qquad (8.2\text{-}24)$$

denn $X_s = 1$ dann und nur dann, wenn $X_a = X_b = 1$.

Mit dem Symbol & für das logische "und" oder das logische Produkt
der Booleschen Algebra lautet Gl.(8.2-24)

$$X_s = X_a \,\&\, X_b .$$

Umgekehrt gilt für den Fall, daß das System aus den obigen beiden Untersystemen nur defekt ist, wenn beide es sind, d.h. bei sog. P a r a l -
l e l s c h a l t u n g oder P a r a l l e l r e d u n d a n z

$$X_s = 1 - (1-X_a)(1-X_b) = X_a + X_b - X_a X_b . \qquad (8.2\text{-}25)$$

In der Booleschen Algebra mit dem Symbol $\vee$ für das logische "oder"
bzw. die logische Summe lautet diese Beziehung einfach

$$X_s = X_a \vee X_b .$$

Mit diesen beiden Formeln lassen sich beliebig komplizierte binäre Überlagerungsprozesse $\{X_s(t)\}$ darstellen, wenn man für das betreffende Problem eine sog. Parallel-Serienstruktur gefunden hat. Was

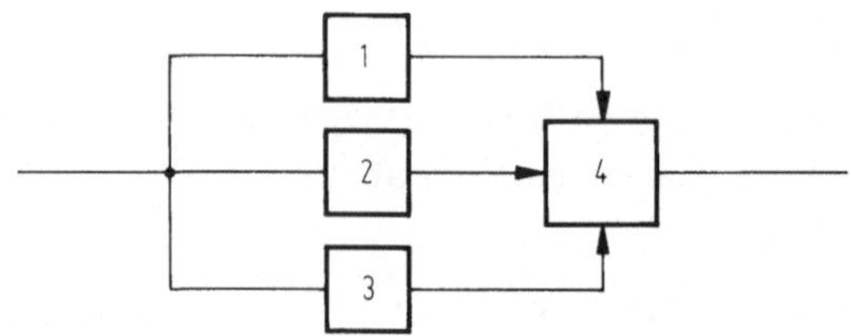

Bild 8.2-5. Technisches Blockschaltbild des 2-von-3-Systems.

dies praktisch bedeutet, soll am Beispiel eines einfachen "Mehrheits-bilders" nach Bild 8.2-5 dargestellt werden: Der Vergleicher 4 gibt, wenn er intakt ist, das Ausgangssignal von 1, 2 oder 3 aus, das min-

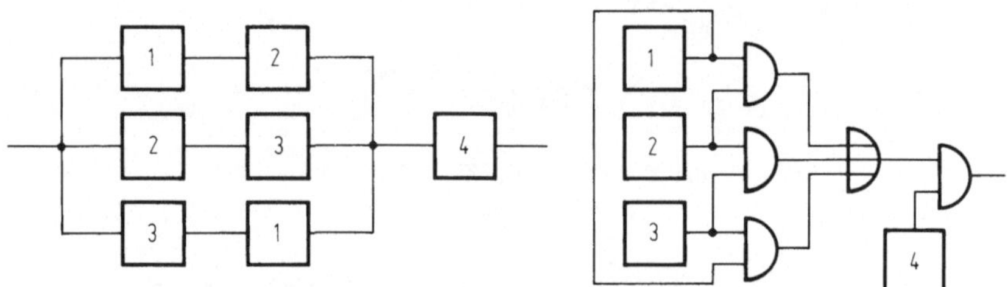

Bild 8.2-6. Zuverlässigkeits-Blockschaltbild des 2-von-3-Systems
(links) und Funktionsbaum (rechts).

destens zwei von ihnen liefern. Ein logisches Diagramm hierzu ist Bild 8.2-6 rechts mit ⊐D⊢ für die Konjunktion "und" und ⊐D⊢ für die Disjunktion "oder" jeweils für zwei logische Variablen.

Ein mögliches Zuverlässigkeits-Blockschaltbild zu Bild 8.2-5 ist Bild 8.2-6 links. Wendet man hierauf die Gln.(8.2-24) und (8.2-25) an, so lautet die Systemfunktion

$$X_s = X_4 \,\&\, (X_1 \,\&\, X_2 \vee X_2 \,\&\, X_3 \vee X_3 \,\&\, X_1)$$

$$= X_4(X_1 X_2 + X_2 X_3 + X_3 X_1 - 2 X_1 X_2 X_3) . \qquad (8.2\text{-}26)$$

In Zwischenrechnungen wurde die sog. **Idempotenzbeziehung**

$$X^k = X \; ; \quad k \text{ natürliche Zahl} \qquad\qquad (8.2\text{-}27)$$

für boolesche Variablen berücksichtigt, die sofort aus $1^k = 1$ und $0^k = 0$ folgt.

Nun ist für jede boolesche Variable X - wie schon bei Gl. (2.3-12) gezeigt - mit E wieder für Erwartungswert

$$W(X = 1) = E\,X .$$

Also ist $E\,X_S$ die Verfügbarkeit V_S eines Systems mit der Systemfunktion X_S. Wegen der Linearität von E gilt somit insbesondere für jedes X_S in sog. **Multilinearform**, einer Polynomform, wo vermöge Gl. (8.2-27) trivialerweise alle Variablen nur linear vorkommen, also wenn (mit ganzzahligen Koeffizienten c_k)

$$X_S = \sum_{k=1}^{n} \left(c_k \prod_{i=1}^{m_k} X_{l_{i,k}} \right) ; \; l_{i,k_1} \neq l_{i,k_2} \;\; \text{für} \; k_1 \neq k_2 , \qquad (8.2\text{-}28)$$

wobei $l_{i,k}$ der Index der Anzeigevariablen eines Untersystems ist, der folgende wichtige Satz: Wenn alle X_l stochastisch unabhängig voneinander sind, ist die System-Verfügbarkeit

$$V_S = \sum_{k=1}^{n} \left(c_k \prod_{i=1}^{m_k} V_{l_{i,k}} \right) ; \; V_{l_{i,k}} := W\left(X_{l_{i,k}} = 1 \right) = EX_{l_{i,k}} . \; (8.2\text{-}29)$$

[Vgl. wegen der Bedingung Gl. (2.3-8).]

Man darf also in der Multilinearform der Systemfunktion einfach die Anzeigevariable jedes Untersystems durch die Verfügbarkeit desselben Untersystems ersetzen.

Übrigens ist V_S die in der Überschrift zu diesem Abschnitt gemeinte Wahrscheinlichkeit. Die einzelnen V_i sind bei einfachen Erneuerungsprozessen plausiblerweise gleich 1/2 und bei sog. alternierenden Erneuerungsprozessen - wie vom Verfasser in [5] elementar bewiesen

wurde - die Verhältnisse des mittleren Abstands zwischen einem
P u n k t und dem nächsten sowie dem übernächsten. Die Multilinearform ist - wie man sich sofort klar macht - nur deshalb interessant,
weil sie sicherstellt, daß bei der Erwartungswertbildung der Systemfunktion [z.B. in der ersten Zeile von Gl.(8.2-26)] nicht implizit die
unsinnige Annahme gemacht wird, daß etwa X_i von sich selbst unabhängig sei. Man darf daher z.B. in der ersten Zeile von Gl.(8.2-26)
nicht X durch V ersetzen, wohl aber in der letzten Zeile, wo man gewiß ist, daß keine R e d u k t i o n von Exponenten gemäß Gl.(8.2-27)
mehr vorkommen kann. Diese Vereinfachung ist in der Praxis dort bedeutsam, wo viele V_i gleich sind, auch wenn die zugehörigen Untersysteme real vorhanden sind, also nicht nur wie in Bild 8.2-6 mehr-
fach in einer Prallel-Serien-Struktur auftauchen. Spezielle Anwendungen hierzu findet man bei SCHNEEWEISS [5]; desgleichen einen neuen,
konstruktiven Beweis für eine Formel zur Bestimmung der mittleren
Zeit, während der X_s ununterbrochen den Wert 0 bzw. 1 annimmt.

8.3. Abwandlung von Prozessen durch Abtastung gemäß Punktprozessen

Nun folgt eine Studie über A b t a s t e r mit H a l t e g l i e d . Dabei ist
der Problemkreis der zufälligen Abtastung von Zufallsprozessen noch
wenig erschlossen. Hier wird nur untersucht werden, wie sich AKF
und Leistungsspektrum bei Abtastung ändern. Außerdem wird die Kreuzkorrelation zwischen dem abgetasteten und dem ursprünglichen Prozeß
betrachtet werden.

8.3.1. Periodische Abtastung

Wir betrachten zwei Prozesse $\{x\}$ und $\{y\}$, deren Zusammenhang
wir gleich anhand ihrer Musterfunktionen beschreiben wollen: Aus x(t)
entstehe durch äquidistante Abtastung und Speicherung (H a l t e g l i e d
n u l l t e r O r d n u n g) die T r e p p e n f u n k t i o n y(t). Genauer möge
zu den Zeitpunkten t_n = nΔt + α abgetastet werden. Dabei sei α für jede
Musterfunktion konstant, aber im Prozeß zwischen 0 und Δt gleichverteilt. Andernfalls erhält man nämlich einen instationären Prozeß! Dies
ist aus Bild 8.3-1 ersichtlich, wonach

$$R_y(t',t'+\tau) = R_x(m\Delta t)$$

aber (bei gleichem τ)

$$R_y(t'',t''+\tau) = R_x(m\Delta t+\Delta t).$$

Damit ist i.allg. $R_y(t,t+\tau)$ von t abhängig, der Prozeß $\{y\}$ also instationär! Nach dieser Vorbemerkung folgt jetzt für stationäres $\{y\}$ die Bestimmung der AKF von $\{y\}$ aus der von $\{x\}$:

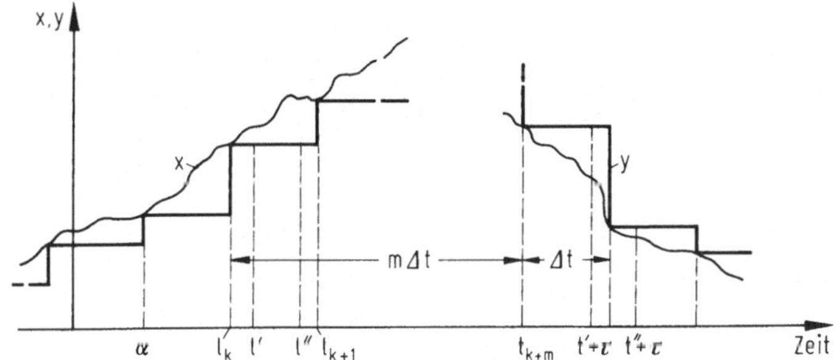

Bild 8.3-1. Instationarität bei festen Abtastzeiten.

Wenn bei t_k die letzte Abtastung vor dem Zeitpunkt t erfolgt, ist nach Bild 8.3-1 für $m\Delta t \leqslant \tau < (m+1)\Delta t$ die bedingte AKF

$$E[y(t)y(t+\tau)\,|\,t_k] := \begin{cases} R_x(m\Delta t) & \text{für } t+\tau \leqslant t_{k+m+1} = t_k+(m+1)\Delta t, \\ R_x(m\Delta t+\Delta t) & \text{für } t+\tau > t_{k+m+1}. \end{cases}$$

Daraus wird bei Bildung des Erwartungswerts über das mit α schwankende $t_k \in [t-\Delta t,t)$ mit den unten genauer erklärten Wahrscheinlichkeiten W_I und W_{II} nach der Regel (2.1-13) von der totalen Wahrscheinlichkeit

$$R_y(\tau) = E\,E[y(t)y(t+\tau)\,|\,t_k] = R_x(m\Delta t)W_I + R_x[(m+1)\Delta t]\,W_{II}. \quad (8.3-1)$$

Da nach obiger Voraussetzung über α die Aufenthaltswahrscheinlichkeit von t_k in einem gegebenen Zeitintervall zu dessen Länge proportional ist, sind mit

$$\tau' := \tau - m\Delta t\,;\ 0 \leqslant \tau' < \Delta t$$

$$W_I := W[t_k \geqslant t+\tau-(m+1)\Delta t] = W\{t_k \in [t-\Delta t+\tau',t)\} = 1-\tau'/\Delta t$$

und

$$W_{II} := W[t_k < t+\tau-(m+1)\Delta t] = W\{t_k \in [t-\Delta t, t-\Delta t+\tau')\} = \tau'/\Delta t .$$

Damit wird aus Gl.(8.3-1)

$$R_y(\tau) = R_x(m\Delta t)+(\tau'/\Delta t)\{R_x[(m+1)\Delta t]-R_x(m\Delta t)\} . \qquad (8.3-1a)$$

Speziell ist

$$R_y(m\Delta t) = R_x(m\Delta t) .$$

$R_y(\tau)$ ist also ein Polygonzug, der an den Eckpunkten bei $m\Delta t$ mit $R_x(\tau)$ übereinstimmt.

Wegen der Geradheit von

$$R_y(\tau) = R_y(\tau'+m\Delta t) = \frac{1}{\Delta t}\{(\Delta t-\tau')R_x(m\Delta t)+\tau' R_x[(m+1)\Delta t]\}$$

$$(8.3-1b)$$

ist nach Gl.(1.3-5) die spektrale Leistungsdichte

$$S_y(\omega) = [\mathscr{L}R_y(\tau)]_{/s=j\omega} + [\mathscr{L}R_y(\tau)]_{/s=-j\omega} . \qquad (8.3-2)$$

Nun wird beim Einsetzen in Gl.(1.3-1) aus Gl.(8.3-1b) für das nicht mehr auf das Intervall $[m\,\Delta t,\ m\,\Delta t + \Delta t)$ beschränkte $\tau \geq 0$

$$\mathscr{L}R_y(\tau) = \sum_{m=0}^{\infty} \int_{m\Delta t}^{m\Delta t+\Delta t} R_y(\tau)\exp(-s\tau)d\tau$$

$$= \frac{1}{\Delta t}\sum_{m=0}^{\infty}\exp(-sm\Delta t)\int_0^{\Delta t}\{(\Delta t-\tau')R_x(m\Delta t)+\tau' R_x(m+1)\Delta t\}$$

$$\cdot \exp(-s\tau')d\tau' . \qquad (8.3-3)$$

Das ergibt nach einigen als Rechen-**Übung** empfohlenen Umformungen

$$\mathscr{L}R_y(\tau) = \frac{1}{s}\,R_x(0) + \frac{1}{\Delta t s^2}\,[\exp(-s\Delta t)-1]\,R_x(0)$$

$$+ \frac{1}{\Delta t s^2}\,[\exp(s\,\Delta t)+\exp(-s\,\Delta t)-2]\,\sum_{m=1}^{\infty}R_x(m\,\Delta t)\exp(-sm\,\Delta t).$$

$$(8.3-4)$$

Daraus folgt wegen der Identität

$$\exp(j\alpha)+\exp(-j\alpha)-2 = 2\,(\cos\alpha-1) = -\,4\,\sin^2(\alpha/2)$$

beim Einsetzen in Gl. (8.3-2)

$$S_y(\omega) = \mathrm{si}^2(\omega\Delta t/2)\,\Delta t\,\sum_{m=-\infty}^{\infty}R_x(m\Delta t)\exp(-jm\omega\Delta t)$$

$$= \mathrm{si}^2(\omega\Delta t/2)\,\sum_{m=-\infty}^{\infty}S_x(\omega-m2\pi/\Delta t)\;; \qquad (8.3-5)$$

letzteres nach der Poissonschen Summenformel der Fouriertransformation. (Vgl. Abschn.1.3.)

Aus ähnlichen Betrachtungen findet man (vgl. LENEMAN [1, Gl.(2.31, 34)]) die KKF

$$R_{x,y}(\tau) = \frac{1}{\Delta t}\int_{0}^{\Delta t}R_x(\tau-t)\,dt\,, \qquad (8.3-6)$$

und die zugehörige Kreuzleistungsdichte

$$S_{x,y}(\omega) = \frac{1}{\Delta t}\,\frac{1-\exp(-j\omega\Delta t)}{j\omega}\,S_x(\omega)\,. \qquad (8.3-7)$$

8.3.2. Stochastische, speziell Poissonsche Abtastung

(Vgl. LENEMAN [1], sowie SCHNEEWEISS in [2] mit einer Anwendung.)

Ein stationärer Prozeß $\{x(t)\}$ werde stochastisch, d.h. nach einer Zufallsgesetzmäßigkeit, abgetastet. Durch Konstanthalten der jeweils abgetasteten Werte bis zur nächsten Abtastung (Messung) entsteht der Prozeß $\{y(t)\}$. (Vgl. Bild 8.3-2.) Wenn die Abtastzeitpunkte einen stationären Punktprozeß bilden, darf man auch für $\{y\}$ Stationarität annehmen.

Sei $\lambda(t)$ der Zeitraum zwischen einem Zeitpunkt t und dem Zeitpunkt der letzten Abtstung vor t. Damit ist immer - mit der Zufallsvariablen $\lambda(t)$ -

$$y(t) = x[t - \lambda(t)] ,$$

und weiter die AKF

$$R_y(\tau) := E[y(t)y(t-\tau)] = E\{x[t-\lambda(t)]x[t-\tau-\lambda(t-\tau)]\}$$

$$= \int_0^\infty R_x(v)\,dP_\tau[v(\tau)] ; \quad v := \tau+\lambda(t-\tau)-\lambda(t) ,$$

wobei (bis auf den sofort behandelten Fall einer gewissen Entartung) $p_\tau(v)$ die Wahrscheinlichkeitsdichte dafür ist, daß zwei Abtastungen

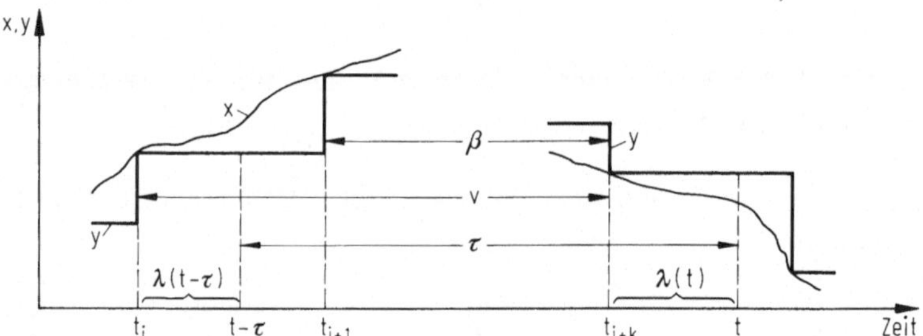

Bild 8.3-2. Allgemeiner Fall von Abtastung mit Speicherung.

(bei t_i und t_{i+k}) den (zeitlichen) abstand v haben. Außerdem soll das erste auf t_i folgende Abtastintervall den Punkt $t-\tau$ enthalten und das erste auf t_{i+k} folgende den Punkt t.

Man kann vom letzten Integral den Anteil abspalten, der zu dem "entarteten" Fall $v = 0$ gehört. Dieser Fall tritt ein, wenn die Punkte $t-\tau$ und t im selben Abtastintervall liegen: Ist wieder $W_k(\tau)$ die Wahrscheinlichkeit von k Abtastungen im Zeitraum τ, so ist

$$R_y(\tau) = R_x(0)W_0(\tau) + \int_{+0}^\infty R_x(v)p_\tau(v)\,dv . \qquad (8.3-8)$$

Im folgenden ist es bequem, das oben jedem v zugeordnete Ereignis in eine Menge von sich gegenseitig ausschließenden Unterereignissen aufzuspalten, und zwar nach der Zahl k der Abtastintervalle, deren Gesamtlänge v ist. Dies führt auf die Verteilungsdichten $p_{\tau,k}(v)$; k = 1;2;... mit

$$p_\tau(v) = \sum_{k=1}^\infty p_{\tau,k}(v) \, . \qquad (8.3\text{-}9)$$

Von jetzt an wird spezialisiert auf den Fall, daß die Längen bzw. die $\lambda(t)$ aller Abtastintervalle statistisch unabhängige Zufallsvariablen sind und dieselben Verteilungsdichten $\tilde{p}_1$ bzw. $p_\lambda := p_1$ haben, wie sie am Anfang von Abschn. 8 definiert wurden. (Bei p_λ wird zusätzlich angenommen, daß p_1 sich bei Zeitumkehr nicht ändert.)

Nun werden die einzelnen $p_{\tau,k}(v)$ bestimmt: Dabei ist zunächst zu berücksichtigen, daß bei festen Punkten t - τ und t und festen v und k noch über die Lage der Abtastzeitpunkte t_i und $t_{i+k}{}^1$ (vgl. Bild 8.3-2) in gewissen Grenzen verfügt werden kann: Die Grenzfälle $t_i = t - \tau$ (für v < τ) bzw. $t_i = t - v$ (für v > τ) und $t_{i+1} = t - \tau$ führen auf die Ungleichung

$$\tau \geqslant \lambda(t) \geqslant \begin{cases} \tau - v & \text{für } v \leqslant \tau, \\[2mm] 0 & \text{für } v \geqslant \tau, \end{cases} \qquad (8.3\text{-}10)$$

wobei der Granzfall $\lambda(t) = \tau$ nur eintreten kann, wenn die Längen aller Intervalle, die zwischen t - τ und t liegen, verschwinden. Außerdem muß mit

$$\beta := t_{i+k} - t_{i+1}$$

(vgl. Bild 8.3-2) immer gelten, daß

$$\beta + \lambda(t) \leqslant \tau \, . \qquad (8.3\text{-}11)$$

Der entscheidende Gedanke ist nun, daß die Wahrscheinlichkeit, deren Dichte $p_{\tau,k}$ ist, als Wahrscheinlichkeit für die Länge des Zeitintervalls $\lambda(t) + v$ unter allen möglichen Aufteilungen von v in k Unterabschnitte (Abtastintervalle) und unter Erfüllung der letzten beiden Un-

---

[1] Über die Lage der dazwischen liegenden Abtastzeitpunkte folgen noch Angaben.

gln. aufgefaßt werden kann. Und zwar wird wegen der statistischen Unabhängigkeit der Länge der Teil-Intervalle voneinander für $k \geqslant 2$

$$p_{\tau,k}(v) = \begin{cases} \displaystyle\int_0^v p_\lambda(\tau-v+\alpha) \int_0^{v-\alpha} \widetilde{p}_{k-1}(\beta)\widetilde{p}_1(v-\beta)\,d\beta\,d\alpha\,; & v \leqslant \tau \\[2em] \displaystyle\int_0^\tau p_\lambda(\alpha) \int_0^{\tau-\alpha} \widetilde{p}_{k-1}(\beta)\widetilde{p}_1(v-\beta)\,d\beta\,d\alpha\,; & v \geqslant \tau \end{cases} \qquad (8.3\text{-}12)$$

mit der Rekursionsvorschrift [vgl. Gl. (8.1-18)]

$$\widetilde{p}_{k-1}(\beta) = \int_0^\beta \widetilde{p}_{k-2}(\varphi)\widetilde{p}_1(\beta-\varphi)\,d\varphi = \widetilde{p}_{k-2}(\beta) \circledast \widetilde{p}_1(\beta)\,. \qquad (8.3\text{-}13)$$

In Gl. (8.3-12) ist das innere Integral die Wahrscheinlichkeitsdichte dafür, daß $t_{i+k} - t_i = v$ und außerdem β höchstens gleich $v - \alpha$ bzw. $\tau - \alpha$ wird, so daß für jedes α d.h. praktisch $\lambda(t)$ Ungl. (8.3-11) erfüllt ist, während beim Argument von p_λ immer Ungl. (8.3-10) erfüllt wird.

Mittels der Einheitssprungfunktion nach Gl. (1.1-3) kann man das Ergebnis noch zusammenfassen zu

$$p_{\tau,k}(v) = \int_0^\tau p_\lambda(\alpha)1(v-\tau+\alpha) \int_0^{\tau-\alpha} \widetilde{p}_{k-1}(\beta)\widetilde{p}_1(v-\beta)\,d\beta\,d\alpha\,; \quad k \geqslant 2.$$

Speziell für $k = 1$ liegt eine wesentlich einfachere Situation vor; man erhält analog

$$p_{\tau,1}(v) = \widetilde{p}_1(v) \int_0^\tau p_\lambda(\alpha)1(v-\tau+\alpha)\,d\alpha\,. \qquad (8.3\text{-}12a)$$

Weiter folgt aus Gl. (8.1-12a), daß wegen $p_\lambda := p_1$

$$p_\lambda(\alpha) = \gamma \left[1 - \int_0^\alpha \widetilde{p}_1(\alpha')\,d\alpha' \right]$$

mit

$$\frac{1}{\gamma} = E(t_{k+1} - t_k) := \int_0^\infty \alpha'\,\widetilde{p}_1(\alpha')\,d\alpha'$$

wegen Gl.(2.3-1). Damit hängen alle $p_{\tau,k}$ nur von $\widetilde{p}_1$ ab. Speziell bei Poisson-Abtastung ist

$$\widetilde{p}_k(\alpha) = \gamma \, \frac{(\gamma\alpha)^{k-1}}{(k-1)!} \, \exp(-\gamma\alpha) \, . \qquad (8.3\text{-}14)$$

[Gammaverteilung, vgl. Gl.(8.1-28)]. Außerdem ist nach Gl.(8.1-29)

$$p_\lambda(\alpha) = \widetilde{p}_1(\alpha) = \gamma \exp(-\gamma\alpha) \, . \qquad (8.3\text{-}15)$$

Die zahlreichen Rechenschritte bei der Berechnung der verschiedenen $p_{\tau,k}(v)$ und beim Aufsummieren dieser zu $p_\tau(v)$ werden hier übersprungen. Sie werden im nächsten Anhang gebracht. Das Endresultat lautet

$$p_\tau(v) = \begin{cases} \gamma \exp(-\gamma\tau) \sinh(\gamma v) \, ; & 0 \leqslant v \leqslant \tau , \\[2mm] \gamma \exp(-\gamma v) \sinh(\gamma\tau) \, ; & v \geqslant \tau . \end{cases} \qquad (8.3\text{-}16)$$

mit

$$\sinh(\alpha) := [\exp(\alpha) - \exp(-\alpha)]/2 \, .$$

Mit diesem p_τ und wegen Gl.(8.1-27), d.h. wegen

$$W_0(\tau) = \exp(-\gamma\tau)$$

erhält man nun beim Einsetzen der letzten beiden Gln. in Gl.(8.3-8)

$$R_y(\tau) = R_x(0)\exp(-\gamma\tau) + \gamma \exp(-\gamma\tau) \int_0^\tau R_x(v)\sinh(\gamma v)\,dv +$$

$$+ \gamma \sinh(\gamma\tau) \int_\tau^\infty R_x(v)\exp(-\gamma v)\,dv$$

$$= R_x(0)\exp(-\gamma\tau) - \frac{\gamma}{2} \exp(-\gamma\tau) \int_0^\infty R_x(v)\exp(-\gamma v)\,dv$$

$$+ \frac{\gamma}{2} \exp(-\gamma\tau) \int_0^\tau R_x(v)\exp(\gamma v)\,dv + \frac{\gamma}{2} \exp(\gamma\tau) \int_\tau^\infty R_x(v)\exp(-\gamma v)\,dv \, ; \quad \tau > 0 \, .$$

$$(8.3\text{-}17)$$

Nach Fouriertransformation dieser Gl., deren Ausführung eine **Übungs**-
Aufgabe ist, erhält man noch die spektrale Leistungsdichte

$$S_y(\omega) = \frac{\gamma^2}{\gamma^2 + \omega^2}\left\{S_x(\omega) + 2\left[R_x(0)/\gamma - {}^{L}R_x(s)/_{s=\gamma}\right]\right\}$$

$$= \frac{\gamma^2}{\gamma^2 + \omega^2}\left\{S_x(\omega) + 2\int_0^\infty [R_x(0) - R_x(\tau)]\exp(-\gamma\tau)d\tau\right\}. \quad (8.3\text{-}17a)$$

[Vgl. LENEMAN [1, Gl.(2.50)].] Wegen der bekannten Beziehung
$R_x(0) \geq R_x(\tau)$ ist das letzte Integral immer positiv.

Aus ähnlichen Betrachtungen findet man die KKF

$$R_{x,y}(\tau) = \gamma \int_0^\infty R_x(\tau - t)\exp(-\gamma t)\,dt \qquad (8.3\text{-}18)$$

und die Kreuzleistungsdichte

$$S_{x,y}(\omega) = \frac{\gamma}{\gamma + j\omega}\,S_x(\omega). \qquad (8.3\text{-}18a)$$

Man sieht, daß sich der Poissonabtaster mit Halteglied nullter Ordnung
bezüglich der Kreuzkorrelation zwischen Eingangs- und Ausgangssignal
wie ein Verzögerungsglied 1. Ordnung verhält. Für die AKF des Ausgangssignals gilt dieser Vergleich jedoch nicht mehr, denn der 2. Summand in der geschweiften Klammer von Gl.(8.3-17a) muß nicht immer
für alle ω klein gegen $S_x(\omega)$ sein.

<u>Anhang</u>:

<u>Berechnung der Wahrscheinlichkeits-Verteilungsdichte $p_\tau(v)$ des Ab-
stands v der (linken) Endpunkte zweier Abtastintervalle, die die Punkte t - τ bzw. t enthalten, bei einem Poissonschen Punktprozeß.</u>

Bei einem Poissonschen Punktprozeß ist wegen $\widetilde{p}_n$ nach Gl.(8.3-14)
das innere Integral von Gl.(8.3-12)

$$\int_0^\varphi \widetilde{p}_{k-1}(\beta)\widetilde{p}_1(v-\beta)d\beta = \int_0^\varphi \gamma^2\frac{(\gamma\beta)^{k-2}}{(k-2)!}\exp(-\gamma v)d\beta = \frac{\gamma^k}{(k-1)!}\exp(-\gamma v)\varphi^{k-1}.$$

$$(8.3\text{-}19)$$

Damit wird für $\tau \geqslant v$, $k \geqslant 2$ aus Gl. (8.3-12) mit p_λ nach Gl. (8.3-15)

$$
\begin{aligned}
p_{\tau,k}(v) &= \int_0^v \gamma \exp[-\gamma(\tau-v+\alpha)]\, \frac{\gamma^k}{(k-1)!}\, \exp(-\gamma v)(v-\alpha)^{k-1}\, d\alpha \\[2mm]
&= \frac{\gamma^{k+1}}{(k-1)!}\, \exp(-\gamma\tau) \int_0^v (v-\alpha)^{k-1} \exp(-\gamma\alpha)\, d\alpha \qquad (8.3\text{-}20) \\[2mm]
&= \frac{\gamma^{k+1}}{(k-1)!}\, \exp(-\gamma\tau) \int_0^v \alpha^{k-1} \exp[-\gamma(v-\alpha)]\, d\alpha .
\end{aligned}
$$

Nun ist

$$
\int_0^\varphi \beta^n \exp(-\gamma\beta)\, d\beta = \frac{n!}{\gamma^{n+1}} \left[1 - \exp(-\gamma\varphi) \sum_{i=0}^n \frac{(\gamma\varphi)^i}{i!} \right] .
$$

Also wird

$$
\begin{aligned}
p_{\tau,k}(v) &= \frac{\gamma^{k+1}}{(k-1)!}\, \exp[-\gamma(\tau+v)]\, \frac{(k-1)!}{(-\gamma)^k} \left[1 - \exp(\gamma v) \sum_{i=0}^{k-1} \frac{(-\gamma v)^i}{i!} \right] \\[2mm]
&= (-1)^k \gamma \exp[-\gamma(\tau+v)] \left[1 - \exp(\gamma v) \sum_{i=0}^{k-1} \frac{(-\gamma v)^i}{i!} \right] .
\end{aligned}
$$

Dabei ist

$$
\sum_{i=0}^{k-1} \frac{(-\gamma v)^i}{i!} = \exp(-\gamma v) - \sum_{i=k}^\infty \frac{(-\gamma v)^i}{i!} ,
$$

so daß

$$
1 - \exp(\gamma v) \sum_{i=0}^{k-1} \frac{(-\gamma v)^i}{i!} = \exp(\gamma v) \sum_{i=k}^\infty \frac{(-\gamma v)^i}{i!}
$$

und damit

$$
p_{\tau,k}(v) = (-1)^k \gamma \exp(-\gamma\tau) \sum_{i=k}^\infty \frac{(-\gamma v)^i}{i!} ; \quad k \geqslant 2 .
$$

Das gilt in diesem Spezialfalle auch für $k = 1$, denn für $k = 1$ ist nach Gl. (8.3-12a)

$$p_{\tau,1}(v) = \gamma^2 \exp(-\gamma v) \int_{\tau-v}^{\tau} \exp(-\gamma\alpha)\,d\alpha = -\gamma\exp[-\gamma(v+\tau)][1-\exp(\gamma v)]$$

$$= -\gamma\exp(-\gamma\tau)[\exp(-\gamma v)-1]$$

$$= -\gamma\exp(-\gamma\tau)\sum_{i=1}^{\infty}(-\gamma v)^i/i!\;.$$

Damit wird gemäß Gl. (8.3-9)

$$p_{\tau}(v) = \gamma\exp(-\gamma\tau)\sum_{k=1}^{\infty}\left[(-1)^k\sum_{i=k}^{\infty}\frac{(-\gamma v)^i}{i!}\right]$$

oder

$$p_{\tau}(v) = \gamma\exp(-\gamma\tau)\sinh(\gamma v);\ \tau \geqslant v,$$

denn

$$\sum_{k=1}^{\infty}(-1)^k\sum_{i=k}^{\infty}\frac{(-\gamma v)^i}{i!} = -\frac{(-\gamma v)^1}{1!}-\frac{(-\gamma v)^2}{2!}-\frac{(-\gamma v)^3}{3!}-\frac{(-\gamma v)^4}{4!}-\frac{(-\gamma v)^5}{5!}-\cdots$$

$$+\frac{(-\gamma v)^2}{2!}+\frac{(-\gamma v)^3}{3!}+\frac{(-\gamma v)^4}{4!}+\frac{(-\gamma v)^5}{5!}+\cdots$$

$$-\frac{(-\gamma v)^3}{3!}-\frac{(-\gamma v)^4}{4!}-\frac{(-\gamma v)^5}{5!}-\cdots$$

$$+\frac{(-\gamma v)^4}{4!}+\frac{(-\gamma v)^5}{5!}+\cdots$$

$$-\frac{(-\gamma v)^5}{5!}-\cdots$$

$$= -\frac{(-\gamma v)^1}{1!}-\frac{(-\gamma v)^3}{3!}-\frac{(-\gamma v)^5}{5!}-\cdots$$

$$= [\exp(\gamma v) - \exp(-\gamma v)]/2 = \sinh(\gamma v).$$

Analog wird für $\tau \leqslant v$, $k \geqslant 2$ aus Gl.(8.3-12) mit p_λ nach Gl.(8.3-15) und mit der Lösung (8.3-19) des Faltungsintegrals

$$p_{\tau,k}(v) = \int_0^\tau \gamma \exp(-\gamma\alpha)\,\frac{\gamma^k}{(k-1)!}\,\exp(-\gamma v)(\tau-\alpha)^{k-1}d\alpha$$

$$= \frac{\gamma^{k+1}}{(k-1)!}\,\exp(-\gamma v)\int_0^\tau (\tau-\alpha)^{k-1}\exp(-\gamma\alpha)\,d\alpha\,,\quad(8.3-21)$$

und speziell ist

$$p_{\tau,1}(v) = \gamma^2 \exp(-\gamma v)\int_0^\tau \exp(-\gamma\alpha)d\alpha = -\gamma\exp(-\gamma v)[\exp(-\gamma\tau)-1]\,.$$

Man erkennt durch Vergleich der $p_{\tau,k}$ für den Fall $\tau \leqslant v$ [Gl.(8.3-20)] mit denen im Falle $\tau \geqslant v$ [Gl.(8.3-21)], daß beide aus einander durch Vertauschen von τ mit v folgen (was den Definitionsgln. nicht sofort anzusehen ist). Damit gilt

$$p_\tau(v) = \gamma\exp(-\gamma v)\sinh(\gamma\tau)\,;\quad v \geqslant \tau\,.$$

(Vgl. LENEMAN [1, Gl.(2.45)]; der Beweis wird jedoch dort nicht gebracht!)

8.4. Diskussion der Ergebnisse von Abschnitt 8

Blicken wir wieder zurück! Abschn.8 behandelt Zufallsprozesse von einem ganz anderen Typ als Abschn.3 bis 7; auch sind Anwendungen auf die Synthese oder die Optimierung dynamischer Systeme noch wenig bekannt. Trotzdem ist dieses Gebiet nicht zuletzt in der modernen Zuverlässigkeitstheorie sowie in der Warteschlangen- und der Verkehrstheorie, die gewiß auch stochastische Aspekte von dynamischen Systemen darstellen können, von steigender Bedeutung. Waren es in diesem Buch bisher fast ausschließlich Meßgrößen, die während eines gleichmäßigen Ablaufs der Zeit nach Zufallsgesetzmäßigkeiten schwankten, so sind nun Zeitpunkte, d.h. Abstände von einem Zeitnullpunkt Zufallsvariablen. Dabei werden in Abschn.8 auch

Zusammenhänge zwischen diesen letztgenannten sog. P u n k t p r o z e s -
s e n und den üblichen Zufallsprozessen untersucht, so z.B. der Punktprozeß der Nulldurchgänge eines Gaußprozesses. Zunächst werden jedoch (für sog. stationäre Punktprozesse) in Abschn.8.1 die Beziehungen abgeleitet, die zwischen Punktabständen und der Anzahl von Punkten
in einem Intervall bestehen. Z.B. ist die Wahrscheinlichkeit dafür, daß
ein Intervall der Länge τ mindestens n P u n k t e (d.h. Zeitpunkte von
wohldefinierten Geschehnissen) enthält, gleich der Summe der Wahrscheinlichkeiten dafür, daß genau n bzw. daß mindestens n+1 P u n k t e
in diesem Intervall liegen. Die Wahrscheinlichkeit für mindestens n
P u n k t e während τ ist jedoch gleich der, daß der n-te P u n k t nach
einem Punkt von diesem höchstens den Abstand τ hat, also $P_n(\tau)$, so
daß insgesamt

$$P_n(\tau) = W_n(\tau) + P_{n+1}(\tau)\,. \qquad\qquad [(8.1\text{-}6)]$$

Auf die Fälle, wo das linke Ende des Zeitintervalls ebenfalls ein P u n k t
des Prozesses ist, wird intensiv eingegangen. (W_n und P_n sind in diesen Fällen mit einer Tilde versehen.) Es zeigt sich, daß jede der 4 Wahrscheinlichkeiten $W_n, \widetilde{W}_n, P_n$ und $\widetilde{P}_n$; n = 0, 1, 2, ... durch "Vertreter"
jeder der 3 anderen ausgedrückt werden kann. Dabei macht nur der Brük-
kenschlag zwischen den Größen mit und ohne Tilde ernsthafte Schwierigkeiten. Z.B. gilt

$$dW_n(\tau)/d\tau = \gamma[\widetilde{W}_{n-1}(\tau) - \widetilde{W}_n(\tau)]\,, \qquad [(8.1\text{-}8)]$$

wo γ bei sog. g e o r d n e t e n , d.h. von H ä u f u n g s p u n k t e n freien
stationären Punktprozessen die (zeitliche) Punktdichte ist. Die Bezie-
hung

$$p_1(\tau) = \gamma[1 - \widetilde{P}_1(\tau)] \qquad\qquad [(8.1\text{-}12a)]$$

wird vom Verfasser in Anlehnung an COX [1] in [3] noch auf eine völlig andere Art gewonnen, aus der insbesondere ersichtlich wird, daß
sie zunächst nur für stationäre Prozesse gilt. Abschn.8.1.2 bietet einige speziellere Resultate, nämlich für sog. E r n e u e r u n g s p r o z e s s e ,
d.h. solche, bei denen alle Abstände zwischen Nachbarpunkten gleich-

verteilte, unabhängige Variablen sind. Für die Summe zweier derartiger Variabler gilt ja bekanntlich (wenn sie nicht negativ sind)

$$p_{x+y}(z) = \int_0^\infty p_x(z - u) p_y(u) du \qquad [(5.1\text{-}8)]$$

oder nach der für nicht negative Variablen naheliegenden $\mathcal{L}$-Transformation mit $^L f(s) := \mathcal{L} f(t)$ (und zwar gleich für n Summanden)

$$^L\tilde{p}_n(s) = \left[{}^L\tilde{p}_1(s) \right]^n . \qquad [(8.1\text{-}18)]$$

Interessant ist noch eine Analogie zu den Gauß-Markoff-Prozessen, bei denen die AKF stets exponentiell verläuft: Stationäre gewöhnliche Erneuerungsprozesse haben stets exponentiell verteilte Punktabstände, sie sind also Poissonprozesse. In Abschn.8.1.3 wird noch gezeigt, wie schwierig schon die Berechnung zweiter Momente von Abständen zwischen Punkten und von Punktanzahlen in gegebenen Intervallen sein kann. Interessant ist z.B., daß wegen

$$E\,\tau^2 = (2/\gamma) \int_0^\infty W_0(t)\, dt \qquad [(8.1\text{-}33)]$$

der mittlere quadratische Punktabstand proportional ist dem Zeitintegral über die Wahrscheinlichkeit dafür, daß keine Punkte auftreten.

Abschn.8.2 betrifft Punktprozesse, die durch Niveauüberschreitungen von üblichen stationären Prozessen entstehen. Dabei wird in Abschn. 8.2.1 zunächst sehr ausführlich eine (heuristische) Herleitung der Formel für die mittlere zeitliche Dichte der Stellen, wo die Musterfunktion eines Prozesses den Wert c annimmt, diskutiert. (Andere Herleitungen findet man bei SWESCHNIKOW [1, S. 50ff.] oder BENDAT [1, S. 125] und MIDDLETON [1, S. 426].) Das Ergebnis ist

$$\gamma := E\,N_c/T = \int_{-\infty}^\infty |u|\, p_{x,\dot{x}}(c,u)\, du . \qquad [(8.2\text{-}1)]$$

Beim Gaußprozeß gilt speziell

$$\gamma = \frac{1}{\pi}\frac{\sigma_{\dot{x}}}{\sigma_x}\exp\left[-\frac{(c-\mu)^2}{2\sigma_x^2}\right]. \qquad [(8.2\text{-}3)]$$

Dabei ist

$$\sigma_{\dot{x}} = \sqrt{-r_x''(+0)}$$

die Standardabweichung des differenzierten Prozesses. ITO [2] bringt
eine strenge Behandlung dieses Spezialproblems, sowie die interessante
Vorgeschichte.

Anschließend wird die mittlere Dauer einer Niveauüberschreitung (und
zwar in einer Richtung) ausgerechnet. [Kann man außerdem noch eine
Angabe über die Streuung machen, so ist es in dynamischen Systemen
möglich, während der Zeit, in der ein Signal einen konstanten Wert hat
(Sättigung), ein hochwertiges Steuergerät (Prozeßrechner) an andere
Systemteile anzuschließen.] Man erhält als mittlere Überschreitungsdauer (von unten)

$$E\tau_{c,u} = [1 - P_x(c)]\left/\int_0^\infty vp_{x,\dot{x}}(c,v)dv\right.. \qquad [(8.2\text{-}7)]$$

Die in Abschn.8.2.2 untersuchte Verteilung der Überschreitungsdauer ist ein sehr viel schwierigeres Problem, weil i.allg. die Verteilungsfunktion erheblich mehr Information enthält als ein Erwartungswert. (Dies ist kein Widerspruch zu der Tatsache, daß der Erwartungswert mittels der Verteilungsfunktion definiert wird!) Nach einigen Überlegungen zum allgemeinen Problem wird eine mögliche Vorgehensweise
am Beispiel der Markoffprozesse dargestellt. Dabei wird die diskrete
Version der aus Abschn.6.1.1 geläufigen Chapman-Kolmogoroff-Gl.
für Übergangswahrscheinlichkeiten $w_{i,k}$

$$w_{i,k}(n) = \sum_m w_{i,m}(n-1)\,w_{m,k}(1) \qquad [(8.2\text{-}17)]$$

abgeleitet. Bezüglich Verallgemeinerungen im Bereich der sog. Semi-
Markoffprozesse sei auf das Buch von STÖRMER [2] hingewiesen. In-

teressant ist auch die in Abschn.8.2.3 als erstes dargestellte Formel

$$R_y(\tau) = \sum_{n=0}^{\infty} (-1)^n W_n(\tau) \qquad [(8.2\text{-}19)]$$

für die AKF von stationären Telegraphieprozessen. (SCHNEEWEISS hat in [3] den Spezialfall der Prozesse mit booleschen Variablen unabhängig von den Umrechnungsformeln von Abschn.8.1 behandelt, insbesondere auch den Fall, daß das Umschalten zwischen den beiden Werten der Variablen gemäß einem sog. alternierenden Erneuerungsprozeß erfolgt, wo der eine Wert jeweils nach einer anderen Verteilung andauert als der andere.) Als Endergebnis erhält man im Falle des (einfachen, d.h. nicht alternierenden) Erneuerungsprozesses die Spektrale Leistungsdichte (vgl. LAWSON-UHLENBECK [1])

$$S_y(\omega) = \frac{4\gamma}{\omega^2} \frac{1 - |C_1(\omega)|^2}{[1 + C_{1r}(\omega)]^2 + C_{1i}^2(\omega)} \, ,$$

wobei C_1 die charakteristische Funktion der Verteilung des Abstands konsekutiver Signalwechsel ist und r und i die Indizes für Real- und Imaginärteil sind. (Vgl. dazu SCHNEEWEISS [3].)

Der folgende Abschn.8.2.4 beschäftigt sich mit einem für die Praxis von Zuverlässigkeitsuntersuchungen sehr bedeutsamen Problem, nämlich der Wahrscheinlichkeit, in einem System einen von zwei möglichen Grundzuständen anzutreffen: Werden diese Zustände der Untersysteme Nr. k; $k = 1,\ldots,M$ mit $X_k = 1$ bzw. $X_k = 0$, einer sog. booleschen Variablen also, bezeichnet, so gilt für eine logische UND-Verknüpfung von 1-Zuständen bei einem System s aus zwei Untersystemen a und b

$$X_s = X_a X_b \qquad [(8.2\text{-}24)]$$

und für die ODER-Verknüpfung

$$X_s = X_a + X_b - X_a X_b \qquad [(8.2\text{-}25)]$$

oder mit $\overline{X}_i := 1 - X_i$

$$\overline{X}_s = \overline{X}_a \overline{X}_b \, .$$

X_s nennt man S y s t e m f u n k t i o n . (Vgl. besonders STÖRMER [1, Kap.5].) Beliebige sukzessive Verknüpfungen gemäß diesen Gln. führen zu Polynomen vom Typ

$$X_s = \sum_{k=1}^{n} \left(c_k \prod_{i=1}^{m_k} X_{l_{i,k}} \right) ; \ l_{i,k_1} \neq l_{i,k_2} ; \ k_1 \neq k_2 . \qquad [(8.2\text{-}28)]$$

Nun ist offenbar $V_k := W(X_k = 1) = E\,X_k$. Sind also alle X_k stochastisch unabhängige Zufallsvariablen, so wird

$$V_s = \sum_{k=1}^{n} \left(c_k \prod_{i=1}^{m_k} V_{l_{i,k}} \right) . \qquad [(8.2\text{-}29)]$$

Anwendungen und weiter führende Untersuchungen bringt das Buch des Verfassers [5].

Schließlich wird in Abschn.8.3.1 die Veränderung von Prozessen durch die in dynamischen Systemen häufig vorhandenen Abtasteinrichtungen untersucht. Es wird bewiesen, daß der abgetastete Prozeß bei äquidistanten Abtastzeitpunkten, die für a l l e Musterfunktionen fest sind, nicht stationär ist. Jedoch zeigt sich, daß diese Schwierigkeit durch G l e i c h v e r t e i l u n g der Lage des 1. Abtastzeitpunkts nach $t = 0$ im Intervall $(0, \Delta t]$ (wobei Δt die Abtastperiode ist) behoben werden kann. Die AKF des abgetasteten Prozesses $R_y(\tau)$ ist dann ein Polygonzug, der in den Abtastzeitpunkten $m\Delta t$ mit $R_x(\tau)$ übereinstimmt. Die Beziehung zwischen den spektralen Leistungsdichten lautet

$$S_y(\omega) = \mathrm{si}^2(\omega\Delta t/2) \sum_{m=-\infty}^{\infty} S_x(\omega - m2\pi/\Delta t) . \qquad [(8.3\text{-}5)]$$

Das erlaubt nun eine interessante Anwendung in der Meßtechnik, beim Vergleich zwischen Abtastung und kontinuierlicher Messung für die Messung von Erwartungswerten, was SCHNEEWEISS in [1] beschrieben hat.

Bei Abtastung nach einem Poissonprozeß, wie sie in Abschn.8.3.2 geschildert wird, ergeben sich erhebliche begriffliche und rechnerische

Schwierigkeiten, die von LENEMAN [1] geschickt gemeistert wurden. Als spektrale Leistungsdichte des abgetasteten (und zwischen den Abtastungen gespeicherten) Prozesses erhält man bei einer mittleren Abtastrate γ

$$S_y(\omega) = \frac{\gamma^2}{\gamma^2+\omega^2} \left\{ S_x(\omega)+2 \int_0^\infty [R_x(0)-R_x(\tau)]\exp(-\gamma\tau)d\tau \right\}. \qquad [(8.3\text{-}17a)]$$

Anwendungen in der Meßtechnik diskutiert SCHNEEWEISS in [2]. Dazu bedenke man, daß z.B. beim Simultanbetrieb von mehreren Programmen verschiedener Priorität in einem Prozeßrechner eine Meßwerterfassung von geringerer Priorität nach einem Poissonprozeß erfolgen kann, so daß diese Fragen nicht nur von akademischem Interesse sind!

9. Lösung der Übungsaufgaben

"Wer immer strebend sich bemüht, den können wir erlösen"...

Abschn. 1.1:

Ableitung von Gl. (1.1-7)

Die Gültigkeit der Gl. (1.1-6) werde vorausgesetzt. Danach ist das Verhältnis der Fouriertransformierten von Eingangs- zu Ausgangsgröße

$$1/G = G_2 + 1/G_1 \, ,$$

was nur eine andere Schreibweise für Gl. (1.1-7) ist.

Will man die Lösung statt dessen in kleine Schritte zerlegen, so empfiehlt sich die Zerlegung einiger Frequenzgänge nach Gl. (1.1-4a): Bezeichnet man in Bild 1.1-2c die Eingangsgröße des rückgekoppelten Systems mit u, die Eingangsgröße des Untersystems mit dem Frequenzgang G_1 mit a, die Ausgangsgröße mit v und die an der Rückkoppelstelle subtrahierte Größe mit b, so ist nach Gl. (1.1-4a), wenn mit großen Buchstaben die $\mathfrak{F}$-transformierten der Signale mit den gleichlautenden kleinen Buchstaben bezeichnet werden,

$$G_1 = V/A \, ; \quad G_2 = B/V \, ; \quad A = U - B \, .$$

Nun soll G durch G_1 und G_2 ausgedrückt werden. Dazu benutzt man

$$V = A\,G_1 = (U - B)G_1 = (U - VG_2)G_1 \, ,$$

womit die internen Signale a und b eliminiert sind, und erhält nach Division durch U

$$G := V/U = (1 - G\,G_2)\,G_1 \, ,$$

woraus sofort Gl. (1.1-7) folgt.

Abschn. 1.2:

Ableitung von Gl. (1.2-11)

Mit

$$\varnothing := \varnothing(t, t_0)$$

sind

$$\mathbf{x} = \varnothing\mathbf{f} ; \quad \dot{\varnothing} = \mathbf{A}\varnothing .$$

Nun ist für obiges $\mathbf{x}$ (nach der Produktregel der Differentialrechnung)

$$\dot{\mathbf{x}} = \dot{\varnothing}\mathbf{f} + \varnothing\dot{\mathbf{f}} .^{[1]}$$

Daraus folgt wegen

$$\dot{\varnothing}\mathbf{f} = \mathbf{A}\varnothing\mathbf{f} = \mathbf{A}\mathbf{x}$$

unmittelbar

$$\dot{\mathbf{x}} = \mathbf{A}\mathbf{x} + \varnothing\dot{\mathbf{f}} .$$

Der Vergleich mit Gl. (1.2-3) liefert

$$\varnothing\dot{\mathbf{f}} = \mathbf{B}\mathbf{u}$$

oder

$$\dot{\mathbf{f}}(t) = \varnothing^{-1}(t, t_0)\,\mathbf{B}(t)\,\mathbf{u}(t) ,$$

so daß

$$\mathbf{f}(t) = \int_{t_0}^{t} \varnothing^{-1}(\tau, t_0)\,\mathbf{B}(\tau)\,\mathbf{u}(\tau)\, d\tau + \mathbf{c} ; \quad \mathbf{c} = \text{const.}$$

Das Einsetzen in den Ansatz

$$\mathbf{x}(t) = \varnothing(t, t_0)\,\mathbf{f}(t) ; \quad \mathbf{x}(t_0) = \mathbf{f}(t_0)$$

---

[1] Die Gültigkeit der Produktregel für Matrizen folgt unmittelbar aus Gl. (1.4-1), wenn alle Elemente Zeitfunktionen sind, unter Beachtung von Gl. (1.4-14).

liefert wegen $\mathbf{c} = \mathbf{x}(t_0)$ und

$$\emptyset(t,t_0)\,\emptyset^{-1}(\tau,t_0) = \emptyset(t,t_0)\,\emptyset(t_0,\tau) = \emptyset(t,\tau)$$

Gl.(1.2-11).

Abschn.1.2:

Bestimmung von $\mathbf{x}(t_1)$ über die Gln.(1.2-12,13)

Nach Gl.(1.2-9) ist

$$\emptyset(t,t_0) = \emptyset(t,t_1)\,\emptyset(t_1,t_0).$$

Damit lautet Gl.(1.2-8)

$$\mathbf{x}(t) = \emptyset(t,t_1)\,\mathbf{x}(t_1).$$

Setzt man dies in Gl.(1.2-4), d.h. in $\mathbf{y}(t) = \mathbf{C}(t)\,\mathbf{x}(t)$ ein, so wird beim Einsetzen dieses Ausdrucks für $\mathbf{y}(t)$ in Gl.(1.2-13)

$$\Gamma\{\mathbf{y}\} = \int_{t_0}^{t_1} \emptyset^T(t,t_1)\,\mathbf{C}^T(t)\,\mathbf{C}(t)\,\emptyset(t,t_1)\,dt\,\mathbf{x}(t_1)$$

$$= \mathbf{I}_b\,\mathbf{x}(t_1).$$

Also ist wie behauptet

$$\mathbf{I}_b^{-1}\,\Gamma\{\mathbf{y}\} = \mathbf{x}(t_1).$$

Abschn.1.2:

Beweis des Beobachtbarkeitskriteriums Gl.(1.2-14) im zeitdiskreten Fall mit konstanten Parametern

Die Systemgln. lauten

$$\mathbf{x}(k+1) = \mathbf{A}\,\mathbf{x}(k)\ ;\quad \mathbf{y}(k) = \mathbf{C}\,\mathbf{x}(k).$$

Aus dem linearen Gl.-System

$$\mathbf{y}(k) \quad\quad = \mathbf{C}\,\mathbf{x}(k)\,,$$

$$\mathbf{y}(k+1) \quad = \mathbf{C}\,\mathbf{x}(k+1) = \mathbf{C}\,\mathbf{A}\,\mathbf{x}(k)\,,$$

$$\mathbf{y}(k+2) \quad = \mathbf{C}\,\mathbf{x}(k+2) = \mathbf{C}\,\mathbf{A}^2\,\mathbf{x}(k)\,,$$

$$\cdots\cdots\cdots\cdots\cdots\cdots\cdots\cdots\cdots\cdots\cdots$$

$$\mathbf{y}(k+N-1) = \mathbf{C}\,\mathbf{A}^{N-1}\mathbf{x}(k)$$

erhält man (z.B. nach der Cramerschen Regel) die n Komponenten
von $\mathbf{x}(k)$ genau dann eindeutig, wenn die Koeffizientenmatrix

$$\begin{bmatrix} \mathbf{C} \\ \mathbf{C}\,\mathbf{A} \\ \cdots \\ \mathbf{C}\,\mathbf{A}^{N-1} \end{bmatrix}$$

den Rang n hat.

Abschn. 1.2:

<u>Beweis, daß mit $\mathbf{u}(t)$ nach Gl. (1.2-16) $\mathbf{x}(t_1) = \mathbf{0}$</u>

Dazu muß nach Gl. (1.2-11)

$$\int_{t_0}^{t_1} \emptyset(t_1,t)\,\mathbf{B}(t)\,\mathbf{u}(t)\,dt = -\emptyset(t_1,t_0)\,\mathbf{x}(t_0)$$

werden. Die linke Seite dieser Gleichung $\mathbf{L}$ lautet für $\mathbf{u}(t)$ nach Gl.
(1.2-16)

$$\mathbf{L} := -\int_{t_0}^{t_1} \emptyset(t_1,t)\,\mathbf{B}(t)\,\mathbf{B}^T(t)\,\emptyset^T(t_0,t)\,dt\,\mathbf{I}_s^{-1}\,\mathbf{x}(t_0)\,.$$

Nun ist aber nach Gl. (1.2-15) wegen $\emptyset(t_0,t) = \emptyset(t_0,t_1)\emptyset(t_1,t)$

$$\mathbf{I}_s = \emptyset(t_0,t_1)\int_{t_0}^{t_1} \emptyset(t_1,t)\,\mathbf{B}(t)\,\mathbf{B}^T(t)\,\emptyset^T(t_0,t)\,dt\,.$$

Aus der Gleichheit der Integrale in $\mathbf{L}$ und $\mathbf{I}_s$ folgt nun unter Beachtung von Gln. (1.4-3) und (1.2-10) tatsächlich

$$\mathbf{L} = -\emptyset(t_1, t_0) \, \mathbf{x}(t_0) \, .$$

Abschn. 1.2:

Hinweis zur Herleitung von Gl. (1.2-19)

Gemäß Gl. (1.2-18) sind

$$\mathbf{x}(1) = \mathbf{A}(0) \, \mathbf{x}(0) + \mathbf{B}(0) \, \mathbf{u}(0) \, ,$$

$$\mathbf{x}(2) = \mathbf{A}(1) \, \mathbf{x}(1) + \mathbf{B}(1) \, \mathbf{u}(1)$$

$$= \mathbf{A}(1) \, \mathbf{A}(0) \, \mathbf{x}(0) + \mathbf{A}(1) \, \mathbf{B}(0) \, \mathbf{u}(0) + \mathbf{B}(1) \, \mathbf{u}(1) \, ,$$

$$\mathbf{x}(3) = \mathbf{A}(2) \, \mathbf{x}(2) + \mathbf{B}(2) \, \mathbf{u}(2)$$

$$= \mathbf{A}(2) \, \mathbf{A}(1) \, \mathbf{A}(0) \, \mathbf{x}(0) + \mathbf{A}(2) \, \mathbf{A}(1) \, \mathbf{B}(0) \, \mathbf{u}(0) +$$

$$+ \mathbf{A}(2) \, \mathbf{B}(1) \, \mathbf{u}(1) + \mathbf{B}(2) \, \mathbf{u}(2) \, .$$

Hieraus folgt durch vollständige Induktion Gl. (1.2-19).

Abschn. 1.4:

Nachprüfung der Identität Gl. (1.4-10)

Definitionsgemäß sind

$$\|\mathbf{H}\mathbf{u} + \mathbf{v}\|_{\mathbf{H}^{-1}} = (\mathbf{H}\mathbf{u} + \mathbf{v})^T \mathbf{H}^{-1} (\mathbf{H}\mathbf{u} + \mathbf{v})$$

$$= (\mathbf{v}^T + \mathbf{u}^T \mathbf{H}^T) \, \mathbf{H}^{-1} (\mathbf{H}\mathbf{u} + \mathbf{v})$$

$$= (\mathbf{v}^T + \mathbf{u}^T \mathbf{H}^T) (\mathbf{u} + \mathbf{H}^{-1} \mathbf{v})$$

$$= \mathbf{v}^T \mathbf{u} + \mathbf{v}^T \mathbf{H}^{-1} \mathbf{v} + \mathbf{u}^T \mathbf{H}^T \mathbf{u} + \mathbf{u}^T \mathbf{H}^T \mathbf{H}^{-1} \mathbf{v}$$

und

$$\|\mathbf{v}\|_{\mathbf{H}^{-1}} = \mathbf{v}^T \mathbf{H}^{-1} \mathbf{v} \, .$$

Wegen $\mathbf{H}^T = \mathbf{H}$ und daher $\mathbf{H}^T \mathbf{H}^{-1} = \mathbf{I}$ lautet die rechte Seite von Gl. (1.4-10)

$$\mathbf{v}^T \mathbf{u} + \mathbf{u}^T \mathbf{H}^T \mathbf{u} + \mathbf{u}^T \mathbf{v} \, ,$$

was wegen Gl. (1.4-4) mit der linken Seite übereinstimmt.

Als Anhang hierzu folgt noch der Nachweis der **positiven Definitheit** der Inversen einer positiv definiten symmetrischen Matrix: Mit

$$\mathbf{y} := \mathbf{H}\,\mathbf{x}$$

ist die **quadratische Form**

$$\mathbf{y}^T \mathbf{H}^{-1} \mathbf{y} = \mathbf{x}^T \mathbf{H}^T \mathbf{H}^{-1} \mathbf{H}\,\mathbf{x} = \mathbf{x}^T \mathbf{H}^T \mathbf{x} = \mathbf{x}^T \mathbf{H}\,\mathbf{x}$$

für alle $\mathbf{x} \neq \mathbf{0}$ ungleich null. Wegen der vorausgesetzten Existenz von $\mathbf{H}^{-1}$ existiert aber zu jedem $\mathbf{y}$ gemäß

$$\mathbf{x} = \mathbf{H}^{-1} \mathbf{y}$$

ein $\mathbf{x}$, und zwar $\mathbf{x} = \mathbf{0}$, genau dann, wenn $\mathbf{y} = \mathbf{0}$, so daß $\mathbf{y}^T \mathbf{H}^{-1} \mathbf{y}$ nur bei $\mathbf{y} = \mathbf{0}$ verschwindet und sonst immer positiv ist, was den Begriff der positiven Definitheit ausmacht.

Abschn. 2.1.3:

Statistische Abhängigkeit zwischen A und $\overline{B}$ abhängig von der zwischen A und B

Nach Definition von $\overline{B}$ ist

$$B \cup \overline{B} = \Omega^*$$

und daher wegen $A \cap \Omega^* = A$

$$A = A \cap (B \cup \overline{B}) = (A \cap B) \cup (A \cap \overline{B}).$$

Nach dem III. Axiom von Kolmogoroff ist nun

$$W(A) = W(A \cap B) + W(A \cap \overline{B}).$$

Außerdem ist nach Gl. (2.1-6)

$$W(B) + W(\overline{B}) = 1.$$

Damit wird

$$W(A|\overline{B}) := \frac{W(A \cap \overline{B})}{W(\overline{B})} = \frac{W(A) - W(A \cap B)}{1 - W(B)} .$$

Dies ergibt unmittelbar

$$W(A|B) - W(A|\overline{B}) = \frac{W(A \cap B) - W(A) \cdot W(B)}{W(B) [1 - W(B)]} .$$

Wenn also A und B statistisch unabhängig voneinander sind, ist wegen Gl. (2.1-12) einerseits

$$W(A|B) = W(A|\overline{B}) .$$

Andererseits ist dann

$$W(A|B) = W(A) ,$$

so daß

$$W(A|\overline{B}) = W(A) .$$

Abschn. 2.2.3:

Beweis von Gl. (2.2-11a)

Die Bedingung $Y \equiv X$ soll bedeuten, daß aus der 2. Zeile von Gl. (2.2-9) - bis auf dem Limes - der Ausdruck

$$\frac{W[(X \leq x) \cap (y < X \leq y + \varepsilon)]}{W(y < X \leq y + \varepsilon)}$$

wird. Nun ist aber, wie man sich leicht auf der Zahlengerade klarmacht,

$$W[(X \leq x) \cap (y < X \leq y + \varepsilon)] = \begin{cases} 0 & \text{für } x \leq y, \\ W(y < X \leq x) & \text{für } y < x < y + \varepsilon, \\ W(y < X \leq y + \varepsilon) & \text{für } x \geq y + \varepsilon . \end{cases}$$

Also geht für $\varepsilon \to 0$ der obige Quotient in die Einheitssprungfunktion $1(x-y)$ über, und deren Ableitung nach x ist bekanntlich die Deltafunktion $\delta(x-y)$. Damit ist (allerdings ohne die letzte Strenge, die der mathematischen Fachliteratur überlassen werden muß) das Gewünschte gezeigt.

Abschn. 2.3.1:

Beweis von Gl. (2.3-5)

Mit $\mathbf{C} := \mathbf{XB}$ wird (unter Weglassung der Indizes für die Anzahlen der Zeilen und Spalten der Matrizen)

$$E(\mathbf{AXB}) = E(\mathbf{AC}) = E\left(\sum_l a_{il} c_{lk}\right) = \left(E\sum_l a_{il} c_{lk}\right)$$

$$= \left(\sum_l a_{il} E\, c_{lk}\right) = \mathbf{AEC}.$$

Weiterhin ist

$$E\,\mathbf{C} = E(\mathbf{XB}) = E\left(\sum_l X_{il} b_{lk}\right) = \left(E\sum_l X_{il} b_{lk}\right)$$

$$= \left(\sum_l E\, X_{il} b_{lk}\right) = (E\,\mathbf{X})\,\mathbf{B} = E(\mathbf{X})\,\mathbf{B} =: E\,\mathbf{XB},$$

so daß insgesamt

$$E(\mathbf{AXB}) = \mathbf{A}E\,\mathbf{XB}.$$

Abschn. 2.3.2:

Nachweis der Richtigkeit der Formeln (2.3-9) und (2.3-10)

Definitionsgemäß ist

$$\sigma_X^2 = E(X - \mu_X)^2 = E\left(X^2 - 2\mu_X X + \mu_X^2\right).$$

Da E ein lineares Funktional ist, das Konstanten nicht verändert, ist weiter mit $E\,X =: \mu_X$

$$\sigma_X^2 = E\,X^2 - 2\mu_X^2 + \mu_X^2 = E\,X^2 - \mu_X^2.$$

Mit

$$\widetilde{X} := aX + b$$

statt X erhält man wegen

$$E\,\tilde{X} = a\,E\,X + b\,, \quad \text{d.h.} \quad \mu_{\tilde{X}} = a\,\mu_X + b$$

entsprechend

$$\sigma_{\tilde{X}}^2 = E\,\tilde{X}^2 - \mu_{\tilde{X}}^2 = E(a^2 X^2 + 2\,a\,b\,X + b^2) - (a\,\mu_X + b)^2$$

$$= a^2 E\,X^2 + 2\,a\,b\,\mu_X + b^2 - a^2 \mu_X^2 - 2\,a\,b\,\mu_X - b^2$$

$$= a^2\left(E\,X^2 - \mu_X^2\right) = a^2 \sigma_X^2\,.$$

Abschn. 2.3.2:

<u>Beweis von Gl. (2.3-16a)</u>

Definitionsgemäß sind

$$\sigma_{X,Y}^2 = E[(X - \mu_X)(Y - \mu_Y)]\;;\; \sigma_X^2 = E(X - \mu_X)^2\;;\; \sigma_Y^2 = E(Y - \mu_Y)^2\,.$$

Weiterhin hat die quadratische Gl. in λ

$$E[X - \mu_X + \lambda(Y - \mu_Y)]^2 = \sigma_X^2 + 2\,\lambda\,\sigma_{X,Y}^2 + \lambda^2 \sigma_Y^2 = 0$$

offenbar die Lösungen

$$\lambda = -\frac{\sigma_{X,Y}^2}{\sigma_Y^2} \pm \sqrt{\frac{\sigma_{X,Y}^4}{\sigma_Y^4} - \frac{\sigma_X^2}{\sigma_Y^2}}\,.$$

Nun ist aber für reelle X und Y wegen

$$E[f(X,Y)]^2 \geq 0\;;\; f\ \text{reell}$$

ein reelles λ unmöglich, es sei denn für alle Paare X,Y wäre

$$\lambda = -\frac{X - \mu_X}{Y - \mu_Y}\,,$$

was lineare Abhängigkeit bedeuten würde. Also ist i.allg.

$$\sigma^2_{X,Y} \leqslant \sigma^2_X \sigma^2_Y \,,$$

und das Gleichheitszeichen gilt genau bei linearer Abhängigkeit zwischen X und Y.

Abschn.2.4.2:
Beweis, daß immer Unkorreliertheit aus statistischer Unabhängigkeit folgt. [Zum Text vor Gl.(2.4-9).]

Die statistische Unabhängigkeit zwoier Variablen X und Y bedeutet nach Gl.(2.2-12) für die einzelnen Dichten bzw. die Verbundwahrscheinlichkeitsdichte

$$p_{X,Y}(u,v) = p_X(u)\,p_Y(v) \,.$$

Unkorreliertheit der Variablen bedeutet nach Gl.(2.3-15a)

$$E(XY) = E\,X\,E\,Y\,.$$

Nach der Definitionsgl. für einen Erwartungswert ist

$$E(XY) = \int\!\!\!\int_{-\infty}^{\infty} u\,v\,p_{X,Y}(u,v)\,du\,dv \,.$$

Aber wegen der ersten Gl. oben ist

$$E(XY) = \int_{-\infty}^{\infty} u\,p_X(u)\,du \cdot \int_{-\infty}^{\infty} v\,p_Y(v)\,dv = E\,X\,E\,Y$$

oder $\sigma_{X,Y} = 0$ wie behauptet.

Abschn.2.4.2:
Beweis von Gl.(2.4-9)
Durch Einsetzen von Gln.(2.4-1) und (2.4-4) in Gl.(2.2-11) erhält

man mit Q aus Gl. (2.4-5)

$$p(x_i|x_k) = \frac{p_{X_i,X_k}(x_i,x_k)}{p_{X_k}(x_k)}$$

$$= \frac{1}{\sqrt{2\pi}\,\sigma_i\,\sqrt{1-\rho_{i,k}^2}}\;\exp\left[-\frac{Q(x_i,x_k)-\sigma_i^2\left(1-\rho_{i,k}^2\right)(x_k-\mu_k)^2}{2\,\sigma_i^2\,\sigma_k^2\left(1-\rho_{i,k}^2\right)}\right].$$

Dabei ist, wie für eine Gaußverteilung erwünscht, tatsächlich der Exponent als Quadrat darstellbar, denn

$$Q(x_i,x_k)-\sigma_i^2\left(1-\rho_{i,k}^2\right)(x_k-\mu_k)^2 = [\sigma_k(x_i-\mu_i)-\rho_{i,k}\,\sigma_i(x_k-\mu_k)]^2.$$

Weiterhin kann σ_k^2 noch ausgeklammert und mit dem σ_k^2 im Nenner des Exponenten gekürzt werden, um die Form einer Normalverteilung nach Gl. (2.4-1) zu erhalten. Daraus können der (bedingte) Erwartungswert und die (bedingte) Varianz unmittelbar abgelesen werden.

Offenbar ist wegen $\mu_i = E\,X_i$

$$E(X_i|X_k) = E\,X_i + (X_k-\mu_k)\,\rho_{i,k}\,\sigma_i/\sigma_k.$$

Plausiblerweise ist nur bei unkorrelierten Variablen der bedingte Erwartungswert der einen bezogen auf die andere gleich dem einfachen Erwartungswert.

Abschn. 3.1.2:

<u>Herleitung von Gl. (3.1-18a)</u>

Es seien also

$$x(t) = A\,\sin(\Omega t + \varphi)\;;\;\;y(t) = B\,\sin(\omega t + \Psi).$$

Dann ist, falls der Verbundprozeß ergodisch ist,

$$R_{x,y}(\tau) = A\,B\,\lim_{T\to\infty}\frac{1}{2T}\int_{-T}^{T}\sin(\Omega t+\varphi)\,\sin(\omega t+\omega\tau+\Psi)\,dt.$$

Nun ist

$$\sin \alpha \, \sin \beta = [\cos(\alpha - \beta) - \cos(\alpha + \beta)]/2 ,$$

so daß der Integrand gleich ist der Hälfte von

$$\cos[(\Omega - \omega)t - \omega\tau + \varphi - \Psi] - \cos[(\Omega + \omega)t + \omega\tau + \varphi + \Psi] .$$

Für $\Omega \neq \omega$ bleibt das Integral für alle T beschränkt, so daß man nach Division durch $2\,T$ für $T \to \infty$

$$R_{x,y}(\tau) \equiv 0 ; \quad \omega \neq \Omega$$

erhält. Nur wenn beide Prozesse Anteile gleicher Frequenz enthalten, können sie korreliert sein. Das Ergebnis ist hier

$$R_{x,y}(\tau) = \frac{1}{2} A B \cos(\varphi - \Psi - \omega\tau) ; \quad \omega = \Omega .$$

Dabei ist zu beachten, daß $\varphi - \Psi$ eine Konstante sein muß; sonst wird eine Grundvoraussetzung der Ergodizität, nämlich die Unabhängigkeit von Erwartungswerten von der Wahl der Musterfunktion, verletzt.

Abschn.3.2.1:
<u>Spektrale Leistungsdichten zu Autokorrelationsfunktionen nach Gln. (3.1-17) und (3.1-23)</u>

Bekanntlich ist

$$\cos(\Omega t) = [\exp(j\Omega t) + \exp(-j\Omega t)]/2 ,$$

also wegen Gl.(1.3-11)

$$\mathfrak{F} \cos(\Omega t) = \pi[\delta(\omega - \Omega) + \delta(\omega + \Omega)] ,$$

so daß zu $R_x(\tau)$ nach Gl.(3.1-17)

$$S_x(\omega) = \frac{\pi}{2} A^2 [\delta(\omega - \Omega) + \delta(\omega + \Omega)]$$

gehört.

Nach Gl. (1.3-9) ist einerseits

$$\mathfrak{F}1 = 2\pi\,\delta(\omega)\ .$$

Andererseits ist nach Gl. (1.3-12a)

$$\mathfrak{F}\exp(-2\lambda|\tau|) = \frac{4\lambda}{4\lambda^2 + \omega^2}\ ,$$

so daß zu $R(\tau)$ nach Gl. (3.1-23)

$$S(\omega) = \frac{\pi}{2}\,\delta(\omega) + \frac{\lambda}{4\lambda^2 + \omega^2}$$

gehört.

Abschn. 3.3.1:

<u>Darstellung der Gln. (3.3-3) und (3.3-3a) mit Integralen</u>

Mit Gl. (3.3-1) und

$$y(t) = \int_0^\infty g(v)\,x(t-v)\,dv$$

wird

$$R_y(\tau) := E[y(t)y(t+\tau)] = \int_0^\infty g(v)\int_0^\infty g(u)\,E[x(t-v)x(t+\tau-u)]\,du\,dv$$

$$= \int_0^\infty g(v)\int_0^\infty g(u)\,R_x(\tau+v-u)\,du\,dv =: \int_0^\infty g(v)\,F(\tau+v)\,dv\ .$$

Das innere Integral $F(\tau+v)$ entsteht durch die übliche Faltung, während das äußere erst durch die Transformation

$$F(\tau+v) = F[-(-\tau-v)] =: \widetilde{F}(-\tau-v)$$

formal ein Faltungsintegral wird, wobei jedoch um $-\tau$ gefaltet wird, was bei $\mathfrak{F}$-Transformation in Gl. (3.3-3a) zur konjugiert komplexen

Größe führt. Genauer wird

$$S_y(\omega) := \int_{-\infty}^{\infty} R_y(\tau)\,\exp(-j\omega\tau)\,d\tau$$

$$= \int_0^{\infty} g(v)\,\exp(j\omega v) \int_0^{\infty} g(u)\,\exp(-j\omega u)\,\cdot$$

$$\cdot \int_{-\infty}^{\infty} R_x(\tau+v-u)\,\exp[-j\omega(\tau+v-u)]\,d\tau\,du\,dv\,.$$

Für endliche - und nach einem Grenzprozeß für alle - u und v ist das innerste Integral von u und v unabhängig, nämlich mit $\tilde{\tau}:=\tau+v-u$ gleich

$$\int_{-\infty}^{\infty} R_x(\tilde{\tau})\,\exp(-j\omega\tilde{\tau})\,d\omega =: S_x(\omega)\,,$$

und das äußere Doppelintegral ist das Produkt zweier Einfachintegrale. Diese sind nach Abschn.1.1 $G^*(j\omega) :- G(-j\omega)$ und $G(j\omega)$, so daß insgesamt

$$S_y(\omega) = |G(j\omega)|^2 S_x(\omega)\,.$$

Abschn.3.3.2:

<u>Herleitung von Formel (3.3-9)</u>

Zunächst ist mit

$$y_1 := y_1(t),\ y_2 := y_2(t),\ y_3 := y_3(t+\tau),\ y_4 := y_4(t+\tau)$$

$$R_{z_1,z_2}(\tau) := E[z_1(t)z_2(t+\tau)] = E[(y_1+y_2)(y_3+y_4)]$$

$$= R_{y_1,y_3}(\tau) + R_{y_1,y_4}(\tau) + R_{y_2,y_3}(\tau) + R_{y_2,y_4}(\tau)\,,$$

und nach $\mathcal{F}$-Transformation (alles abhängig von ω)

$$S_{z_1,z_2} = S_{y_1,y_3} + S_{y_1,y_4} + S_{y_2,y_3} + S_{y_2,y_4}\,.$$

Nach Gl. (3.3-8) ist nun

$$S_{y_i, y_k} = G_i^* G_k S_{x_i, x_k} \, .$$

Setzt man dies in die letzte Gl. ein, so hat man Gl. (3.3-9).

Abschn. 4.1.1:

Ableitung von Gl. (4.1-3) aus Gl. (4.1-1a) mittels Gl. (4.3-6a)

Aus Gl. (4.1-1a) folgt nach der Definition der Autokovarianzfunktion unmittelbar

$$\sigma_{\bar{x}_c}^2 = \frac{1}{T^2} \iint_0^T r(t - \tau) \, dt \, d\tau \, .$$

Setzt man nun in Gl. (4.3-6a), d.h. in

$$\iint_0^{t_2} f(t - \tau) \, dt \, d\tau = 2 \int_0^{t_2} f(t')(t_2 - t') \, dt'$$

$t_2 = T$, $t' = \tau$ und $f(t) = r(t)/T^2$, so wird

$$\sigma_{\bar{x}_c}^2 = 2 \int_0^T [r(\tau)/T^2](T - \tau) \, d\tau \, ,$$

was mit Gl. (4.1-3) übereinstimmt.

Abschn. 4.1.1:

Herleitung von Ungl. (4.1-16)

Ausgegangen wird von

$$2\pi/\Delta t \geq \Omega + 2\pi/(N\Delta t) \, .$$

Nun wird Δt ersetzt durch $T/(N - 1)$, so daß

$$2\pi(N - 1)/T \geq \Omega + 2\pi(N - 1)/(NT) \, .$$

Multiplikation mit $NT/(2\pi)$ ergibt die in N quadratische Ungleichung

$$N^2 - N - NT\Omega/(2\pi) - N \geqslant -1$$

oder

$$\{N - [1 + \Omega T/(4\pi)]\}^2 \geqslant [\Omega T/(4\pi) + 1]^2 - 1 \, ,$$

so daß

$$N \geqslant 1 + \Omega T/(4\pi) \pm \sqrt{[\Omega T/(4\pi)]^2 (1 + 2 \cdot 4\pi/(\Omega T))} \, ,$$

was sofort zu Gl. (4.1-16) führt.

Abschn. 4.2:

Streuung der Meßwerte von Verteilungsfunktionen (bei kontinuierlicher Messung)

Die Verteilungsfunktion P_Y des stationären Prozesses $\{Y\}$ soll gemessen werden. Als das in Gl. (4.1-3) gemeinte x benutzt man hier

$$x(t) := \begin{cases} 1 \text{ für } Y(t) \leqslant y \, , \\ 0 \text{ für } Y(t) > y \, . \end{cases}$$

Damit ist offenbar

$$\overline{x}_c := \frac{1}{T} \int\limits_0^T x(t) \, dt = T_y/T \, ,$$

wobei T_y die Summe der Längen der Zeitabschnitte innerhalb des Meßzeitraums (der Länge T) ist, während deren $Y \leqslant y$. Nun ist bekanntlich $E\,\overline{x}_c = E\,x$, und nach Definition des Erwartungswerts, da x nur 0 oder 1 sein kann,

$$\mu := E\,x = 1 \cdot W(x = 1) + 0 \cdot W(x = 0) = P_Y(y) \, ,$$

wie erwünscht.

Nun möchte man die Streuung des Schätzwerts $\overline{x}_c$ für $P_Y(y)$ wissen.

Dazu braucht man für Gl. (4.1-3)

$$R(\tau) := E[x(t)\,x(t+\tau)]$$

$$= 1\,W\{[Y(t)\leqslant y]\cap[Y(t+\tau)\leqslant y]\} =: P_\tau(y,y)\ ,$$

also Teilkenntnisse der Verbundverteilung von $Y(t)$ und $Y(t+\tau)$. Damit wird

$$\sigma^2_{\overline{x}_C} = \frac{2}{T}\int\limits_0^T (1-\tau/T)\left[P_\tau(y,y) - P^2_Y(y)\right]\,d\tau\ .$$

Für große τ wird $Y(t+\tau)$ i.allg. von $Y(t)$ nicht abhängig sein, so daß wegen Gl. (2.2-12) $P_\tau(y,y)\to P^2_Y(y)$ und damit i.allg. für $T\to\infty$ $\sigma^2_{\overline{x}_C}\to 0$, wie erwünscht.

Abschn. 4.2.3:

<u>Zum Beweis der letzten Gleichung des Anhangs</u>

Ganz ausführlich aufgeschrieben ist

$$H(v_1,v_2,v_3,v_4) := \left(\sum_{i,k=1}^4 r_{i,k}v_i v_k\right)^2$$

$$= (r_{1,1}v_1 v_1 + r_{1,2}v_1 v_2 + r_{1,3}v_1 v_3 + r_{1,4}v_1 v_4 +$$

$$+ r_{2,1}v_2 v_1 + r_{2,2}v_2 v_2 + r_{2,3}v_2 v_3 + r_{2,4}v_2 v_4 +$$

$$+ r_{3,1}v_3 v_1 + r_{3,2}v_3 v_2 + r_{3,3}v_3 v_3 + r_{3,4}v_3 v_4 +$$

$$+ r_{4,1}v_4 v_1 + r_{4,2}v_4 v_2 + r_{4,3}v_4 v_3 + r_{4,4}v_4 v_4)^2$$

$$= 2(r_{1,2}r_{3,4} + r_{1,2}r_{4,3} + r_{2,1}r_{3,4} + r_{2,1}r_{4,3})v_1 v_2 v_3 v_4$$

$$+ 2(r_{1,3}r_{2,4} + r_{1,3}r_{4,2} + r_{3,1}r_{2,4} + r_{3,1}r_{4,2})v_1 v_2 v_3 v_4$$

$$+ 2(r_{1,4}r_{2,3} + r_{1,4}r_{3,2} + r_{4,1}r_{2,3} + r_{4,1}r_{3,2})v_1 v_2 v_3 v_4$$

$$+ (\text{Summanden ohne mindestens ein } v_i)$$

$$= 8(r_{1,2}r_{3,4} + r_{1,3}r_{2,4} + r_{1,4}r_{2,3})v_1 v_2 v_3 v_4 + \cdots\ .$$

Daraus folgt unmittelbar

$$\frac{\delta^4 H}{\delta v_1\, \delta v_2\, \delta v_3\, \delta v_4} = 8\,(r_{1,2}r_{3,4} + r_{1,3}r_{2,4} + r_{1,4}r_{2,3})\,.$$

Abschn. 5.2.2:

Berechnung von $m_{2,2}$ statt nach Gl. (5.2-13) mittels Gl. (4.2-12) samt Deutung für den Quadrierer

Gl. (4.2-12) lautet mit $x_1 = x_2 = X_1$; $x_3 = x_4 = X_2$

$$m_{2,2} = m_{2,0}\, m_{0,2} + m_{1,1}\, m_{1,1} + m_{1,1}\, m_{1,1}$$

$$= r_{1,1}\, r_{2,2} + 2\, r_{1,2}^2\,.$$

Beim Quadrierer ist (bis auf einen Maßstabsfaktor) $y = x^2$, also $R_y(\tau) = m_{2,2}$. Genauer ist wegen $r_{1,1} = r_{2,2} = R_x(0)$ und wegen $r_{1,2} = R_x(\tau)$

$$R_y(\tau) = R_x^2(0) + 2\,R_x^2(\tau)\,; \quad E\,x = 0\,.$$

Es ist interessant, daß beim Quadrierer die AKF der Ausgangsgröße linear vom Quadrat der AKF der Eingangsgröße abhängt, wenn diese normalverteilt ist.

Als kleiner Anhang soll noch gezeigt werden, daß Gl. (4.2-12) im obigen Spezialfall wie angenommen gültig ist, denn tatsächlich liegt ja statt einer Verbundverteilung 4. Ordnung nur eine von 2. Ordnung (in X_1 und X_2) vor: Nun lautet für $\mathbf{v}^T = (v_1, v_2)$ die charakteristische Funktion der Verbundverteilung von X_1 und X_2, da nur das quadratische Glied interessiert [vgl. Gl. (5.2-12)]

$$C(\mathbf{v}) = \exp(-\mathbf{v}^T \mathbf{R}\mathbf{v}/2) = \frac{1}{8}\left(r_{1,1}v_1^2 + 2r_{1,2}v_1 v_2 + r_{2,2}v_2^2\right)^2 + \ldots\,.$$

Also ist einerseits speziell

$$\frac{\delta^4}{\delta v_1^2\, \delta v_2^2}\, C(\mathbf{v}) = \frac{1}{8}\left(8\, r_{1,1}r_{2,2} + 16\, r_{1,2}^2\right) + O(\mathbf{v})\,; \quad O(\mathbf{o}) = 0\,.$$

Andererseits ist allgemein für jede charakteristische Funktion in 2 Variablen

$$\frac{\partial^4}{\partial v_1^2\,\partial v_2^2}\,C(\mathbf{v}) = E\left[X_1^2 X_2^2\,\exp(j\mathbf{v}^T\mathbf{X})\right]\;;\quad \mathbf{X}^T := (X_1, X_2)\,.$$

Also ist tatsächlich bei Vergleich der vierten Ableitungen für $\mathbf{v} = \mathbf{0}$

$$E\left(X_1^2 X_2^2\right) = r_{1,1}\,r_{2,2} + 2\,r_{1,2}^2\,.$$

Abschn. 5.2.2:

Herleitung von Gl. (5.2-16)

Aus Gl. (5.2-4) für $\mu = 0$ folgt bei Vergleich mit Gl. (5.2-15)

$$p(u,v) = p_X(u)\,p_X(v)\,\frac{1}{\sqrt{1-\rho^2}}\,\exp\left[\frac{\rho\,u\,v}{\sigma^2(1-\rho^2)}\right]\,.$$

Nun hat $1/(1-\rho^2)$ die Reihenentwicklung (unendliche geometrische Reihe)

$$1/(1-\rho^2) = 1 + \rho^2 + \rho^4 + \ldots\,.$$

Daraus folgt

$$1/\sqrt{1-\rho^2} = 1 + \rho^2/2 + 3\rho^4/8 + \ldots\,.$$

Mit der Reihenentwicklung

$$\exp(x) = 1 + x + x^2/2 + \ldots$$

erhält man also über

$$\exp\left[\frac{\rho u v}{\sigma^2(1-\rho^2)}\right] = 1 + \frac{\rho u v}{\sigma^2}\,(1 + \rho^2 + \ldots)$$

Gl. (5.2-16).

Abschn.5.3.1:

Annäherung von $y = f(x)$ durch $y = \alpha x + \beta$. (Lineare Regression)

Gegeben seien zwei miteinander verknüpfte Zufallsvariablen X und Y.
Gefragt sei danach, in welcher Näherung zwischen ihnen ein linearer
Zusammenhang besteht, so daß

$$Y \approx \alpha X + \beta$$

gilt. Im folgenden sollen daher α und β so bestimmt werden, daß der
mittlere quadratische Fehler der linearen Näherung ein Minimum wird.
Man sucht also das Minimum von

$$\varepsilon(\alpha, \beta) := E(Y - \alpha X - \beta)^2 .$$

An der Stelle eines relativen Minimums müssen notwendig die partiellen
Ableitungen von ε nach α und β verschwinden, und diese Bedingungen
sind hier auch hinreichend, da die Matrix der zweiten Abloitungen im-
mer positiv definit ist.

Nach einigen elementaren Umformungen, deren Ausführung unten folgt,
erhält man daraus die optimalen Werte für α und β zu

$$\alpha_0 = \sigma^2_{X,Y}/\sigma^2_X \;;\quad \beta_0 = \mu_Y - \mu_X \sigma^2_{X,Y}/\sigma^2_X .$$

Damit ergibt sich die Gl. der Näherungsgraden $Y = \alpha_0 X + \beta_0$, der sog.
Regressionslinie nach der linearen Transformation (Normierung auf
Erwartungswert 0 und Standardabweichung 1)

$$U := (X - \mu_X)/\sigma_X \;;\quad V := (Y - \mu_Y)/\sigma_Y$$

und elementaren Umformungen zu

$$V = \frac{\sigma^2_{X,Y}}{\sigma_X \sigma_Y} U .$$

Die Steigung

$$\rho := \frac{\sigma^2_{X,Y}}{\sigma_X \sigma_Y} = E\left[\frac{X - \mu_X}{\sigma_X} \cdot \frac{Y - \mu_Y}{\sigma_Y} \right] = E(U V)$$

ist also der in Gl.(2.3-16) eingeführte Korrelationskoeffizient der Verbundverteilung von X und Y. Nach Gl.(2.3-16a) ist

$$|\rho| \leq 1 .$$

Sind X und Y linear voneinander abhängig, also

$$Y = \alpha_1 X + \beta_1 ,$$

so gilt für die Erwartungswerte von X und Y

$$\mu_Y = \alpha_1 \mu_X + \beta_1 .$$

Die Differenz der letzten beiden Gln. lautet also

$$Y - \mu_Y = \alpha_1 (X - \mu_X) .$$

Daraus folgt durch Quadrieren bzw. Multiplizieren mit $X - \mu_X$ und Bildung der Erwartungswerte

$$\sigma_Y^2 = \alpha_1^2 \sigma_X^2 \quad \text{bzw.} \quad \sigma_{X,Y}^2 = \alpha_1 \sigma_X^2 ;$$

also $|\rho| = 1$. Bei Unkorreliertheit, also z.B. bei statistischer Unabhängigkeit von X und Y gilt dagegen $\rho = 0$, da dann

$$\sigma_{X,Y}^2 = 0 .$$

(Vgl. dazu eine **Übung** in Abschn.2.4.2.) Die Umkehrung ist jedoch nicht immer richtig. Der Bereich $0 \leq |\rho| < 1$ umfaßt somit die Fälle der nichtlinearen Abhängigkeit zwischen Y und X.

Nachtrag:
Berechnung von α_0 und β_0

Zunächst ist

$$\epsilon(\alpha,\beta) = E(Y^2 + \alpha^2 X^2 + \beta^2 - 2\alpha XY - 2\beta Y + 2\alpha\beta X) .$$

Daher ist mit $\mu_X := EX$

$$\frac{\delta\varepsilon}{\delta\alpha} = 2\alpha\,EX^2 - 2E(XY) + 2\beta\,\mu_X$$

und analog mit $\mu_Y := EY$

$$\frac{\delta\varepsilon}{\delta\beta} = 2\beta - 2\mu_Y + 2\alpha\,\mu_X .$$

Aus $\delta\varepsilon/\delta\beta = 0$ folgt sofort

$$\beta_0 = \mu_Y - \alpha_0\mu_X .$$

Setzt man dies in $\delta\varepsilon/\delta\alpha = 0$ ein, so wird

$$\alpha_0\,EX^2 - E(XY) + \mu_X\mu_Y - \alpha_0\,\mu_X^2 = 0$$

oder mit den Definitionen der Momente in Abschn.2.3.2, besonders Gl.(2.3-15)

$$\alpha_0 = \sigma_{X,Y}^2 / \sigma_X^2 .$$

Abschn.5.3.1:

<u>Beweis, daß für Gaußisches x Gl.(5.3-5) gilt</u>

Behauptet wird, daß

$$E x^{n+1} = \mu E x^n + n\sigma^2 E x^{n-1} .$$

Die rechte Seite ist offenbar der Zähler der rechten Seite von Gl.(5.3-4a). Wegen Gl.(2.3-9) bleibt daher nur zu zeigen, daß

$$E x^{n+1} = K E x^2 .$$

Im vorliegenden Fall ist aber in Gl.(5.3-1) $y = x^n$ zu verwenden, so daß

$$E x^{n+1} = E(x\,x^n) = R_{x,y}(0) = K R_x(0) .$$

Außerdem ist definitionsgemäß $R_x(0) = E\,x^2$. q.e.d.

Abschn.6.2.1:

Beweise der Gln.(6.2-14) und (6.2-15)

Nach den Definitionen von AKF und partieller Ableitung ist

$$R_{\dot{x},x}(t_1,t_2) = \lim_{\varepsilon\to 0} E\left[\frac{x(t_1+\varepsilon)-x(t_1)}{\varepsilon}\cdot x(t_2)\right]$$

$$= \lim_{\varepsilon\to 0} \frac{R_x(t_1+\varepsilon,t_2)-R_x(t_1,t_2)}{\varepsilon} = \frac{\partial}{\partial t_1} R_x(t_1,t_2)\,.$$

Analog ist für differenzierbare Musterfunktionen

$$R_{\dot{x}}(t_1,t_2) = \lim_{\varepsilon\to 0} E\left[\dot{x}(t_1)\cdot \frac{x(t_2+\varepsilon)-x(t_2)}{\varepsilon}\right]$$

$$= \lim_{\varepsilon\to 0} \frac{R_{\dot{x},x}(t_1,t_2+\varepsilon)-R_{\dot{x},x}(t_1,t_2)}{\varepsilon}$$

$$= \frac{\partial}{\partial t_2} R_{\dot{x},x}(t_1,t_2)\,.$$

Daraus folgt mit dem obigen Ausdruck für $R_{\dot{x},x}$

$$R_{\dot{x}}(t_1,t_2) = \frac{\partial^2}{\partial t_1\,\partial t_2} R_x(t_1,t_2)\,.$$

Falls $x(t) = \int\limits_{-\infty}^{t} \dot{x}(\tau)\mathrm{d}\tau$, folgt dieses Resultat auch aus

$$R_x(t_1,t_2) = E\int\limits_{-\infty}^{t_2}\int\limits_{-\infty}^{t_1}\dot{x}(\tau_1)\dot{x}(\tau_2)\mathrm{d}\tau_1\mathrm{d}\tau_2 = \int\limits_{-\infty}^{t_2}\int\limits_{-\infty}^{t_1}R_{\dot{x}}(\tau_1,\tau_2)\mathrm{d}\tau_1\mathrm{d}\tau_2\,.$$

Abschn.6.2.2:

Nachweis, daß Gl.(6.2-26) Lösung der Dgl.(6.2-25) ist

Mit

$$p := p(x,\tilde{t}\,|\,0,0) = (2\pi\tilde{t})^{-1/2}\,\exp[-x^2/(2\tilde{t})]\;;\quad \tilde{t} := \sigma^2 t$$

werden

$$\frac{\partial p}{\partial\tilde{t}} = -\pi(2\pi\tilde{t})^{-3/2}\,\exp[-x^2/(2\tilde{t})]$$

$$+ (2\pi\tilde{t})^{-1/2}\,[x^2/(2\tilde{t}^2)]\,\exp[-x^2/(2\tilde{t})]$$

$$= (-1/\tilde{t}+x^2/\tilde{t}^2)(2\pi\tilde{t})^{-1/2}\,\exp[-x^2/(2\tilde{t})]/2\;,$$

$$\frac{\partial p}{\partial x} = (2\pi\tilde{t})^{-1/2}(-x/\tilde{t})\,\exp[-x^2/(2\tilde{t})]$$

und daraus folgend

$$\frac{\partial^2 p}{\partial x^2} = (2\pi\tilde{t})^{-1/2}\{-(1/\tilde{t})\exp[-x^2/(2\tilde{t})] + (x/\tilde{t})^2\,\exp[-x^2/(2\tilde{t})]\}\;.$$

Also ist tatsächlich

$$\sigma^2\,\partial^2 p/\partial x^2 = 2\,\partial p/\partial t\;.$$

Die Anfangsbedingung

$$\lim_{t\to 0} p = \delta(x)$$

wird auch erfüllt, denn p ist als Funktion von x offensichtlich eine
Gaußsche Verteilungsdichte, so daß für alle t (als Parameter) wie bei
der $\delta(x)$-Funktion

$$\int_{-\infty}^{\infty} p\,dx = 1\;,$$

wobei sich die Glockenkurve für $t \to 0$ immer mehr der "Nadelform"
der δ-Funktion nähert.

Abschn. 6.2.4:

$\underline{\text{Berechnung von } \mathbf{R}_{\mathbf{x}}(t_1, t_2), \text{ wenn } \dot{\mathbf{x}} = \mathbf{A}\mathbf{x} + \mathbf{B}\mathbf{u}}$

Nach Gl. (1.2-11) sind

$$\mathbf{x}(t_i) = \emptyset(t_i, t_0)\mathbf{x}(t_0) + \int_{t_0}^{t_i} \emptyset(t_i, \tau_i)\mathbf{B}(\tau_i)\mathbf{u}(\tau_i)d\tau_i \; ; \; i = 1, 2 \, ,$$

so daß nach Gl. (1.4-2)

$$\mathbf{x}(t_1)\mathbf{x}^T(t_2) = \emptyset(t_1, t_0)\mathbf{x}(t_0)\mathbf{x}^T(t_0)\emptyset^T(t_2, t_0)$$

$$+ \emptyset(t_1, t_0)\mathbf{x}(t_0) \int_{t_0}^{t_2} \mathbf{u}^T(\tau_2)\mathbf{B}^T(\tau_2)\emptyset^T(t_2, \tau_2)d\tau_2$$

$$+ \int_{t_0}^{t_1} \emptyset(t_1, \tau_1)\mathbf{B}(\tau_1)\mathbf{u}(\tau_1)d\tau_1 \, \mathbf{x}^T(t_0)\emptyset^T(t_2, t_0)$$

$$+ \int_{t_0}^{t_1} \emptyset(t_1, \tau_1)\mathbf{B}(\tau_1)\mathbf{u}(\tau_1)d\tau_1 \int_{t_0}^{t_2} \mathbf{u}^T(\tau_2)\mathbf{B}^T(\tau_2)\emptyset^T(t_2, \tau_2)d\tau_2 \, .$$

Nun denke man sich im zweiten Summanden $\mathbf{x}(t_0)$ gleich hinter das
Integralzeichen verschoben, im dritten Summanden $\mathbf{x}^T(t_0)$ unmittelbar
vor (den Skalar) $d\tau_1$ und im vierten aus dem Produkt der Integrale
ein Doppelintegral gemacht, so daß $\mathbf{u}^T(\tau_2)$ unmittelbar auf $\mathbf{u}(\tau_1)$ folgt,
was alles ohne weiteres zulässig ist. Bildet man jetzt den Erwartungs-
wert der ganzen abgewandelten letzten Gl., so bedenke man, daß

$$E\left[\mathbf{x}(t_0)\mathbf{x}^T(t_0)\right] =: \tilde{\mathbf{R}}(0) \, ,$$

$$\left.\begin{aligned} E\left[\mathbf{x}(t_0)\mathbf{u}^T(\tau_2)\right] &= \mathbf{0}, \; \tau_2 > t_0 \, , \\[6pt] E\left|\mathbf{u}(\tau_1)\mathbf{x}^T(t_0)\right| &= \mathbf{0}, \; \tau_1 > t_0 \, , \end{aligned}\right\} \quad \text{vgl. Gl. (6.2-37)}$$

$$E\left|\mathbf{u}(\tau_1)\mathbf{u}^T(\tau_2)\right| = \mathbf{Q}(\tau_1)\,\delta(\tau_1 - \tau_2) \, .$$

Unter Berücksichtigung von Gl.(2.3-5) wird damit

$$\mathbf{R_x}(t_1,t_2) := E\left[\mathbf{x}(t_1)\mathbf{x}^T(t_2)\right] = \mathbf{\emptyset}(t_1,t_0)\widetilde{\mathbf{R}}(0)\mathbf{\emptyset}^T(t_2,t_0) +$$

$$+ \int_{t_0}^{t_1}\int_{t_0}^{t_2} \mathbf{\emptyset}(t_1,\tau_1)\mathbf{B}(\tau_1)\mathbf{Q}(\tau_1)\delta(\tau_1-\tau_2)\mathbf{B}^T(\tau_2)\cdot$$

$$\cdot\,\mathbf{\emptyset}^T(t_2,\tau_2)\,d\tau_2\,d\tau_1\;.$$

Nun denke man sich das Symbol für die Integration über τ_2 so weit wie möglich nach "rechts" verschoben. Dann lautet das innere Integral

$$\int_{t_0}^{t_2} \delta(\tau_1 - \tau_2)\mathbf{B}^T(\tau_2)\,\mathbf{\emptyset}^T(t_2,\tau_2)\,d\tau_2$$

$$= \begin{cases} \mathbf{B}^T(\tau_1)\,\mathbf{\emptyset}^T(t_2,\tau_1) & \text{für } \tau_1 \in (t_0,t_2), \\[2ex] \mathbf{0} & \text{sonst} ; \end{cases}$$

letzteres wegen der Ausblendeigenschaft der δ-Funktion. Somit verschwindet im äußeren Integral der Integrand, falls $t_1 > t_2$, so daß schließlich das obige Doppelintegral in das folgende übergeht:

$$\int_{t_0}^{\min(t_1,t_2)} \mathbf{\emptyset}(t_1,\tau)\mathbf{B}(\tau)\mathbf{Q}(\tau)\mathbf{B}^T(\tau)\mathbf{\emptyset}^T(t_2,\tau)\,d\tau\;.$$

Für $\mathbf{B}(\tau) = \mathbf{I}$ erhält man offensichtlich Gl.(6.2-36).

Abschn.7.2.2:

Berechnung der minimalen Varianz des Schätzfehlers zum Filter nach
Gl.(7.2-19)

In Gl.(7.2-6) mit

$$\min E\,\varepsilon^2 = R_z(0) - \int_0^{\infty} g_0(u)\,R_{x,z}(u)\,du$$

ist g_0 gegeben durch Gl. (7.2-19) mit

$$\mathfrak{F}g_0 = \left[(a/b)\Big/\left(\sqrt{a/b+\alpha^2}+\alpha\right)\right]\Big/\left(\sqrt{a/b+\alpha^2}+j\omega\right)$$

oder nach Gl. (1.3-12)

$$g_0(u) = \left[(a/b)\Big/\left(\sqrt{a/b+\alpha^2}+\alpha\right)\right]\exp\left(-\sqrt{a/b+\alpha^2}\,u\right)1(u)\,.$$

Weiterhin ist

$$R_z(0) = \left[\mathfrak{F}^{-1}S_z(\omega)\right]_{/0},$$

also bei $S_z(\omega) = a/(\omega^2+\alpha^2)$ nach Gl. (1.3-12a)

$$R_z(0) = a/(2\alpha)\,.$$

Mit Gl. (1.3-12a) folgt außerdem wegen $R_{x,z}(\tau) = R_z(\tau)$

$$R_{x,z}(u) = [a/(2\alpha)]\exp(-\alpha u)\,;\ u>0\,.$$

Damit wird insgesamt

$$\min E\,\varepsilon^2 = \frac{a}{2\alpha}\left\{1 - \frac{a/b}{\sqrt{a/b+\alpha^2}+\alpha}\int_0^\infty \exp\left[-\left(\alpha+\sqrt{a/b+\alpha^2}\right)u\right]du\right\}$$

$$= \frac{a}{2\alpha}\left[1 - \frac{a/b}{\left(\alpha+\sqrt{a/b+\alpha^2}\right)^2}\right] = \frac{a}{\alpha+\sqrt{a/b+\alpha^2}}$$

$$= b\left(\sqrt{a/b+\alpha^2}-\alpha\right)\,.$$

Abschn. 7.2.3:

<u>Herleitung von Gl. (7.2-21)</u>

Zunächst ist nach Gl. (3.3-3a) gemäß Bild 7.2-3

$$S_v = |G_1 G_2|^2 S_n \, .$$

Weiter ist nach Bild 7.2-3

$$n = n_1 - n_2 \circledast g_2 \circledast g_3 \, .$$

Vergleicht man das mit Bild 3.3-1, so erhält man für die Bestimmung von S_n folgende Ersetzungen:

$$x_1 \; \hat{=} \, n_1 \; ; \; x_2 \; \hat{=} \, n_2 \; ;$$

$$G_1 \; \hat{=} \, 1 \; ; \; G_2 \; \hat{=} \, - G_2 G_3 \; ;$$

$$y_1 \; \hat{=} \, n_1 \; ; \; y_2 \; \hat{=} \, -n_2 \circledast g_2 \circledast g_3 \; ;$$

$$y \; \hat{=} \, n \, .$$

Damit werden nach Gl. (3.3-3a)

$$S_{y_1} = S_{n_1} \; ; \; S_{y_2} = |G_2 G_3|^2 S_{n_2} \, ,$$

und aus Gl. (3.3-8) folgen

$$S_{y_1, y_2} = - G_2 G_3 S_{n_1, n_2} \; ; \; S_{y_2, y_1} = - G_2^* G_3^* S_{n_2, n_1} \, .$$

Die letzte Gl. folgt aus der vorletzten auch wegen Gl. (3.2-6).

Beim Einsetzen in Gl. (3.3-7) folgt nun unmittelbar

$$S_n = S_{n_1} - G_2 G_3 S_{n_1, n_2} - G_2^* G_3^* S_{n_2, n_1} + |G_2 G_3|^2 S_{n_2}$$

und daraus nach Multiplikation mit $|G_1 G_2|^2$ nach Gl. (3.3-3a) Gl. (7.2-21).

Abschn.7.3.2:

<u>Nachprüfung von Gl.(7.3-22)</u>

Gl.(7.3-20) lautet ausgeschrieben mit ε für $\varepsilon(k,k-1)$

$$E[(\widetilde{\mathbf{A}}\varepsilon\mathbf{x}^T\mathbf{C}^T + \widetilde{\mathbf{A}}\varepsilon\mathbf{w}^T + \mathbf{v}\mathbf{x}^T\mathbf{C}^T + \mathbf{v}\mathbf{w}^T - \mathbf{K}\mathbf{w}\mathbf{x}^T\mathbf{C}^T - \mathbf{K}\mathbf{w}\mathbf{w}^T)] = \mathbf{0}$$

oder wegen Gl.(2.3-5)

$$\widetilde{\mathbf{A}}E(\varepsilon\mathbf{x}^T)\mathbf{C}^T + \widetilde{\mathbf{A}}E(\varepsilon\mathbf{w}^T) + E(\mathbf{v}\mathbf{x}^T)\mathbf{C}^T + E(\mathbf{v}\mathbf{w}^T) - \mathbf{K}E(\mathbf{w}\mathbf{x}^T)\mathbf{C}^T - \mathbf{K}E(\mathbf{w}\mathbf{w}^T) = \mathbf{0}.$$

Nach Gl.(7.3-21) ist

$$E(\varepsilon\mathbf{x}^T) = \mathbf{P} := \mathbf{P}(k) ,$$

und nach den Voraussetzungen über $\mathbf{v},\mathbf{w},\mathbf{x}$ sind

$$E(\mathbf{v}\ \mathbf{x}^T) = [E(\mathbf{x}\mathbf{v}^T)]^T = \mathbf{0} ,$$

$$E(\mathbf{v}\ \mathbf{w}^T) = \mathbf{S} := \mathbf{S}(k) ,$$

$$E(\mathbf{w}\ \mathbf{x}^T) = [E(\mathbf{x}\mathbf{w}^T)]^T = \mathbf{0} ,$$

$$E(\mathbf{w}\mathbf{w}^T) = \mathbf{R} := \mathbf{R}(k) .$$

Schwieriger ist die Bestimmung von $E(\varepsilon\mathbf{w}^T)$: Zunächst ist mit
$\hat{\mathbf{x}} := \hat{\mathbf{x}}(k,k-1)$

$$E(\varepsilon\mathbf{w}^T) = E(\mathbf{x}\mathbf{w}^T) - E(\hat{\mathbf{x}}\mathbf{w}^T) = -E(\hat{\mathbf{x}}\mathbf{w}^T) ,$$

da nach Voraussetzung $E(\mathbf{x}\mathbf{w}^T) = \mathbf{0}$. Da die Komponenten von $\mathbf{x}$ Linearkombinationen von Komponenten von $\mathbf{x}(k_0),\ldots,\mathbf{x}(k-1)$ und $\mathbf{w}(k_0),\ldots,$
$\mathbf{w}(k-1)$ sind, ist wegen $E(\mathbf{x}\mathbf{w}^T) = \mathbf{0}$ und wegen

$$E[\mathbf{w}(m)\mathbf{w}^T(n)] = \mathbf{R}(m)\delta_{m,n}$$

auch

$$E(\hat{\mathbf{x}}\mathbf{w}^T) = \mathbf{0} .$$

(Dieser Punkt wird in der nächsten Übung ausführlicher erläutert!)

Somit wird aus Gl.(7.3-20)

$$\widetilde{\mathbf{A}}\,\mathbf{P}\,\mathbf{C}^T + \mathbf{S} - \mathbf{K}\mathbf{R} = 0.$$

d.h. Gl.(7.3-22).

Abschn.7.3.2:
<u>Nachprüfung von Gl.(7.3-23)</u>

Es sei, wie im Text vor Gl.(7.3-23) gezeigt,

$$\mathbf{P}(k+1) = E\{[\widetilde{\mathbf{A}}\,\varepsilon(k,k-1) + \mathbf{v} - \mathbf{K}\mathbf{w}][\mathbf{x}^T\mathbf{A}^T + \mathbf{v}^T]\}.$$

Nach dem Ausmultiplizieren der eckigen Klammern und Anwendung von Gl.(2.3-5) wird

$$\mathbf{P}(k+1) = \widetilde{\mathbf{A}}\,E[\varepsilon(k,k-1)\mathbf{x}^T]\,\mathbf{A}^T + \widetilde{\mathbf{A}}\,E[\varepsilon(k,k-1)\mathbf{v}^T]$$

$$+ E(\mathbf{v}\,\mathbf{x}^T)\mathbf{A}^T + E(\mathbf{v}\mathbf{v}^T) - \mathbf{K}\,E(\mathbf{w}\mathbf{x}^T)\mathbf{A}^T - \mathbf{K}\,E(\mathbf{w}\mathbf{v}^T).$$

Für die erste Kovarianzmatrix wird aus Gl.(7.3-21) $\mathbf{P} := \mathbf{P}(k)$ eingesetzt. Für die zweite ist die Voraussetzung $E[\mathbf{x}(m)\mathbf{v}^T(n)] = \mathbf{0}$ zu berücksichtigen. Genauer verschwindet deshalb in

$$E[\varepsilon(k,k-1)\mathbf{v}^T] = E(\mathbf{x}\mathbf{v}^T) - E[\hat{\mathbf{x}}(k,k-1)\mathbf{v}^T]$$

zunächst der erste Summand rechts. Im zweiten Summanden ist nach Gl.(7.3-11)

$$\hat{\mathbf{x}}(k,k-1) = \mathbf{G}(k,k-1)\mathbf{Y}(k-1) = \mathbf{G}(k,k-1)\begin{bmatrix} \mathbf{C}(k_0)\mathbf{x}(k_0) & +\mathbf{w}(k_0) \\ \cdots\cdots\cdots\cdots\cdots \\ \mathbf{C}(k-1)\mathbf{x}(k-1) +\mathbf{w}(k-1) \end{bmatrix},$$

letzteres nach Einsetzen aus Gl.(7.3-10). Also sind die Elemente der
Matrix $\hat{\mathbf{x}}(k,k-1)\mathbf{v}^T(k)$ Linearkombinationen einerseits von Produkten
$x_i(m)v_k(n)$, deren Erwartungen wegen $E[\mathbf{x}(m)\mathbf{v}^T(n)] = \mathbf{0}$ einzeln verschwinden, und andererseits von Produkten $w_i(m)v_k(n)$; $m \neq n$, deren
Erwartungswerte wegen der Voraussetzung

$$E[\mathbf{v}(m)\mathbf{w}^T(n)] = \mathbf{S}(m)\,\delta_{m,n}$$

verschwinden.

Ansonsten sind nach Voraussetzung

$$E(\mathbf{vx}^T) = [E(\mathbf{xv}^T)]^T = \mathbf{0}, \; E(\mathbf{vv}^T) = \mathbf{Q}(k), \; E(\mathbf{wx}^T) = [E(\mathbf{xw}^T)]^T = \mathbf{0},$$

und $E(\mathbf{wv}^T) = \mathbf{S},$ so daß

$$\mathbf{P}(k+1) = \widetilde{\mathbf{A}}\,\mathbf{P}\,\mathbf{A}^T + \mathbf{Q} - \mathbf{K}\mathbf{S}^T.$$

Abschn.7.3.2:

<u>Matrizenprodukte zum KALMAN-Filter-Beispiel (diskreter Fall)</u>

Mit

$$\mathbf{C} = (1,0) \; ; \quad \mathbf{Q} = \begin{bmatrix} q_{1,1} & q_{1,2} \\ q_{2,1} & q_{2,2} \end{bmatrix} = \begin{bmatrix} 1/3 & 1/2 \\ 1/2 & 1 \end{bmatrix}$$

werden

$$\mathbf{Q}\mathbf{C}^T = \begin{bmatrix} q_{1,1} & q_{1,2} \\ q_{2,1} & q_{2,2} \end{bmatrix} \begin{bmatrix} 1 \\ 0 \end{bmatrix} = \begin{bmatrix} q_{1,1} \\ q_{2,1} \end{bmatrix}$$

und daraus

$$\mathbf{C}\,\mathbf{Q}\,\mathbf{C}^T = (1,0) \begin{bmatrix} q_{1,1} \\ q_{2,1} \end{bmatrix} = q_{1,1} = 1/3.$$

Außerdem wird mit

$$\mathbf{A} = \begin{bmatrix} 1 & 1 \\ 0 & 1 \end{bmatrix} :$$

$$\mathbf{A}\,\mathbf{Q}\,\mathbf{C}^T = \begin{bmatrix} 1 & 1 \\ 0 & 1 \end{bmatrix} \begin{bmatrix} q_{1,1} \\ q_{2,1} \end{bmatrix} = \begin{bmatrix} q_{1,1} + q_{2,1} \\ q_{2,1} \end{bmatrix} = \begin{bmatrix} 5/6 \\ 1/2 \end{bmatrix}.$$

Daraus folgt

$$\mathbf{A}\,\mathbf{Q}\,\mathbf{C}^T/(\mathbf{C}\,\mathbf{Q}\,\mathbf{C}^T + 1) = \begin{bmatrix} 5/6 \\ 1/2 \end{bmatrix} (3/4) = \begin{bmatrix} 5/8 \\ 3/8 \end{bmatrix} = \frac{1}{8} \begin{bmatrix} 5 \\ 3 \end{bmatrix}.$$

Aus den Gln. $(7.3-27)$ und $(7.3-28a)$ folgen für $k = k_0 + 1$

$$\mathbf{P}(k_0+2) = \left[\begin{bmatrix} 1 & 1 \\ 0 & 1 \end{bmatrix} - \begin{bmatrix} 5/8 \\ 3/8 \end{bmatrix}(1,0)\right]\begin{bmatrix} 1/3 & 1/2 \\ 1/2 & 1 \end{bmatrix}\begin{bmatrix} 1 & 0 \\ 1 & 1 \end{bmatrix} + \begin{bmatrix} 1/3 & 1/2 \\ 1/2 & 1 \end{bmatrix}$$

$$= \begin{bmatrix} 3/8 & 1 \\ -3/8 & 1 \end{bmatrix}\begin{bmatrix} 5/6 & 1/2 \\ 3/2 & 1 \end{bmatrix} + \begin{bmatrix} 1/3 & 1/2 \\ 1/2 & 1 \end{bmatrix}$$

$$= \begin{bmatrix} 29/16 & 19/16 \\ 19/16 & 13/16 \end{bmatrix} + \begin{bmatrix} 1/3 & 1/2 \\ 1/2 & 1 \end{bmatrix} = \begin{bmatrix} 103/48 & 27/16 \\ 27/16 & 29/16 \end{bmatrix}$$

und

$$\mathbf{K}(k_0+2) = \frac{1}{151}\begin{bmatrix} 184 \\ 81 \end{bmatrix} = \begin{bmatrix} 1,219 \\ 0,536 \end{bmatrix}.$$

Abschn. 7.3.3:

Zum Beweis von Gl. $(7.3-37)$

Aus Gl. $(7.3-35)$ folgt [vgl. Gl. $(7.3-43)$]

$$\left[\mathbf{T}(t,t) - \int_{t_0}^{t} \mathbf{G}(t,\tau)\mathbf{C}(\tau)\mathbf{T}(\tau,t)d\tau\right]\mathbf{C}^{T}(t) = \mathbf{K}(t)\,\mathbf{R}(t).$$

Dies liefert Gl. $(7.3-37)$, wenn man zeigt, daß die eckige Klammer mit $\mathbf{P}(t)$ übereinstimmt: Nun ist mit $\varepsilon := \mathbf{x} - \hat{\mathbf{x}}$

$$\mathbf{P}(t) =: \mathbf{P} = E(\varepsilon\,\varepsilon^{T}) = E(\varepsilon\,\mathbf{x}^{T}) = E[(\mathbf{x} - \hat{\mathbf{x}})\,\mathbf{x}^{T}],$$

da wegen des Orthogonalitätsprinzips $E[\varepsilon(t)\mathbf{y}^{T}(t')] = \mathbf{0}$, so daß mit $\hat{\mathbf{x}}$ aus Gl. $(7.3-33)$

$$E(\varepsilon\hat{\mathbf{x}}^{T}) \int_{t_0}^{t} E[\varepsilon(t)\mathbf{y}^{T}(\tau)]\mathbf{G}^{T}(t,\tau)d\tau = \mathbf{0}.$$

Mit $\hat{\mathbf{x}}$ nach Gl.(7.3-33), $\mathbf{y}$ nach Gl.(7.3-30) und

$$\mathbf{T}(t,t') := \mathrm{E}\left[\mathbf{x}(t)\,\mathbf{x}^{\mathrm{T}}(t')\right]$$

wird weiter

$$\mathbf{P}(t) = \mathrm{E}\left\{\left[\mathbf{x}(t) - \int_{t_0}^{t} \mathbf{G}(t,\tau)\,[\mathbf{C}(\tau)\mathbf{x}(\tau) + \mathbf{w}(\tau)]\,d\tau\right]\mathbf{x}^{\mathrm{T}}(t)\right\}$$

$$= \mathbf{T}(t,t) - \int_{t_0}^{t} \mathbf{G}(t,\tau)\,\mathbf{C}(\tau)\,\mathbf{T}(\tau,t)\,d\tau\,,$$

wie erwünscht, denn (auch für $t > \tau$ gilt)

$$\mathrm{E}\left[\mathbf{w}(\tau)\,\mathbf{x}^{\mathrm{T}}(t)\right] \equiv \mathbf{0}\,,$$

wie in der folgenden **Übung** ausführlich gezeigt wird.

Abschn.7.3.3:

Beweis von Gl.(7.3-48)

Wir wollen etwas allgemeiner zeigen, daß

$$\mathrm{E}\left[\mathbf{x}(t)\,\mathbf{w}^{\mathrm{T}}(t')\right] = \mathbf{0}\,,\quad t,t' > t_0\,.$$

Mit $\mathbf{x}(t)$ mach Gl.(1.2-11) erhält man (mit $\mathbf{v}$ statt $\mathbf{u}$)

$$\mathrm{E}\left[\mathbf{x}(t)\mathbf{w}^{\mathrm{T}}(t')\right] = \emptyset(t,t_0)\mathrm{E}\left[\mathbf{x}(t_0)\mathbf{w}^{\mathrm{T}}(t')\right] +$$

$$+ \int_{t_0}^{t} \emptyset(t,\tau)\,\mathbf{B}(\tau)\,\mathrm{E}[\mathbf{v}(\tau)\mathbf{w}^{\mathrm{T}}(t')]\,d\tau\,.$$

Da nach Voraussetzung $\mathbf{x}(t_0)$ und $\mathbf{w}(t')$ (plausiblerweise) unkorreliert sind und ebenso die beiden w.R.-Vektoren $\mathbf{v}(\tau)$ und $\mathbf{w}(t')$ für alle τ und t', folgt unmittelbar die Behauptung, die für $t' = t$ zu Gl.(7.3-48) führt.

Abschn.7.3.3:

<u>Nachprüfung von Gl.(7.3-59)</u>

Es ist schreibtechnisch bequemer, allgemeiner zu zeigen, daß

$$\begin{bmatrix} a_{1,1} & a_{1,2} \\ a_{2,1} & a_{2,2} \end{bmatrix}^{-1} = \begin{bmatrix} a_{2,2} & -a_{1,2} \\ -a_{2,1} & a_{1,1} \end{bmatrix} \Big/ (a_{1,1}a_{2,2} - a_{1,2}a_{2,1}) \; ,$$

wovon Gl.(7.3-59) offensichtlich einen Sonderfall enthält mit

$$a_{1,1} = s - \alpha; \; a_{1,2} = -1/b; \; a_{2,1} = -a; \; a_{2,2} = s + \alpha .$$

Wir prüfen nun gemäß der Definition der Inversen einer Matrix nach Abschn.1.4, ob

$$\begin{bmatrix} a_{1,1} & a_{1,2} \\ a_{2,1} & a_{2,2} \end{bmatrix} \begin{bmatrix} a_{1,1} & a_{1,2} \\ a_{2,1} & a_{2,2} \end{bmatrix}^{-1} = \begin{bmatrix} 1 & 0 \\ 0 & 1 \end{bmatrix}$$

oder mit

$$\det \mathbf{A} = a_{1,1}a_{2,2} - a_{1,2}a_{2,1} \; ,$$

ob

$$\begin{bmatrix} a_{1,1} & a_{1,2} \\ a_{2,1} & a_{2,2} \end{bmatrix} \begin{bmatrix} a_{2,2} & -a_{1,2} \\ -a_{2,1} & a_{1,1} \end{bmatrix} = \begin{bmatrix} \det \mathbf{A} & 0 \\ 0 & \det \mathbf{A} \end{bmatrix} .$$

Das ist aber nach Definition des Matrizenprodukts Gl.(1.4-1) offenbar der Fall.

Abschn.7.3.3:

<u>Nachweis, daß aus Gl.(7.3-60) für $\sigma_0^2 = \sigma_\infty^2$ das σ_∞^2 von Gl.(7-3-56a) folgt</u>

Aus Gl.(7.3-60) folgt nach Erweitern mit b

$$\sigma_\infty^2 = [b(\beta - \alpha)\sigma_\infty^2 + ab]/[b(\beta + \alpha) + \sigma_\infty^2]$$

oder in der üblichen Schreibweise der quadratischen Gln.

$$\sigma_{\infty}^{4} + 2\,b\alpha\sigma_{\infty}^{2} = a\,b\,.$$

Die Lösung lautet

$$\sigma_{\infty}^{2} = -\,b\alpha + \sqrt{ab + b^{2}\alpha^{2}} = b\left(\sqrt{a/b + \alpha^{2}} - \alpha\right)\,.$$

(Dabei kommt, da σ^{2} eine Varianz ist, das negative Vorzeichen der Wurzel offenbar nicht in Betracht!)

Abschn.8.2.1:

Beweis, daß $\sigma_{\dot{x}}$ bei Gaußschen Markoffprozessen divergiert

In Abschn.3.1.2 Beispiel 3 wird gezeigt, daß für solche Prozesse die AKF

$$R(\tau) = R(0)\exp(-c\,|\tau|)\;;\;\;c > 0$$

ist [vgl. Gl.(3.1-28)].

In Abschn.3.3.1 Beispiel 1 wird gezeigt, daß zu dieser AKF die spektrale Leistungsdichte

$$S(\omega) = \frac{2\,R(0)/c}{1 + \omega^{2}/c^{2}}\,.$$

ist. Damit wird nach Gln.(6.2-4) und (3.2-5), da $E\,\dot{x} = 0$,

$$\sigma_{\dot{x}}^{2} = E\,\dot{x}^{2} = \frac{2\,R(0)}{\pi c}\int\limits_{0}^{\infty}\frac{\omega^{2}}{1 + \omega^{2}/c^{2}}\,d\omega\,.$$

Da der Integrand gegen eine Konstante (c^{2}) konvergiert, divergiert das Integral und damit die Varianz von $\dot{x}$. Dasselbe folgt unmittelbar aus Gl.(3.3-6), die die AKF eines differenzierten Gauß-Markoffprozesses angibt: Aus $R_{y}(\infty) = 0$ folgt $R_{y}(\tau) = r_{y}(\tau)$, und $r_{y}(\tau)$ divergiert bei $\tau = 0$. Allgemein ist aber $\sigma_{y}^{2} := r_{y}(0)$. q.e.d.

Abschn. 8.3.1:

Herleitung von Gl. (8.3-4)

Ausgegangen wird von Gl. (8.3-3). Benötigt werden die Integrale

$$\int_0^{\Delta t} \exp(-s\tau')\,d\tau' = -\frac{1}{s}\,[\exp(-s\Delta t) - 1]$$

und

$$\int_0^{\Delta t} \tau'\exp(-s\tau')\,d\tau' = -\frac{\tau'}{s}\exp(-s\tau')\,\Big]_0^{\Delta t} + \frac{1}{s}\int_0^{\Delta t}\exp(-s\tau')\,d\tau'$$

$$= -\frac{\Delta t}{s}\exp(-s\Delta t) - \frac{1}{s^2}\,[\exp(-s\Delta t) - 1].$$

Damit lautet das Integral zum Index m in Gl. (8.3-3) (letzter Form)

$$I_m := \frac{\Delta t}{s}\,[1-\exp(-s\Delta t)]R_x(m\Delta t)$$

$$-\{R_x[(m+1)\Delta t]-R_x(m\Delta t)\}\left\{\frac{\Delta t}{s}\exp(-s\Delta t)+\frac{1}{s^2}\,[\exp(-s\Delta t)-1]\right\}$$

$$= R_x(m\Delta t)\left\{\frac{\Delta t}{s}+\frac{1}{s^2}\,[\exp(-s\Delta t)-1]\right\} -$$

$$-R_x[(m+1)\Delta t]\exp(-s\Delta t)\left\{\frac{\Delta t}{s}+\frac{1}{s^2}\,[1-\exp(s\Delta t)]\right\}.$$

Also wird bei Zusammenfassung des zweiten Summanten von I_{m-1} und des ersten von I_m

$$\mathscr{L}R_y(\tau) := \frac{1}{\Delta t}\sum_{m=0}^{\infty} I_m\exp(-sm\Delta t)$$

$$= \frac{1}{\Delta t}R_x(0)\left\{\frac{\Delta t}{s}+\frac{1}{s^2}\,[\exp(-s\Delta t)-1]\right\} + \frac{1}{\Delta t}\sum_{m=1}^{\infty}R_x(m\Delta t)\cdot$$

$$\cdot\left\{\frac{\Delta t}{s}+\frac{1}{s^2}\,[\exp(-s\Delta t)-1] - \frac{\Delta t}{s}-\frac{1}{s^2}\,[1-\exp(s\Delta t)]\right\}\exp(-sm\Delta t).$$

Der Inhalt der letzten geschweiften Klammer ist aber

$$\frac{1}{s^2}\left[\exp(-s\Delta t) + \exp(s\Delta t) - 2\right],$$

so daß die Richtigkeit von Gl. (8.3-4) erwiesen ist.

Abschn. 8.3.2:

$\mathfrak{F}$-Transformation von Gl. (8.3-17)

Nach Gl. (1.3-12a) ist für den 1. Summanden der letzten rechten Seite von Gl. (8.3-17)

$$\mathfrak{F}[R_x(0)\exp(-\gamma|\tau|)] = \frac{2R_x(0)\gamma}{\gamma^2 + \omega^2}.$$

Genauso erhält man für den 2. Summanden nach Definition der $\mathscr{L}$-Transformierten für $R_x(\tau)$

$$\mathfrak{F}\left\{-\frac{\gamma}{2}\exp(-\gamma|\tau|)\mathscr{L}R_x(\tau)/_{s=\gamma}\right\} = -\frac{\gamma^2}{\gamma^2 + \omega^2}\mathscr{L}R_x(\tau)/_{s=\gamma}.$$

Die Transformation der letzten beiden Summanden ist etwas schwieriger, da die Integrationsgrenzen von τ abhängen: Wir formen diese Summanden zunächst um. Dabei wird aus dem ersten nach dem Faltungssatz der Laplacetransformation

$$\mathscr{L}\left\{\frac{\gamma}{2}\int_0^\tau R_x(v)\exp[-\gamma(\tau-v)]dv\right\} = \frac{\gamma}{2}\mathscr{L}R_x\frac{1}{s+\gamma}$$

und weiter nach Gl. (1.3-5), da eine gerade Funktion von τ transformiert wird,

$$\mathfrak{F}\left\{\frac{\gamma}{2}\int_0^\tau R_x(v)\exp[-\gamma(\tau-v)]dv\right\} = \frac{\gamma}{2}{}^L R_x(j\omega)\frac{1}{j\omega + \gamma} + \frac{\gamma}{2}{}^L R_x(-j\omega)\frac{1}{-j\omega + \gamma}.$$

Aus dem letzten Summanden von Gl.(8.3-17) wird analog

$$\mathscr{L}\left\{\frac{\gamma}{2}\exp(\gamma\tau)\int\limits_{\tau}^{\infty} R_x(v)\exp(-\gamma v)dv\right\}$$

$$= \frac{\gamma}{2}\int\limits_{0}^{\infty} R_x(v)\exp(-\gamma v)dv\,\mathscr{L}\exp(\gamma\tau) - \frac{\gamma}{2}\mathscr{L}\left\{\int\limits_{0}^{\tau} R_x(v)\exp[\gamma(\tau-v)]dv\right\}$$

$$= \frac{\gamma}{2}\,{}^{L}R_x(\gamma)\,\frac{1}{s-\gamma} - \frac{\gamma}{2}\,{}^{L}R_x(s)\,\frac{1}{s-\gamma}.$$

Daraus folgt nach Gl.(1.3-5)

$$\mathscr{F}\left\{\frac{\gamma}{2}\exp(\gamma\tau)\int\limits_{\tau}^{\infty} R_x(v)\exp(-\gamma v)dv\right\}$$

$$= \frac{\gamma}{2}\,{}^{L}R_x(\gamma)\left(\frac{1}{j\omega-\gamma}+\frac{1}{-j\omega-\gamma}\right) - \frac{\gamma}{2}\left[{}^{L}R_x(j\omega)\,\frac{1}{j\omega-\gamma}+{}^{L}R_x(-j\omega)\,\frac{1}{-j\omega-\gamma}\right]$$

$$= -\frac{\gamma^2}{\gamma^2+\omega^2}\,\mathscr{L}R_x(\tau)\big/_{s=\gamma} + \frac{\gamma}{2}\left[{}^{L}R_x(-j\omega)\,\frac{1}{j\omega+\gamma}+{}^{L}R_x(j\omega)\,\frac{1}{-j\omega+\gamma}\right].$$

Da nach Gl.(1.3-5) außerdem

$${}^{L}R_x(j\omega) + {}^{L}R_x(-j\omega) = S_x(\omega),$$

folgt bei Summation aller obigen Fouriertransformierten schließlich
Gl.(8.3-17a).

Schrifttum

ANDERSON, B., MOORE, J. [1]: The Kalman-Bucy filter as a true
time-varying Wiener filter, Trans. IEEE, SMC-1 (1971), 119-128.

AOKI, M. [1]: Optimization of stochastic systems. Academic Press,
New York: 1967.

ARNOLD, L. [1]: Stochastische Differentialgleichungen, Oldenbourg,
München: 1973.

ÅSTRÖM, H. [1]: Introduction to stochastic control theory, Academic
Press, New York: 1970.

BALCH, H. et al. [1]: Estimation of the mean of a stationary random
process by periodic sampling. Bell Syst. Tech. J. 45 (1966) 733-
741.

BENDAT, J. [1]: Principles and applications of random noise theory,
Wiley, New York: 1958.

BENDAT, J., PIERSOL, A. [1]: Random data, analysis and measurement procedures, Wiley, New York: 1971.

BEUTLER, F., LENEMAN, O. [1]: The theory of stationary point processes, Acta Math. 116 (1966) 159-197.

BHARUCHA-REID [1]: Elements of the theory of MARKOV processes
and their applications, McGraw-Hill, New York: 1960.

BICE, P. [1]: Speed up the fast Fourier transform, Electronic Design,
9(1970) 66-69.

BLACKMAN, R., TUKEY, J. [1]: Measurement of power spectra,
Dover, New York: 1959.

BODE, H. [1]: Network analysis and feedback amplifier design, Van
Nostrand, New York: 1945.

BOGDANOFF, J., KOZIN, F. [1]: (Hrsg.): Proc. 1. Symp. on engineering applications of random function theory and probability,
Wiley, New York: 1963.

BOOTON, R. [1]: The analysis of nonlinear control systems with random inputs, Trans. IRE, CT-1 (März 1954) 9-18.

BRAMMER, K. [1]: Zur optimalen linearen Filterung und Vorhersage
instationärer Zufallsprozesse in diskreter Zeit, RT 16 (1968) 105-
110.

BRYSON, A., HO, Y. [1]: Applied optimal control, Blaisdell, Walt-
ham Mass.: 1969.

BUCHTA, H. [1]: Zur Messung der eindimensionalen Wahrscheinlich-
keitsverteilungs- und Dichtefunktion stationärer zufälliger Prozesse, RT 14 (1966) 102-109.

BUCY, R., JOSEPH, P. [1]: Filtering for stochastic processes with
applications to guidance, Interscience/Wiley, New York: 1968.

COURANT, R. [1]: Vorlesungen über Differential- und Integralrechnung, 3. Aufl. Bd.2, Springer, Heidelberg: 1963.

COX, D., LEWIS, P. [1]: The statistical analysis of series of events,
Methuen/Wiley, London: 1966.

COX, D. [1]: Erneuerungstheorie, Oldenbourg, München: 1965 (englisch 1962).

CRAMÉR, H., LEADBETTER, M. [1]: Stationary and related stochastic processes, Wiley, New York: 1967.

CRAMÉR, H. [1]: Mathematical methods of statistics, Princeton Uni-
versity Press: 1946.

DAVENPORT, W., ROOT, W. [1]: Random signals and noise, McGraw-
Hill, New York: 1958.

DAVENPORT, W. et al. [1]: Statistical errors in measurements on random time functions, J. Appl. Phys. 23 (1952) 377-388.

DEUTSCH, R. [1]: Estimation theory, Englewood, New York: 1965.

DOETSCH, G. [1]: Anleitung zum praktischen Gebrauch der LAPLACE-
Transformation, 2. Aufl., Oldenbourg, München: 1961.

DOOB, J. [1]: Stochastic processes, Wiley, New York: 1953.

DRENICK, R. [1]: Die Optimierung linearer Regelsysteme, Oldenbourg, München: 1967.

EIER. R. [1]: Analyse und Synthese von diskreten Zufallsprozessen
mit Hilfe von Markoffschen Ketten, Verband d. Wissenschaftl. Ge-
sellschaften Österreichs, Wien: 1973.

FISZ, M. [1]: Wahrscheinlichkeitsrechnung und mathematische Statistik, Deutscher Verlag d. Wissenschaften, Berlin: 1962.

FULLER, A.(ed.)[1]: Nonlinear stochastic control systems, Taylor &
Francis, London: 1970.

GILOI, W. [1]: Simulation und Analyse stochastischer Vorgänge, Oldenbourg, München: 1967.

GIRAULT, M. [1]: Stochastic processes, Springer, Heidelberg: 1966.

GNEDENKO, B. [1]: Lehrbuch der Wahrscheinlichkeitsrechnung, Aka-
demie-Verlag, Berlin: 1957.

GRENANDER, U., ROSENBLATT, M. [1]: Statistical analysis of stationary time series, Wiley, New York: 1957.

ITO, K. [1]: Lecture notes on stochastic processes, Tata-Institute of fundamental research, Bombay: 1961.

ITO, K. [2]: The expected number of zeros of continuous stationary Gaussian processes, J. Math. Kyoto Univ. 3 (1964) 207-216.

JAMES, H., NICHOLS, N., PHILLIPS, R. [1]: Theory of servo-mechanisms, McGraw-Hill, New York: 1947.

JAYNES, E. [1]: New engineering applications of information theory, in BOGDANOFF/KOZIN [1].

JAZWINSKI, A. [1]: Stochastic processes and filtering theory, Academic Press, New York: 1970.

JOSEPH, P., TOU, J. [1]: On linear control theory, Trans. AIEE, App. & Ind. pt. II, 80 (1961) 193-196.

KAILATH, T., FROST, P. [1]: Mathematical modeling of stochastic processes, Teil aus: Stochastic problems in control, Symp. 1968, published by ASME, United Engg. Center, 345 East 37th Str. New York 10017.

KALMAN, R. [1]: A new approach to linear filtering and prediction problems, Trans. ASME, D. (J. Basic Engg.) 82 (1960) 35-45.

KALMAN, R. [2]: On the general theory of control systems, Proc. I. IFAC Congress, Moskau: 1960.

KALMAN, R., BUCY, R. [1]: New results in linear filtering and prediction theory, Trans. ASME, D. (J. Basic Engg.) 83 (1961) 95-108.

KALMAN, R., ENGLAR, T. [1]: A user's manual for the automatic synthesis program, NASA-Rep. CR-475, Washington: 1966.

KHINTCHINE, A. [1]: Mathematical methods in the theory of queueing, Griffin, London: 1960.

KOLMOGOROFF, A. [1]: Über die analytischen Methoden in der Wahrscheinlichkeitsrechnung, Math. Annalen 104 (1931) 415-458.

KOLMOGOROFF, A. [2]: Grundbegriffe der Wahrscheinlichkeitsrechnung, Ergebn. Math. Grenzg. 2 (1933).

KOLMOGOROFF, A. [3]: Interpolation und Extrapdation von stationären zufälligen Folgen, Bull. Acad. Sci. USSR, Ser. Math. 5 (1941), 3-14.

KRICKEBERG, K. [1]: Wahrscheinlichkeitstheorie, Teubner, Stuttgart: 1963.

LANING, J., BATTIN, R. [1]: Random processes in automatic control, McGraw-Hill, New York: 1956.

LAINIOTIS, D., SIMS, F. [1]: Sensitivity analysis of discrete Kalman filters, Int. J. Control 12 (1970), 657-669.

LAWSON, J., UHLENBECK, G. [1]: Threshold signals, McGraw-Hill, New York: 1950.

LENEMAN, O. [1]: Random sampling of random processes: stepwise processes, Proc. III. IFAC-Kongreß, London: 1966.

LEONDES, C.(ed.)[1]: Theory and applications of Kalman filtering, AGARDograph No. 139, 1970.

LUENBERGER, D. [1]: Observers for multivariable systems, Trans. IEEE, AC-11 (1966) 190-197.

McFADDEN, J. [1]: The axis-crossing intervals of random functions - II, Trans. IRE, IT-4 (1958) 14-24.

McFADDEN, J. [2]: On the lengths of intervals in a stationary point process, J. Roy. Stat. Soc. (B), 24 (1962) 364-382.

Mc KEAN, H.[1]: Stochastic Integrals, Academie Press, New York: 1969.

MESCHKOWSKI, H.[1]: Wahrscheinlichkeitsrechnung, Bibl. Inst., Mannheim: 1968.

MIDDLETON, D. [1]: Introduction to statistical communication theory, McGraw-Hill, New York: 1960.

MORTENSEN, R. [1]: Mathematical problems of modeling stochastic nonlinear dynamic systems, NASA - CR - 1168-Report.

NEWTON, G., GOULD, L., KAISER, J. [1]: Analytical design of linear feedback controls, Wiley, New York: 1957.

OBERHETTINGER, F. [1]: Tafeln zur Fouriertransformation, Springer, Heidelberg: 1957.

PAPOULIS, A. [1]: The Fourier integral and its applications, McGraw-Hill, New York: 1962.

PAPOULIS, A. [2]: Probability, random variables and stochastic processes, McGraw-Hill, New York: 1965.

PARZEN, E. [1]: On consistent estimates of the spectrum of a stationary time series, Ann. Math. Stat., 28 (1957) 329-348.

PARZEN, E. [2]: Modern probability theory and its applications, Wiley, New York: 1960.

PARZEN, E. [3]: Stochastic processes, Holden Day, San Francisco: 1962.

PENROSE, R.[1]: A generalized inverse for matrices, Proc. Cambr. Phil. Soc., 51 (1951) 406-413.

PERVOZVANSKII, A. [1]: Random processes in nonlinear control systems, Academic Press, New York: 1965 (russisch 1962).

PUGACHEV, V. [1]: Theory of random functions and its application to control problems, Pergamon Press, New York: 1965 (russisch 1962).

RICE, S. [1]: Mathematical analysis of random noise, Teil von: Selected papers on noise and stochastic processes, WAX, N. (ed.), Dover, New York: 1954.

RICE, S. [2]: Distribution of the duration of fades in radio transmission, Bell Syst. Tech. J. 37 (1958) 581-635.

SCHLITT, H. [1]: Stochastische Vorgänge in linearen und nichtlinearen
   Regelkreisen, Vieweg, Braunschweig: 1968.

SCHNEEWEISS, C. [1]: Regelungstechnische stochastische Optimie-
   rungsverfahren, Springer, Berlin: 1971.

SCHNEEWEISS, W. [1]: Minimisierung der Streuung von arithmetischen Mittelwerten aus korrelierten Meßwerten, AEÜ 23 (1969)
   105-111.

SCHNEEWEISS, W. [2]: Messung von Erwartungswerten mittels zeitlich stochastischer Abtastung, RT 17 (1969) 255-260.

SCHNEEWEISS, W. [3]: Umrechnungsformeln zur Theorie der stationären Punktprozesse, AEÜ 22 (1968) 600-604 und 23 (1969) 271-
   272.

SCHNEEWEISS, W. [4]: Optimale Messung von Erwartungswerten bei
   Nebenbedingungen zwischen Anzahl und Quantisierung der Meßwerte, Arch. Techn. Messen, Okt. 1969, 217-220.

SCHNEEWEISS, W. [5]: Zuverlässigkeitstheorie, eine Einführung über
   Mittelwerte von binären Zufallsprozessen, Springer, Berlin: 1973.

SCHWARZ, H. [1]: Einführung in die moderne Systemtheorie, Vieweg,
   Braunschweig: 1969.

SINGER, R., FROST, P. [1]: On the relative performance of the Kalman and Wiener filters, Trans. IEEE, AC-14 (1969) 390-394.

SKOROKHOD, A. [1]: Studies in the theory of random processes,
   Addison-Wesley, New York: 1965.

SMITH, W. [1]: Renewal theory and its ramifications, J. Roy. Stat.
   Soc., 20 (1958) 243-302.

STÖRMER, H. [1]: Mathematische Theorie der Zuverlässigkeit, Einführung und Anwendungen, Oldenbourg, München: 1969.

STRATONOVICH, R. [1]: A new representation for stochastic integrals
   and equations, SIAM J. Control, 4 (1966) 362-371.

SWESCHNIKOW, A. [1]: Untersuchungsmethoden der Theorie der Zu-
   fallsfunktionen mit praktischen Anwendungen, Teubner, Leipzig:
   1965 (russisch 1961).

TER HAAR, D. [1]: Elements of statistical mechanics, Rinehart, New
   York: 1954.

UNBEHAUEN, R. [1]: Systemtheorie, eine Einführung für Ingenieure,
   Oldenbourg, München: 1969.

VAN DER WAERDEN, B. [1]: Algebra Bd.1, 7. Aufl., Springer, Heidelberg: 1966.

VAN TREES, H. [1]: Detection, estimation and modulation theory I,
   Wiley, New York: 1968.

WIENER, N. [1]: Generalized harmonic analysis, Acta Math. Bd.55
   (1930) 117-258.

WIENER, N. [2]: Extrapolation, interpolation and smoothing of stationary time series, Wiley, New York: 1949.

WONG., E. [1]: Stochastic processes in information and dynamical systems, Mc Graw-Hill, New York: 1971.

ZADEH, L., DESOER, C. [1]: Linear system theory, the state space approach, McGraw-Hill, New York: 1963.

ZURMÜHL, R. [1]: Praktische Mathematik für Ingenieure und Physiker, 5. Aufl., Springer, Heidelberg: 1965.

Sachverzeichnis

Bei besonders häufig benutzten Begriffen wie Wahrscheinlichkeit und Korrelationsfunktion werden nur besonders markante Seiten aufgeführt: